岩土测试理论、方法与标准体系

李彦荣　著

科 学 出 版 社
北 京

内 容 简 介

本书广泛收集、系统归纳并综合对比分析了英国岩土测试方法（British Standards）、美国岩土测试方法（ASTM Standards）、中国土工试验方法（GB/T 50123—1999）、工程岩体试验方法（GB/T 50266—2013）以及国际岩石力学学会（ISRM）建议的测试方法等国内外现行规范和标准。精细阐述了工程实践所涉及的绝大多数岩土物理、化学及力学测试技术，同时凝练讲解了各试验的相关理论知识。

本书可为本硕博在读学生、科研工作者以及工程从业者提供一个一站式的知识仓库。可作为高校地质资源与地质工程、土木工程、水利工程、矿业工程等专业的教学参考用书，提高教学效率和质量；同时，也是相关领域科研和工程技术人员的必备参考，以提升业内试验操作的规范性，提高试验数据的准确度和可靠度。

图书在版编目（CIP）数据

岩土测试理论、方法与标准体系／李彦荣著．—北京：科学出版社，2019. 6
ISBN 978-7-03-060958-8

Ⅰ. ①岩…　Ⅱ. ①李…　Ⅲ. ①岩土工程-测试技术　Ⅳ. ①TU4

中国版本图书馆 CIP 数据核字（2019）第 059231 号

责任编辑：张井飞　姜德君　韩　鹏／责任校对：张小霞
责任印制：徐晓晨／封面设计：耕者设计工作室

科学出版社 出版
北京东黄城根北街 16 号
邮政编码：100717
http://www.sciencep.com

北京建宏印刷有限公司 印刷
科学出版社发行　各地新华书店经销
*
2019 年 6 月第　一　版　开本：787×1092　1/16
2020 年 6 月第二次印刷　印张：26
字数：616 000

定价：198.00 元

（如有印装质量问题，我社负责调换）

序　言

标准化是组织现代化生产和工程建设的重要手段和必要条件,是国际经济技术交流与技术推广应用的重要基础。就基础设施建设工程而言,勘测、勘察的标准化,对确保工程质量、降低成本、保证安全、保护环境有着重要作用。受限于语言障碍,我国相关从业者对国际标准的了解有一定的局限。

近日读到李彦荣博士所著的《岩土测试理论、方法与标准体系》,倍感欣喜。这本书很好地融合了国内外岩土测试知识体系,完整呈现了开展岩土室内试验需要的基本理论和技术方法。本书的亮点有四:一是对土力学、岩石力学、岩体力学相关理论知识进行了必要的讲解,并且引入了上述三个力学的最新研究成果,完整地阐述了岩土测试相关理论,将核心知识点(如莫尔-库仑准则)以通俗易懂的形式进行了讲解,降低了读者的学习难度。二是对国际行业标准体系给予了详细呈现,分析了受众面较广的国内外标准、规范的发展历史和建设体系,包括中国、英国、美国、新加坡、南非、澳大利亚、日本等国的标准体系。大量流程图和表格的运用使本书具有很强的知识条理性和可读性,作者在这一方面所付出的努力值得称赞。三是本书厘清了世界各地岩土测试不同标准间的异同,可使从业人员清晰地掌握不同标准、规范的适用范围和各项试验的核心技术,在"一带一路"建设的今天,具有很强的现实意义。四是本书所提供的附录具有很高的实用价值,尤其是岩土参数参考值以及中英文定义的专业术语,对于业内人士来讲,都是特别重要的参考。

这本书对岩土测试知识的传播会起到积极的作用,有助于业内人士了解国际标准和规范,参与国际标准化活动,同时对于建立和完善我国的标准化体系也颇具参考价值。这本书既可以作为高校教学用书,也可以作为相关领域科研和工程人员尤其是国际项目从业者的重要参考,值得广泛推广。

中国工程院院士 王思敬

二零一九年三月于北京

前　言

随着“一带一路”倡议和“八横八纵”规划等的实施，基础设施建设的规模和数量急剧增加，一方面对岩土力学理论的发展起到了积极的推动作用，另一方面也对岩土工程勘察提出了更高要求，以确保此类工程良好的服务质量和较长的服役周期。岩土测试是岩土工程勘察与设计中一个举足轻重的组成部分，因其所提供的岩土物理、化学和力学参数是工程设计的主要依据，直接决定着工程设计的合理性、经济性以及工程的耐久性、安全度和可靠度。

岩土测试所提供岩土参数的质量一方面取决于专业人员对现行试验标准和规范的理解和遵从程度，另一方面取决于标准和规范的先进性、可靠性和易用性。近年来，中国企业大步跨出国门，开拓海外基础设施建设市场。海外项目的实施，要求岩土工程勘察从业者熟练掌握中国和国际的行业标准和规范，并了解各标准和规范之间的异同，以便高质高量高效完成工程。

为满足上述需求，本书广泛收集、系统归纳并综合对比分析了英国岩土测试方法（BS 1377 系列）、美国岩土测试方法（ASTM D 系列）、中国土工试验方法（GB/T 50123—1999）、工程岩体试验方法（GB/T 50266—2013）以及国际岩石力学学会建议的测试方法（ISRM Suggested Methods）等国内外行业标准和规范。一方面精细阐述了工程实践所涉及的绝大多数岩土物理、化学及力学测试技术，另一方面凝练讲解了相关理论知识。

本书共三篇，含十章，另有四个附录。第一篇（第 1 ~ 3 章）主要介绍土力学、岩石力学及岩体力学的基本理论知识，包括土、岩石和岩体的物理力学性质及强度理论。第二篇（第 4 ~ 8 章）综述了国内外岩土测试标准体系，详细介绍了各标准体系的制定机构、制定人员、制定流程、修订和更新的依据与过程等；对工程实践主要涉及的 42 个岩土室内试验，按照实际操作的四个阶段进行了综合编排：试验准备、试验操作、数据处理及试验总结。该篇可使从业人员全面了解国内外岩土测试标准和规范的制定方式，同时以流程图的形式呈现了各试验的具体操作，强调了技术要点、难点以及易出错环节。第三篇（第 9 ~ 10 章）分别从试验的适用范围、试验仪器、试样要求、试验操作以及数据处理五个方面，对 GB、ASTM 和 BS 所包含的岩土试验标准和规范进行了详细对比分析，以表格的形式直观清晰地呈现给读者各标准间的异同点。四个附录：附录 1 和 2，基于对国内外文献的汇总和分析，归纳了土和岩石的基本物理、化学、力学及动力学参数的参考值；附录 3，经国际同行专家反复论证，以字典形式给出了岩土测试基本专业术语的中英文定义；附录 4，提供了完整准确的岩土测试常用物理量的中英文名称、标准符号以及各物理量单位间的换算。

本书可为本硕博在读学生、科研工作者以及工程从业者提供一个一站式的知识仓库。可作为高校地质资源与地质工程、土木工程、水利工程、矿业工程等专业的教学参考用书，提高教学效率和质量；同时，也是相关领域科研和工程技术人员的必备参考，以提升业内试验操作的规范性，提高试验数据的准确度和可靠度。

感谢为本书图件制作、稿件审阅、修改和出版付出时间和精力的各位专家和同仁。由于本书内容广泛，难免有不当之处，恳请读者予以指正，欢迎您将宝贵意见和建议反馈至作者邮箱（E-mail：li.dennis@hotmail.com），在此深表感谢。

李彦荣

2018 年 10 月于太原

目　录

第一篇　岩土力学基本理论

第二篇　国内外岩土测试方法

第三篇　国内外岩土测试标准对比

第一篇 岩土力学基本理论

岩土力学基本理论是从事岩土科学技术专门研究的重要基础,也是保证岩土测试精确性的重要前提。岩土力学主要研究岩石和土的物理化学特性与力学行为,涵盖土力学、岩石力学和岩体力学。主要应用领域涉及矿山、交通、国防、水利及民用建筑等行业。

土力学(Soil Mechanics)起源于18世纪产业革命后期,当时大量基础设施的兴建和科技进步,促使人们逐步开始对已积累的土力学经验作出理论上的解释。

1773年,法国学者库仑(C. A. Coulomb)提出了土的抗剪强度理论。

1775年,库仑发表了挡土墙土压力计算方法(即库仑土压力理论)。

1856年,法国学者达西(H. Darcy)基于砂土透水性试验研究,提出了著名的达西定律。

1857年,英国学者朗肯(W. J. M. Rankine)提出了朗肯土压力理论,与库仑土压力理论并驾齐驱。

1885年,法国学者布辛奈斯克(J. Boussinesq)给出了土中应力分布的解析解,被后人称为布辛奈斯克课题。

1916年,瑞典学者彼得森(K. E. Petterson)、美国学者泰勒(D. W. Taylor)和瑞典学者费伦纽斯(W. Fellenius)等提出并发展了用于土坡稳定性分析的圆弧滑动法。

1920年,法国学者普朗特尔(L. Prandtl)发表了用于地基土失稳计算的数学公式,用于计算地基承载力。

1923年,太沙基(K. Terzaghi)发表了土的固结理论,同时提出了有效应力原理。

1925年,太沙基出版了世界上第一本土力学专著*Erdbaumechanik*(《建立在土的物理学基础的土力学》),标志土力学成为一门独立的学科。

1941年,比奥(M. A. Biot)从较严格的固结机理出发推导了准确反映孔隙压力消散与土骨架变形相互关系的三维固结方程,即真三维固结理论。

1941年,苏联学者索科洛夫斯基(B. B. Соколовский)将古典塑性理论引入了土力学,建立了散体静力学。

1963年,罗斯科(K. H. Roscoe)等创建并发表了著名的剑桥弹塑性模型,标志着人们对土性质的认识和研究突破了刚塑性理论模型的框架。

20世纪50~60年代,土力学处于理论和技术的完善和发展阶段。1955年,英国学者毕肖普(A. W. Bishop)发展了古典圆弧滑动法,提出了土坡稳定计算中考虑条间水平力的方法,并应用有效强度指标计算土坡稳定。之后,挪威学者简布(N. Janbu)与加拿大学者摩根斯坦(N. R. Morgenstern)等相继提出了考虑条间力、滑动面可为任意形状的土坡稳定计算方法。

随着电子计算机的问世和应用,土力学的研究进入了快速发展阶段。新的非线性应力应变关系和应力应变模型(如邓肯-张模型、剑桥模型)逐渐被提出并被工程界采用;针对土体微观结构、非饱和土等的研究进一步将土的基本特性、有效应力原理、固结理论、土动力特性以及流变特性推向了新的发展阶段。

岩石力学(Rock Mechanics)萌芽于19世纪末,其间初步解答了岩石开挖的力学计算问题。1921年,格里菲斯(A. A. Griffith)提出了脆性材料失效理论,并于1931年开始使用离心机模拟矿山开采中的岩体失稳。20世纪50年代起,世界上高坝、高边坡、大跨度高边墙地下建筑的兴建,对岩石力学研究提出了要求,促进了岩石力学的系统发展。1956年4月,在美国科罗拉多矿业学院(Colorado School of Mines)举行的专业会议上,开始正式使用“岩石力学”这一名词,并汇编了《岩石力学论文集》。1957年,法国学者塔罗勃(J. Talobre)的《岩石力学》是最早问世的岩石力学著作,标志着岩石力学学科的形成。

1963年,国际岩石力学学会(International Society for Rock Mechanics,ISRM)在奥地利萨茨堡成立。1966年,第一次国际岩石力学会议在葡萄牙里斯本召开,从此每四年召开一次,有力地推进了岩石力学的发展。

岩体力学是在岩石力学的基础上发展起来的一门学科,但国际上目前仍沿用岩石力学(Rock Mechanics)这一名词。自20世纪60年代起,国内外岩体力学工作者逐步认识到被结构面切割的岩体与完整的岩块力学行为有显著不同。1959年,法国马尔帕塞(Malpasset)拱坝失事以及1963年意大利瓦依昂(Vajont)水库岩质岸坡的大方量滑坡引起了世界各国岩体力学研究者的关注,相关研究进一步促进了岩体力学的发展。70年代中后期,岩体力学工作者越来越认识到岩体结构面在岩体力学行为中的重要性,并开展了大量的研究工作。此后,随着计算机技术的应用及普及,块体理论、断裂力学、损伤力学、分形几何、模糊数学等理论相继被引入岩体力学的基础研究和工程应用中,有力地促进了岩体力学的发展。

本篇包括第1~3章,分别详细介绍了土力学、岩石力学和岩体力学中同岩土测试紧密相关的理论知识,作为阅读和学习后续章节的基础。

第1章　土体的基本性质

岩石经过风化(包括物理、化学和生物风化)、搬运(通过重力、风、水、冰川等)、沉积(湖、海、陆、坡、残)以及再造(构造、风化、化学、重力、放射、温度、生物及胶结作用等)而形成的天然矿物松散集合体称为土[1]。在工程上,土是指能够用手碾捏而破碎的地质材料[2]。土体的性质主要包括物理性质(如基本物理指标、颗粒级配、稠度性质、压实性等)和力学特性(压缩特性和破坏特性等)两个方面。

1.1　基本特性和工程分类

土是由固体颗粒及颗粒之间孔隙中的气体和液体组成的天然沉积物,也称为固-液-气三相系。土颗粒之间的相互黏结或架叠构成土的骨架。土骨架内部的孔隙完全被水占满的土称为饱和土,土骨架孔隙仅含有空气的土称为干土[3]。

土中的固体颗粒是由成土母岩经过风化、搬运、沉积而形成。根据与母岩成分相同与否,成土矿物可分为原生矿物和次生矿物两类。由原生矿物组成的土体颗粒,属性与成土母岩相同,通常由成土母岩经物理风化作用形成,性质较稳定、无塑性、颗粒吸附水的能力较弱。常见的原生矿物有石英、长石、云母、角闪石和辉石。由次生矿物组成的土体颗粒,物质成分与母岩不同,通常由成土母岩经化学风化作用形成,粒径较小、性质不稳定、有较强的吸附水能力,含水率变化易引起体积的胀缩。次生矿物主要是黏土矿物,最常见的有高岭石、伊利石和蒙脱石三类。土体中也会有少量的有机质和易溶盐,测量方法可参考 GB/T 50123—1999、BS 1377-3 和 ASTM D2974-14。

水对土的物理力学性质有着显著的影响,也是造成许多岩土工程事故和地质灾害的直接原因。土中的水少部分以结晶水的形式紧紧吸附于固体颗粒的晶格内部,大部分以结合水和自由水的形式存在。黏土颗粒在水介质中具有带电特性,在其四周易形成电场。结合水被黏性土颗粒形成的电场吸附在土颗粒周围,不能传递静水压力且不能任意流动,根据与颗粒表面的距离、受电场作用力的大小,可分为强结合水和弱结合水。不受颗粒周围电场作用的水称为自由水,可分为毛细水和重力水。

土中气体可根据是否与大气连通分为自由气体和封闭气体(气泡)两类。当土受外力作用时,自由气体可被排出或吸收,不影响土体的弹性;封闭气体通常无法同外界大气产生联系,故而贡献于土体的弹性,也在一定程度上减小土体的透水性。

1.1.1　土体基本物理指标

土是由固相(固体颗粒)、液相(水)、气相(空气)组成的三相体。常用三相图来表示土的三相关系(图1.1),图中 m 表示质量,V 表示体积,下标 s、w、a 及 v 分别表示固体、水、气体

表 1.1　土的常用物理性质指标及基本换算公式

名称	符号	物理意义	表达式	单位	基本换算公式	其他换算公式
天然密度	ρ	单位体积的质量	$\rho=\frac{m}{V}$	g/cm^3	由试验直接测得	$\rho=\frac{G_s(1+\omega)}{1+e}\rho_w$，$\rho=\rho_d(1+\omega)$
比重	G_s	土粒的质量与同体积4℃时纯水的质量之比	$G_s=\frac{m_s}{V_s\times(\rho_w)_{4℃}}$	—		$G_s=\frac{e\,S_r}{\omega}$
含水率	ω	土中水的质量与固体土颗粒的质量之比	$\omega=\frac{m_w}{m_s}\times100\%$	%		$\omega=\frac{\rho}{\rho_d}-1$
孔隙比	e	土体中孔隙的体积与土颗粒的体积之比	$e=\frac{V_v}{V_s}$	—	$e=\frac{G_s\rho_w(1+\omega)}{\rho}-1$	$e=\frac{\rho_s}{\rho_d}-1=\frac{\rho_s(1+\omega)}{\rho}-1$，$e=\frac{n}{1-n}$，$e=\frac{\omega\,G_s}{S_r}$
孔隙率	n	土中孔隙占总体积的百分比	$n=\frac{V_v}{V}\times100\%$	%	$n=1-\frac{\rho}{G_s\rho_w(1+\omega)}$	$n=1-\frac{\rho_d}{\rho_s}=1-\frac{\rho}{\rho_s(1+\omega)}$，$n=\frac{e}{1+e}$
饱和度	S_r	土中孔隙水的体积与孔隙体积之比	$S_r=\frac{V_w}{V_v}\times100\%$	%	$S_r=\frac{\omega\,G_s\rho}{G_s\rho_w(1+\omega)-\rho}$	$S_r=\frac{\omega\,G_s}{e}$
干密度	ρ_d	单位体积内固体的质量	$\rho_d=\frac{m_s}{V}$	g/cm^3	$\rho_d=\frac{\rho}{1+\omega}$	$\rho_d=\frac{G_s\rho_w}{1+e}$，$\rho_d=\frac{\rho}{1+\omega}$，$\rho_d=\frac{n\,S_r}{\omega}\rho_w$
饱和密度	ρ_{sat}	土在饱和状态下，单位体积的质量	$\rho_{sat}=\frac{m_s+V_v\times\rho_w}{V}$	g/cm^3	$\rho_{sat}=\frac{\rho(G_s-1)}{G_s(1+\omega)}+\rho_w$	$\rho_{sat}=\frac{G_s+e}{1+e}\rho_w$，$\rho_{sat}=\rho'+\rho_w$，$\rho_{sat}=G_s\rho_w(1-n)+n\rho_w$
浮密度	ρ'	在地下水位下，单位土体积内固体质量减去同体积水的质量	$\rho'=\frac{m_s-V_v\times\rho_w}{V}$	g/cm^3	$\rho'=\frac{\rho(G_s-1)}{G_s(1+\omega)}$	$\rho'=\frac{G_s-1}{(1+e)}\rho_w$，$\rho'=\rho_{sat}-\rho_w$，$\rho'=(G_s-1)(1-n)\rho_w$

及孔隙。土的基本物理性质指标包括天然密度、比重、含水率、孔隙比、孔隙率、饱和度、干密度、饱和密度和浮密度等。各指标的物理意义及计算公式见表 1.1。

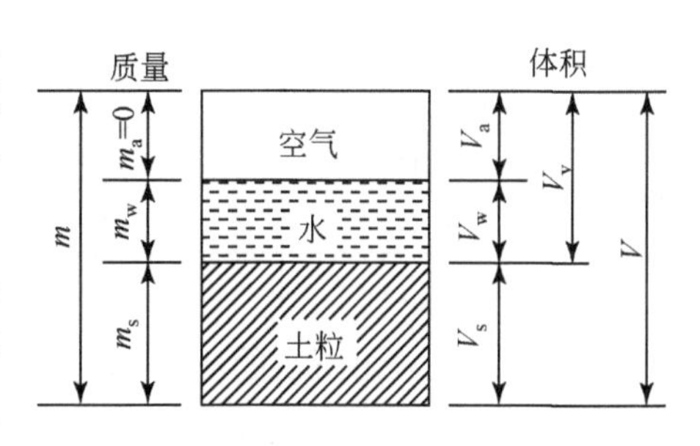

图 1.1　土的三相组成

密度、含水率、比重可由试验直接测得，其他物理指标可由这三项换算而得。密度反映了土体结构的松散程度，可用于计算自重应力、土压力、地基承载力和地基沉降量等，也是控制路基路面施工填土压实度的重要指标之一。密度试验可参考 GB/T 50123—1999、BS 1377-2 和 ASTM D7263-09。含水率反映土中水的含量，含水率的变化可改变土的稠度状态、结构强度、稳定性等。依据含水率可计算土的孔隙比、液性指数、饱和度等。含水率试验可参考 GB/T 50123—1999、BS 1377-2、ASTM D2216-10、ASTM D2974-14和 ASTM D4959-16。比重可用来计算孔隙比等，比重试验可参考 GB/T 50123—1999、BS 1377-2 和 ASTM D854-14。

常用的重量指标有天然重度(γ)、干重度(γ_d)、饱和重度(γ_{sat})和浮重度(γ')，它们分别对应着天然密度(ρ)、干密度(ρ_d)、饱和密度(ρ_{sat})和浮密度(ρ')。它们之间的换算公式为 $\gamma=\rho g$，$\gamma_d=\rho_d g$，$\gamma_{sat}=\rho_{sat} g$，$\gamma'=\rho' g$，其中 g 为重力加速度。

此外，由密度的基本定义可知：$\rho_{sat}>\rho>\rho_d>\rho'$，$\gamma_{sat}>\gamma>\gamma_d>\gamma'$。

1.1.2　土体颗粒级配

工程上通常把性质相近、颗粒粒径在一定范围内的土粒划分为一组，称为粒组。土的粒组通常包括黏粒、粉粒、砂粒、砾石、卵石和漂石，中国标准与英美标准分别采用不同的界限粒径(表 1.2)。比如，中国标准和美国标准中，粗粒组与细粒组的界限为 0.075mm；而英国标准则以 0.063mm 为界。

表 1.2　中英美标准粒组划分

粒组			GB	ASTM	BS
细粒	黏粒		$d\leq 0.005$		$d\leq 0.002$
	粉粒	细粉	$0.005<d\leq 0.075$		$0.002<d\leq 0.0063$
		中粉			$0.0063<d\leq 0.02$
		粗粉			$0.02<d\leq 0.063$
粗粒	砂粒	细砂	$0.075<d\leq 0.25$	$0.075<d\leq 0.425$	$0.063<d\leq 0.2$
		中砂	$0.25<d\leq 0.5$	$0.425<d\leq 2$	$0.2<d\leq 0.63$
		粗砂	$0.5<d\leq 2$	$2<d\leq 4.75$	$0.63<d\leq 2$
	砾石	细砾	$2<d\leq 5$	$4.75<d\leq 19$	$2<d\leq 6.3$
		中砾	$5<d\leq 20$	—	$6.3<d\leq 20$
		粗砾	$20<d\leq 60$	$19<d\leq 75$	$20<d\leq 63$

续表

粒组		GB	ASTM	BS
巨粒	卵石	$60<d\leqslant 200$	$75<d\leqslant 300$	$63<d\leqslant 200$
	漂石	$d>200$	$d>300$	$d>200$

注:粒径(d)单位为mm。

土体内各个粒组所占的比例称为颗粒级配,它反映了土体内粒组的组成情况。土的粒径组成(颗粒级配)是土的重要物理性质之一。如图1.2所示,根据颗粒分析试验结果画出颗粒级配曲线,纵坐标表示小于某粒径的土重含量;横坐标表示土的粒径,用对数尺度表示。颗粒分析试验可参考GB/T 50123—1999、BS 1377-2、ASTM D6913-04(Reapproved 2009)$^{\varepsilon1}$和ASTM D7928-16$^{\varepsilon1}$。

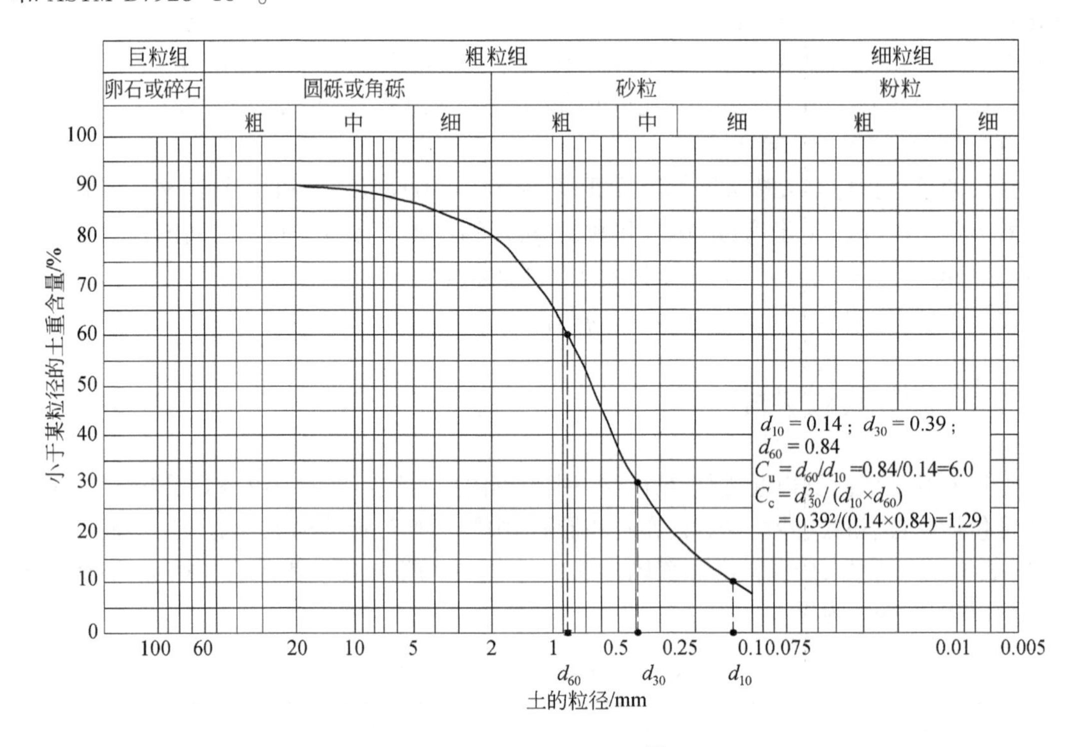

图1.2 颗粒级配曲线[3]

颗粒级配曲线上:小于某一粒径的土的质量占总土质量的10%,该粒径称为有效粒径(d_{10}),同理定义中间粒径(d_{30})和限定粒径(d_{60})。由上述三个参数可得到两个反映土的颗粒级配情况的系数:不均匀系数(C_u)和曲率系数(C_c),计算公式如下:

$$C_u=\frac{d_{60}}{d_{10}} \tag{1.1}$$

$$C_c=\frac{(d_{30})^2}{d_{10}\times d_{60}} \tag{1.2}$$

C_u反映土颗粒的分散程度,该值越大表示土的粒度组成越分散。C_c描述颗粒级配曲线的整体情况,反映颗粒粒径的缺失。土的粒径范围越大,颗粒粒径分布越不均匀,即粒径分配曲线所占的范围越大,曲线越平缓,土的颗粒级配越好,工程性质也会越好。中国标准《土的工程分类》(GB/T 50145—2007)规定,当砾或砂满足 $C_u \geqslant 5$ 和 $1 \leqslant C_c \leqslant 3$ 时,土的颗粒级配是良好的;当不能同时满足上述条件时,土的颗粒级配是不良的。

1.1.3　无黏性土的相对密实度

无黏性土一般是指砂(类)土和碎石(类)土。这两大类土中黏粒含量少,无可塑性,呈单粒结构。这两类土的物理状态主要取决于土的密实程度。无黏性土呈密实状态时,强度较大,压缩性低;呈松散状态时则强度较小,压缩性高。通常用相对密实度 D_r 来衡量无黏性土的密实程度,计算公式如下:

$$D_r = \frac{e_{max} - e_0}{e_{max} - e_{min}} \tag{1.3}$$

式中,D_r 为相对密实度;e_{max} 为无黏性土处在最松状态时的孔隙比;e_{min} 为无黏性土处在最密状态时的孔隙比;e_0 为无黏性土的天然孔隙比或填筑孔隙比。

无黏性土的相对密实度评价标准如下:

$$0 < D_r \leqslant 1/3, \text{疏松}$$

$$1/3 < D_r \leqslant 2/3, \text{中密}$$

$$2/3 < D_r \leqslant 1, \text{密实}$$

土的最大与最小孔隙比之差反映颗粒级配的优劣,差值越大颗粒级配越好,差值越小颗粒级配越差。根据砂土的相对密实度可判断砂土所处的物理状态,土的相对密实度越大,土的压缩性越小,工程性质越好;反之,土的压缩性越大,工程性质越差。

最大孔隙比和最小孔隙比也可由试验测得的最小干密度(ρ_{dmin})和最大干密度(ρ_{dmax})换算而得,因此式(1.3)也可写为

$$D_r = \frac{(\rho_d - \rho_{dmin})\rho_{dmax}}{(\rho_{dmax} - \rho_{dmin})\rho_d} \tag{1.4}$$

最大和最小干密度试验可参考 GB/T 50123—1999、BS 1377-4、ASTM D4253-16 和 ASTM D4254-16。

1.1.4　黏性土的稠度

黏性土在一定含水率下抵抗外力作用引起变形或破坏的能力称为稠度[4]。按抵御外部能力逐渐减弱的顺序,黏性土的稠度状态依次为固态(土体在含水率改变的条件下,体积不发生变化)、半固态(土体在外力作用下不产生较大的变形且易碎裂)、可塑状态(土受外力作用可被捏成任意形状而不破坏,外力卸去后仍保持改变后的形状)、流动状态(不能保持形状,具有流动性)。土从一种稠度状态过渡到另一种稠度状态的界限含水率称为稠度界限。土中含水量逐渐增加,从固态过渡到半固态的界限含水率为缩限(ω_S),从半固态过渡到可塑状态的界限含水率为塑限(ω_P),从可塑状态过渡到流动状态的界限含水率为液限(ω_L)。界限含水率试验可参考 GB/T 50123—1999、BS 1377-2 和 ASTM D4318-$10^{\varepsilon 1}$。

由稠度界限可以得到反映黏性土可塑性的两个重要指标：塑性指数(I_P)和液性指数(I_L)。塑性指数反映土在可塑状态时含水率的可变化范围，表达式为

$$I_P=\omega_L-\omega_P \tag{1.5}$$

塑性指数一般以略去%后的值来直接表示。塑性指数大，表明该土体在可塑状态下能吸附的结合水多，亦间接表明该土体内黏粒含量高、所包含黏土矿物的吸水能力强。工程实践中，常以塑性指数对细粒土进行分类和评价，将粒径大于0.075、颗粒含量不超过总质量50%且塑性指数大于10的土称为黏性土[3-5]。

液性指数I_L反映黏性土的软硬状态(表1.3)，表达式为

$$I_L=\frac{\omega-\omega_P}{\omega_L-\omega_P}=\frac{\omega-\omega_P}{I_P} \tag{1.6}$$

表1.3　黏性土软硬状态划分[4]

状态	坚硬	硬塑	可塑	软塑	流塑
液性指数	$I_L\leq 0$	$0<I_L\leq 0.25$	$0.25<I_L\leq 0.75$	$0.75<I_L\leq 1.0$	$I_L>1.0$

此外，由塑性指数可以计算得到土体的活动度(A)[黏性土塑性指数与土中胶粒含量百分数(m)的比值，见式(1.7)]。土体的活动度反映黏性土中所含矿物的活动性。

$$A=\frac{I_P}{m} \tag{1.7}$$

式中，m为土体中胶粒($d<0.002$mm)含量百分数。

黏土可根据活动度大小分为3类：

$A<0.75$，不活动黏土

$0.75<A<1.25$，正常黏土

$A>1.25$，活动黏土

1.1.5　土的结构性与触变性

土的结构性包含土粒大小、形状、表面特征、土粒间的联结关系和土粒的排列情况。当原状土受到扰动之后，土体的结构发生改变，从而土体的强度也发生改变。土的结构对土力学性质影响的强烈程度，称为土的结构性强弱[6]。反映土体结构性的指标为灵敏度。灵敏度定义为原状土的无侧限抗压强度与重塑土(相同密度、含水率)的无侧限抗压强度之比，它反映了黏性土结构性的强弱，计算公式为

$$S_t=\frac{q_u}{q_u'} \tag{1.8}$$

式中，S_t为黏土的灵敏度；q_u为原状黏土的无侧限抗压强度(kPa)；q_u'为重塑黏土的无侧限抗压强度(kPa)。

根据灵敏度的数值可将黏性土分为3类：

$S_t>4$，高灵敏土

$$2<S_t\leqslant4，中灵敏土$$
$$S_t\leqslant2，低灵敏土$$

在地基施工中，若遇到灵敏度高的土，应当加强对基槽周围土体的保护，避免周围行人的践踏使土体受扰动强度降低。

对于灵敏度高的黏土，经重塑后停止扰动，静置一段时间后强度又会部分恢复。在含水率不变的条件下黏土因扰动而软化（强度降低），软化后又随静置时间延长而硬化（强度增长）的这种性质称为黏土的触变性。可以在土体施工时利用土的触变性，如在打桩时可先将土体扰动，降低土体强度，使桩容易打入；当打桩停止后，静置一段时间后土体的一部分强度恢复，使桩的承载力提高。

1.1.6　土的压实性

填土用在很多工程建设中，如地基、路基、土堤和土坝，特别是高土石坝，往往方量达数百万方甚至千百万方以上。进行填土时，可采用夯打、振动或碾压等方法，使土得到压实，以提高土的强度，减小压缩性和渗透性，从而保证地基和土工建筑物的稳定。压实是指土体在压实能量的作用下，土颗粒克服粒间阻力产生位移，使土中的孔隙减小，密度增加。

压实细粒土宜用夯击机具或压强较大的碾压机具，同时必须控制土的含水率。压实粗粒土时，宜采用振动机具，同时充分洒水。两种不同的做法说明细粒土和粗粒土具有不同的压实性质。

对于细粒土，压实性主要通过最大干密度（ρ_{dmax}）和最优含水率（ω_{opt}）来反映。在击实功一定，土体干密度与含水率的关系曲线呈抛物线状时，土体干密度所能达到的最大值称为最大干密度，对应的含水率称为最优含水率。如图 1.3 所示，当含水率小于最优含水率时，土体击实后的干密度随含水率增加而增大；当含水率大于最优含水率时，土体击实后的干密度随含水率增大而降低。土体的最大干密度和最优含水率并非一个常数，击实功越大，最优含水率越小，最大干密度越大。同一种土，干密度越大，孔隙比越小，所以最大干密度对应土的最小孔隙比。理论上，在某一含水率下，将土压实到最密，即将土孔隙中的空气全部排出，使土达到饱和状态，此时所能达到的最大干密度为该含水率下饱和土体的干密度，饱和土体干密度与含水率之间的关系为$\rho_d=\dfrac{\rho_w G_s}{1+\omega_{sat}G_s}$。最优含水率和最大干密度可通过土的击实试验测得，试验可参考 GB/T 50123—1999、BS 1377-4、ASTM D698-12$^{\varepsilon2}$和 ASTM D1557-12$^{\varepsilon1}$。

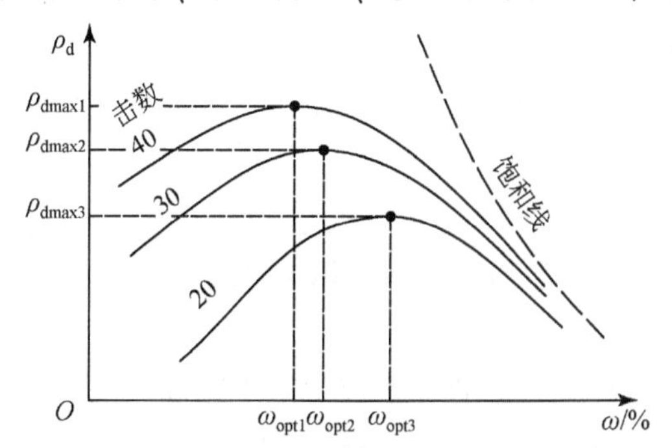

图 1.3　不同击数下细粒土的压实曲线

对于粗粒土，击实结果如图 1.4 所示，可以看出击实曲线与黏性土不同，在含水率为零或较高含水率状态下获得最大干密度。在粗粒土的实际填筑中，通常需要不断洒水使土在较高的含水率下压实，粗粒土的填筑标准通常用相对密实度来控制，一般不进行击实试验，仅 BS 将粗粒土的击实收录于击实试验中，可参考 BS 1377-4。

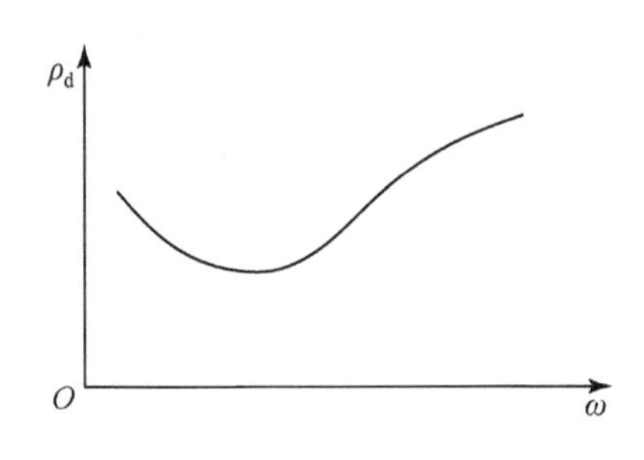

图 1.4　粗粒土的击实曲线

1.1.7　黏性土的胀缩性

黏性土由于含水量的增加而发生体积增大的性质称为膨胀性；由于土中水分蒸发而引起体积减小的性质称为收缩性，两者统称胀缩性。黏性土中的蒙脱石和伊利石均具有吸水膨胀和失水收缩的特性。其中，蒙脱石吸水后体积可增加数倍，伊利石的胀缩性小于蒙脱石。膨胀土就是由于黏粒中存在一定量蒙脱石。一般蒙脱石含量在 5% 以上，土体就会有明显的膨胀性[7]。

膨胀性指标有自由膨胀率(δ_{ef})、有荷载膨胀率(δ_{ep})、无荷载膨胀率(δ_e)和膨胀力(P_e)。自由膨胀率是指以人工制备的松散干燥试样在纯水中膨胀稳定后的体积增量与原体积之比；有荷载膨胀率指试样在有侧限条件下，上部受到荷载作用浸水膨胀后的膨胀量与试样原高度的比值；无荷载膨胀率与有荷载膨胀率类似，区别在土体上部未受到荷载作用；膨胀力是黏质土遇水而产生的内应力，数值上等于试样膨胀到最大限度以后，再加荷载直到试样恢复到初始体积所需的压力。这四个指标可分别由自由膨胀率试验、有荷载膨胀率试验、无荷载膨胀率试验和膨胀力试验测得，具体试验可参考 GB/T 50123—1999。同时，BS 收录了膨胀力试验，可参考 BS 1377-5。ASTM 介绍了有荷载膨胀率试验、无荷载膨胀率试验和膨胀力试验，可参考 ASTM D4546-14。

黏性土的收缩性指标有线缩率(δ_{si})、体缩率(δ_v)和收缩系数(λ_n)。线缩率指土体在收缩过程中收缩的高度与原高度之比。体缩率指土体收缩前后体积变化量与原体积之比，土体收缩前后体积变化量可由土体收缩前体积减去烘干后体积得出。随着土体含水率减小，土的收缩过程大致可分为三个阶段(图 1.5)：第Ⅰ阶段，土体收缩率同含水率的减少呈线性关系；第Ⅱ阶段，随含水率的减少，土体收缩率降低趋势逐渐变小；第Ⅲ阶段，含水率持续减小，但土体不再收缩或收缩甚微[8]。收缩系数为第Ⅰ阶段(斜线段)的斜率。第Ⅰ阶段和第Ⅲ阶段的线段延长线交点 A 所对应的含水率是土体的缩限 ω_S。

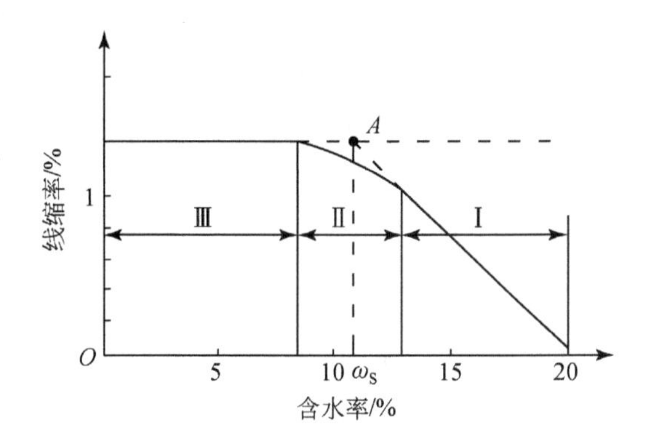

图1.5 线缩率与含水率的关系[9]

1.1.8 黄土的湿陷性

黄土的湿陷性指黄土浸水后在自重或外荷载作用下结构破坏发生下沉的性质。在荷载作用下,黄土受水浸湿后开始出现湿陷的压力,称为湿陷起始压力。

广义的黄土湿陷性变形主要分为湿陷变形和渗透溶滤变形。湿陷变形是指黄土在荷载和浸水作用下,由于结构破坏而突然产生的变形。湿陷系数(δ_s)是反映黄土湿陷变形的指标,计算公式为

$$\delta_s = \frac{h_p - h'_p}{h_0} \tag{1.9}$$

式中,h_0为试样初始高度(mm);h_p为试样加压变形稳定后的高度(mm);h'_p为上述加压稳定试样浸水变形稳定后的高度(mm)。

湿陷系数同时是判断黄土是否具有湿陷性的指标,当$\delta_s \geqslant 0.015$时,判定为湿陷性黄土;当$\delta_s < 0.015$时,判定为非湿陷性黄土。

渗透溶滤变形是指黄土在荷载和渗透水的长期作用下,由盐类溶滤和土中孔隙被压密而产生的变形。溶滤变形系数(δ_{wt})是反映黄土渗透溶滤变形的指标,计算公式为

$$\delta_{wt} = \frac{h_z - h_s}{h_0} \tag{1.10}$$

式中,h_0为试样初始高度(mm);h_z为在饱和自重压力下,试样变形稳定后的高度(mm);h_s为在某级压力下,长期渗透引起的溶滤变形稳定后的试样高度(mm)。

受水浸湿之后,在自重力作用下即发生湿陷的黄土称为自重湿陷性黄土;在附加压力作用下才发生湿陷的称为非自重湿陷性黄土。判断指标为自重湿陷系数(δ_{zs}),计算公式为

$$\delta_{zs} = \frac{h_z - h'_z}{h_0} \tag{1.11}$$

式中,h'_z为在饱和自重压力下,试样浸水湿陷变形稳定后的高度(mm);其他符号意义同式(1.10)。

反映黄土湿陷性的各项指标可由湿陷试验测得,可参考GB/T 50123—1999。对于房屋

地基,主要是测定湿陷起始压力、规定压力下的湿陷系数和自重湿陷系数三个指数;而对于水工建筑物,主要是测定施工和运行阶段相应的湿陷性指标,包括湿陷起始压力、规定压力下的湿陷系数、自重湿陷系数和溶滤变形系数。

1.1.9　土的承载比与回弹模量

承载比(California Bearing Ratio,CBR)和回弹模量是反映土基力学特性的主要指标。在我国现行公路设计方法中,承载比常作为检验土基强度的指标,土基回弹模量常被选用为土基设计参数。

土的承载比试验是美国加利福尼亚州提出的一种评定基层材料承载能力的试验方法,用以反映土体材料抵抗局部荷载压入变形的能力。其具体指当贯入柱(ø50mm×100mm)贯入土体材料达到2.5mm(或5mm)时的单位压力与标准荷载强度的比值,以百分数表示[10],计算公式为

$$\mathrm{CBR}_{2.5}(\%)=\frac{p}{7000}\times 100$$
$$\mathrm{CBR}_{5}(\%)=\frac{p}{10500}\times 100 \tag{1.12}$$

式中,p 为贯入柱贯入深度2.5mm(或5mm)时的单位压力(kPa);7000为贯入深度2.5mm时的标准荷载强度(kPa);10500为贯入深度5mm时的标准荷载强度(kPa)。

承载比试验可参考GB/T 50123—1999、BS 1377-4和ASTM D1883-16。

回弹模量(E_e)指路基、路面及筑路材料在荷载作用下产生的应力与对应回弹应变的比值。它反映土在弹性变形阶段内抵抗竖向变形的能力。回弹模量大小与含水率、干密度、土的类型和加载频率等有关,其中含水率的影响最大,含水率越大,回弹模量则越小[11]。回弹模量计算公式为

$$E_e=\frac{\pi pD}{4l}(1-\mu^2) \tag{1.13}$$

式中,E_e为回弹模量(kPa);p 为承压板上的单位压力(kPa);D 为承压板直径(cm);l 为相当于单位压力的回弹变形(cm);μ 为土的泊松比。

回弹模量试验具体操作参考GB/T 50123—1999。

1.1.10　土的渗透性

土的渗透性是指土体允许水渗透通过的性能,反映该性质的重要指标是土的渗透系数(k)。当土体内水流速较低时,渗流流速和水力梯度的关系满足达西定律,即

$$v=\frac{q}{F}=ki \tag{1.14}$$

式中,k 为土的渗透系数(cm/s);q 为渗透通过的总水量($\mathrm{cm^3/s}$);F 为通过水量的总横断面积($\mathrm{cm^2}$);i 为水力梯度,沿渗透方向的水头损失与渗透距离的比值;v 为渗透速度(cm/s)。

土的渗透系数是单位水力梯度(即 $i=1$)时的渗流速度,在工程设计中常被用于计算地基沉降速率、沉降量、设计排水方案以及在地下水位以下施工时计算地下水的涌水量等。渗

透系数的大小与土的孔隙度、颗粒大小、级配、温度等因素有关,可由渗透试验测得,试验可参考GB/T 50123—1999、BS 1377-5和BS 1377-6。

地下水渗流会对土体骨架产生体积力,称为动水力(G_D),计算公式为$G_D = i\gamma_w$,单位为kN/m^3。动水力与土体作用于水流的阻力大小相等,方向相反。若水流的方向从上向下,此时由地下水流动产生的动水力作用方向与土体所受重力方向一致,土体被压实;若水流方向自下而上,土体所受动水力方向与重力方向相反,当动水力与浮力之和大于土体所受的重力时,土体会被水流带起,造成流土破坏,发生条件为

$$i \geqslant i_{cr} = \frac{\gamma'}{\gamma_w} \tag{1.15}$$

式中,i_{cr}为土体的临界水力梯度;γ'为土体的浮重度(kN/m^3);γ_w为水的重度(kN/m^3)。

同时,当土体粒径级配不连续时(土体中粒径有缺失),水流会将粗颗粒间的细颗粒带走,产生管涌破坏,易形成地下土洞。土洞在水流作用下逐渐扩大则会导致地表塌陷。

1.1.11　土的工程分类

土的工程分类是工程勘测的主要任务,亦是工程设计的重要前提。

土的工程分类一般有下列几种方法:

(1)按地质成因可分为残积土、坡积土、洪积土、冲积土、风积土、冰积土等。

(2)按地质沉积年代可分为老沉积土、一般沉积土和新沉积土。

(3)按颗粒级配和塑性指数可分为碎石类土、砂类土、粉土和黏性土。

(4)按有机质含量可分为无机土、有机土、泥炭质土和泥炭。

(5)按地区和土工程性质的特殊性可分为一般土和特殊土(如黄土、软土、红黏土及冻土等)。

各国对土的分类方法有所不同,这里主要讲述中国的《土的工程分类标准》(GB/T 50145—2007)。英国和美国对土的分类分别主要采用BS 5930-99和ASTM D2487-06。

对土进行分类的第一步是对有机土和无机土的判别。若土的全部或大部分是有机质,该土就属于有机土;含少量有机质时为有机质土;否则,属于无机土。有机质通常呈黑色、青黑色或暗色,有臭味、弹性和海绵感,可采用目测、手摸或臭感来判别。当不能经验判别时,可由试验测定。对于无机土,根据粒组的相对含量由粗到细可将土分为巨粒土、粗粒土和细粒土三大类后再进一步细分,详见表1.2。

当土中巨粒组含量大于等于总质量的15%时,按巨粒类土分类标准分类,见表1.4。当土中巨粒含量小于总质量的15%时,扣除巨粒,按粗粒土或细粒土的相应规定分类定名;当巨粒对土的总体性状有影响时,可将巨粒计入砾粒组进行分类。

表1.4　巨粒土和含巨粒土的分类[12]

土类	粒组含量		土类代号	土类名称
巨粒土	巨粒含量>75%	漂石含量大于卵石含量	B	漂石(块石)
		漂石含量不大于卵石含量	Cb	卵石(碎石)

续表

土类	粒组含量		土类代号	土类名称
混合巨粒土	50% <巨粒含量≤75%	漂石含量大于卵石含量	BSI	混合土漂石(块石)
		漂石含量不大于卵石含量	CbSI	混合土卵石(块石)
巨粒混合土	15% <巨粒含量≤50%	漂石含量大于卵石含量	SIB	漂石(块石)混合土
		漂石含量不大于卵石含量	SICb	卵石(碎石)混合土

试样中粗粒组含量大于总质量的50%的土称为粗粒类土。粗粒类土又分为砾类土和砂类土两类。粗粒类土中砾粒组含量大于砂粒组含量的土称砾类土;砾粒组含量不大于砂粒组含量的土称砂类土。

砾类土和砂类土按试样中细粒含量和土的级配可进一步细分,见表1.5和表1.6。

表1.5　砾类土的分类[12]

土类	粒组含量		土类代号	土名称
砾	细粒含量<5%	级配 $C_u \geqslant 5$, $C_c=1\sim3$	GW	级配良好砾
		级配不能同时满足上述要求	GP	级配不良砾
含细粒土砾	细粒含量5%～15%		GF	含细粒土砾
细粒土质砾	15%≤细粒含量<50%	细粒组中粉粒含量≤50%	GC	黏土质砾
		细粒组中粉粒含量>50%	GM	粉土质砾

表1.6　砂类土的分类[12]

土类	粒组含量		土类代号	土名称
砂	细粒含量<5%	级配 $C_u \geqslant 5$, $C_c=1\sim3$	SW	级配良好砂
		级配不能同时满足上述要求	SP	级配不良砂
含细粒土砂	5%≤细粒含量<15%		SF	含细粒土砂
细粒土质砂	15%≤细粒含量<50%	细粒组中粉粒含量≤50%	SC	黏土质砂
		细粒组中粉粒含量>50%	SM	粉土质砂

试样中细粒组质量大于或等于总质量的50%的土称为细粒类土。细粒类土应按下列规定划分:

(1)试样中粗粒组质量小于总质量的25%的土称为细粒土;

(2)试样中粗粒组质量为总质量的25%～50%的土称为含粗粒的细粒土;

(3)试样中有机质含量小于10%且不小于5%的土称为有机质土。

对细粒土可根据土的液限(17mm液限)和塑性指数进行细分,见表1.7。

表1.7　细粒土的分类[12]

土的塑性指标在塑性图中的位置		土类代号	土类名称
$I_P \geqslant 0.73(\omega_L-20\%)$ 和 $I_P \geqslant 7$	$\omega_L \geqslant 50\%$	CH	高液限黏土
	$\omega_L < 50\%$	CL	低液限黏土

续表

土的塑性指标在塑性图中的位置		土类代号	土类名称
$I_P<0.73(\omega_L-20\%)$或$I_P<4$	$\omega_L\geqslant 50\%$	MH	高液限粉土
	$\omega_L<50\%$	ML	低液限粉土

对细粒土分类时,若土内含有部分有机质,则土名前需加形容词“有机质”,土类代号后加O详细说明,如高液限有机质黏土(CHO),低液限有机质粉土(MLO)等;若细粒土内粗粒含量为25%～50%,则该土属含粗粒的细粒土,当粗粒中砂粒占优势,则属于含砂细粒土,并在代号后加S,如含砂低液限黏土(CLS),含砂高液限粉土(MHS)等。

1.2　土体内的应力

土体内的应力是分析土体力学行为的关键,应力从维度上可分为空间应力和平面应力。土体的应力按引起的原因分为自重应力和附加应力;按土体中土骨架和土中孔隙(水、气)的应力承担作用原理或应力传递方式可分为有效应力和孔隙应(压)力。对于饱和土体孔隙应力就是孔隙水应(压)力。

1.2.1　空间应力状态

物体受外力作用发生变形,内部各部分由于变形而产生抵抗变形的力被称为内力。由于内力的作用是维护物体各部分之间的平衡,因此,可以用截面法来进行分析和计算。如图1.6所示,在进行物体内某一截面上的内力计算时,可假想将物体在该截面分为两半,单独分析其中一半的平衡力系,进而求得目标截面上的内力。假定所研究的物体是连续的,那么在这一截面上的内力则分布于整个面上,应力即为此面上内力的集度,理论计算公式为

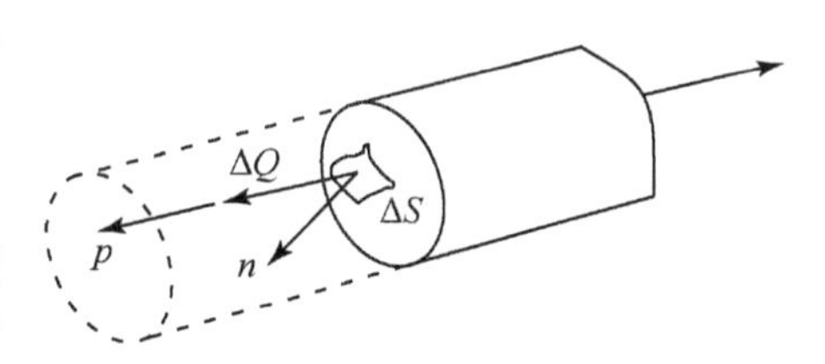

图1.6　内力与应力

$$\lim_{\Delta S\to 0}\frac{\Delta Q}{\Delta S}=p \tag{1.16}$$

式(1.16)可理解为在面积(ΔS)趋于零的单元上由内力(ΔQ)引起的应力为p。为计算简便,通常采用平均应力($\bar{p}$),计算公式为

$$\bar{p}=\frac{\Delta Q}{\Delta S} \tag{1.17}$$

应力(p)为一矢量,方向与内力(ΔQ)相同。因受ΔS方位变化的影响,应力矢量不仅随点的位置改变而变化,即使在同一点,也由于截面法线方向的改变而有所不同,这种性质称为一点的应力状态。因此,凡谈到应力,均须明确指出物体内的哪一点,通过该点哪一微分面的应力。应力矢量投影分量的分解方式有两种,一种是在给定的坐标系下沿坐标轴分解,

这种分解法在现实工程中应用不大,主要用于理论推导;另一种是将应力沿着截面法向和截面方向分解,分解为与截面垂直的正应力(法向应力,σ)和与截面平行的剪应力(τ)(图 1.7)。

取物体内一微元体(正六面体)分析应力状态,在空间直角坐标系中,微元体的每个面上均受到一个正应力和两个剪应力作用。相对的两个面上的 6 个应力,两两大小相等,方向相反。因此每一微元体可由 9 个应力分量来表示应力状态(图 1.8)。根据弹性力学,正应力的角标代表作用的面,剪应力角标中的第一个字母代表作用面,第二个字母代表作用方向。由此,任一微元体的应力状态均可由式(1.18)所示的应力矩阵来表示,即

$$[\sigma]=\begin{bmatrix}\sigma_{xx} & \tau_{xy} & \tau_{xz}\\ \tau_{yx} & \sigma_{yy} & \tau_{yz}\\ \tau_{zx} & \tau_{zy} & \sigma_{zz}\end{bmatrix} \tag{1.18}$$

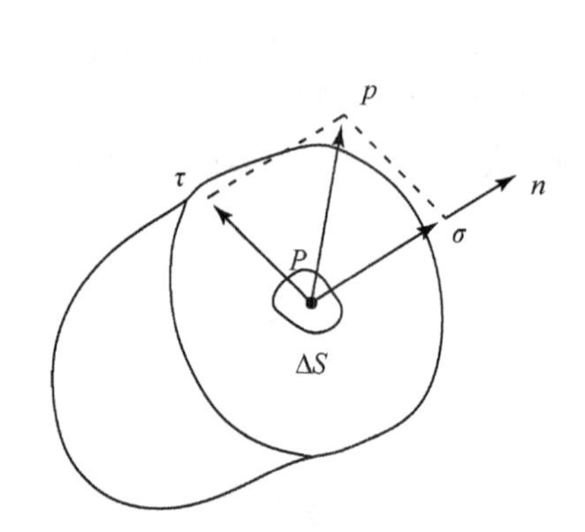

图 1.7　应力分解为正应力和剪应力[13]

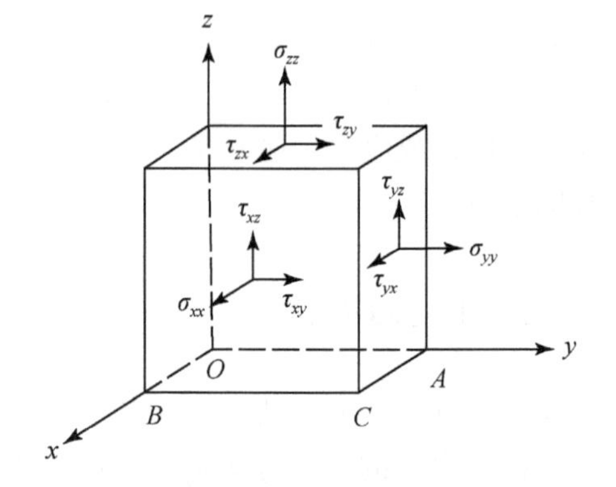

图 1.8　一点的应力状态(三维状态)[14]

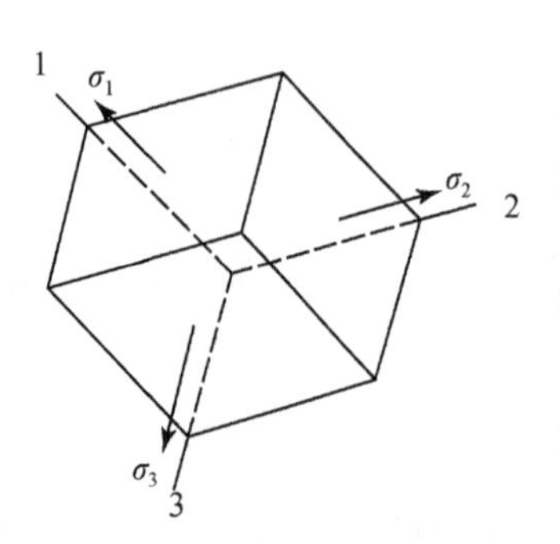

图 1.9　一点的主应力状态[14]

因为微元体处于平衡状态,所以式(1.18)中的 3 对剪应力两两相等:$\tau_{xy}=\tau_{yx}$,$\tau_{xz}=\tau_{zx}$,$\tau_{yz}=\tau_{zy}$,此时,9 个不同的应力分量可减少为 6 个。微元体的应力状态有时存在一种如图 1.9所示的特殊情况,即微元体各面上的剪应力均为零,只有正应力存在,此时,微元体上的 3 个正应力被称为主应力[最大主应力(σ_1)、中间主应力(σ_2)及最小主应力(σ_3)],承受主应力的平面被称为主平面。

三维应力状态可用由主应力($\sigma_1,\sigma_2,\sigma_3$)确定的三个莫尔应力圆来表示(图 1.10)。以正应力为横坐标,规定压应力为正,拉应力为负;剪应力为纵坐标,外法线方向,逆时针旋转的剪应力为正,顺时针旋转为负。圆 C_1 与横坐标的交点为 A 和 D,圆 C_2 与横坐标的交点为 A 和 B,圆 C_3 与横坐标的交点为 B 和 D。A 点的横坐标为 σ_3,D 点的横坐标为 σ_2,B 点的横坐标为 σ_1。应力圆 C_1 反映了垂直于 σ_1 平面上的剪应力和法向应力。同样,应力圆 C_2 和应力圆 C_3 分别表示垂直于 σ_2 和 σ_3 的各个面上应力状态。不垂直于主应力轴的平面的应力状态,可由下法确定:平面法线与 σ_1、σ_2 和 σ_3 轴的夹角分别为 α、β、γ,在 D 点沿 σ 轴作角

$BDK=\alpha$,作角 $ADL=\gamma$,以 C_1 和 C_3 为圆心、C_1K 和 C_3L 为半径作弧,两弧的交点 M 即可反映该面的应力状态,σ_M 为该面上受到的正应力,τ_M 为该面受到的剪应力。

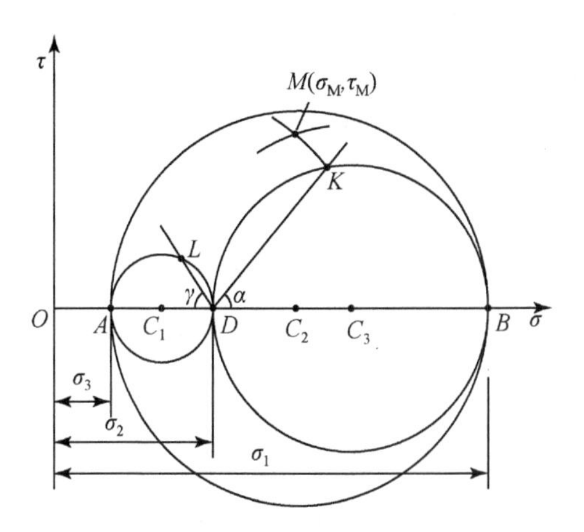

图 1.10　三维状态下的莫尔应力圆[15]

应变分为正应变(ε)和剪应变(γ),无量纲,用百分数表示。正应变为物体受正应力后沿正应力方向的变形量与原尺寸的比值。剪应变为微元体微分段两个夹角间的改变量。物体受拉力作用时垂直于受力方向的收缩应变与平行于受力方向的伸长应变的比值称为泊松比(μ),是反映物体横向变形特征的弹性参数。除泊松比外,反映物体弹性变形的参数还包括弹性模量(E)与剪切模量(G)。弹性模量为物体在弹性变形阶段受到单向拉伸或压缩应力作用,正应力与正应变的比值。剪切模量为物体在弹性变形阶段剪应力与剪应变的比值。

物体在空间应力作用下,应力与应变关系式为

$$\varepsilon_x=\frac{1}{E}[\sigma_x-\mu(\sigma_y+\sigma_z)] \tag{1.19}$$

$$\varepsilon_y=\frac{1}{E}[\sigma_y-\mu(\sigma_x+\sigma_z)] \tag{1.20}$$

$$\varepsilon_z=\frac{1}{E}[\sigma_z-\mu(\sigma_x+\sigma_y)] \tag{1.21}$$

$$\gamma_{xy}=\frac{\tau_{xy}}{G} \tag{1.22}$$

$$\gamma_{yz}=\frac{\tau_{yz}}{G} \tag{1.23}$$

$$\gamma_{zx}=\frac{\tau_{zx}}{G} \tag{1.24}$$

1.2.2　平面问题

现实中物体的受力状况多为空间问题,但当物体具有特殊的形状及承受特殊的外力状况时,可简化为平面问题来处理。这样不仅可以简化计算,且计算结果仍能满足工程精度需

求。平面问题可分为平面应力问题和平面应变问题。

1)平面应力问题

平面应力问题主要针对等厚薄板型物体,物体仅在沿板面方向受到外力作用。在现实中,深梁、平板坝及平板支墩的受力方式属于平面应力问题。如图 1.11 所示,设物体厚度方向为 z 轴,板面为 xoy 平面,则物体内各点的应力特征为

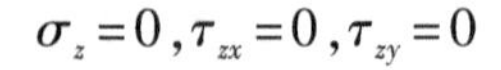

$$\sigma_z=0,\tau_{zx}=0,\tau_{zy}=0$$

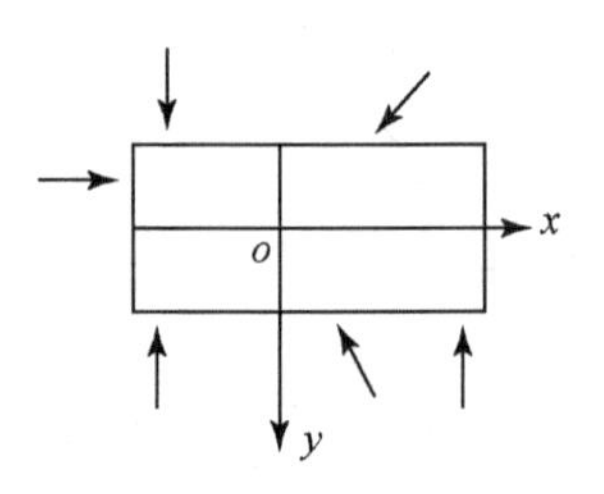

图 1.11　平面应力问题[16]

平面应力问题可直接由平面应力状态表示,平面应力状态下,物体内任意微元体所受应力为四个[图 1.12(a)],分别为σ_x、σ_y、τ_{xy}、τ_{yx},可采用应力矩阵表示为

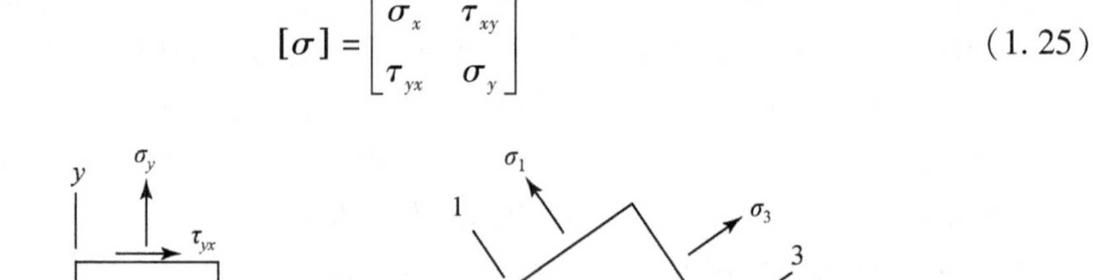

$$[\sigma]=\begin{bmatrix}\sigma_x & \tau_{xy}\\ \tau_{yx} & \sigma_y\end{bmatrix}\tag{1.25}$$

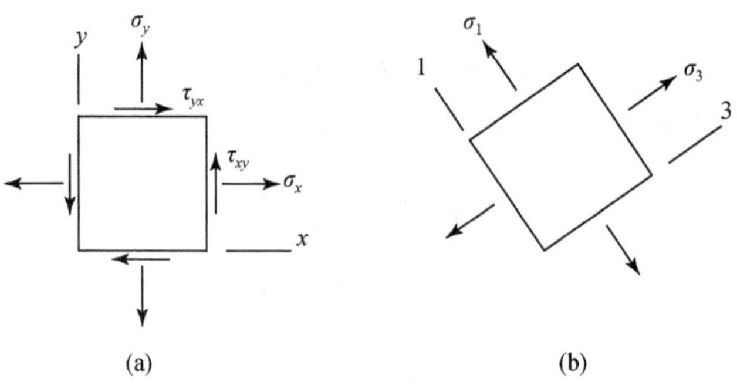

图 1.12　一点的应力状态(平面状态)[14]

当物体处于平衡状态时,根据力矩平衡原理得 $\tau_{xy}=\tau_{yx}$,因此,在平面状态下,一点的应力状态可由三个不同的应力分量(σ_x,σ_y,τ_{xy})表示。当剪应力为零时,一点的应力状态可由两个主应力(σ_1和 σ_3)表示[图 1.12(b)]。

平面应力状态可用二维状态下莫尔应力圆来表征任一点的应力状态。在画莫尔应力圆时,规定压应力为正,拉应力为负;外法线方向,逆时针旋转的剪应力为正,顺时针旋转为负。

以正应力为横坐标,剪应力为纵坐标,将微元体上正交的两个面的应力状态在图中以两点(A,B)表示[图 1.13(b)],以两点连线与 σ 轴的交点 C 为圆心,线段的半长为半径作圆,该圆便是某一点的莫尔应力圆,反映了此点的应力状态。

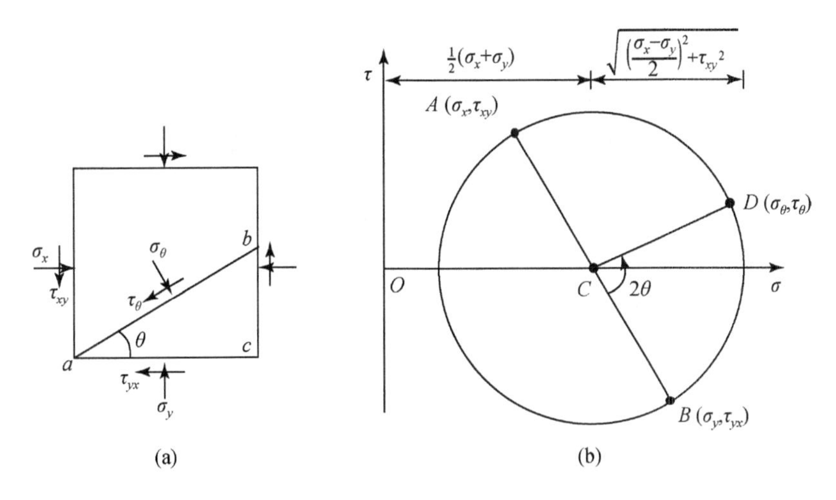

图1.13　平面应力下的莫尔应力圆

对于该微元体的任一斜面 ab[图1.13(a)],其与 ac 斜面的夹角为 θ,ac 斜面上的应力状态为[σ_y,τ_{yx}]。图1.13(b)中,ac 斜面应力状态对应点 B,以圆心 C 为中心逆时针旋转 2θ 所得的点 D 即对应 ab 斜面的应力状态,计算公式为

$$\sigma_\theta=\frac{\sigma_x+\sigma_y}{2}+\frac{\sigma_x-\sigma_y}{2}\cos 2\theta-\tau_{xy}\sin 2\theta \tag{1.26}$$

$$\tau_\theta=\frac{\sigma_x-\sigma_y}{2}\sin 2\theta+\tau_{xy}\cos 2\theta \tag{1.27}$$

莫尔应力圆与 σ 轴的交点为主应力(σ_1 和 σ_3),当以主应力 σ_1 和 σ_3 来表示任意斜面(与最大主应力面夹角为 θ 的斜切面)上的应力状态时,式(1.26)和式(1.27)转化为

$$\sigma_\theta=\frac{\sigma_1+\sigma_3}{2}+\frac{\sigma_1-\sigma_3}{2}\cos 2\theta \tag{1.28}$$

$$\tau_\theta=\frac{\sigma_1-\sigma_3}{2}\sin 2\theta \tag{1.29}$$

2)平面应变问题

平面应变问题主要针对长柱形物体。如图1.14(a)所示,假设物体的横截面为 xoy 平面,长度方向为 z 轴,物体所受力平行于横截面且不沿长度方向发生变化,物体两端受约束。平面应变问题物体内各点的应变特征为

$$\varepsilon_z=0,\gamma_{zx}=0,\gamma_{zy}=0$$

即关于 z 方向的应变都为零。在平面应变问题中,应力特征为 $\tau_{zx}=0$、$\tau_{zy}=0$。z 方向的应变并不为零,由于 $\varepsilon_z=0$ 且 $\varepsilon_z=\frac{1}{E}[\sigma_z-\mu(\sigma_x+\sigma_y)]$,所以 $\sigma_z=\mu(\sigma_x+\sigma_y)$。在工程实际中,重力式挡土墙所受的应力状态可以近似认为是平面应变问题。

该类问题中的应力分量为 σ_x、σ_y、σ_z 和 τ_{xy}[图1.14(b)],而 σ_z 可由 σ_x 和 σ_y 计算而得,因此亦可由 σ_x、σ_y、τ_{xy} 确定一点的应力状态。

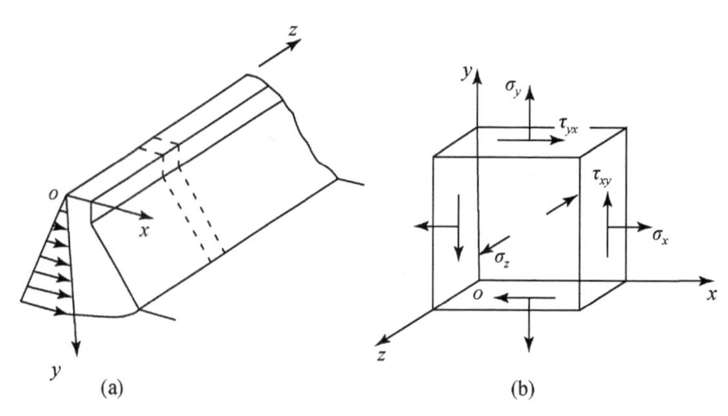

图 1.14　平面应变问题

1.2.3　土体内应力分类

土体内的应力可分为自重应力、附加应力、有效应力和孔隙水压力。

1) 自重应力和附加应力

土体应力按引起原因分为自重应力和附加应力两种。

由土体重力引起的应力称为自重应力。由外部荷载引起的应力称为附加应力,它是实际工程中引起土体变形的主要原因。修建建筑物前,土中应力为自重应力;修建建筑物后,土中的应力为自重应力和附加应力之和,称为总应力。

设地面水平,土层均匀,土的天然重度为 γ。在深部为 z 处取一微元体,微元体内竖向自重应力为

$$\sigma_{cz} = \gamma_1 z_1 + \gamma_2 z_2 + \cdots = \sum_{i=1}^{n} \gamma_i z_i \tag{1.30}$$

式中,σ_{cz}为土体自重应力(kPa);n 为微元体上方总的土层数;γ_i为第 i 层土的容重,地下水位以上用天然容重 γ,地下水位以下用浮重度 γ'(kN/m^3);z_i为第 i 层土的厚度(m)。

微元体所受的水平法向应力为

$$\sigma_{cx} = \sigma_{cy} = K_0 \sigma_{cz} \tag{1.31}$$

式中,K_0为静止侧压力系数。

土中附加应力随深度的增大而减小,在基础底面处的值与基底附加应力相等,且附加应力分布是从基底位置开始;土中附加应力分布存在应力扩散现象,距地面越深,应力分布的范围越大,即附加应力可以分布在荷载面积范围以外。

2) 有效应力与孔隙水压力

土中应力按土体骨架和孔隙的应力承担作用或按应力传递方式可分为有效应力(σ',由土颗粒骨架承担)和孔隙应力(u,由孔隙中的流体或气体承担)。饱和土体是由固体颗粒骨架和充满孔隙的水组成的两相体,孔隙应力全部由土中水承受,称为孔隙水压力,该力和有效应力共同承担总应力(σ),关系为

$$\sigma = u + \sigma' \tag{1.32}$$

式(1.32)称为有效应力原理,土的变形(压缩)与强度变化取决于有效应力的变化。当总应力恒定时,孔隙水压力(u)变化将直接导致有效应力(σ')改变,从而使土体体积和强度发生变化。静力平衡状态下,土颗粒周围各方向上水压力大小相等,不会导致土颗粒发生位移(因土颗粒压缩模量较大,在静水压力作用下,变形量通常忽略不计)。

孔隙水压力又可分为静孔隙水压力和超孔隙水压力。静孔隙水压力指在静止水位以下土中的水压力,一点的静孔隙水压力大小等于水的重度乘以该点距水平面的高度。超孔隙水压力指土体中超出静水压力的那部分孔隙水压力,由土体上覆荷载的变化而产生,随着排水固结而消散,一般用于解释土体的固结变形时的孔隙水压力变化。

1.3　土的压缩与固结

土的压缩指土在外力作用下,内部孔隙逐渐减小、体积缩小的现象。土的压缩通常包括瞬时压缩、固结压缩和蠕变三个部分。土的固结是指土中多余水排出,超孔隙水压力消散,土体发生压缩变形的过程。土体的压缩性参数和固结系数可由固结试验获取,固结试验可参考 GB/T 50123—1999、BS 1377-5、BS 1377-6 和 ASTM D2435/D2435M-11。

1.3.1　土的压缩

以压缩稳定后的孔隙比(e)为纵坐标,压应力(p)(或 $\lg p$)为横坐标,绘制压缩曲线(图1.15)。

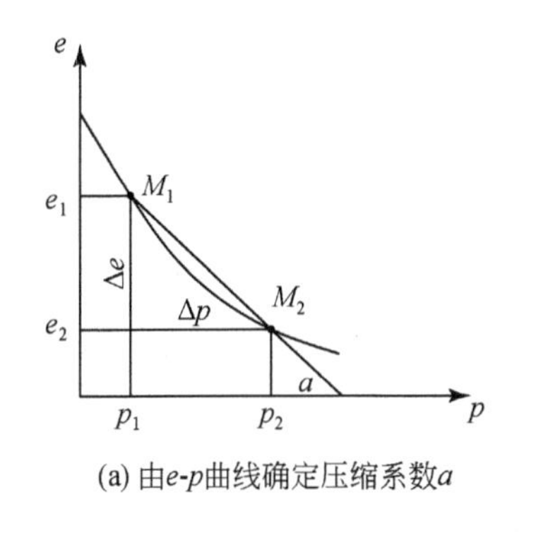

(a) 由e-p曲线确定压缩系数a

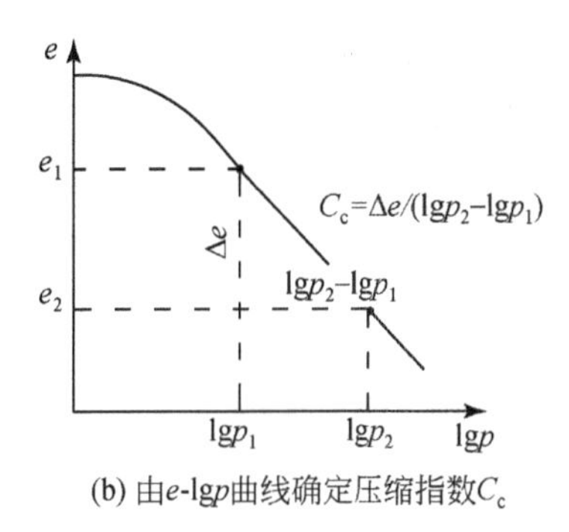

(b) 由e-$\lg p$曲线确定压缩指数C_c

图1.15　土体压缩曲线[3]

(1)压缩系数(a):e-p 曲线上任一割线 M_1M_2的斜率[图1.15(a)],计算公式为

$$a=\frac{e_1-e_2}{p_2-p_1}=-\frac{\Delta e}{\Delta p} \tag{1.33}$$

式中,a 为压缩系数(MPa^{-1});Δe 为压应力由 p_1增到 p_2时土体变化的孔隙比;Δp 为压应力由 p_1增到 p_2的变化量(kPa);e_1为压应力为 p_1时对应的土体孔隙比;e_2为压应力为 p_2时对应的土体孔隙比。

土的压缩系数是一个随应力水平而变化的值,在工程上,一般用 100 ~ 200kPa 的压缩系数(a_{1-2})来表征土的压缩性,a_{1-2}越高,土的(可)压缩性越大。

(2)压缩指数(C_c):e-lg$p$ 曲线上割线的斜率[图 1.15(b)],计算公式为

$$C_c=\frac{e_1-e_2}{\lg p_2-\lg p_1}=-\frac{\Delta e}{\lg\left(\frac{p_1+\Delta p}{p_1}\right)} \tag{1.34}$$

式中,C_c为压缩指数;其余符号意义同式(1.33)。

压缩指数同样反映土的压缩性,C_c值越大,土的压缩性越高。与压缩系数不同,在较高的压力范围内,压缩指数的值基本为一个常数,故而同 a_{1-2}相比,C_c更具代表性。

(3)压缩模量(E_s):在侧向约束条件下,土体压缩时竖向应力与竖向应变的比值,计算公式为

$$E_s=\frac{1+e_1}{a} \tag{1.35}$$

式中,E_s为压缩模量(MPa);e_1为初始孔隙比;a 为压缩系数(MPa^{-1})。

压缩模量体现土体在单向压缩条件下抵抗外力变形的能力,该值越大,土体的(可)压缩性越低。

(4)体积压缩系数(m_v):单位垂直压应力作用下土的垂直应变,其值为压缩模量 E_s的倒数,计算公式为

$$m_v=\frac{1}{E_s}=\frac{a}{1+e_1} \tag{1.36}$$

式中,m_v为体积压缩系数(MPa^{-1});其他符号意义同式(1.35)。

(5)土体的变形模量(E_0)是土体在无侧限条件下应力与应变之比,类似于理想弹性体的弹性模量。该值大小反映土体抵抗外力引致弹塑性变形的能力,可通过荷载试验或旁压试验获得,常用于瞬时沉降的估算。土体变形模量与压缩模量的关系为

$$E_0=E_s\left(1-\frac{2\mu^2}{1-\mu}\right) \tag{1.37}$$

因为土的泊松比通常小于等于 0.5,土的变形模量恒小于压缩模量。由土体压缩曲线得到的上述参数皆可用于土体沉降量(s)的计算(假设土体在有侧限条件下压缩):

$$s=\frac{-\Delta e}{1+e_1}H \tag{1.38}$$

$$s=\frac{a}{1+e_1}\Delta pH=m_v\Delta pH=\frac{1}{E_s}\Delta pH \tag{1.39}$$

式中,Δp 为土体上方所增加的附加应力(kPa);H 为土体未压缩前的高度。

式(1.38)是土体颗粒不变形的条件下,由土体孔隙比的变化推导而出。式(1.39)通过各压缩性指标对式(1.38)等价替换而得。因压缩系数在不同压力范围时的大小不同,式(1.39)的计算精度较低。

加载情况下,土的压缩变形通常包括弹性变形和塑性变形两部分;荷载移除后,只有塑性变形会被保留下来[图 1.16(a)]。压缩曲线中,卸荷与再压缩过程形成的环称为回滞环。在 e-lg$p$ 图中,回滞环的面积较小,在实际应用中常将其视为直线处理,该直线的斜率称为回弹指数(C_s)[图 1.16(b)],计算公式如下:

$$C_s = \frac{e_1 - e_2}{\lg p_2 - \lg p_1} = -\frac{\Delta e}{\lg\left(\frac{p_1 + \Delta p}{p_1}\right)} \tag{1.40}$$

式中，C_s为回弹指数；p_1、p_2为回滞环两端对应的压应力值（kPa）；e_1、e_2为回滞环两端 p_1、p_2对应的孔隙比。

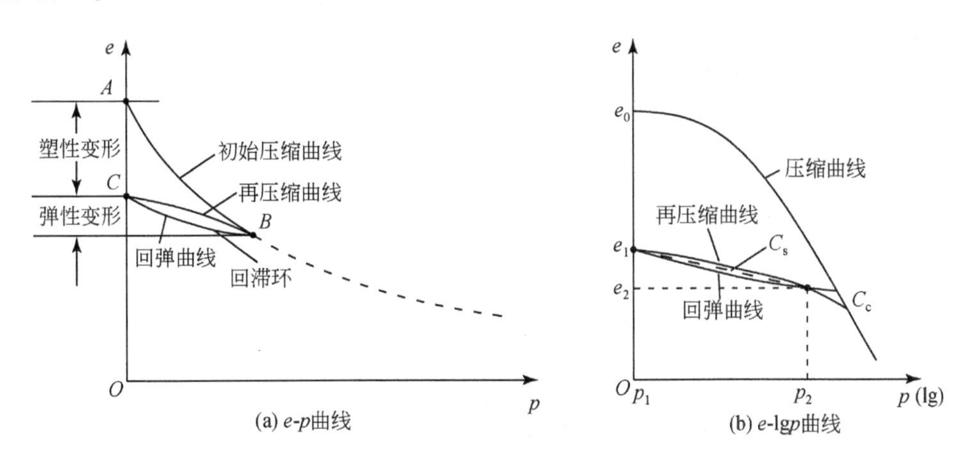

图 1.16　土体回弹–再压缩曲线[4]

土体的再压缩曲线表明土体的应力历史对土体的可压缩性有显著影响，土体再次受压时可压缩性明显降低。土体在历史上所受的最大应力被称为先期固结应力（p_c），先期固结应力与土体现时所受有效应力（p_0'）之比称为超固结比（OCR）。OCR 亦是土体分类的一个重要指标：

OCR>1，超固结土

OCR=1，正常固结土

OCR<1，欠固结土

1.3.2　土的固结

饱和土体在压力作用下，孔隙水逐渐排出，土的体积逐渐缩小的过程称为土的固结。太沙基于 1925 年提出土体一维固结理论，用于计算饱和土层在渗透固结过程中任意时间的变形。

太沙基一维固结理论的基本假定包括[17]：

(1) 土层是均质的、完全饱和的；

(2) 土粒和水是不可压缩的；

(3) 水的渗出和土层的压缩只沿一个方向（竖向）发生；

(4) 水的渗流遵从达西定律，且渗透系数保持不变；

(5) 孔隙比变化与有效应力变化成正比，即$-de/d\sigma' = a$，且压缩系数 a 保持不变；

(6) 外荷载一次瞬时施加。

如图 1.17 所示，厚度为 H 的均质、各向同性饱和黏土层位于不透水的岩层上方、砂土层下方。土体在自重应力作用下已固结稳定。此时地面上所施加的大小为 p 的连续均布荷载将在土层内部引起沿高度均匀分布的竖向附加应力，即 $\sigma_z=p$。以竖向为正方向，取黏土层下深度为 z 处的一微元体进行分析。在地面加载之前，单元体顶面和底面的测压管中水位均与地下水位齐平。在加荷瞬间（$t=0$ 时），测压管中的水位都将升高 h_0（$h_0=u_0/\gamma_w$，u_0 为加载初期形成的超静孔隙水压力，数值上等于附加应力 σ_z）。在固结过程中，超静孔隙水压力逐渐消散至零，测压管中水位逐渐下降至地下水水位高度。设在其中某一时刻 t，单元体顶面测压管中水位高出地下水位 h（$h=u/\gamma_w$，u 为此时的超静孔隙水压力）。当渗流发生后，单元体孔隙中水量发生变化，从而引起孔隙体积的改变。此时从单元体底面流入的流量为 q，从单元体顶面流出量为 $(q+\mathrm{d}q)$。

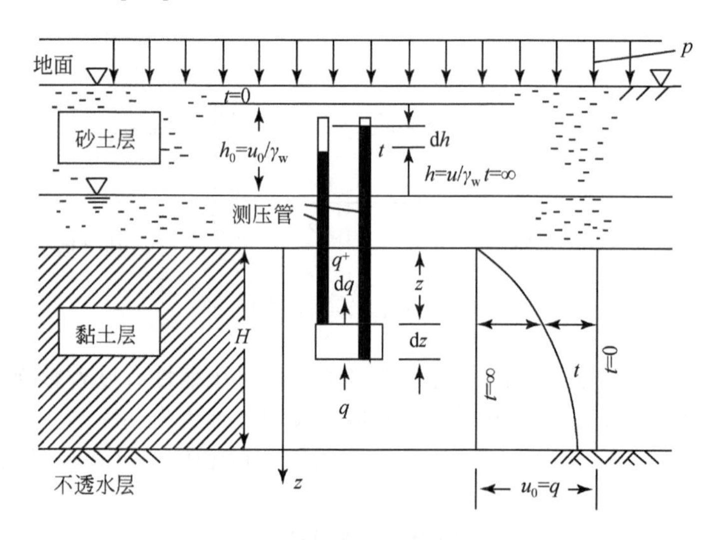

图 1.17　饱和土体固结模型

对饱和土而言，因孔隙被水充满，在 $\mathrm{d}t$ 时间内单元体净出水量等于单元体体积的减少量：

$$\mathrm{d}q=m_v\mathrm{d}\sigma'\mathrm{d}z \tag{1.41}$$

整个固结过程中，由于外荷载恒定，有效应力的增加量同孔隙水压力的减少量相等，则

$$\mathrm{d}\sigma'=\mathrm{d}(\sigma-u)=-\mathrm{d}u \tag{1.42}$$

根据达西定律，可得

$$\mathrm{d}q=ki\mathrm{d}t=k\frac{\mathrm{d}h}{\mathrm{d}z}\mathrm{d}t=\frac{k}{\gamma_w}\frac{\mathrm{d}u}{\mathrm{d}z}\mathrm{d}t \tag{1.43}$$

联解式(1.41)～式(1.43)，可得

$$-\frac{\partial u}{\partial t}=\frac{km_v}{\gamma_w}\frac{\partial^2 u}{\partial z^2}=C_v\frac{\partial^2 u}{\partial z^2} \tag{1.44}$$

式(1.44)便是经典的饱和土单向固结微分方程式。式中，C_v 为固结系数，反映土体的固结速率，其值越大，固结速率越快。

图 1.17 中所示工况的初始条件和边界条件如下：

$$t=0,0\leqslant z\leqslant H\text{ 时};u=p$$

$$0<t<\infty\ ,z=0\ 处;u=0$$

$$0<t<\infty\ ,z=H\ 处;q=0,\frac{\partial u}{\partial z}=0$$

$$t=\infty\ ,0\leqslant z\leqslant H\ 时;u=0$$

应用傅里叶级数,可求得的解答为

$$u=\frac{4}{\pi}p\sum_{m=1}^{\infty}\frac{1}{m}\sin\left(\frac{m\pi z}{2H}\right)e^{-m^2\frac{\pi^2}{4}T_v} \tag{1.45}$$

式中,m 为正奇数(1,3,5,…);T_v 为时间因数,无因次,表示为

$$T_v=\frac{C_v t}{H^2} \tag{1.46}$$

式中,H 为最大排水距离,在单面排水条件下取土层整体厚度,在双面排水条件下取土层厚度的一半。

在实际工程应用中,为简化土体沉降量的计算,引入了固结度这一概念。固结度指在某一附加应力下,经过某一时间 t 后,土体发生固结或孔隙水压力消散的程度。对于深度 z 处土层经过时间 t 后,该点的固结度(U_z)为

$$U_z=\frac{u_0-u}{u_0}=1-\frac{u}{u_0} \tag{1.47}$$

式中,u_0为初始超孔隙水压力,大小等于该点的附加应力 p;u 为 t 时刻该点的超孔隙水压力。

为进一步简化,引入了土层平均固结度(U),用以表征超孔隙水压力的平均消散程度,计算公式为

$$U=1-\frac{\int_0^H u\mathrm{d}z}{\int_0^H u_0\mathrm{d}z}=1-\frac{\int_0^H u\mathrm{d}z}{\int_0^H p\mathrm{d}z}=\frac{\int_0^H \sigma_z'\mathrm{d}z}{\int_0^H p\mathrm{d}z} \tag{1.48}$$

或者

$$U=\frac{S_t}{S} \tag{1.49}$$

式中,S_t为经过时间 t 后的基础沉降量;S 为基础的最终沉降量。

当附加应力均匀分布时,有 $\int_0^H u_0\mathrm{d}z=pH$。将孔隙水应力解答式代入平均固结度计算式中,可得到图1.17中受荷情况下土层平均固结度的表达式:

$$U=1-\frac{8}{\pi^2}\sum_{m=1}^{\infty}\frac{1}{m^2}e^{-m^2\frac{\pi^2}{4}T_v}\quad(m=1,3,5,7,\cdots) \tag{1.50}$$

从式(1.50)可以看出,土层平均固结度是时间因数T_v的单值函数,它与所施加的附加应力的大小无关。式(1.50)仅为土层中附加应力均匀分布时的结果,但实际荷载并不是图1.17所示的连续均布荷载,在地基中产生的附加应力 σ_z为沿深度变化的。例如,对于矩形均布荷载,中心点下的 σ_z即沿深度呈上大下小的非线性形态分布。因此实际的初始(超)孔压沿深度是非均布的,平均固结度的计算公式亦不同。对于单面排水,各种直线型附加应力分布下的土层平均固结度与时间因数的关系理论上仍可用同样方法得到。典型的直线型附加应力分布有5种,如图1.18所示。其中,α 为反映附加应力分布形态的参数,定义为透

水面上的附加应力σ_z'与不透水面上附加应力σ_z''之比，即 $\alpha=\sigma_z'/\sigma_z''$。因而，不同附加应力分布的 α 值不同，单向固结微分方程的解也不同，求得的土层的平均固结度也不一样。因此，尽管土层的平均固结度与附加应力大小无关，但与 α 值有关，即与土层中附加应力的分布形态有关。

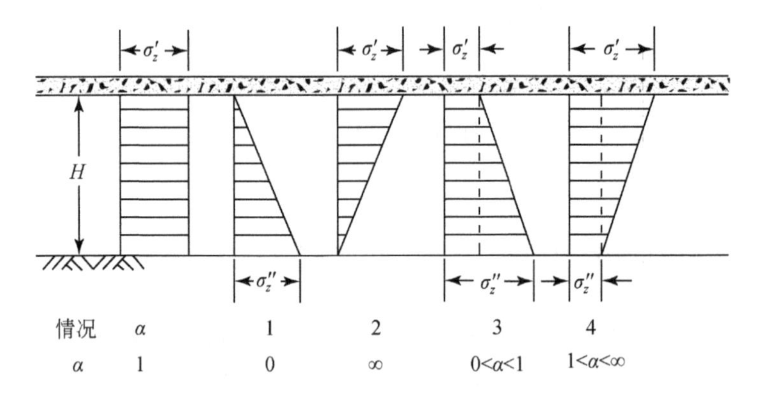

图 1.18　典型直线型附加应力分布[4]

当 α 值不同时，土层平均固结度与时间因数之间的关系如图 1.19 所示。

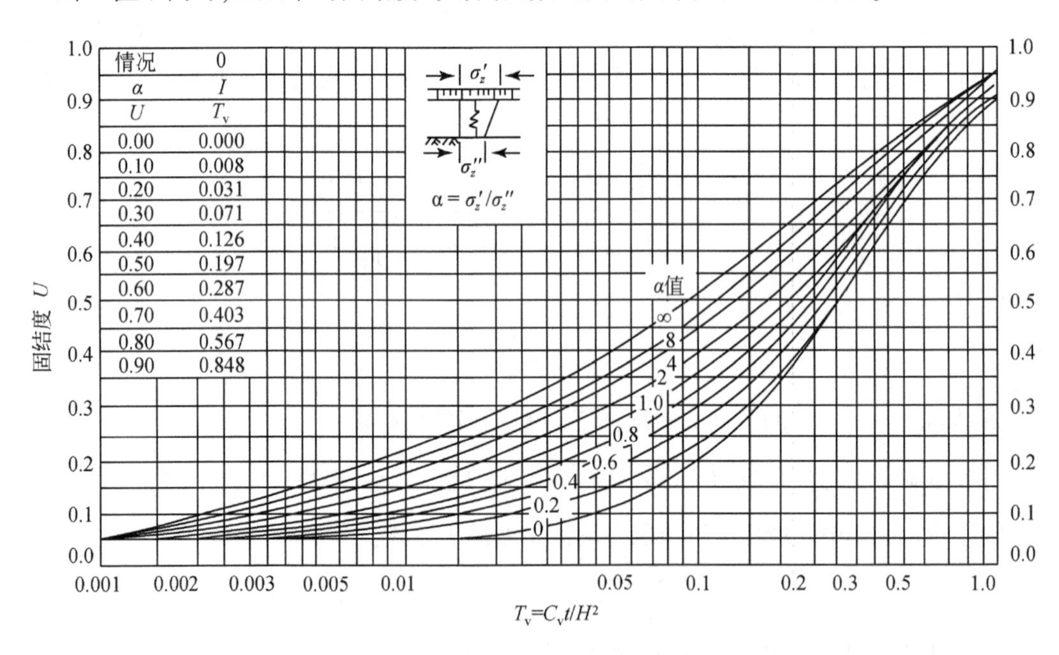

图 1.19　平均固结度 U 与时间因数 T_v 关系曲线[18]

根据图 1.19，在已知土体最终沉降量的前提下，可求得土层经任意时间已完成的固结量或土层产生某一沉降量所需的时间。

以上着重讲述了单面排水的情况，而当土层为双面排水时，只要土层中附加应力为线性分布，均按 $\alpha=1$ 的情况计算。

1.4　土体强度理论

土体破坏主要表现为剪切破坏,故而土体的强度理论主要侧重于土体在发生剪切破坏时的应力状态。土的抗剪强度指土体抵抗剪应力的最大能力,主要取决于土颗粒间的摩擦力和黏聚力。

1.4.1　库仑定律

库仑于1766年基于一系列试验提出了库仑定律,也被称为总应力抗剪强度公式或库仑公式:

砂土[图1.20(a)]:$\tau_f=\sigma_f\tan\varphi$　(1.51)

黏性土[图1.20(b)]:$\tau_f=\sigma_f\tan\varphi+c$　(1.52)

式中,τ_f为土体抗剪强度(kPa);σ_f为土体破坏面上的正应力(kPa);φ为土体内摩擦角(°);c为黏性土的黏聚力(kPa)。

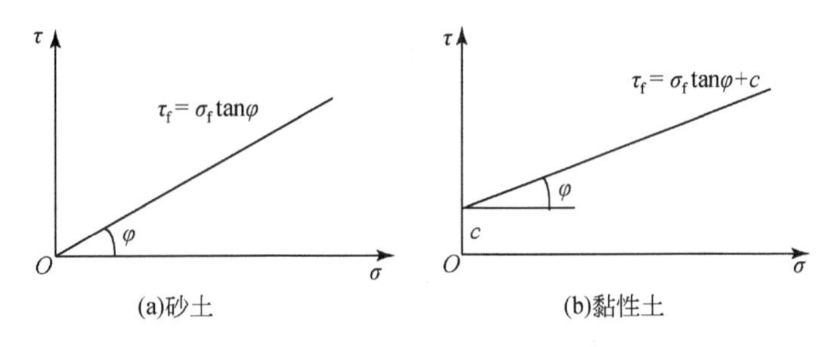

图1.20　土体抗剪强度直线[19]

由式(1.51)和式(1.52)可知,无黏性土的抗剪强度仅由颗粒间的摩擦分量(φ)提供,$c=0$;黏性土的抗剪强度由土的黏聚力分量和摩擦分量共同提供。土的抗剪强度是关于剪切面上所受法向应力σ的线性函数。当剪切面上所受剪应力$\tau\leqslant\tau_f$时,土体不会发生剪破坏。

土体抗剪强度的有效应力表达式为

$$\tau_f=\sigma_f'\tan\varphi'+c' \tag{1.53}$$

饱和砂土的有效黏聚力(c')为零。饱和砂土在不排水条件下受振动荷载作用,体积减小导致内部孔隙水压力(u)增大。孔隙水压力增大至总应力后,据有效应力原理,砂土的有效应力即变为零,此时抗剪强度为零,产生砂土液化现象[20]。

1.4.2　莫尔-库仑强度准则

莫尔应力圆可用于表示土体内任意点的应力状态,包括正应力和剪应力。以库仑公式作为抗剪强度公式,根据剪应力是否达到抗剪强度作为破坏标准的理论被称为莫尔-库仑破坏理论或莫尔-库仑强度准则。当莫尔应力圆处于强度包络线下方时，土体处于稳定状态；莫尔应力圆与强度包络线相切时，土体处于极限平衡状态(图 1.21)。

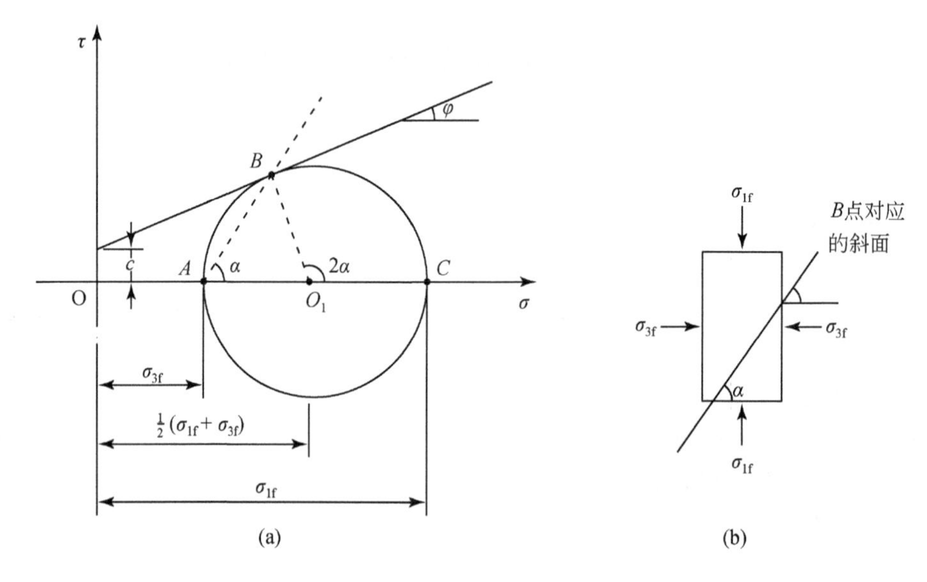

图 1.21　土体极限状态

当土体处于极限平衡状态时，土体内部最大主应力(σ_{1f})、最小主应力(σ_{3f})之间的关系称为土的极限平衡条件。由图 1.21 中的几何关系可得

$$\sigma_{1f}=\sigma_{3f}\tan^2\left(45°+\frac{\varphi}{2}\right)+2c\tan\left(45°+\frac{\varphi}{2}\right) \tag{1.54}$$

$$\sigma_{3f}=\sigma_{1f}\tan^2\left(45°-\frac{\varphi}{2}\right)-2c\tan\left(45°-\frac{\varphi}{2}\right) \tag{1.55}$$

即当土体内最大、最小主应力满足上述条件时，土便处于极限平衡状态，土体即发生破坏，土的破坏面与最大主应力面的夹角 α 为

$$\alpha=45°+\frac{\varphi}{2} \tag{1.56}$$

以上所述皆采用总应力来进行判断，为莫尔-库仑强度准则的总应力法。当库仑准则以有效应力表示，莫尔应力圆表示有效应力圆时，为莫尔-库仑强度准则的有效应力法，所用参数变为有效正应力(σ')、有效黏聚力(c')、有效内摩擦角(φ')，公式保持不变。

1.4.3　莫尔-库仑强度准则的应用

莫尔应力圆与强度包线的关系由相离变为相切状态时，土体即发生破坏。莫尔应力圆的改变途径主要有以下 3 种。

(1) σ_1不变，σ_3减小至 σ_{3f}：如图 1.22 中①所示情况，σ_3的减小导致应力圆逐渐增大，直至同强度包络线相切于点 A，土体发生破坏。实际工程中，边坡开挖、基坑开挖或其他可导致 σ_3减小的工况均有可能导致土体应力按此种情况变化。

(2)σ_3不变,σ_1增大至σ_{1f}:如图1.22中②所示,此种情况下,应力圆随σ_1的增大而逐渐增大,最终与强度直线相切于点B,土体发生破坏。实际工程中,土体上部堆载等荷载增加皆属于此类应力变化情况。

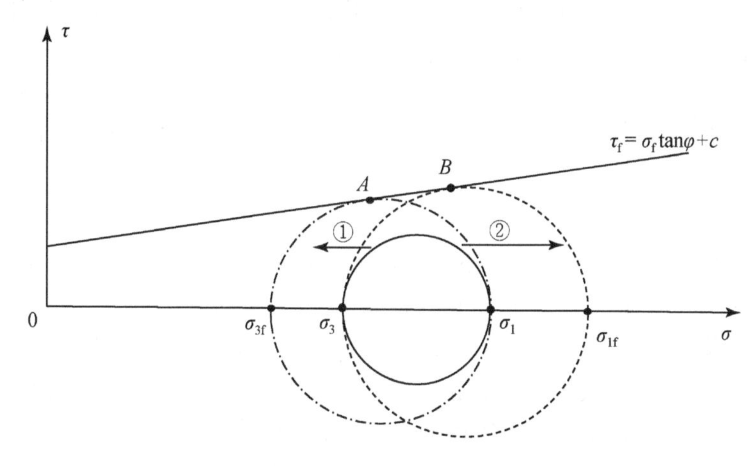

图1.22　应力圆变大的类型

(3)σ_1'和σ_3'同时减小:如图1.23中③所示,有效应力圆保持大小不变,向左平移,最终与强度直线相切于点A,土体发生破坏。实际工程中,地下水位抬升导致的土体破坏、砂土液化属于此种情况。据有效应力原理,地下水位抬升,可导致孔隙水压力增加,σ_1'和σ_3'分别减小至σ_{1f}'和σ_{3f}'。

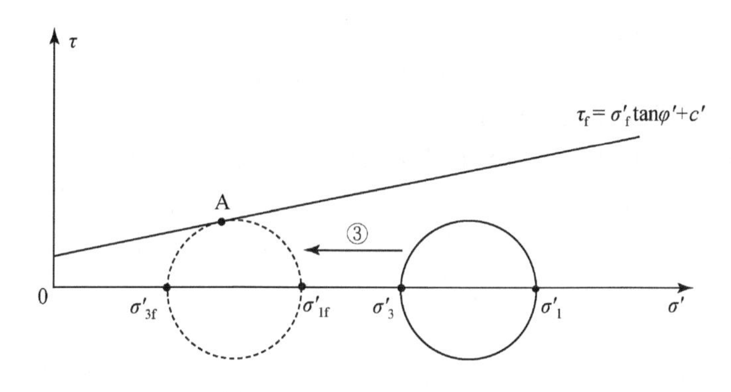

图1.23　应力圆平移的类型

1.4.4　土体抗剪强度的确定

土体抗剪强度参数可由直接剪切试验、三轴压缩试验和无侧限抗压强度试验等方法获得。直接剪切试验参考GB/T 50123—1999、BS 1377-7和ASTM D3080-11;三轴压缩试验参考GB/T 50123—1999、BS 1377-6、BS 1377-8、ASTM D2850-15、ASTM D4767-11和ASTM D7181-11;无侧限抗压强度试验参考GB/T 50123—1999、BS 1377-7和ASTM D2166/D2166M-16。

1）直剪试验

直剪试验获取抗剪强度参数的方法：由直剪试验获得不同法向压力下土样的抗剪强度，在 $\sigma-\tau$ 坐标系中用一条直线通过表示土体破坏状态的多个点，该直线便是库仑强度包线。

直剪试验的缺点有：① 常用直剪试验装置不能有效控制试样的排水条件，无法测量孔隙水压力；② 剪切过程中，土体的有效受压面积随剪切位移的增加而减小，会导致压应力计算出现误差；③ 试样破坏过程中，剪应力分布不均匀，大多数情况下试样的破裂方式为从边缘至中央。虽然直剪试验缺点众多，但由于操作简单，试样易制备，现在中国仍然大范围应用该试验[20-21]。

2）三轴压缩试验

可由三轴压缩试样获得不同围压下土体的三轴压缩强度，在 $\sigma-\tau$ 坐标轴上用一条与应力圆相切的直线表示破坏包络线，这条直线便是莫尔-库仑强度包线。

三轴压缩试验根据试验条件可分为不固结不排水试验（UU）、固结不排水试验（CU）和固结排水试验（CD）。固结模拟施工引起的总应力变化导致孔隙水压力消散的过程，与土体渗透性有关，孔隙水压力消散快，试验无需固结；反之需固结。

不固结不排水试验适用于总应力分析，所测得的强度包线为一水平直线，即内摩擦角 $\varphi_u=0$。在低渗透土（如黏土）中，所测抗剪强度可应用于施工速度快且孔隙水压力无明显消散时土的强度；在高渗透土中（如砂土），适应于总应力发生急速改变的情况，如爆炸或地震。

对于固结不排水试验，当不测量孔隙水压力时可用于总应力法分析，当测量孔隙水压力时可用于有效应力法分析。不管是总应力法分析还是有效应力法分析，正常固结土体测得的强度包线为通过原点的一条直线，即 $c_{cu}=0$，但有效应力分析下求得的有效内摩擦角（φ'）大于总应力分析下求得的内摩擦角（φ_{cu}）。固结不排水强度可应用于土体在现有应力体系下平衡并完全固结，然后快速施加荷载形成不排水的情况，如地基或土工建筑物施工完毕后，土体本身已固结，但其上突然增加负重[22]。

固结排水试验中总应力最后全部转化为有效应力，总应力圆即为有效应力圆，因此只适用于有效应力分析。试验测得的强度包线通常为一不通过原点的斜线，求得的内摩擦角（φ_d）大于固结不排水试验求得的内摩擦角（φ_{cu}），求得的黏聚力（c_d）小于固结不排水试验求得的黏聚力（c_{cu}）。该试验可用于研究砂土地基的承载力和稳定性，或用于研究黏土地基的长期稳定问题。

三轴试验可以测量试样内的孔隙水压力。在固结阶段，施加等大的围压增量（$\Delta\sigma_3$），此时产生的孔隙水压力增量为 $\Delta u_3=B\cdot\Delta\sigma_3$，$B$ 为各向应力相等条件下的孔隙水压力系数。B 可以用来衡量土体的饱和度，当 $B=1$ 时，土体饱和；B 越小，土体饱和度越小；当 $B=0$ 时，土体为干土。在排水压缩阶段，土体所受围压不变，顶部受到 $\Delta\sigma_1-\Delta\sigma_3$ 的应力增量，这个阶段产生的孔隙水压力增量为 $\Delta u_1=B\cdot A\cdot(\Delta\sigma_1-\Delta\sigma_3)$。$A$ 为偏应力增量下的孔隙水压力系数，它反映土体的剪胀（缩）性。A 为正时，土体受剪体积膨胀，呈剪胀性；A 为负时，土体受剪体积缩小，呈剪缩性。

3）无侧限抗压强度试验

无侧限抗压强度（q_u）是指土体在无侧向约束条件下抵抗轴向应力的极限强度。由于饱和土体在不排水条件下的内摩擦角为零，此时土的强度直线为一水平直线，因此也可由土体

的无侧限抗压强度获得抗剪强度参数，土体的抗剪强度可表示为

$$\tau = \frac{q_u}{2} \tag{1.57}$$

1.4.5　影响土体抗剪强度的因素

土体的物理性质对土体的抗剪强度有一定的影响，主要体现在下列 5 个方面[5]。

(1)矿物成分：对于砂土而言，石英矿物含量越高，内摩擦角越大；云母矿物含量越高，内摩擦角越小。对于黏性土而言，内部矿物成分不同，土粒带电分子力等不同，黏聚力也不同。若土中含有各种胶结物质，可使黏聚力增大。

(2)土的颗粒形状与级配：土的颗粒越大，表面越粗糙，内摩擦角越大。土的颗粒级配良好，内摩擦角大；级配均匀，内摩擦角小。

(3)土的原始密度：土的原始密度越大，土粒之间接触点多且紧密，则土粒之间的表面摩擦力和粗粒土之间的咬合力越大，土体的内摩擦角越大。同时，土的原始密度越大，土的孔隙小，接触紧密，黏聚力也会较大。

(4)土的含水率：当土的含水率增加，水分在土粒表面形成润滑剂，使内摩擦角减小。对黏性土而言，含水率增加，将使薄膜水变厚，甚至增加自由水，使抗剪强度降低。实际上，山体滑坡一般发生在雨后，雨水的入渗使得山坡土中含水率增加，抗剪强度减小，从而导致山坡失稳滑动。

(5)土的结构：黏性土具有结构强度，当黏性土的结构受扰动，其黏聚力会降低。

1.4.6　土的残余强度

土在剪切过程中，强度会随着剪切位移的增大达到峰值(峰值强度)，继续剪切，强度会逐渐降低，最后稳定在一个大体不变的值，该值称为土的残余强度(τ_r)(图 1.24)。当土体发生大变形剪切破坏时，土体的黏聚力一般为 0，残余强度与所受正应力的关系为

$$\tau_r = \sigma_n \tan\varphi_r \tag{1.58}$$

式中，τ_r 为土的残余强度(kPa)；σ_n 为土体破坏面上受到的正应力(kPa)；φ_r 为土的残余内摩擦角(°)。

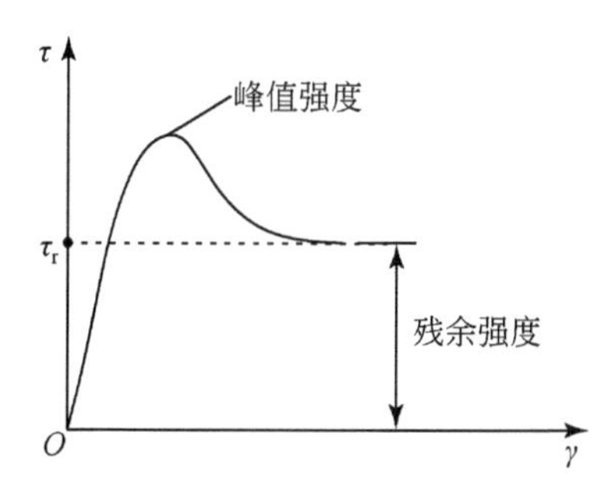

图 1.24　土体残余强度和峰值强度[4]

影响土的残余强度的因素有土颗粒形状、大小、矿物组成及黏性土的塑性指数。土体残余强度可以由反复直剪试验测得,具体参考 GB/T 50123—1999 和 BS 1377-3。

参考文献

[1] 谢定义,姚仰平,党发宁．高等土力学[M]．北京:高等教育出版社,2008.

[2] Geotechnical Control Office. Guide to Rock and Soil Descriptions(Geoguide 3)[M]. Hong Kong:Geotechnical Control Office,1988.

[3] 龚晓南,谢康和．土力学[M]．北京:中国建筑工业出版社,2014.

[4] 卢廷浩．土力学[M]．南京:河海大学出版社,2005.

[5] 陈希哲,叶菁．土力学地基基础[M]．北京:清华大学出版社,2013.

[6] 李广信．高等土力学[M]．北京:清华大学出版社,2005.

[7] 钱家欢．土工原理与计算[M]．北京:中国水利水电出版社,1996.

[8] 袁聚云．土工试验与原理[M]．上海:同济大学出版社,2003.

[9] 工程地质手册编写委员会．工程地质手册[M]．北京:中国建筑工业出版社,1992.

[10] 中华人民共和国水利部．土工试验方法标准:GB/T 50123—1999[S]．北京:中国计划出版社,1999.

[11] 覃绮平．土基回弹模量影响因素及其相关关系研究[D]．长安大学硕士学位论文,2005.

[12] 中华人民共和国水利部．土的工程分类标准:GB/T 50145—2007 [S]．北京:中国计划出版社,2008.

[13] 薛强．弹性力学[M]．北京:北京大学出版社,2006.

[14] 吴天行．土力学．第二版[M]．成都:成都科技大学出版社,1982.

[15] 任建喜．岩石力学[M]．徐州:中国矿业大学出版社,2013.

[16] 徐芝纶．弹性力学．第四版[M]．北京:高等教育出版社,2006.

[17] 陈仲颐,周景星,王洪瑾．土力学[M]．北京:清华大学出版社,1994.

[18] 黄春霞,王照宇．土力学[M]．南京:东南大学出版社,2012.

[19] 赵明华．土力学与基础工程[M]．武汉:武汉理工大学出版社,2014.

[20] Knappett J A,Craig R F. Craig's Soil Mechanics(8th ed)[M]. London,UK:Spon Press,2012.

[21] 张克恭,刘松玉．土力学[M]．北京:中国建筑工业出版社,2001.

[22] 王钟琦．岩土工程测试技术[M]．北京:中国建筑工业出版社,1986.

第 2 章　岩石的基本性质

在工程中,岩石是指不能被手碾碎或可以部分碾碎的地质材料。在地质学中,岩石是指火成、沉积、火山碎屑或变质起源的任何岩化固体材料[1]。岩石的物理性质包括岩石的空隙性、密度、吸水性和水理性等,岩石的物理性质可以间接反映岩石的力学性质。岩石的本构关系为岩石受力时的应力-应变关系,主要用于计算岩石在受力情况下的变形。岩石的强度是指岩石在受力条件下所能抵抗的最大应力,可以用来判断岩石是否会破坏,常用的有莫尔强度理论和格里菲斯强度理论。

2.1　岩石的物理性质

岩石由固、液、气三相组成,各相的比重对岩石物理性质有着重要影响。岩石物理性质主要包括空隙性、密度和水理性质等,可反映岩石的强度及抗风化能力。岩石内部的空隙越多,岩石的密度越小;开型空隙越多,岩石的吸水性就越强。

2.1.1　岩石的空隙性

岩石中的空隙是孔隙和裂隙的总称,根据与外界的连通性分为闭型空隙和开型空隙。开型空隙包括大开型空隙和小开型空隙,在常温下水可以进入大开型空隙,不能进入小开型空隙;只有在真空或 150 个大气压以上环境中,水才能进入小开型空隙。

反映岩石空隙性的指标有总空隙率、大开空隙率、小开空隙率、总开空隙率、闭空隙率和空隙比[2]。通常提到的岩石空隙率为岩石的总空隙率。

总空隙率(n):岩石试件内空隙的体积(V_v)占试件总体积(V)的百分比,计算公式为

$$n=\frac{V_v}{V}\times100\% \tag{2.1}$$

大开空隙率(n_b):岩石试件内大开型空隙的体积(V_{vb})占试件总体积(V)的百分比,计算公式为

$$n_b=\frac{V_{vb}}{V}\times100\% \tag{2.2}$$

小开空隙率(n_a):岩石试件内小开型空隙的体积(V_{va})占试件总体积(V)的百分比,计算公式为

$$n_a=\frac{V_{va}}{V}\times100\% \tag{2.3}$$

总开空隙率(n_0):岩石试件内开型空隙的体积(V_{v0})占试件总体积(V)的百分比,计算公式为

$$n_0=\frac{V_{v0}}{V}\times100\% \tag{2.4}$$

闭空隙率(n_c):岩石试件内闭型空隙的体积(V_{vc})占试件总体积(V)的百分比,计算公式为

$$n_c=\frac{V_{vc}}{V}\times100\% \tag{2.5}$$

空隙比(e):岩石试件内空隙的体积(V_v)与岩石试件内固体矿物颗粒的体积(V_s)之比,计算公式为

$$e=\frac{V_v}{V_s}=\frac{V-V_s}{V_s}=\frac{n}{1-n} \tag{2.6}$$

沉积岩由矿物颗粒、岩石碎片或壳体积聚而形成,空隙率的变化范围从接近 0 到 90%,一般砂岩的典型值为 15%。在沉积岩中,空隙率通常随着沉积年代的增长而降低。从统计角度而言,白垩岩是所有岩石中最多孔的,在某些情况下,空隙率可超过 50%。一些火山岩(如浮石)由于保存了火山气泡,也可以呈现非常高的空隙率。火成岩中,除发生风化外,空隙率通常小于 1%或 2%,随着风化程度的提高,空隙率可增加到 20%以上[3]。

2.1.2　岩石的密度

岩石的密度指标有颗粒密度、天然块体密度、干块体密度和饱和块体密度。岩石密度指标可通过颗粒密度试验、块体密度试验测得,具体参考 GB/T 50266—2013 和 ASTM D4644-16。

1)颗粒密度(ρ_s)

岩石的颗粒密度也称真密度,是指岩石固体质量(m_s)与固体体积(V_s)之比,单位为 g/cm^3,计算公式为

$$\rho_s=\frac{m_s}{V_s} \tag{2.7}$$

2)天然块体密度(ρ)

岩石的天然块体密度指岩石在自然状态下单位体积岩石的质量,即块体质量(m)与块体体积(V)之比,单位为 g/cm^3,计算公式为

$$\rho=\frac{m}{V} \tag{2.8}$$

岩石天然块体密度取决于组成岩石的矿物成分、孔隙发育程度及含水率。岩石天然块体密度的大小,在一定程度上反映岩石力学性质的优劣。一般而言天然块体密度越大,力学性质越好;反之,越差。

3)干块体密度(ρ_d)

岩石的干块体密度指岩石中固体的质量(m_s)与岩石块体体积(V)之比,单位为 g/cm^3,计算公式为

$$\rho_d=\frac{m_s}{V} \tag{2.9}$$

4）饱和块体密度（ρ_{sat}）

岩石的饱和块体密度指岩石块体内孔隙全被水充满时的质量与岩石块体体积之比，单位为 g/cm^3，计算公式为

$$\rho_{sat}=\frac{m_s+V_v\times\rho_w}{V} \tag{2.10}$$

普遍而言，岩石的密度与强度和弹性呈正相关关系。

2.1.3　岩石的水理性

岩石的水理性是指岩石在含水或浸水条件下表现出来的性质，主要包括吸水性、膨胀性、耐崩解性、软化性以及抗冻性。

1. 含水率和吸水性

岩石在天然状态下所含水的质量（m_w）与岩石固体质量（m_s）的比值，称为含水率（ω），用百分数表示，计算公式为

$$\omega=\frac{m_w}{m_s}\times 100\% \tag{2.11}$$

试验参考 GB/T 50266—2013 和 ASTM D2216-10。含水率对软岩来说是一个非常重要的参数，软岩通常含有较多遇水易软化的黏土矿物，含水率对强度、变形等有重要的支配作用[4]。

岩石在一定条件下吸收水分的性质称为岩石的吸水性，常用的吸水性指标有吸水率、饱和吸水率和饱和系数。岩石吸水性指标的测试参考 GB/T 50266—2013 和 ASTM D6473-15。

1）吸水率（ω_a）

岩石的吸水率是指岩石在正常大气压、室温条件下吸收水分的质量（m_{w1}）与岩石固体质量（m_s）的比值，用百分数表示，计算公式为

$$\omega_a=\frac{m_{w1}}{m_s}\times 100\% \tag{2.12}$$

2）饱和吸水率（ω_{sa}）

饱和吸水率是指岩石在高压或真空条件下吸入水的质量（m_{w2}）与岩石的固体质量（m_s）之比，用百分数表示，计算公式为

$$\omega_{sa}=\frac{m_{w2}}{m_s}\times 100\% \tag{2.13}$$

3）饱和系数（η_w）

饱和系数是指岩石的吸水率（ω_a）与饱和吸水率（ω_{sa}）之比，计算公式为

$$\eta_w=\frac{\omega_a}{\omega_{sa}} \tag{2.14}$$

岩石的吸水性与岩石内部的孔隙息息相关。岩石的吸水率可以反映大开型孔隙在岩石中的发育程度，岩石的吸水率越大，大开型孔隙在岩石中所占的比值越大。岩石的饱和吸水

率反映岩石开型孔隙的发育程度，饱和吸水率越大，开型空隙越多。饱和系数则反映岩石中大、小开型孔隙的相对比例关系，饱和系数越大，说明岩石中的大开型孔隙占比越多，同时在常温常压下吸水后余留的孔隙越少，此类岩石容易遭受冻胀破坏，抗冻性差。

2. 膨胀性

岩石在吸水后发生体积膨胀从而引起结构破坏的现象称为岩石的膨胀性。岩石的膨胀一般是由岩石内的黏土矿物（特别是含蒙脱石类矿物）引起的。评价膨胀性的指标有轴向自由膨胀率（V_{H}）、径向自由膨胀率（V_{D}）、侧向约束膨胀率（V_{HP}）和膨胀压力（p_{e}）。

岩石在水中自由膨胀，轴向变形量 ΔH 与试样原始高度 H 之比称为轴向自由膨胀率，计算公式为

$$V_{\mathrm{H}}=\frac{\Delta H}{H}\times 100\% \tag{2.15}$$

岩石在水中自由膨胀，径向变形量（ΔD）与试样直径或边长（D）之比称为径向自由膨胀率，计算公式为

$$V_{\mathrm{D}}=\frac{\Delta D}{D}\times 100\% \tag{2.16}$$

侧向约束条件下的岩石在水中膨胀，轴向变形量（ΔH_1）与试样原始高度（H）之比称为侧向约束膨胀率，计算公式为

$$V_{\mathrm{HP}}=\frac{\Delta H_1}{H}\times 100\% \tag{2.17}$$

膨胀压力是指岩石在水中产生膨胀时，为保持岩石体积不变所施加的最大压力。岩石膨胀性试验参考 GB/T 50266—2013。

3. 崩解性

岩石的崩解性是指岩石与水相互作用时，因失去粒间黏结而变成丧失强度的松散物质的性能[5]。耐崩解指数（I_{d2}）是岩石的主要崩解性指标，由干湿循环试验测得，为两次干湿循环后残留的试样干质量（m_{r}）与试验前试样的干质量（m_{s}）之比，即

$$I_{\mathrm{d2}}=\frac{m_{\mathrm{r}}}{m_{\mathrm{s}}}\times 100\% \tag{2.18}$$

试验参考 GB/T 50266—2013 和 ASTM D4644-16。

4. 软化性

岩石浸水之后强度降低的性质称为岩石的软化，用软化系数（η_{c}）来衡量。软化系数指岩石试样在饱水状态下的抗压强度（σ_{cw}）与在干燥状态下的抗压强度（σ_{c}）之比，计算公式为

$$\eta_{\mathrm{c}}=\frac{\sigma_{\mathrm{cw}}}{\sigma_{\mathrm{c}}} \tag{2.19}$$

岩石的软化性与岩石内部的亲水性和可溶性矿物以及大开孔隙的含量有关。软化系数是评价岩石力学性质的重要指标之一，多用于水工建设，评价坝基岩体的稳定性：$\eta_{\mathrm{c}}>0.75$ 时，岩石软化性弱，工程地质性质较好；$\eta_{\mathrm{c}}<0.75$ 时，岩石软化性强，工程地质性质较差。

5. 抗冻性

岩石抵抗冻融破坏的能力称为岩石的抗冻性,用抗冻系数(R_d)和质量损失率(K_m)来表示。岩石抗冻性指标可通过岩石冻融试验测得,试验具体操作参考 GB/T 50266—2013 和 ASTM D5312/D5312M-12(Reapproved 2013)。抗冻系数为岩石试件经过反复冻融后的干抗压强度(σ_{c2})与冻融前干抗压强度(σ_{c1})之比,用百分数表示,计算公式为

$$R_d = \frac{\sigma_{c2}}{\sigma_{c1}} \times 100\% \tag{2.20}$$

质量损失率指冻融前后干质量之差($m_{s1} - m_{s2}$)与试验前干质量(m_{s1})之比,用百分数表示,计算公式为

$$K_m = \frac{m_{s1} - m_{s2}}{m_{s1}} \times 100\% \tag{2.21}$$

影响岩石抗冻性的因素主要有岩石矿物的热物理性质和强度、粒间联结、开型孔隙的发育情况以及含水率等。具体判别:当 $R_d > 75\%$、$K_m < 2\%$ 时,岩石抗冻性高;或当 $\omega_a < 5\%$、$\eta_c > 75\%$ 和 $\eta_w < 0.8$ 时,岩石抗冻性高[2]。

2.1.4　岩石的描述

岩石的描述主要用于提供岩石工程性质的基本信息,完整的岩石描述应当包括强度、颜色、结构、风化状态和其他地质特性等[1]。

1)强度

岩石的强度可用“坚硬”“软弱”等词来描述,与点荷载强度和单轴抗压强度指标具有一定的关系(表 2.1)。单轴抗压强度(σ_c)和点荷载强度指标[$I_s(50)$]的关系为:$\sigma_c = 25\,I_s(50)$。

表 2.1　岩石强度描述

描述	单轴抗压强度 σ_c/MPa	点荷载强度 $I_s(50)$/MPa
极度软弱	<0.5	前三种强度太低,不适用于点荷载强度试验
非常软弱	0.5~1.25	
软弱	1.25~5	
轻微软弱	5~12.5	0.2~0.5
轻微坚硬	12.5~50	0.5~2
坚硬	50~100	2~4
非常坚硬	100~200	4~8
极度坚硬	>200	>8

2)颜色

岩石的颜色通常由 3 个基本参数来表示:色相、纯度和亮度。色相指基本颜色或基本颜色的混合色,纯度指色彩的鲜艳程度,亮度指色彩的明暗程度。在描述时应当注意,岩石样

品的湿润会使其亮度降低(使样品更暗),但不会改变其色相和纯度。因此,在描述岩石颜色时应该说明样品的湿润程度。

3)结构和组构

“结构”是一个意义较广泛的术语,通常指岩石的一般物理外观。它既包含颗粒或晶体的尺寸和形状(几何方面),又涵盖晶粒尺寸的分布和晶体的发育程度(几何特征之间的关系)。该术语多适用于标本中肉眼可见的尺度特征。如果岩石由非常细小的颗粒组成,则需要借助显微镜进行观察。

“组构”主要指岩石中颗粒或晶体的排列。对于岩浆岩和其他结晶岩石,组构指岩石的结晶和非结晶体的形状和排列方向。对于沉积岩,组构重点描述单个颗粒的方向和颗粒相对于胶结材料的位置。同时,组构还包括穿过晶粒或介于晶体之间的小结构面或平面(通常称为微裂隙)。在描述微裂隙时,应注意其强度、间距、连续性和方向。

4)风化和蚀变

风化可分为化学风化和物理崩解两个方面,两者通常同时存在。化学风化是指由水合、氧化、离子交换和溶解等化学反应导致的风化。岩石的化学风化会改变其表面颜色,故而,可通过岩石颜色的变化来初步判断化学风化程度。岩石化学风化程度分为新鲜岩石、轻微风化、中等风化、强风化、完全风化以及原生土六个级别。物理崩解主要指由岩石的热胀冷缩导致表面应力状态发生变化,近而导致岩石破裂。岩石材料的分解也可由生物作用引起或加速(如根劈作用)。

岩石由入侵的热气体和流体的循环作用所引起的性质改变称为蚀变。常见描述蚀变的词语有高岭土化和矿化。

2.2　岩石的本构关系

岩石的本构关系主要体现于全应力-应变关系曲线。岩石的变形根据应力与应变关系可分为弹性变形、塑性变形和黏性变形三种[6]。

弹性变形:物体受外力作用的瞬间产生变形,待去除外力后又能立即恢复原有形状和尺寸的性质称为弹性,由此产生的变形称为弹性变形。具有弹性性质的物体称为弹性体,按应力-应变关系可分为两种类型,即线弹性体(理想弹性体),应力-应变呈直线关系;非线弹性体,应力-应变呈非直线关系。

塑性变形:物体受力产生变形,卸载后变形不能完全恢复的性质称为塑性。其中,不能恢复的变形部分称为塑性变形,亦称为永久变形。在外力作用下只发生塑性变形的物体,称为理想塑性体。理想塑性体的应力-应变关系是一条水平直线,当应力低于屈服极限 σ_y 时,材料不会发生变形,应力达到 σ_y 后,变形不断增大而内部应力保持不变。

黏性变形:物体受力后变形不能在瞬间完成,且应变速率随应力增加而增加的性质称为黏性。理想黏性体(牛顿流体)的应力-应变速率关系为通过原点的直线。

除矿物组成和结构之外,岩石的力学属性还同受力条件、温度等环境因素有关。在常温常压下,岩石既不是理想的弹性体,也不是简单的塑性体和黏性体,往往表现出弹-塑性、塑-弹性、弹-黏-塑性或黏-弹性等复合性质。

2.2.1　应力-应变曲线

岩石试件在单轴压缩荷载作用下,其全应力-应变曲线如图 2.1 所示。试验参考 GB/T 50266—2013 和 ASTM D7012-14。

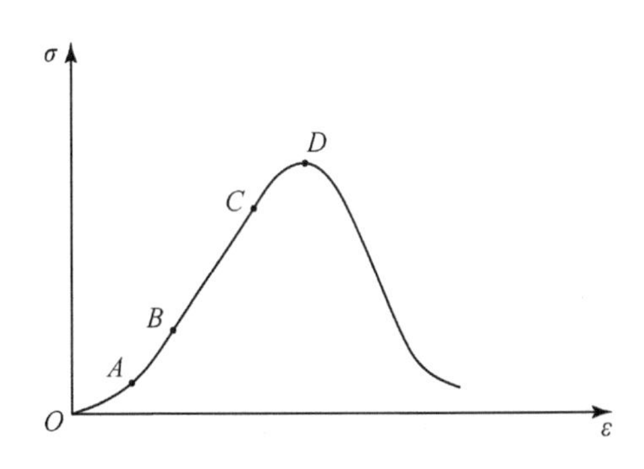

图 2.1　岩石典型全应力-应变曲线[6]

依据全应力-应变曲线可将岩石的变形划分为下列四个阶段[2,6]。

(1)孔隙/裂隙压密阶段(*OA* 段):试件中原有张开结构面或微裂隙逐渐闭合,岩石被压密,产生非线性变形,应力-应变曲线呈上凹型。此阶段试件横向膨胀较小,试件体积随荷载增大而减小。裂隙化岩石在此阶段的变形较明显,而坚硬少裂隙的岩石变形不明显。

(2)弹性变形至微弹性裂隙稳定发展阶段(*AC* 段):该阶段的应力-应变曲线呈近似直线型。其中,*AB* 段主要为弹性变形,*BC* 段主要为微裂隙稳定发展。

(3)非稳定破裂发展阶段,或称累进性破裂阶段(*CD* 段):*C* 点是岩石从弹性变为塑性的转折点,称为屈服点,对应的应力称为屈服应力或屈服极限,该值约为峰值强度的 2/3。进入本阶段后,微破裂的发展出现了质的变化,破裂不断发展,直至试件完全破坏。试件的体积开始增大,轴向应变和体积应变速率迅速增加,本阶段的上界应力称为岩块的峰值压应力或峰值强度。

(4)破裂后阶段(*D* 点以后段):岩块内部结构遭到破坏,试件基本保持整体状。本阶段裂隙快速发展、交叉且相互联合形成宏观断裂面。此后,岩块变形主要表现为沿宏观断裂面的块体滑移,试件承载力随变形增大迅速下降,一般并未下降至零,表明破裂的岩块仍具有一定的承载能力。

岩石的应力-应变曲线根据岩石类型和性质的不同呈现出的形态亦有所不同。米勒根据峰值前的应力-应变曲线特征将岩石划分为六种类型(图 2.2)[7]。

类型Ⅰ:压力与应变关系呈直线或近似直线,直到试件发生突然破坏为止。具有这种变形性质的岩石(如玄武岩、石英岩、白云岩以及极坚固的石灰岩)被划分为弹性岩石。

类型Ⅱ:压力较低时,应力-应变曲线近似于直线;当应力增加到一定数值后,应力-应变曲线向下弯曲,随着应力逐渐增加而曲线斜率越来越小,直至破坏。具有这种变形性质的岩石(如较弱的石灰岩、泥岩以及凝灰岩等)被称为弹-塑性岩石。

类型Ⅲ:在压力较低时,应力-应变曲线略向上弯曲;当应力增加到一定数值后,应力-应变曲线逐渐变为直线,直至发生破坏。具有这种变形性质的岩石(如砂岩、花岗岩、片理平行于压力方向的片岩以及某些辉绿岩等)被称为塑-弹性岩石。

类型Ⅳ:压力较低时,应力-应变曲线向上弯曲;当应力增加到一定值后,变形曲线成为直线;最后,曲线向下弯曲,整体呈S形。具有这种变形特性的岩石(如大理岩、片麻岩等)被称为塑-弹-塑性岩石。

类型Ⅴ:基本上与类型Ⅳ相同,也呈S形,但曲线斜率较平缓,多出现在压缩性较高的岩石中,如应力垂直于片理的片岩。

类型Ⅵ:应力-应变曲线开始先有很小一段直线部分,然后有非弹性的曲线部分,并继续不断地蠕变。这类岩石(如岩盐,软岩)被称为弹-黏性岩石。

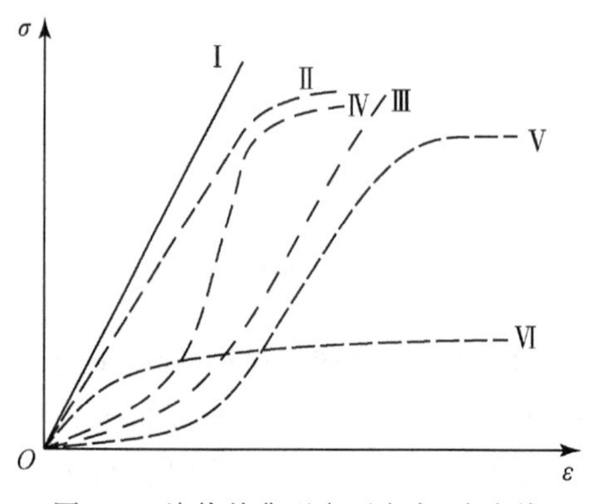

图2.2　峰值前典型岩石应力-应变线

2.2.2　全应力-应变曲线的用途

全应力-应变曲线除了能够反映岩石的本构关系外,还具有如下用途。

1)预测岩爆

如图2.3所示,全应力-应变曲线所围面积以峰值强度点 C 为界,左半部分 OEC(面积为 A)代表岩石在达到峰值强度时,积累在试件内部的应变能,右半部分 DEC(面积为 B)代表岩石在破坏过程中所释放的能量。若 $B<A$,说明岩石在破坏后仍有能量剩余,这部分能量的快速释放会引发岩爆;若 $B>A$,说明岩石在破坏过程中已将吸收的应变能全部释放,不会产生岩爆现象。

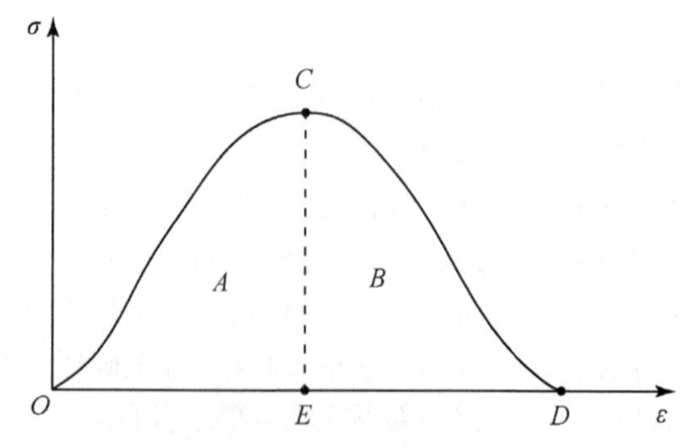

图2.3　全应力-应变曲线预测岩爆示意图[6]

2)预测蠕变破坏

图2.4中的蠕变终止轨迹线表示,当试件加载到一定应力水平后,保持应力恒定,试件将发生蠕变,在适当的应力水平下,蠕变发展到一定程度,即应变达到某一值时,蠕变就停止了,岩石试件处于稳定状态,蠕变终止轨迹就是在不同应力水平下蠕变终止点的连线,这是事先通过大量试验获得的。当应力水平在H点以下时保持应力恒定,岩石试件不会发生蠕变。当应力水平达到E点时,保持应力恒定,则蠕变应变发展到F点与蠕变终止轨迹相交,蠕变就停止了。G点是临界应力点,应力水平在G点以下保持恒定,蠕变应变发展到最后还会和蠕变终止轨迹相交,蠕变将停止,岩石试件不会破坏。若应力水平在G点保持恒定,则蠕变应变发展到最后就与全应力-应变曲线右半部(即破坏后的曲线)相交,此时试件将发生破坏,这是该岩石所能产生的最大蠕变应变值。应力水平在G点之上保持恒定而发生蠕变,最后都将与全应力-应变曲线破坏后段相交,最终发生破坏。应力水平越高,从蠕变发生到破坏的时间越短,如从C点开始蠕变,到D点破坏;从A点开始蠕变,到B点就破坏了。

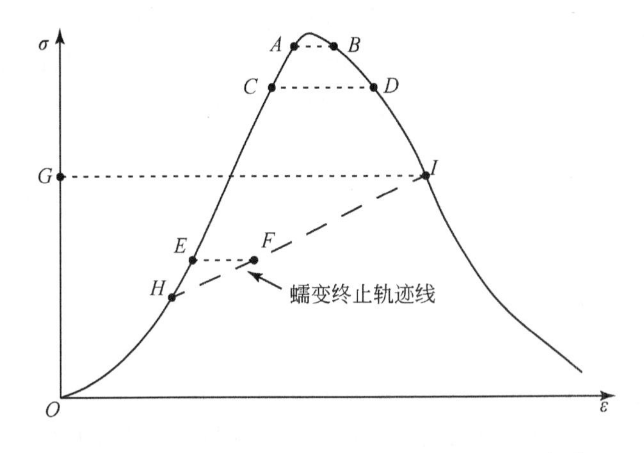

图2.4　全应力-应变曲线预测蠕变破坏示意图[2,6]

3)预测循环加载条件下岩石的破坏

在岩土工程中经常遇到循环加载的情况,如反复的爆破作业就是对围岩施加循环荷载,而且是动荷载。由于多数岩石并非线弹性材料,其加载和卸载路径不重合,因此每次加-卸载都形成一个迟滞回路,留下一段永久变形。图2.5表示在高应力水平下循环加载,岩石在很短时间内就会破坏。如从A点施加循环荷载,永久变形发展到B点,与全应力应变曲线的峰后段相交,岩石就破坏了。这表明,当岩石工程本身处于较高受力状态,若再出现循环荷载作用,则岩石工程将非常容易发生破坏。若在C点的应力水平下遭受循环荷载作用,则经历相对较长一段时间后岩石工程才会发生破坏。所以根据岩石本身已有的受力水平,循环荷载的大小和周期,依据全应力-应变

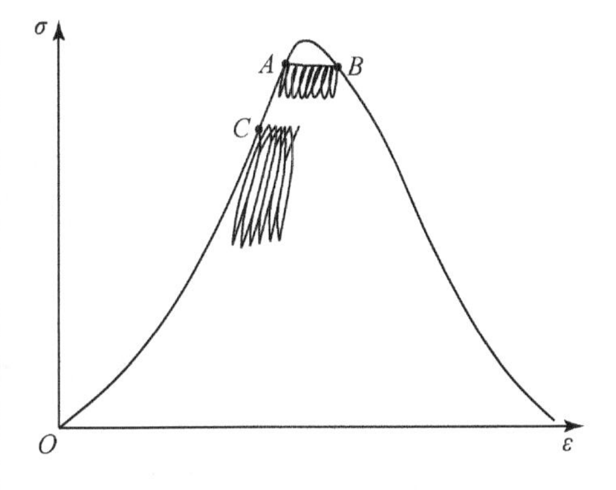

图2.5　全应力-应变曲线预测循环加载条件下的破坏示意图[6]

曲线来预测循环加载条件下岩石发生破坏的时间。

2.2.3　岩石的变形参数

根据岩石的应力-应变曲线,可以确定岩石的变形模量和泊松比等变形参数。

变形模量(E)是指单轴压缩条件下,轴向压应力与轴向应变之比,即 $E=\sigma/\varepsilon$,式中,σ 和 ε 分别为应力-应变曲线上任一点的轴向应力和轴向应变。

当应力-应变曲线为直线时,岩石的变形模量为一常量,数值上等于直线的斜率,由于其变形多为弹性变形,所以又称为弹性模量。

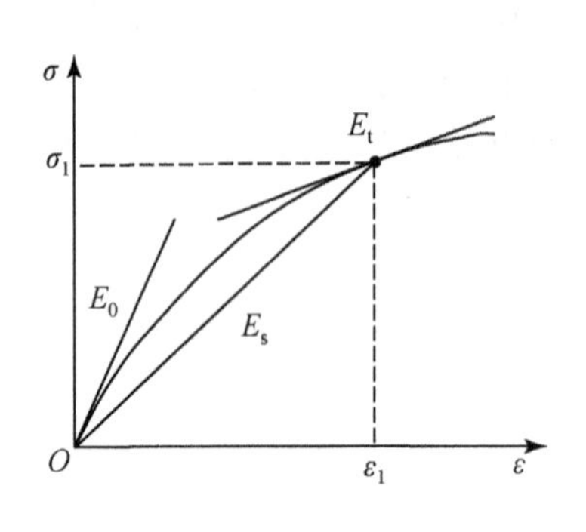

图 2.6　初始模量、切线模量和割线模量

当应力-应变曲线为非直线时,岩石的变形模量为一变量,即不同应力段上的模量不同,常用的包括初始模量 E_0、切线模量 E_t 和割线模量 E_s(图 2.6)。初始模量指曲线上原点处的切线斜率。切线模量是指曲线上任一点处切线的斜率。割线模量指曲线上的起始点与另一点连线的斜率,通常取 $\sigma_c/2$ 处的点与起始点连线的斜率。

泊松比(μ)是指在单轴压缩条件下,横向应变(ε_x)与纵向应变(ε_y)的比值,即

$$\mu=\left|\frac{\varepsilon_x}{\varepsilon_y}\right| \tag{2.22}$$

在实际工作中,常用 $\sigma_c/2$ 处的 ε_x 与 ε_y 来计算岩石的泊松比。

除弹性模量和泊松比两个参数外,其他可反映岩石变形性质的参数还包括剪切模量(G)、拉梅常数(λ)及体积模量(K_v)等。它们与弹性模量及泊松比有如下关系:

$$G=\frac{E}{2(1+\mu)} \tag{2.23}$$

$$\lambda=\frac{E\mu}{(1+\mu)(1-2\mu)} \tag{2.24}$$

$$K_v=\frac{E}{3(1-2\mu)} \tag{2.25}$$

以上所阐述的弹性参数皆为静弹性参数,即材料受静荷载时的弹性参数。材料受动荷载时的弹性参数包括岩石动弹性模量(E_d)、动泊松比(μ_d)、动剪切模量(G_d)、动拉梅常数(λ_d)和动体积模量(K_d),它们可由岩块纵横波速度换算求得。岩块声波速度试验可参考 GB/T 50266—2013。

2.3　岩石的强度

工程实践中常用到的岩石强度包括单轴抗压强度、点荷载强度、抗拉强度和三轴抗压强度等。

2.3.1　岩石单轴抗压强度

岩石单轴抗压强度是指岩石在单轴(无侧限)受压条件下所能承受的最大压应力,用σ_c来表示。试验时,试件只受到竖向压力作用,侧向不受约束,试件变形不受限制。岩石的单轴抗压强度是衡量岩块力学性质的基本指标,也是岩体工程分类、建立岩体破坏判据的重要指标,亦可用来估算岩石的其他强度参数。

试验参考 GB/T 50266—2013 和 ASTM D7012-14。

试件在单轴压缩条件下,主要产生下列 3 种破坏形式。

(1)X 状共轭斜面剪切破坏:破坏面的法线方向与加载方向的夹角为 $\beta \approx \frac{\pi}{4}+\frac{\varphi}{2}$[图 2.7(a)]。

(2)单斜面剪切破坏:破坏面的法线方向与加载方向的夹角为$\beta \approx \frac{\pi}{4}+\frac{\varphi}{2}$[图 2.7(b)]。

(3)横向拉伸破坏:在轴向压应力作用下,由于泊松效应在横向产生张应力,当横向张应力超过岩石抗拉强度时,将发生此种破坏[图 2.7(c)]。

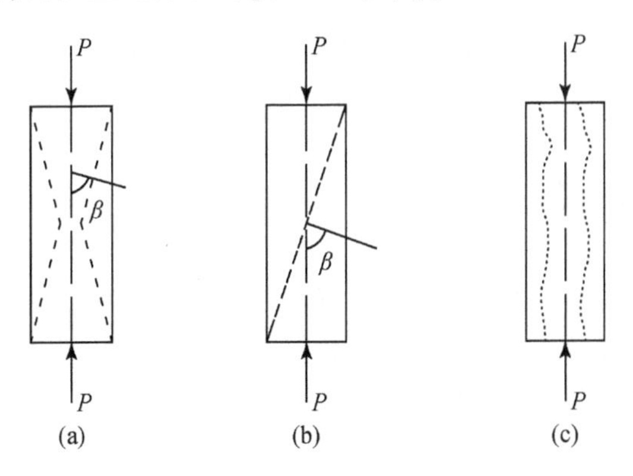

图 2.7　单轴压缩试验试件破坏状态示意图[6]

以上前两种破坏均是由破坏面上的剪应力超过抗剪强度引起,一般称为压剪破坏。第三种破坏被称为压张破坏。

2.3.2　岩石点荷载强度

点荷载强度指标试验是由 E. Broch 和 J. A. Franklin 在 1972 年提出的一种简单的岩石强度试验。具体参考 GB/T 50266—2013 和 ASTM D5731-16。

点荷载强度指标通常用 I_s来表示,计算公式为

$$I_s = \frac{P}{D_e^2} \tag{2.26}$$

式中,P 为试样破坏时的荷载(N);D_e为等价岩心直径(mm),$D_e = \sqrt{\frac{4A}{\pi}}$,$A$ 为通过加载点间

的最小截面积(mm^2)。

在实际测试过程中,岩心的直径会对点荷载强度值产生较大的影响。岩心直径由 10mm 变为 70mm,点荷载强度下降至原来的 1/3 ~ 1/2。鉴于此,国际岩石力学学会将直径为 50mm 圆柱体试件径向加载点荷载试验的强度值[$I_s(50)$]确定为标准试验值,点荷载强度可与单轴抗压强度进行换算,其换算公式为

$$\sigma_c = 24 I_s(50) \tag{2.27}$$

2.3.3 岩石抗拉强度

岩石抗拉强度是指岩石在单轴拉伸荷载作用下达到破坏时所能承受的最大拉应力,用 σ_t 表示,可用于确定强度包络线和建立岩石强度判据。岩石抗拉强度可通过直接拉伸法获得,亦可采用巴西劈裂法间接测得。由于巴西劈裂试验快捷方便,现已成为测定岩石抗拉强度常用的方法,可参考 GB/T 50266—2013 和 ASTM D3967-16,抗拉强度的计算公式为

$$\sigma_t = \frac{2P}{\pi dt} \tag{2.28}$$

式中,σ_t 为抗拉强度(MPa);P 为压缩荷载(N);d 为试样直径(mm);t 为试样的高度(mm)。

一般情况下,岩石中存在的短裂缝对直接拉伸法的影响大于对巴西劈裂法的影响,因此巴西劈裂试验所给出的强度值通常高于直接拉伸试验的结果,有时差值可达数倍以上。

2.3.4 岩石三轴压缩强度

岩石三轴压缩强度是指岩石在三向压缩荷载作用下,达到破坏时所能承受的最大压应力。在围压为零或较低时,岩石通常沿一组倾斜的裂隙发生脆性破坏;围压较高时,岩石的延性变形和强度都会提高,甚至出现完全延性或塑性流动变形,并伴随有硬化现象,试件也会变成粗腰桶形。岩石三轴试验可参考 GB/T 50266—2013 和 ASTM D7012-14。

岩石三轴试验主要用于确定岩石莫尔强度指标。对岩石的多个试件进行三轴压缩,在同一坐标系,绘制每个试件破坏时的莫尔应力圆,辅以单轴压缩试验和拉伸试验破坏时的莫尔应力圆,以此确定莫尔强度包络线(图 2.8)。

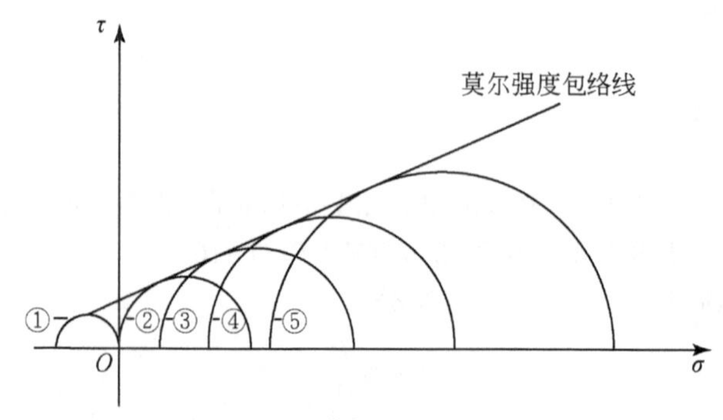

图 2.8 莫尔强度包络线

①拉伸试验试件破坏时的莫尔应力圆;②单轴压缩试验试件破坏时的莫尔应力圆;
③、④、⑤三轴压缩试验试件破坏时的莫尔应力圆

2.4　岩石的强度准则

岩石破坏时,应力、应变具有一定关系,用来表征岩石破坏时应力、应变的函数关系式被称为破坏判据或强度准则。岩石的破坏形式主要分为脆性破裂和延性破裂。坚硬岩石在低围压、低温度的环境下,主要表现为脆性破坏;在高围压、高温度环境下,岩石倾向于延性破坏(表2.2)。

表2.2　岩石在三轴压缩条件下的破坏形式[8]

达到破坏时的应变/%	<1	1~5	2~8	5~10	>10
破坏形式	脆性破坏	脆性破坏	过渡型破坏	延性破坏	延性破坏
试件破坏的情况	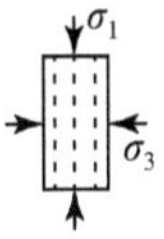 σ_1 σ_3				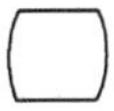
应力-应变曲线的基本类型					
破坏机制	张破裂	以张为主的破裂	剪破裂	剪切流动破裂	塑性流动

岩石力学的强度理论包括最大正应变理论、莫尔强度理论、格里菲斯强度理论和剪应变能强度理论(表2.3)。鉴于莫尔强度理论的广泛适用性以及格里菲斯强度理论对岩石裂隙的系统考虑,本书主要讲解莫尔强度理论和格里菲斯强度理论。

表2.3　岩石强度理论对比

强度理论	理论表述	破坏条件	适用范围
最大正应变理论	物体发生张破裂的原因是延伸应变 ε 达到了极限应变 ε_0	$\lvert\sigma_3-\mu(\sigma_1+\sigma_2)\rvert \geqslant \sigma_t$; $\sigma_1 \geqslant \frac{1-\mu}{\mu}\sigma_3+\sigma_c$; σ_c 为岩石单轴抗压强度,σ_t 为岩石抗拉强度,μ 为泊松比	只适用于脆性岩石
莫尔强度理论	当一个面上的剪应力与正应力之间满足一定的函数关系时,则该面会发生破裂	一般式为: $\tau \geqslant f(\sigma)$ 又分为斜直线型、双曲线型和抛物线型。 ①斜直线型: $\tau \geqslant \sigma\tan\varphi+c$; ②双曲线型 $\tau^2 \geqslant (\sigma+\sigma_t)^2\tan^2\eta+(\sigma+\sigma_t)\sigma_t$; ③抛物线型 $\tau^2 \geqslant (\sigma_c+2\sigma_t \pm 2\sqrt{\sigma_c(\sigma_c+\sigma_t)})\cdot(\sigma+\sigma_t)$; c 为斜直线型包络线的截距,φ 为斜直线型包络线的倾角,σ_t 为岩石抗拉强度,η 为双曲线型包络线渐近线的倾角,σ_c 为岩石单轴抗压强度	斜直线型适用于低围压条件下的岩石破坏,双曲线型适用于(岩性)坚硬、较坚硬的岩石,抛物线型适用于岩性较坚硬至较弱的岩石

续表

强度理论	理论表述	破坏条件	适用范围
格里菲斯强度理论	当岩石内裂纹边壁受到的最大应力大于岩石的抗拉强度时，裂纹将发生扩展	$\sigma_1+3\sigma_3\geqslant0$ 时，$\frac{(\sigma_1-\sigma_3)^2}{\sigma_1+\sigma_3}\geqslant-8\sigma_t$； $\sigma_1+3\sigma_3<0$ 时，$\lvert\sigma_3\rvert\geqslant\lvert\sigma_t\rvert$； σ_t为岩石抗拉强度	适用于脆性岩石的拉张破坏
剪应变能强度理论	岩石的破坏是由于单位体积内的剪应变能达到极限值而引起的塑性流动	$\frac{1}{2}[(\sigma_1-\sigma_2)^2+(\sigma_2-\sigma_3)^2+(\sigma_3-\sigma_1)^2]\geqslant\sigma_y^2$； σ_y为材料的屈服强度	适用于以延性破坏为主的岩石

2.4.1　莫尔准则

莫尔于1900年提出：材料的破坏主要是剪切破坏，破坏面上的剪应力是该面上所受法向应力的函数。莫尔同时对岩石破坏特征做了一些假设，他认为：岩石的强度值与中间主应力 σ_2 的大小无关，同时，岩石宏观破裂面基本上平行于中间主应力的作用方向。据此，莫尔强度理论在以剪应力 τ 为纵轴、正应力 σ 为横轴的直角坐标系下，用极限莫尔应力圆加以描述。在该坐标轴下，无数个极限应力圆上破坏应力点的轨迹线被称为莫尔强度线，也可称作莫尔强度包络线。

岩石存在明显的不均一性，使得莫尔强度包络线的表达式仅能用一个普遍的函数形式表示：

$$\tau=f(\sigma) \tag{2.29}$$

岩石的强度曲线可由岩石三轴压缩试验获得，具体参考 GB/T 50266—2013。如图 2.9 中工况 1 所示，若岩石中任意点的应力状态均落在莫尔强度包络线以下，则岩石不会破坏；若存在有应力状态与莫尔强度包络线相切，岩石将发生剪切破坏（图 2.9 中工况 2）；若应力状态与莫尔强度包络线相交，岩石已破坏（图 2.9 中工况 3，工程实际中并不存在该状态）。

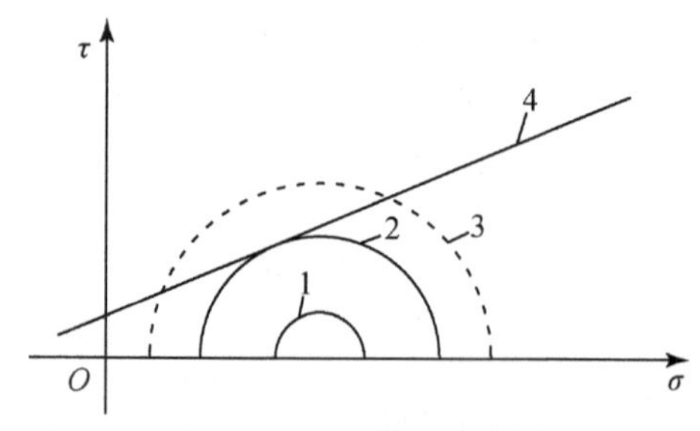

图 2.9　用莫尔强度包络线判别材料的破坏

1. 未破坏的应力圆；2. 临界破坏的应力圆；3. 破坏应力圆；4. 莫尔强度包络线

莫尔强度包络线通常有 3 种形态：斜直线型、双曲线型和抛物线型。

1）斜直线型

斜直线型强度包线也称为莫尔-库仑强度包络线（图 2.10）。莫尔-库仑强度准则刻画岩石的剪切破坏，适用于低围压情况。该直线与 σ 轴的夹角称为内摩擦角（φ），在 τ 轴上的

截距为黏聚力 c,表达式为

$$\tau=\sigma\tan\varphi+c \tag{2.30}$$

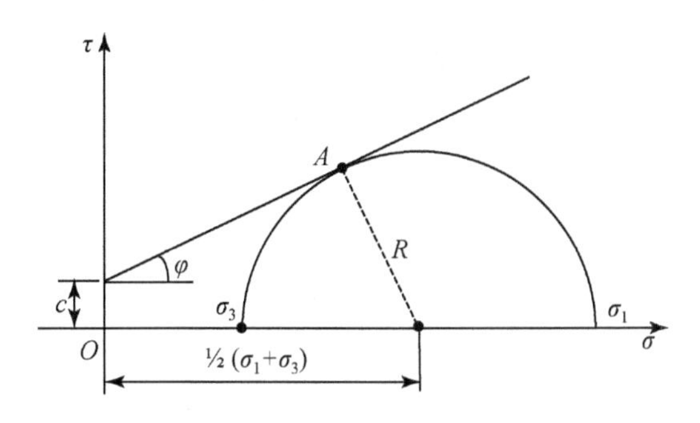

图 2.10　莫尔–库仑强度条件

设岩样内某微元体的最大主应力圆与莫尔–库仑强度包络线相切,由图 2.10 的几何关系可得

$$\sin\varphi=\frac{\sigma_1-\sigma_3}{\sigma_1+\sigma_3+2c\cdot\cot\varphi} \tag{2.31}$$

因此,使用莫尔–库仑强度准则判断岩石破坏与否的条件为

$$\sin\varphi\leqslant\frac{\sigma_1-\sigma_3}{\sigma_1+\sigma_3+2c\cdot\cot\varphi} \tag{2.32}$$

或

$$\tau\geqslant\sigma\tan\varphi+c \tag{2.33}$$

由式(2.31)可推出:

$$\sigma_1=\sigma_3\frac{1+\sin\varphi}{1-\cos\varphi}+\frac{2c\cdot\cos\varphi}{1-\sin\varphi} \tag{2.34}$$

单轴压缩条件下($\sigma_3=0$),由式(2.31)得出:

$$\sigma_1=\frac{2c\cdot\cos\varphi}{1-\sin\varphi} \tag{2.35}$$

因此,单轴抗压强度$\sigma_c=\dfrac{2c\cdot\cos\varphi}{1-\sin\varphi}$,并令$\dfrac{1+\sin\varphi}{1-\cos\varphi}=\xi$,式(2.31)可由主应力表示为

$$\sigma_1=\sigma_3\xi+\sigma_c \tag{2.36}$$

2)双曲线型

双曲线型强度准则适用于砂岩、灰岩、花岗岩等坚硬、较坚硬的岩石,表达式为

$$\tau^2=(\sigma+\sigma_t)^2\tan^2\eta+(\sigma+\sigma_t)\sigma_t \tag{2.37}$$

式中,η 为包络线渐近线的倾角(图 2.11),$\tan\eta=\dfrac{1}{2}\left(\dfrac{\sigma_c}{\sigma_t}-3\right)^{1/2}$。

岩石发生破坏的判据为

$$\tau^2\geqslant(\sigma+\sigma_t)^2\tan^2\eta+(\sigma+\sigma_t)\sigma_t \tag{2.38}$$

由 $\tan\eta$ 的计算公式可知,当$\sigma_c/\sigma_t<3$ 时,$\tan\eta$ 将出现虚值,因此这种模型不适用于$\sigma_c/\sigma_t<3$ 的岩石。

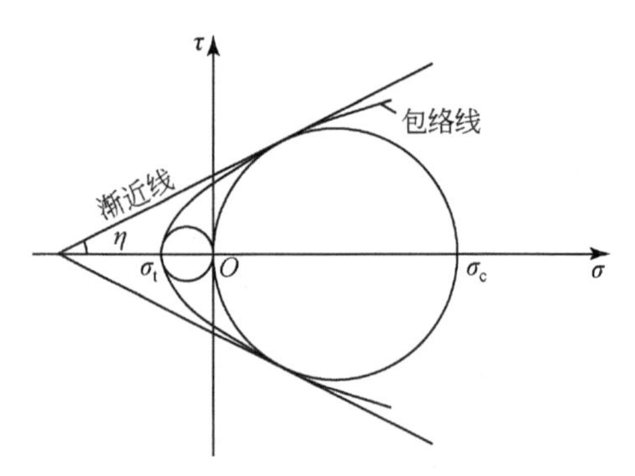

图 2. 11　双曲线型强度曲线[7]

3）抛物线型

二次抛物线型的强度准则曲线适用于岩性较坚硬至较弱的岩石，如泥岩、页岩等，表达式为

$$\tau^2 = n(\sigma + \sigma_t) \tag{2.39}$$

式中，σ_t为岩石的单轴抗压强度；n 为待定系数。

根据图 2. 12 所示的几何关系，式（2. 39）可转化为

$$(\sigma_1 - \sigma_3)^2 = 2n(\sigma_1 + \sigma_3) + 4n\sigma_t - n^2 \tag{2.40}$$

单轴压缩条件下，$\sigma_3 = 0$，$\sigma_1 = \sigma_c$，代入式（2. 40）可得

$$n = \sigma_c + 2\sigma_t \pm 2\sqrt{\sigma_c(\sigma_c + \sigma_t)} \tag{2.41}$$

将式（2. 41）代入式（2. 39）中，得出岩石发生破坏的判据为

$$\tau^2 \geqslant (\sigma_c + 2\sigma_t \pm 2\sqrt{\sigma_c(\sigma_c + \sigma_t)}) \cdot (\sigma + \sigma_t) \tag{2.42}$$

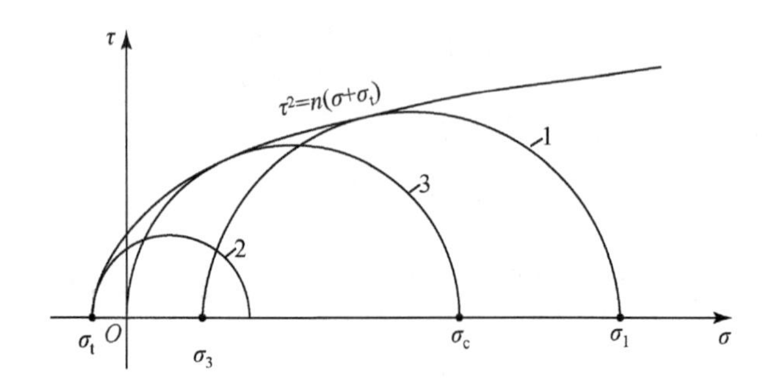

图 2. 12　二次抛物线型强度曲线

1. 任意三向压缩应力圆；2. 拉应力圆；3. 单轴抗压应力圆

2. 4. 2　格里菲斯强度理论

岩石并非理想的连续介质，内部存在大量微裂隙。格里菲斯认为，脆性材料受力时，其内部的微裂隙端部会产生应力集中，当集中应力超过材料的抗拉强度时，微裂隙便开始扩展，当许多这样的微裂隙扩展、联合时，最后使固体沿某一个或若干个平面或曲面形成宏观破裂。

格里菲斯强度理论假设岩石内的裂纹呈扁平椭圆形，裂纹与裂纹之间相互不影响。在外力作用下，椭圆形裂纹的受力状态如图 2.13 所示。由椭圆周边切向应力公式，可推导出内部单裂纹尖端附近所产生的拉应力为

$$\sigma_{\mathrm{b}} m=\sigma_{y} \pm\left(\sigma_{y}^{2}+\tau_{xy}^{2}\right)^{1/2} \tag{2.43}$$

式中，σ_{b} 为椭圆周边的切向应力；m 为系数，$m=b/a$，其中 a 为椭圆长半轴，b 为椭圆短半轴；σ_y 为垂直裂纹方向的法向应力；τ_{xy} 为平行裂纹方向的剪应力。

当裂纹周边的切向应力（σ_{b}）达到或超过岩石的抗拉强度（σ_{t}）时，裂纹便开始扩展。由于裂纹边壁的 σ_{t} 和 m 难以测定，为此，可设想最简单的情况，即假定裂纹长轴垂直于单向拉应力，以确定切向应力内的临界值（图 2.14）。

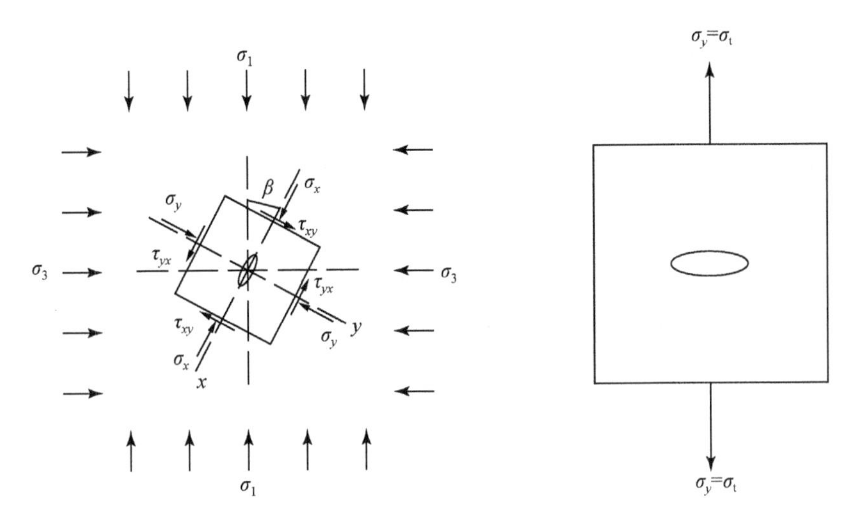

图 2.13　包含与最大主应力呈角 β 裂纹的微元体周边上的应力[3]

图 2.14　单轴拉伸时的裂纹扩展（裂纹垂直于拉应力）[3]

1）以 σ_y 和 τ_{xy} 表示的强度准则

当单向拉伸至破坏时，$\tau_{xy}=0$，$\sigma_y=\sigma_{\mathrm{t}}$，代入式（2.43）得

$$\sigma_{\mathrm{b}} m=\sigma_{\mathrm{t}}+\sigma_{\mathrm{t}}=2\sigma_{\mathrm{t}} \tag{2.44}$$

因此，强度准则可表示为

$$2\sigma_{\mathrm{t}} \leqslant \sigma_{y} \pm\left(\sigma_{y}^{2}+\tau_{xy}^{2}\right)^{1/2} \tag{2.45}$$

式（2.45）即为格里菲斯强度准则，即裂纹开始扩展时的正应力 σ_y 和剪应力 τ_{xy} 关系。

2）以 σ_1 和 σ_3 表示的强度准则

将 σ_y 和 τ_{xy} 用 σ_1 和 σ_3 来表示，代入式（2.43），可得如下内容。

（1）当 $\sigma_1+3\sigma_3 \geqslant 0$ 时，裂纹破坏角 β 为

$$\cos 2\beta=\frac{\sigma_{1}-\sigma_{3}}{2\left(\sigma_{1}+\sigma_{3}\right)} \tag{2.46}$$

此时，格里菲斯强度准则可表示为

$$\frac{\left(\sigma_{1}-\sigma_{3}\right)^{2}}{\sigma_{1}+\sigma_{3}} \geqslant-8\sigma_{\mathrm{t}} \tag{2.47}$$

(2)当 $\sigma_1+3\sigma_3<0$ 时,裂纹破坏角 β 为

$$\beta=0$$

此时,格里菲斯强度准则可表示为

$$|\sigma_3| \geqslant |\sigma_t| \tag{2.48}$$

根据以上准则,可以看出在单轴压缩条件下 $\sigma_3=0$,根据式(2.47)得出:

$$\sigma_c=-8\sigma_t \tag{2.49}$$

格里菲斯强度准则是针对玻璃和钢等脆性材料提出的,因而只适用于研究脆性岩石的破坏。对于一般的岩石材料,莫尔-库仑强度准则的适用性要远大于格里菲斯强度准则。

参考文献

[1] Geotechnical Control Office. Guide to Rock and Soil Descriptions(Geoguide 3)[M]. Hong Kong:Geotechnical Control Office,1988.

[2] Goodman R E. Introduction to Rock Mechanics(2nd ed)[M]. Toronto,Canada:Wiley,1989.

[3] 刘佑荣,唐辉明. 岩体力学[M]. 北京:化学工业出版社,2009.

[4] 沈明荣,陈建峰. 岩体力学[M]. 上海:同济大学出版社,2006.

[5] 徐志英. 岩石力学. 第三版[M]. 北京:水利水电出版社,2007.

[6] 蔡美峰. 岩石力学与工程[M]. 北京:科学出版社,2013.

[7] 任建喜. 岩石力学[M]. 徐州:中国矿业大学出版社,2013.

[8] 肖树芳,杨淑碧. 岩体力学[M]. 北京:地质出版社,1987.

第3章　岩体的基本性质

岩体通常指一定工程范围内的自然岩质地质体，它经受各种地质作用，并在地应力的长期作用下，内部保留有永久变形和地质构造形迹[1]。狭义而言，岩体是由岩石（岩块）和结构面（不连续面）组成。因结构面对岩体的力学和变形特性起主要控制作用，岩体的工程分类更多地考虑了结构面的性质。

3.1　岩体结构面的分类

结构面是指地质历史发展过程中，在岩体内形成的具有一定延伸方向和延伸长度，厚度相对较小的面状地质界面，抗拉强度接近于零[2,3]。结构面包括物质分异面和不连续面，如层面、不整合面、节理、片理、断层等。

结构面根据地质成因的不同分为原生结构面、构造结构面和次生结构面三类（表3.1）。

表3.1　岩体结构面分类[2]

成因类型		地质类型	主要特征			工程地质评价
			产状	分布	性质	
原生结构面	沉积结构面	层理层面； 软弱夹层； 不整合面、假整合面； 沉积间断面	一般与岩层产状一致，为层间结构面	海相岩层中此类结构面分布稳定，陆相岩层中呈交错状，易尖灭	层面，软弱夹层等结构面较为平整；不整合面及沉积间断面多由碎屑泥质物构成，且不平整	国内外的坝基滑动及滑坡很多由此类结构面造成，如奥斯汀、圣·弗朗西斯、马尔帕塞坝的破坏，以及瓦依昂水库附近的巨大滑坡
	岩浆结构面	侵入体与围岩接触面； 岩脉岩墙接触面； 原生冷凝节理	岩脉受构造面控制，而原生节理受岩体接触面控制	接触面延伸较远，比较稳定，而原生节理往往短小密集	与围岩接触面可具融合及破碎两种不同的特征，原生节理一般为张裂面，较粗糙不平	一般不造成大规模的岩体破坏，但有时与构造断裂配合，也可形成岩体的滑移，如有的坝肩局部滑移
	变质结构面	片理； 片岩软弱夹层	产状与岩层或构造方向一致	片理短小，分布极密，片岩软弱夹层延展较远，具固定层次	结构面光滑平直，片理在岩层深部往往闭合成隐蔽结构面，片岩软弱夹层具片状矿物，呈鳞片状	在变质较浅的沉积岩，如千枚岩等路堑边坡常见塌方，片岩夹层有时对工程及地下洞体稳定也有影响

续表

成因类型	地质类型	主要特征			工程地质评价
		产状	分布	性质	
构造结构面	节理(X型节理、张节理)； 断层(冲断层、捩断层、横断层)； 层间错动； 羽状裂隙、劈理	产状与构造线呈一定关系，层间错动与岩层一致	张性断裂较短小，剪切断裂延展较远，压性断裂规模巨大，但有时为横断层切割成不连续状	张性断裂不平整，常具次生充填，呈锯齿状，剪切断裂较平直，具羽状裂隙，压性断层具有多种构造岩，成带状分布，往往含断层泥、糜棱岩	对岩体稳定影响很大，在上述许多岩体破坏过程中，大都有构造结构面的配合作用，此外常造成边坡及地下工程的塌方、冒顶
次生结构面	卸荷裂隙； 分化裂隙； 分化夹层； 泥化夹层； 次生夹泥层	受地形及原结构面控制	分布上往往呈不连续状，透镜状，延展性差，且主要在地表分化带内发育	一般为泥质物充填，水理性质很差	在天然及人工边坡上造成危害，有时对坝基、坝肩及浅埋隧洞等工程亦有影响，但一般在施工中予以清基处理

原生结构面主要指岩体在成岩阶段形成的结构面，根据岩石成因的不同又可分为沉积结构面、岩浆结构面、变质结构面。沉积结构面是沉积岩在成岩过程中形成的地质界面，包括层面、层理、沉积间断面(不整合面、假整合面)及原生软弱夹层等，它们均为层间结构面。岩浆结构面是由岩浆侵入、喷溢冷凝所形成的结构面，包括侵入体与围岩的接触面、岩脉岩墙接触面和原生冷凝节理等。变质结构面为岩体在变质作用过程中所形成的结构面，包括片理、片岩软弱夹层等。

构造结构面是指岩体在构造运动作用下形成的结构面，如劈理、节理、断层、层间错动等。劈理为变形岩石中能使岩石沿一定方向劈开成无数薄片的面状构造。节理的规模相对较小，根据力学成因一般分为张节理和剪节理。断层是指岩石在地应力作用下发生破裂，两个破裂块体之间发生相对位移的不连续面，位移方向通常平行于不连续面。大多数断层由剪切作用所形成，断层带内一般存在有构造岩。层间错动带是在层状岩体中常见的一种构造结构面，产状一般与岩层一致。

次生结构面是指岩体形成后在外营力作用(如风化、地下水、卸荷等)下形成的结构面，包括卸荷裂隙、风化裂隙、次生夹泥层和泥化夹层等。卸荷裂隙多发生在有临空面条件的岩体表层，特别是深切河谷两岸，其延展性一般。风化裂隙及风化夹层通常沿原生夹层和原有结构面发育，短小密集，延展性差，多限于地表一定深度。泥化夹层是由于水的作用，夹层内的松软物质泥化而成，其产状与岩层基本一致，泥化程度视地下水作用条件而异。

按结构面延伸长度、切割深度、破碎带宽度及其力学效应，可将结构面分为如下5级[2,4,5]。

Ⅰ级结构面主要指大断层或区域性断层，一般延伸约数千米至数十千米以上，破碎带宽数米至数十米乃至几百米以上。Ⅰ级结构面属大规模软弱结构面，可构成独立的力学介质单元。有些区域性大断层往往具有现代活动性，关乎建设地区的地壳稳定性，给工程建设带来很大的潜在危害。建设工程应尽量避开Ⅰ级结构面或采取适当有效的处理措施。

Ⅱ级结构面指延伸数百米至数千米，破碎带宽度较窄（几厘米至数米）的区域性地质界面，如层间错动、不整合面及原生软弱夹层等。Ⅱ级结构面隶属于软弱结构面，可形成块裂边界，控制着建设工程区的山体稳定性、岩体变形和岩体的破坏模式，影响工程布局。

Ⅲ级结构面指长度数十米至数百米的断层、区域性节理、延伸较好的层面及层间错动等。宽度一般数厘米至一米左右。Ⅲ级结构面多数属于坚硬结构面，少数属于软弱结构面。它主要影响或控制工程岩体的稳定性，与Ⅰ级、Ⅱ级结构面组合可形成不同规模的块体破坏。

Ⅳ级结构面指延伸较差的节理、层面、次生裂隙、小断层及较发育的片理、劈理等。长度一般数十厘米至二三十米，小者仅数厘米至十几厘米，宽度为零至数厘米。它属于坚硬结构面，可构成岩块的边界，破坏岩体的完整性，影响岩体的物理力学性质及应力分布状态。该级结构面数量众多，分布具随机性，主要影响岩体的完整性和力学性质，是岩体分类及岩体结构研究的主要内容，也是结构面统计分析和模拟的重点对象。

Ⅴ级结构面又称微结构面，包括隐节理、微层面、微裂隙及不发育的片理、劈理等。其规模小，连续性差，分布随机，常被包含在岩块内，降低岩块强度，主要影响岩石的力学性质。若分布密集，在风化作用下，可使岩石变成松散介质。

3.2　岩体的描述

岩体的描述内容主要包括组成岩体的岩块强度、颜色、结构、风化程度、岩石名称以及结构面和其他地质信息。对岩体进行描述前，应首先将岩体划分为合适的岩体单元，每个单元具有较一致的工程特性。通常以岩石类型、风化程度和结构面特性作为岩体单元边界的选择依据。随后对岩体单元进行详细描述。关于岩体特征的信息应包括：地质构造的描述、不连续性的特性以及岩体风化特征[6]。

1. 岩体的构造

岩体构造是指宏观尺度的结构。在地质意义上，构造一般包括断层和褶皱。它们通常作为区域大规模岩石构造的描述，而工程师通常更关注小型岩体构造特征。用于描述沉积岩的常用术语有“层状”“薄板状”“块状”；岩浆岩和火山碎屑岩的描述术语有“块状”“流带状”；变质岩的描述有“叶理状”“带状”“劈理状”。对于构造间距可用“非常厚”“厚”“中等”“薄”“非常薄”等术语进行描述。

2. 结构面的特性

结构面的完整描述应包括产状、间距、延续性、粗糙度、张开度、填充特性和渗透性等信息。结构面的调查可分为主观调查和客观调查，前者只描述对工程项目有重要影响的结构面，后者则描述与基准线相交或位于划定区域内的所有结构面。

1）产状

结构面的产状用倾向和倾角表示。倾向以结构面倾线方向距真北方向的顺时针角度表示；倾角以水平方向测量的结构面最大倾角表示。倾向和倾角常用罗盘和测斜仪测量。产状的通用表示方法为“倾向∠倾角”。

2) 间距

结构面的间距是指同组结构面在法线方向上的平均间距。国际岩石力学学会推荐的描述标准见表 3.2。

表 3.2　结构面间距描述[7]

间距/mm	描述
<20	极小的间距
20 ~ 60	很小的间距
60 ~ 200	小间距
200 ~ 600	中等间距
600 ~ 2000	宽间距
2000 ~ 6000	很宽的间距
>6000	极宽的间距

3) 延续性

延续性是指平面内结构面面积的大小。它是结构面描述中非常重要的一项,但由于不易获取结构面的真三维形状,因此很难准确量化这一参数。通常延续性只能通过测量岩体暴露于地表的结构面迹线长度来近似评估。在描述时,需明确说明结构面终止于岩石内部还是终止于其他结构面。

4) 粗糙度

结构面的粗糙度描述由两部分组成:大尺度范围内的“波纹”和小尺度范围内的“不平整”。“波纹”通常是指大规模(几十米长)结构面表面的起伏,可用波长和波幅评估。“不平整”通常是指长度为几厘米到几米的结构面的表面凹凸性,可由巴顿提供的 10 级标准描述[8]。

5) 填充特性

结构面的填充特性通常用于描述结构面内的填充材料。需要注意的是,多数情况下,岩体结构面的填充材料部分为外来物质,部分为结构面内部材料,由结构面的剧烈风化形成。填充材料的力学强度一般弱于母岩,典型的填充材料有土壤、风化或分解而来的岩石矿物(如石英、方解石、锰或高岭土)以及在移动的断层或剪切带处形成的断层泥或角砾岩。

对于填充材料的描述,应尽可能地描述其矿物类型、粒度和强度。同时应说明填充的宽度(最大值、最小值和平均宽度)以及材料的湿度和渗透性。

6) 张开度

张开度是指开放结构面(无填充材料)两侧岩壁之间的垂直距离。张开度通常由拉应力、填充材料的冲洗和溶解、显著粗糙结构面的剪切等作用引起。它决定着结构面的剪切强度和水力传导性。张开度的描述术语见表 3.3。

表 3.3　岩体结构面张开度的描述术语

描述术语	宽	一般宽	一般狭窄	狭窄	非常狭窄	极度狭窄	紧
张开度/mm	>200	60 ~ 200	20 ~ 60	6 ~ 20	2 ~ 6	0 ~ 2	0

7)渗透性

结构面的渗透性评估在工程实践中具有重要意义。通常使用“干”、“湿(不含流动的水)”和“渗流存在”等词语来描述结构面的渗透性。对于“渗流存在”,应记录观察点的流量及流速。描述时应注意记录观察日期,以区分旱季和雨季。

8)断裂状态

对钻孔岩心的断裂情况可使用下列4个参数进行描述:总岩心回收率、实心回收率、岩石质量指标和裂隙指数。

“实心”是评估断裂状态的关键术语,它是指介于两个天然结构面之间的岩心,整个岩心不一定是完全圆柱状,但沿轴向横截面至少包含一个完整的圆形。

总岩心回收率(TCR,%)是回收的核心(无论是完整的、不完整的,或不具有一个完全圆形横截面的)占该回次进尺的百分比。

实心回收率(SCR,%)是回收的实心占该回次进尺的百分比。

岩石质量指标(RQD,%)是实心(每个长度大于100mm)的总长度占该回次进尺的百分比。

裂隙指数(FI,m^{-1})是指每米岩心中可清晰识别的结构面的数量,一般选择裂隙分布均匀的岩心长度上测量。如果某回次进尺所取岩心的断裂频率有明显变化,应分别计算各部分的断裂指数。当岩心为碎片时,使用“不完整”(NI)术语描述。

9)岩体风化

从地面到深部,岩石的风化程度一般逐步减弱。通常,通过确定岩体的风化带,根据风化带所占的体积比重对岩体进行风化分级。因岩体的三维特征难以获取,无法准确确定风化带轮廓,实践中只能对其体积百分比进行粗略估计。

10)附加信息

在描述岩体时,应记录任何有助于工程师了解岩体性质的其他信息。例如,应尽可能地描述碳酸盐岩中孔隙的几何形状、周围的结构面、地下水状况以及渗透特性等。

3.3　岩体的工程分类

岩体工程分类是通过综合分析影响岩体稳定性的地质条件和岩体物理力学特性,将岩体分为稳定程度不同的多个类别,以指导岩体工程的规划、设计和施工。国际上应用较广的岩体工程分类体系有Z. T. Bieniawski提出的RMR系统和Barton等提出的Q系统。

3.3.1　RMR系统

RMR系统又称地质力学分类系统,由Z. T. Bieniawski教授于1973年在南非提出,主要应用于隧道、采矿和基础工程等。该系统基于岩石强度(表3.4)、岩心质量(表3.5)、结构面间距(表3.6)、结构面特征(表3.7)和地下水条件(表3.8)五个通用参数,各自的RMR增量相加可得初始RMR值。

表 3.4　岩石强度所对应的 RMR 增量

点荷载强度/MPa	单轴抗压强度/MPa	RMR 增量
>10	>250	15
4 ~ 10	100 ~ 250	12
2 ~ 4	50 ~ 100	7
1 ~ 2	25 ~ 50	4
低强度值不适用于点荷载试验	10 ~ 25	2
	3 ~ 10	1
	<3	0

表 3.5　岩心质量指标所对应的 RMR 增量

RQD/%	90 ~ 100	75 ~ 90	50 ~ 75	25 ~ 50	<25
RMR 增量	20	17	13	8	3

表 3.6　结构面间距所对应的 RMR 增量

结构面间距/m	>2.0	0.6 ~ 2.0	0.2 ~ 0.6	0.06 ~ 0.2	<0.06
RMR 增量	20	15	10	8	5

表 3.7　结构面特征所对应的 RMR 增量

结构面特征	表面很粗糙,不连续,未张开,节理壁岩坚硬	表面粗糙,张开<1mm,节理壁岩坚硬	表面粗糙,张开<1mm,节理壁岩软弱	擦痕面或填充物厚度<5mm 或张开 1 ~ 5mm,节理延伸超过几米	软弱填充物>5mm,或张开>5mm,节理延伸超过几米
RMR 增量	30	25	20	10	0

表 3.8　地下水条件所对应的 RMR 增量

隧道每 10m 的进水量/(L/min)	水压	一般条件	RMR 增量
无	0	完全干燥	15
<10	<0.1	潮湿	10
10 ~ 25	0.1 ~ 0.2	湿	7
25 ~ 125	0.2 ~ 0.5	滴水	4
>125	>0.5	流水	0

由于结构面相对于作业的方向可能对岩石的变形产生影响,Bieniawski 建议根据表 3.9 修正初始 RMR 值,进一步强调节理、裂隙对岩体稳定产生的不利影响。根据修正后的 RMR 值将围岩划分为五个等级(表 3.10)。

表 3.9　节理方向所对应的 RMR 增量

节理方向对施工的影响	隧道方面的 RMR 增量	地基方面的 RMR 增量	边坡方面的 RMR 增量
很好	0	0	0
好	-2	-2	-5
一般	-5	-7	-25
差	-10	-15	-50
很差	-12	-25	-60

表 3.10　RMR 值所对应的围岩等级

RMR	100 ~ 81	80 ~ 61	60 ~ 41	40 ~ 21	0 ~ 20
围岩等级	Ⅰ	Ⅱ	Ⅲ	Ⅳ	Ⅴ
评价	非常好	好	一般	差	非常差

3.3.2　Q 系统

Q 系统是由挪威岩土工程研究所 Barton 等于 1974 年提出的隧道开挖质量分类法,该分类指标与 RMR 系统类似。Q 值计算公式为

$$Q=\left(\frac{\mathrm{RQD}}{J_n}\right)\times\left(\frac{J_r}{J_a}\right)\times\left(\frac{J_w}{\mathrm{SRF}}\right) \tag{3.1}$$

式中,RQD 为岩心质量指标;J_n 为节理组数,取值见表 3. 11;J_r 为节理粗糙度系数,取值见表 3. 12;J_a 为节理风化蚀变系数,取值见表 3. 13;J_w 为裂隙水应力折减系数,取值见表 3. 14;SRF 为裂隙水应力折减系数,取值见表 3. 15。

式(3. 1)中等号右侧第一项是结构面块体尺寸的度量,第二项表示块体表面的抗剪强度,第三项评估影响岩体行为的重要环境条件。Q 值的范围为 0. 001 ~ 1000,围岩质量由低到高,分为 9 个质量等级(表 3. 16)。

表 3. 11　J_n 的取值[9]

节理组数	J_n
A. 块状,没有或很少节理	0. 5 ~ 1
B. 1 组节理	2
C. 1 组节理并有随机节理	3
D. 2 组节理	4
E. 2 组节理并有随机节理	6
F. 3 组节理	9
G. 3 组节理并有随机节理	12
H. 节理在 4 组以上,严重节理化,岩石呈碎块状	15
J. 碎裂岩石,似土状	20

表 3.12　J_r 的取值[9]

节理粗糙度系数	J_r
(a)节理壁直接接触	
(b)错动 10cm 前节理壁直接接触	
A. 不连续节理	4
B. 粗糙或不规则的,波状	3
C. 平滑的,波状	2
D. 光滑的,波状	1.5
E. 粗糙或不规则的,平直的	1.5
F. 平滑的,平直的	1.0
G. 光滑的,平直的	0.5
(c)错动时节理壁不直接接触	
H. 含有厚度足以阻碍节理壁接触的黏土带	1.0
J. 含有厚度足以阻碍节理壁接触的砂质、砾质或碎裂带	1.0

表 3.13　J_a 的取值[9]

节理风化蚀变系数	残余摩擦角/(°)	J_a
(a)节理壁直接接触(无矿物充填,或只有薄层覆盖)		
A. 紧密闭合,坚硬,不软化,不透水的填充物,如石英绿帘石	—	0.75
B. 节理壁未变质,仅表面有斑染	25～35	1.0
C. 节理壁轻微变质,无软化矿物盖层、砂粒、松散黏土等充填	25～30	2.0
D. 粉质或砂土质薄膜覆盖,有少量黏土成分(无软化)	20～25	3.0
E. 软化的或低摩擦的黏土矿物覆盖层(如高岭石、云母、亚硝酸盐、滑石、石膏、石墨、少量膨胀性黏土等)	8～16	4.0
(b)错动 10cm 前节理壁直接接触(薄层矿物充填)		
F. 裂隙中含有砂粒、松散黏土等	25～30	4.0
G. 强烈超固结的、非软化黏土矿物充填(连续的,但厚度<5mm)	16～24	6.0
H. 中等或稍微超固结的、由软化矿物组成的黏土(连续的,厚度<5mm)	8～12	8
J. 膨胀性黏土充填物(连续的,厚度<5mm)如蒙脱石、高岭石等,J_a取决于膨胀性黏粒的含量和水的进入等	6～12	8～12
(c)错动时节理壁不直接接触(厚层矿物充填)		
K、L、M. 不完整或破碎岩石与黏土条带区(黏土情况参见 G、H、J)	6～24	6,8 或 8～12
N. 粉质或砂土质黏土条带区,含少量黏土成分(非软化的)	—	5.0
O、P、R. 厚的连续区域或黏土条带(黏土情况见 G、H、J)	6～24	10,13 或 13～20

表 3.14　J_w 的取值[9]

孔隙水应力折减系数	水压力/MPa	J_w
A. 开挖时干燥,或有局部小水流(<5L/min)	<0.1	1.0
B. 中等水流或具有中等压力,偶有冲出充填物	0.1～0.25	0.66
C. 含充填节理的坚硬岩石中有大水流或高压	0.25～1	0.5
D. 大水流或高水压,随时间衰减	0.25～1	0.33
E. 特大水流或高水压,随时间衰减	>1	0.2～0.1
F. 特大水流或高水压,不随时间衰减	>1	0.1～0.05

表 3.15　SRF 的取值[9]

裂隙水应力折减系数			SRF
(a)与开挖方向交叉的软弱带,当开挖时会导致岩体松动			
A. 含黏土或化学风化不完整岩石的软弱带多次出现,围岩很松散(在任何深度上)			10.0
B. 含黏土或化学风化不完整岩石的单一软弱带(开挖深度≤50m)			5.0
C. 含黏土或化学风化不完整岩石的单一软弱带(开挖深度>50m)			2.5
D. 坚硬岩石中多个剪切带(无黏土),围岩松动(在任何深度上)			7.5
E. 坚硬岩石中单一剪切带(无黏土),围岩松动(开挖深度≤50m)			5.0
F. 坚实岩石中单一剪切带(无黏土),围岩松动(开挖深度>50m)			2.5
G. 松动张开的节理,严重节理化或呈小块状等(在任何深度上)			5.0
(b)坚硬岩石,岩石应力问题			
	σ_c/σ_1	σ_θ/σ_c	SRF
H. 低应力、近地表、张开节理	>200	<0.01	2.5
J. 中等应力,最有利的应力条件	200～10	0.01～0.3	1.0
K. 高应力、非常紧密结构,一般利于稳定,也可能不适于巷帮稳定	10～5	0.3～0.4	0.5～2.0
L. 块状岩体中 1h 之后产生中等板裂	5～3	0.5～0.65	5～50
M. 块状岩体中几分钟内产生板裂及岩爆	3～2	0.65～1	50～200
N. 块状岩体中严重岩爆(应变突然出现以及直接的动力变形)	<2	>1	200～400
(c)挤压岩石,高应力影响下软岩塑性流动		σ_θ/σ_c	SRF
O. 轻度挤压岩石应力		1～5	5～10
P. 严重挤压岩石应力		>5	10～20
(d)膨胀岩,由于水的存在,岩石化学膨胀活动			
R. 轻度膨胀岩石应力			5～10
S. 严重膨胀岩石应力			10～15

表 3.16　Q 系统岩体质量分级表[9]

Q 值	0.001～0.01	0.01～0.1	0.1～1	1～4	4～10	10～40	40～100	100～400	400～1000
围岩等级	特别差的	极差的	很差的	差的	一般	好的	很好的	极好的	特别好的

Q 系统和 RMR 系统包含不同的参数，但两者亦可相互转换，Barton 于 1993 年提出 RMR 值和 Q 值对应的关系：$\mathrm{RMR}\approx \lg Q+50$。

3.4　岩体的强度理论

岩体的强度理论通过分析岩体破坏时的应力状态，建立判断岩体破坏的准则。判断结构面破坏的经验模型有 JRC-JCS 模型、Patton 公式和 Gerrard 剪切公式等[10]。因 JRC-JCS 模型在工程实践中应用最为广泛，本节重点介绍该模型。判断岩体整体强度的模型有霍克-布朗（Hoek-Brown）强度准则、Bieniawski 经验强度准则和 Balmer 经验强度准则等。本节重点介绍 Hoek-Brown 强度准则。

3.4.1　JRC-JCS 模型

JRC-JCS 模型是由 Barton 于 1977 年基于大量结构面剪切试验，而提出的结构面的抗剪强度公式：

$$\tau_{\mathrm{p}}=\sigma_{\mathrm{n}}\tan\left(\mathrm{JRC}\cdot\lg\frac{\mathrm{JCS}}{\sigma_{\mathrm{n}}}+\varphi_{\mathrm{b}}\right) \tag{3.2}$$

式中，φ_{b}为基本摩擦角；σ_{n}为结构面法向应力；JRC 为结构面粗糙度；JCS 为结构面壁岩强度。JRC-JCS 模型用于估算低法向应力下结构面的峰值抗剪强度。

1）JCS 的确定

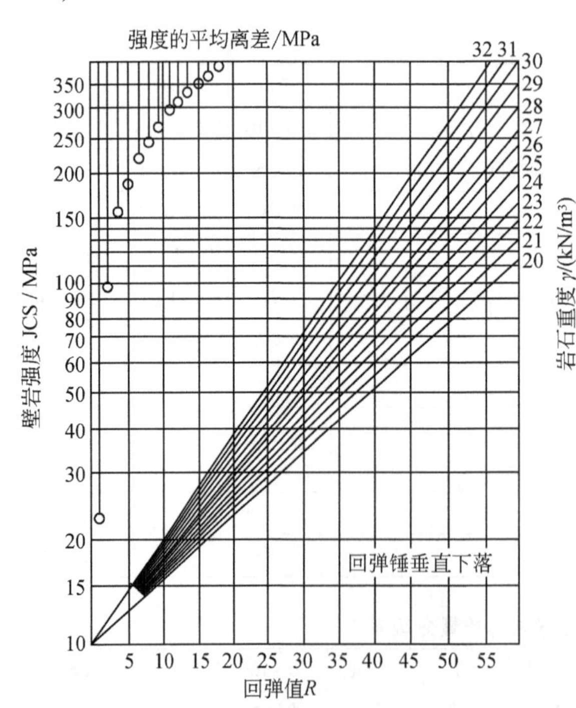

图 3.1　JCS 与回弹值及岩石重度的关系[2]

测定 JCS 的方法因结构面风化程度不同而不同。对未风化或微风化岩体，结构面壁岩的强度与岩体内部的强度大致相同，JCS 可采用岩石试样的单轴抗压强度或点荷载强度。若结构面壁岩有风化现象，可采用 L 型回弹仪测得回弹值（R），并测定岩石重度（γ），依据图 3.1查得或式（3.3）计算求得 JCS。

$$\lg(\mathrm{JCS})=0.00088\gamma R+1.01 \tag{3.3}$$

2）φ_{b} 的确定

Barton 的研究表明，岩体结构面的基本摩擦角大多为 25°～35°。基本摩擦角可用结构面壁岩平直表面的倾斜试验获得。具体方法是取结构面壁岩试块，将试块锯成两半，去除岩粉，风干后合并，缓缓加大试块倾角至上盘岩块开始下滑，此时的试块倾角即为 φ_{b}。对每种岩石，进行试验的试块数需多于

10块。在没有倾斜试验资料时,可用结构面的残余摩擦角代替,或取 $\varphi_b=30°$。

3)JRC 的确定

Barton 提出 JRC 值可通过标准轮廓曲线对比法和直剪试验反算法确定。标准轮廓曲线对比法是人为将结构面表面的轮廓曲线与标准轮廓曲线对比,从而得出 JRC 值,标准轮廓曲线与 JRC 值的对比关系如图3.2所示。直剪试验反算法是用直剪试验得出的峰值剪切强度和基本摩擦角来反算 JRC 值:

$$\mathrm{JRC}=\frac{\varphi_p-\varphi_b}{\lg(\mathrm{JCS}/\sigma_n)} \tag{3.4}$$

式中,φ_p 为峰值剪切角;$\varphi_p=\arctan(\tau_p/\sigma_n)$[4]。

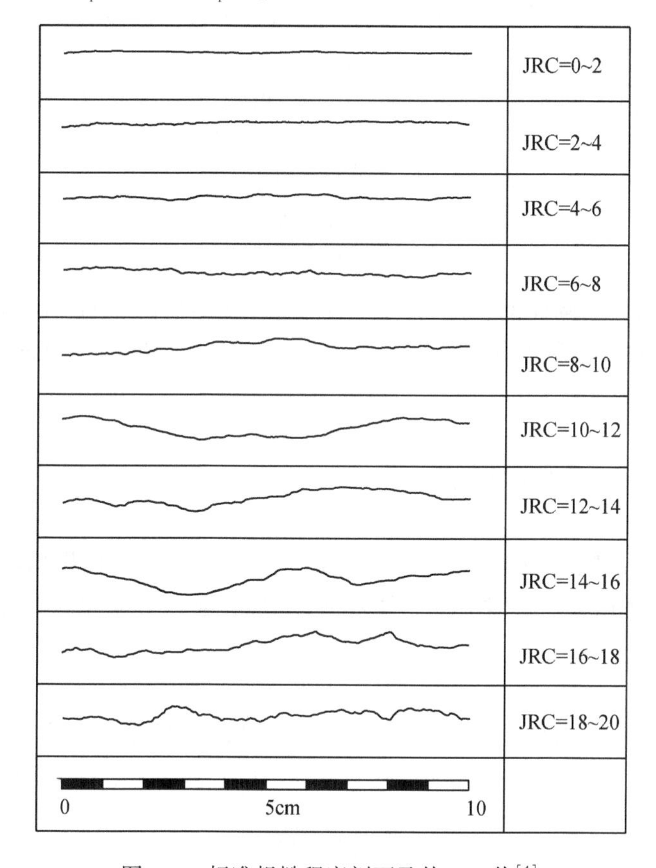

图3.2　标准粗糙程度剖面及其 JRC 值[4]

由于目测结构面 JRC 值的主观性和反算确定 JRC 值的不便,现在常用的 JRC 值确定方法还有分形理论、统计参数法、直线长度与迹线长度比值法以及直边法和修正直边法[11]。下面主要介绍分形理论。

用不同的码尺 r 去量测节理,测量方法如图3.3所示,如果岩石节理具有分形自相似性,岩石节理的分形维数 D 和所测尺码个数 N 之间的关系为

$$N=a\,r^{1-D} \tag{3.5}$$

式中,a 为常数。

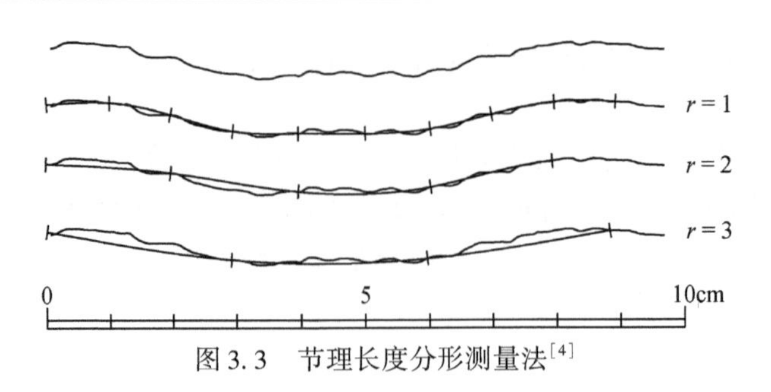

图 3.3 节理长度分形测量法[4]

因此,可通过变换码尺 r,得到不同的 N 值,从而求出节理的分形维数 D。Li 和 Huang[12]通过对大量的轮廓曲线与对应的 JRC 值进行分形维值 D 计算,得到经验公式:

$$\mathrm{JRC}=520.28(D-1)^{0.7588} \tag{3.6}$$

此外,JRC-JCS 模型也考虑了尺寸效应的影响,可通过式(3.7)和式(3.8)进行修正:

$$\mathrm{JRC_n}\approx\mathrm{JRC_0}\left[\frac{L_n}{L_0}\right]^{-0.02\mathrm{JRC_0}} \tag{3.7}$$

$$\mathrm{JCS_n}\approx\mathrm{JCS_0}\left[\frac{L_n}{L_0}\right]^{-0.03\mathrm{JRC_0}} \tag{3.8}$$

式中,L_0为实验室试样结构面的长度,即 100mm;L_n为现场结构面的长度;$\mathrm{JRC_0}$、$\mathrm{JCS_0}$ 为实验室试样结构面的粗糙度系数和结构面壁岩强度;$\mathrm{JRC_n}$、$\mathrm{JCS_n}$ 为现场结构面的粗糙度系数和结构面壁岩强度。

3.4.2 霍克-布朗强度准则

霍克-布朗强度准则是由 Hoek 和 Brown 为地下硬岩开挖工程提出的一个岩体破坏准则。该准则基于大量试验以及对节理岩体性质的研究,通过对完整岩石力学参数的折减为岩体提供力学参数,表达式为

$$\sigma_1'=\sigma_3'+(m_b\sigma_{ci}\sigma_3'+s\,\sigma_{ci}^2)^a \tag{3.9}$$

式中,σ_1'为破坏时的最大有效主应力(MPa);σ_3'为破坏时的最小有效主应力(MPa);σ_{ci}为岩石的单轴抗压强度(MPa)。m_b、s、a 为反映岩体特征的经验参数,它们的取值方法为

$$m_b=\exp\left(\frac{\mathrm{GSI}-100}{28-14D}\right)m_i \tag{3.10}$$

$$s=\exp\left(\frac{\mathrm{GSI}-100}{9-3D}\right) \tag{3.11}$$

$$a=0.5+\frac{1}{6}[\exp(-\mathrm{GSI}/15)-\exp(-20/3)] \tag{3.12}$$

式中,GSI 为地质强度指标;m_i 为岩石量纲为 1 的经验参数,反映岩石的软硬程度,取值范围为 0.001~25.000,其中,0.001 代表高度破碎的岩体,25.000 代表坚硬完整的岩石;s 为岩体破碎程度,取值范围为 0~1,1 代表完整岩石;D 为考虑爆破影响和应力释放的扰动参数,取值范围为 0.0~1.0,现场无扰动岩体为 0.0,非常扰动岩体为 1.0。

当 σ_{ci}、GSI、m_i和 D 已知时,即可确定霍克-布朗强度准则。岩石单轴抗压强度 σ_{ci}可由岩

石单轴压缩试验获得。GSI 可根据岩体结构等级 SR 和表面条件等级 SCR 由表 3.17 得出。岩石参数 m_i 可通过表 3.18 获得，但表 3.18 提供的是范围值，精确值需要通过室内试验获得，如单轴压缩试验和常规三轴压缩试验组合、单轴压缩试验和直接拉伸试验组合、单轴压缩试验和间接拉伸试验组合，以及单轴压缩试验和声发射测试组合等。扰动系数 D 可由表 3.19 获得。

表 3.17　地质强度指标 GSI[13]

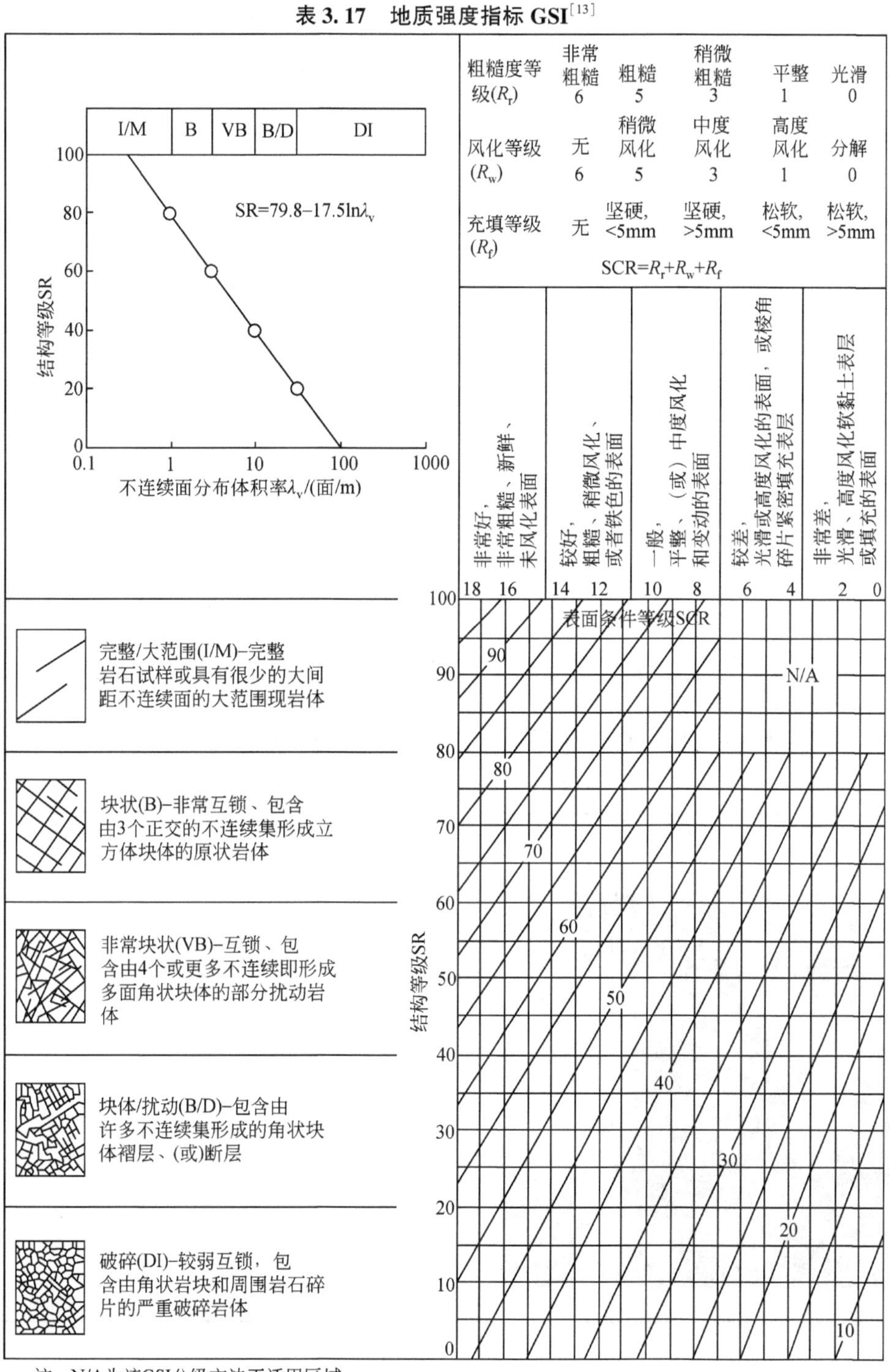

注：N/A为该GSI分级方法不适用区域。

表 3.18　各类岩石参数 m_i 值[13]

岩石类型	分类	小类	不同质地岩石及其 m_i 值			
			粗糙的	中等的	精细的	非常精细的
沉积岩	碎屑		砾岩(21±3)* 角砾岩(19±5)	砂岩 17±4	粉砂岩 7±2 硬砂岩(18±3)	黏土岩 4±2 页岩(6±2) 泥灰岩(7±2)
	非碎屑	碳酸盐	结晶灰岩(12±3)	粉晶灰岩(10±2)	微晶灰岩(9±2)	白云石(9±3)
		蒸发盐		石膏 8±2	硬石膏 12±2	
		有机物				白垩 7±2
变质岩	非片理化		大理岩 9±3	角页岩(19±4) 变质砂岩(19±3)	石英岩 20±3	
	轻微片理化		混合岩(29±3)	闪岩 26±6	片麻岩 28±5	
	片理化			片岩 12±3	千枚岩(7±3)	板岩 7±4
火成岩	深成类	浅色	花岗岩 32±3 花岗闪长岩(29±3)	闪长岩 25±5		
		深色	辉长岩 27±3 苏长岩 20±5	粗粒玄武岩(16±5)		
	半深成类		斑岩(20±5)		辉绿岩(15±5)	橄榄岩(25±5)
	火山类	熔岩		流纹岩(25±5) 安山岩 25±5	英安岩(25±3) 玄武岩(25±5)	黑曜岩(19±3)
		火山碎屑	集块岩(19±3)	角砾岩(19±5)	凝灰岩(13±5)	

注:括号内的数值均为估计值。

* 该行中的值为垂直于片理层状面的岩样测试所得;当沿着弱面破坏时 m_i 值将会明显不同。

表 3.19　扰动系数 D 取值表[14]

岩体图片	岩体描述	D 的参考值
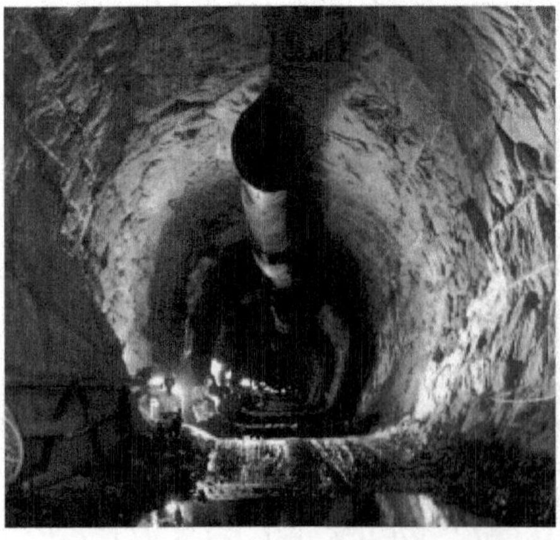	良好的控制爆破或 TBM 开挖,产生极小的扰动	$D=0$

续表

岩体图片	岩体描述	D 的参考值
	机械或手工开挖岩体(无爆破),周围的岩体扰动最小。 挤压问题导致显著的底板拱起,扰动严重,除非有一个临时的转化(如左图所示)	$D=0$ $D=0.5$(无转化)
	在坚硬的岩石隧道进行很差的爆破,产生严重的局部损伤(隧道轮廓延长 2m 或 3m),由此产生的岩体	$D=0.8$
	小范围的爆破在岩土边坡工程导致重度的岩体损伤,尤其是采用控制爆破时(如左图所示)。然而,应力释放会导致一定的损伤	$D=0.7$(爆破良好) $D=1.0$(爆破效果差)

续表

岩体图片	岩体描述	D 的参考值
	非常大的露天矿边坡遭受严重的生产爆破,上覆岩层应力释放,产生扰动。 一些软岩可通过破碎和推翻开挖,扰动较小	$D=1.0$(生产爆破) $D=0.7$(机械开挖)

参考文献

[1] 张永兴. 岩石力学[M]. 北京:中国建筑工业出版社,2004.

[2] 刘佑荣,唐辉明. 岩体力学[M]. 北京:化学工业出版社,2009.

[3] 沈明荣,陈建峰. 岩体力学[M]. 上海:同济大学出版社,2006.

[4] 蔡美峰. 岩石力学与工程[M]. 北京:科学出版社,2013.

[5] 孙广忠. 岩体力学基础[M]. 北京:科学出版社,1983.

[6] Geotechnical Control Office. Guide to Rock and Soil Descriptions(Geoguide 3)[M]. Hong Kong:Geotechnical Control Office,1988.

[7] 黄国明. 节理岩体描述及其工程应用[D]. 成都理工大学博士学位论文,1999.

[8] Barton N,Choubey V. The shear strength of rock joints in theory and practice[J]. Rock Mechanics,1997,10(1-2):1-54.

[9] 康小兵,许模,陈旭. 岩体质量Q系统分类法及其应用[J]. 中国地质灾害与防治学报,2008,19(4):91-95.

[10] 吴黎辉. 岩体经验强度准则研究[D]. 长安大学硕士学位论文,2004.

[11] 李化,黄润秋. 岩石结构面粗糙度系数JRC定量确定方法研究[J]. 岩石力学与工程学报,2014,33(s2):3489-3497.

[12] Li Y,Huang R. Relationship between joint roughness coefficient and fractal dimension of rock fracture surfaces[J]. International Journal of Rock Mechanics & Mining Sciences,2015,75:15-22.

[13] 朱合华,张琦,章连洋. Hoek-Brown强度准则研究进展与应用综述[J]. 岩石力学与工程学报,2013,32(10):1945-1963.

[14] Hoek E,Carranza-Torres C. Hoek-Brown failure criterion-2002 Edition[R]. Proceedings of the Fifth North American Rock Mechanics Symposium,2002,1:18-22.

第二篇　国内外岩土测试方法

随着经济全球化和区域经济一体化进程的加快,中国在国际经济大循环中所处的位置变得举足轻重,若想成功地向其他国家出口产品和服务,则必须尽快提高我国企业在国际市场中的竞争力。标准化是组织现代化生产和工程建设的重要保障,是科学管理的重要条件,是开展国际经济技术交往和新技术推广应用的重要基础,是现代科学技术的重要组成部分。在工程建设方面,勘测、试验、设计、施工及工程监测的标准化,对提高工程质量、降低成本、保证安全、节约能源、保护环境和提高劳动生产率都至关重要。

岩土体在工程中的应用大致可归纳为三个方面:作为建筑物或构筑物的地基;作为建筑物或构筑物(路堤、堤坝等)的填料;作为建筑物或构筑物的周围介质。岩土体的物理力学性质影响甚至决定着工程的可靠度、工程的服务效果和工程寿命。

岩土体室内试验是岩土工程的重要内容之一,是获取岩土体物理力学参数的主要途径,是岩土工程、地质工程等相关行业从业人员必备的基本知识,也是开展岩土工程理论研究所必要的基本方法。科学的测试方法和准确可靠的测试结果对工程实践具有重要的意义。失真的物理力学参数轻则给工程带来安全隐患,重则造成严重的财力、物力浪费,甚至人员伤亡。

本篇收集整理了世界上使用较为广泛的岩土测试标准和规范,包括中国、英国、美国、新加坡、南非、澳大利亚以及国际岩石力学学会的标准[如 ASTM,BS,ISRM,《土工试验方法标准》(GB/T 50123—1999),《工程岩体试验方法标准》(GB/T 50266—2013),《公路土工试验规程》(JTG E40—2007),《公路工程岩石试验规程》(JTG E41—2005)等]。归纳总结了各标准的分类方法、适用范围、发展历史及各标准的制订和修订程序,理清了各标准之间的联系,并直观地呈现给读者各标准之间的异同。

通过对所收集到的标准的对比分析,发现现行的行业标准和规范普遍存在以下四大问题:①试验的排版格式平铺直叙。现行的标准和规范全部采用单独成节的格式讲解每个岩土体室内试验,没有凸显出每个试验的关键点。②现行标准规范的部分内容含糊不明。例如,在《土工试验方法标准》(GB/T 50123—1999)和《公路土工试验规程》(JTG E40—2007)中的易溶盐总量测定试验均没有明确界定“大量结晶水”的判断方法和质量范围,导致试验无法确定所测得的易溶盐总量值是否偏高。③试验数据处理方面零碎不系统,分散无条理。50%以上的行业规范和标准只列出了公式和部分数据的曲线图,不能清晰表现出测试参数的数量特征,也不能直接据之分析试样的物理力学特性。④现行标准规范的易读性差,致使阅读和理解困难。

基于以上现状及问题,本篇列举了具有代表性的 39 个岩土体室内试验(表 1),并依据实际操作经验,充分考虑了岩土体室内试验系统、全面、成熟、可靠的特点,重新对这些试验进行了编排。为提高易读性和易懂性,本篇共分 5 章进行阐述:第 4 章综述了国际常用标准体系,着重介绍了 ASTM、BS、ISRM、中国、日本、澳大利亚等国家的标准体系。第 5 章为试验基本要求:包括适用范围、测试参数、试验仪器及试剂要求。第 6 章为土工试验方法,为各试验制作了流程图,系统讲解了试验具体操作方法和步骤。第 7 章为岩石试验方法,主要讲解岩石室内试验的操作步骤和流程。第 8 章主要讲解各试验的数据分析和注意事项。数据分析详细讲解岩土体测试参数的计算方法与计算公式;注意事项重点阐述试验中需要避免和杜绝的主要问题。

表 1　岩土体室内试验

土工试验			
酸碱度	易溶盐	有机质	土样含水率
土样密度	土粒比重	颗粒分析	界限含水率
渗透	击实	砂土的相对密度	膨胀力
黏土的自由膨胀率	膨胀率(固结仪法)	收缩试验	黄土湿陷
承载比试验	回弹模量试验	固结试验	直接剪切
反复直剪强度试验	土样三轴压缩试验	无侧限抗压强度试验	土样抗拉强度
岩石/岩体试验			
含水率试验	回弹硬度	颗粒密度	单轴抗压强度
块体密度	单轴压缩变形	吸水性	三轴压缩强度
膨胀性	巴西劈裂	耐崩解性	点荷载强度
冻融试验	岩体结构面直剪	声波速度	

第4章　国内外标准体系

4.1 引　言

1925年,土力学成为一门独立的学科。土力学是运用工程力学的理论和方法来研究土体力学性质的学科。它以试验为基础,在实际工程如地基、挡土墙和土工建筑物中都有重要的应用。岩石力学比土力学发展晚30年,20世纪50年代末,岩石力学成为一门理论和应用科学,它以力学试验为基础研究岩石的力学性质。岩石力学的应用范围涉及水利水电、土木建筑、采矿、铁道、公路、地震、石油、国防、海洋等众多与岩石相关的工程领域。

为了规范岩土试验,确保合理地评价岩土工程性质,以便为工程设计和施工提供可靠的参数,岩土试验标准应运而生。岩土试验标准起源于20世纪40年代。1942年,美国各州公路工作者协会(AASHO)共同就土的物理性质试验方法和设备制订了标准;1948年,英国发布了第一本土工试验规程BS1377:1948;1956年,中国水利部颁布了中国第一本《土工试验规程》;1974年,国际岩石力学学会出版了岩石试验建议方法。

现今岩土试验所涉及的标准种类繁多。例如,中国的国家标准(以GB/T命名)、行业规程[如交通行业的《公路工程土工试验规程》(JTJ 051-93),电力行业的《水电水利工程土工试验规程》(DL/T 5355—2006)]和地方规定或规范(如天津市地方标准《岩土工程 技术规范》DB 29-20—2002),美国的ASTM(The American Society for Testing and Materials),英国的BS(British Standards),新加坡的SS(Singapore Standards),南非的SANS(South African National Standard),日本的JIS(Japanese Industrial Standards),澳大利亚的AS(Australia Standards),国际岩石力学学会的SM(ISRM Suggested Method)。

卞昭庆[1]总结分析了中国现行岩土标准,指出中国标准在命名、分类和使用方面存在混乱不清的问题。高大钊[2]指出中国地方规范缺乏法律承认,与国家规范和行业规范存在一些不相容。徐京悦[3]分析了日本的标准化体制,简要对比了中日标准化体制,指出日本在制订和修订标准过程中较之中国公众参与度更高。安扬[4]介绍了南非的标准化状况,总结了南非标准的特点,即标准立法明确、更新及时、强制性标准数量少。夏怡[5]介绍了新加坡的标准化历程,简要分析了新加坡标准化体系。丁其兵等[6]对比了英国、美国与中国标准中的常规土工试验如土的液限、颗粒分析、直接剪切等,认为在试验方法和土的定名方面,英国、美国标准与中国标准均有不同,建议应将英国、美国标准与中国标准选择性融合。但是,以上学者仅对某国的标准化体制现状进行了分析,或者仅对比了某两个国家的标准化体制。目前尚未有学者系统研究各标准体系的发展历程、标准分类、标准制订以及一个国家的各标准之间、各国的标准之间的差异与联系等问题。

通过收集世界上使用较为广泛的标准,包括中国、英国、美国、新加坡、南非、澳大利亚、国际岩石力学学会的标准,本书整理了各标准体系下的标准的分类方法,标准的适用范围、发展历史,明确了各标准体系下的标准的制订和修订程序,理清了同一标准体系下的不同标准之间以及不同标准体系之间的联系,呈现给读者关于岩土试验标准体系的整体、直观的概念。本章从标准分类、标准制订、标准发展历史、标准引用等方面介绍不同国家的岩土试验标准体系并进行对比分析。

4.2　世界主流标准

4.2.1　中国标准

中国的岩土试验标准分为国家标准、行业规程、地方规定或规范[1]。国家标准是一级标准,各级标准均应符合国家标准的规定,不得与之相矛盾[1];行业规程是二级标准,是针对行业特点,将国家标准细化、具体化;地方规定或规范是三级标准,是根据某一区域的特殊地质条件而制订的,是国家标准和行业标准的细化、区域化。

表 4.1　中国岩土试验标准

<table>
<tr><th>标准</th><th>标准代号</th><th>标准级别</th><th>生效日期(年.月.日)</th><th>批准部门</th><th>主编部门</th><th>适用范围</th><th>备注</th></tr>
<tr><td rowspan="2">土工试验方法标准</td><td>GBJ 123-88</td><td rowspan="2">国家标准</td><td>1989. 3. 1</td><td rowspan="2">建设部</td><td>水利电力部</td><td rowspan="2">工民建、交通、水利等各类工程的地基土及填筑土料的基本工程性质试验</td><td></td></tr>
<tr><td>GB/T 50123—1999</td><td>1999. 10. 1</td><td>水利部</td><td>现行</td></tr>
<tr><td rowspan="2">工程岩体试验方法标准</td><td>GB/T 50266—1999</td><td rowspan="2">国家标准</td><td>1999. 5. 1</td><td rowspan="2">建设部</td><td>电力工业部</td><td>水利、水电、矿山、铁路、交通、石油、国防、工民建等工程的岩石试验</td><td></td></tr>
<tr><td>GB/T 50266—2013</td><td>2013. 9. 1</td><td>中国电力企业联合会</td><td>地基、围岩、边坡以及填筑料的工程岩体试验</td><td>现行</td></tr>
<tr><td rowspan="3">土工试验规程</td><td>SDS01-79</td><td rowspan="3">水利水电工程行业标准</td><td>1980. 5. 19</td><td>水利部、电力工业部</td><td>南京水利科学研究院</td><td rowspan="3">工程用土的鉴别、定名和描述</td><td></td></tr>
<tr><td>SD128-84、SD128-86、SD128-87</td><td>1989. 2. 15</td><td>水利部、能源部</td><td>南京水利科学研究院</td><td></td></tr>
<tr><td>SL 237—1999</td><td>1999. 4. 15</td><td>水利部</td><td>南京水利科学研究院</td><td>现行</td></tr>
<tr><td rowspan="2">水利水电工程岩石试验规程</td><td>DLJ 204-81、SLJ 2-81</td><td rowspan="2">水利水电工程行业标准</td><td>1981. 2. 19</td><td rowspan="2">水利部</td><td>电力工业部</td><td>水利水电工程一、二等建筑物的岩石地基、岩质边坡和地下洞室围岩的岩石试验</td><td></td></tr>
<tr><td>SL 264—2001</td><td>2001. 4. 1</td><td>长江科学院</td><td>水利水电工程的岩石试验</td><td>现行</td></tr>
</table>

续表

标准	标准代号	标准级别	生效日期（年.月.日）	批准部门	主编部门	适用范围	备注
水电水利工程土工试验规程	DL/T 5355—2006	电力行业标准	2007.5.1	国家发展和改革委员会	中国水电顾问集团成都勘测设计研究院	水电水利工程测定地基、边坡、地下洞室、填筑料等基本工程性质的试验，以及施工质量的控制和检验	现行
土工试验规程	YBJ 42-92、YSJ 225-92	冶金、有色冶金行业标准	1993.7.1	冶金工业部（含有色总公司）	中国有色金属长沙勘察设计研究院有限公司	有色冶金工业建设工程的土工试验	
	YS/T 5225—2016		2016.9.1	工业和信息化部	中国有色金属长沙勘察设计研究院有限公司		现行
铁路工程土工试验规程	TB 10102—2004	铁道行业标准	2004.4.1	铁道部	铁道部第一勘察设计院	铁路工程各类地基土和填料的基本性质试验	
	TB 10102—2010		2010.11.21		中铁第一勘察设计院集团有限公司	铁路工程各类地基土和填料的物理力学性质试验	现行
铁路工程岩石试验规程	TB 10115-98	铁道行业标准	1998.7.1	铁道部	铁道部第一勘察设计院	铁路工程地基、边坡、隧道及用作建筑材料的岩石试验	
	TB 10115—2014		2015.2.1		中铁第一勘察设计院集团有限公司	铁路勘测、设计和施工阶段的岩石试验	现行
公路工程土工试验规程	JTJ 051-93	交通（公路）行业标准	1993.12.1	交通部	公路科学研究院	公路工程的地基土、路基土及其他路用土的基本工程性质试验	
	JTG E40—2007		2007.10.1		公路科学研究院		现行
公路工程岩石试验规程	JTJ 054-94	交通（公路）行业标准	1994.12.1	交通部	中交第二公路勘察设计院	公路工程中的路基、路面、桥涵及隧道等工程的岩石试验	
	JTG E41—2005		2005.8.1		中交第二公路勘察设计院		现行
土工试验技术规定	无编号	山东省地方标准	1993.9.1	山东省城乡建设委员会	山东省勘察设计协会工程勘察专业委员会		现行

续表

标准	标准代号	标准级别	生效日期(年.月.日)	批准部门	主编部门	适用范围	备注
岩土工程技术规范	DB 29-20—2000	天津市地方标准	2001.4.1	天津市城乡建设委员会	天津大学天津市建设设计院	天津市的建筑工程、市政工程和港湾工程中的岩土工程勘察、设计及施工	现行

如表4.1所列,国家标准的编号格式为“代号+序号+批准年份”,代号为“GB”或“GB/T”,“GB”代表强制性标准,“GB/T”代表推荐性标准,如《土工试验方法标准》(GB/T 50123—1999)。行业规程的编号格式为“行业代号+序号+批准年份”,如铁路部门行业代号为“TB”。地方规定或规范的命名和编号尚无统一格式,有的编号格式为“代号+序号+批准年份”,代号为“DB”,如《天津市岩土工程技术规范》(DB 29-20—2002);有些地方规定或规范则缺少编号,如山东省地方标准——《土工试验技术规定》。

不同级别标准的制订程序不同。国家标准由住房和城乡建设部(2008年3月15日之前称为建设部)批准制订,交由相关部门(水利部,中国电力企业联合会等)编写、审查,最终由中华人民共和国国家质量监督检验检疫总局(2001年4月10日之前称为国家质量技术监督局)发布,或与建设部联合发布[7];行业规程由行业所属的国家主管部门(水利部,交通部,铁道部等)批准制订,通常交由相关设计院或研究院编写,经审查后再由行业所属的国家主管部门发布;地方规定或规范由地方所属地区的主管部门(城乡建设委员会或建设厅)批准制订,交由地区相关专业委员会或研究院编写,经审查后由地区主管部门发布。

标准在政府指示下不定期修订,修订完成后,新的标准发布,旧的标准同时废止。国家标准如有原则性修改,各级标准随之修改。

选用标准时,应以工程需要和标准的适用范围为依据,一般优选的顺序为地方规定或规范,行业规程,国家标准。

中国香港采用的土工试验标准是其土木工程拓展署土木工程处(GEOTECHNICAL ENGINEERING OFFICE Civil Engineering Department The Government of the Hong Kong Special Administrative Region)发布的土壤测试规范[Geospec 3:MODEL SPECIFICATION FOR SOIL TESTING(2017version)],该规范分为三部分,第一部分是计划和监督实验室测试的一般技术程序,第二和第三部分是个别测试的详细程序。

Geospec 3是由土木工程拓展署基于英国标准BS 1377系列制订的。经英国标准协会批准,BS 1377系列和其他英国标准的摘录已被纳入Geospec。香港特别行政区政府土木工程拓展署于2004年7月由土木工程署和拓展署合并而成立。在制订岩土工程标准方面,土木工程署进行技术拓展,并通过拓展署出版的刊物推行有关技术指引。

Geospec 3主要是由工程师Philip W. K. Chung,Richard P. L. Pang和C. K. Cheung编写。早期阶段由工程师B. N. Leung和Dr L. S. Cheung负责,后来由工程师Jenny F. Yeung和M. Y. Ho接管。最后阶段交由工程师Y. C. Chan监督。草稿经过诸多有关专家审阅并多次修改,确定Geospec 3终稿。

4.2.2　美国标准

美国的标准体系与中国不同，美国的岩土试验标准是一套全国通用的 ASTM 标准。ASTM 标准是由 ASTM International 制订的，ASTM International 的前身是 American Society for Testing and Materials，该组织由宾夕法尼亚铁路公司（Pennsylvania Railroad）的 Charles B. Dudley 博士于 1898 年建立，是世界上最大的非营利标准发展组织之一。2001 年，改名为 ASTM International。

ASTM 标准分为 15 类，涵盖钢铁、有色金属、金属试验方法、建筑、石油、油漆、纺织、塑料、橡胶、电子、环境、能源、医疗设备、仪器仪表、先进材料领域，以标准年鉴（Annual Book of ASTM Standards）的形式出版发行。表 4.2 列出了 ASTM 标准中的岩土试验标准。

表 4.2　ASTM 标准中的岩土试验标准

试验	标准	标准代号
土的颗粒分析（比重计法，$d<75\mu m$）	Standard Test Method for Determination of Rock Hardness by Rebound Hammer Method	D7928-16$^{\varepsilon 1}$
土的颗粒分析（筛分法，$d>75\mu m$）	Standard Test Methods for Particle-Size Distribution (Gradation) of Soils Using Sieve Analysis	D6913-04 (Reapproved 2009)$^{\varepsilon 1}$
土的密度和重度	Standard Test Methods for Laboratory Determination of Density (Unit Weight) of Soil Specimens	D7263-09
土的最大干密度	Standard Test Methods for Maximum Index Density and Unit Weight of Soils Using a Vibratory Table	D4253-16
土的最小干密度	Standard Test Methods for Minimum Index Density and Unit Weight of Soils and Calculation of Relative Density	D4254-16
土的比重	Standard Test Methods for Specific Gravity of Soil Solids by Water Pycnometer	D854-14
土的含水率（烘箱干燥法）	Standard Test Methods for Laboratory Determination of Water (Moisture) Content of Soil and Rock by Mass	D2216-10
土的含水率（直接加热法）	Standard Test Method for Determination of Water Content of Soil By Direct Heating	D4959-16
土的界限含水率	Standard Test Methods for Liquid Limit, Plastic Limit, and Plasticity Index of Soils	D4318-10$^{\varepsilon 1}$
土的固结	Standard Test Methods for One-Dimensional Consolidation Properties of Soils Using Incremental Loading	D2435/D2435M-11
土的三轴压缩（UU）	Standard Test Method for Unconsolidated-Undrained Triaxial Compression Test on Cohesive Soils	D2850-15
土的三轴压缩（CU）	Standard Test Method for Consolidated Undrained Triaxial Compression Test for Cohesive Soils	D4767-11
土的三轴压缩（CD）	Standard Test Method for Consolidated Drained Triaxial Compression Test for Soils	D7181-11

续表

试验	标准	标准代号
土的单向膨胀或塌陷性	Standard Test Methods for One-Dimensional Swell or Collapse of Soils	D4546-14
土的膨胀指数	Standard Test Method for Expansion Index of Soils	D4829-11
土的直接剪切	Standard Test Method for Direct Shear Test of Soils Under Consolidated Drained Conditions	D3080/D3080M-11
土的击实(作用力 240 kN-m/m^3)	Standard Test Methods for Laboratory Compaction Characteristics of Soil Using Standard Effort(12,400ft-lbf/ft^3(600 kN-m/m^3))	D698-12$^{\varepsilon 2}$
土的击实(作用力 2700 kN-m/m^3)	Standard Test Methods for Laboratory Compaction Characteristics of Soil Using Modified Effort(56,000ft-lbf/ft^3(2,700 kN-m/m^3))	D1557-12$^{\varepsilon 1}$
土的击实(振动锤法)	Standard Test Methods for Determination of Maximum Dry Unit Weight and Water Content Range for Effective Compaction of Granular Soils Using a Vibrating Hammer	D7382-08
土的承载比	Standard Test Method for California Bearing Ratio (CBR) of Laboratory-Compacted Soils	D1883-16
黏性土的无侧限抗压强度	Standard Test Method for Unconfined Compressive Strength of Cohesive Soil	D2166/D2166M-16
土和石灰混合物的无侧限抗压强度	Standard Test Methods for Unconfined Compressive Strength of Compacted Soil-Lime Mixtures	D5102-09
土的反复直剪	Standard Test Method for Direct Shear Test of Soils Under Consolidated Drained Conditions	D3080/D3080M-11
土的有机质	Standard Test Methods for Moisture, Ash, and Organic Matter of Peat and Other Organic Soils	D2974-14
土的酸碱度	Standard Test Method for pH of Soils	D4972-13
岩石含水率	Standard Test Methods for Laboratory Determination of Water (Moisture) Content of Soil and Rock by Mass	D2216-10
岩石抗拉强度	Standard Test Method for Splitting Tensile Strength of Intact Rock Core Specimens	D3967-16
岩石单轴(变形)压缩	Standard Test Methods for Compressive Strength and Elastic Moduli of Intact Rock Core Specimens under Varying States of Stress and Temperatures	D7012-14
岩石点荷载强度	Standard Test Method for Determination of the Point Load Strength Index of Rock and Application to Rock Strength Classifications	D5731-16
岩石结构面直剪	Standard Test Method for Performing Laboratory Direct Shear Strength Tests of Rock Specimens Under Constant Normal Force	D5607-16
岩石冻融	Standard Test Method for Evaluation of Durability of Rock for Erosion Control Under Freezing and Thawing Conditions	D5312/D5312M-12 (Reapproved 2013)
岩石耐崩解性	Standard Test Method for Slake Durability of Shales and Other Similar Weak Rocks	D4644-16

续表

试验	标准	标准代号
岩石吸水性	Standard Test Method For Specific Gravity And Absorption of Rock For Erosion Control	D6473-15
岩石回弹强度	Standard Test Method for Determination of Rock Hardness by Rebound Hammer Method	D5873-14

如表4.2所列,岩土试验标准属于ASTM标准中的D类——其他各种材料(石油产品,燃料,低强塑料等)。ASTM标准编号格式为“ASTM+D+标准序号+批准年份”,如ASTM D7263-09。标准序号后附加“M”的标准为公制单位标准,如D2435M-11;无“M”的标准为英制单位标准,如D7263-09。批准年份后如附加括号“Reapproved+年份”,代表标准在该年重新确认有效,如D5312/D5312M-12(Reapproved 2013)。批准年份后附加“ε1”“ε2”的标准表示被编辑修改过,数字表示修改次数,如D4318-10$^{\varepsilon1}$。标准的修订信息均记录在标准的标题下方。

ASTM标准的制订程序如图4.1所示。任何人(主要指美国公民)均可提出标准制订请求,ASTM International技术委员会决定制订标准与否,制订的标准草案需经过学术界、业界、政府和个人使用者的审查投票,最终由标准常设委员会审批是否生效。ASTM International发布的所有标准都遵循文件《ASTM技术委员会条例》(*Regulations Governing ASTM Technical Committees*)和《ASTM标准的形式和样式》(*Form and Style for ASTM Standards*)的规定。

ASTM International每隔五年审查一次现行标准,讨论并修订需要修改的标准,重新发布无需修改的标准。多数委员会开展不定期虚拟会议和每年两次会面,讨论标准的制订与修订工作,这也是ASTM标准的现行版本年份较新的主要原因。

ASTM标准按照试验不同分别独立成册,且类别齐全,内容丰富,受到了世界上许多国家的引用,每年ASTM售出的标准有50%销往其他国家[8]。

4.2.3 英国标准

与中国和美国不同,英国岩土试验标准可分为两类。一类是英国标准学会(British Standards Institution,BSI)制订的BS 1377系列,BSI是国际上具有较高声誉的非官方营利性机构,它成立于1901年,是世界上最早的全国性标准化机构。另一类是借鉴外来标准作为英国标准(British Standards,BS)发布,借鉴的标准主要包括国际标准化组织(International Organization for Standardization, ISO)和国际电工委员会(International Electrotechnical Commission,IEC)开发的国际标准、欧洲标准化委员会(European Committee for Standardization,CEN)和欧洲电工标准化委员会(European Committee for Electrotechnical Standardization,CENELEC)开发的欧洲标准。

如表4.3所列,BS 1377系列起源于1948年,1990年之前,BS 1377标准整册发行,1990年之后,各类别分册发行。2014年,出现了借鉴国际标准作为BS发布的标准BS EN ISO 17892系列。如表4.4所列,BS EN ISO 17892系列取代了BS 1377系列中的部分试验,替代后BS 1377仍作为一个整体存在。

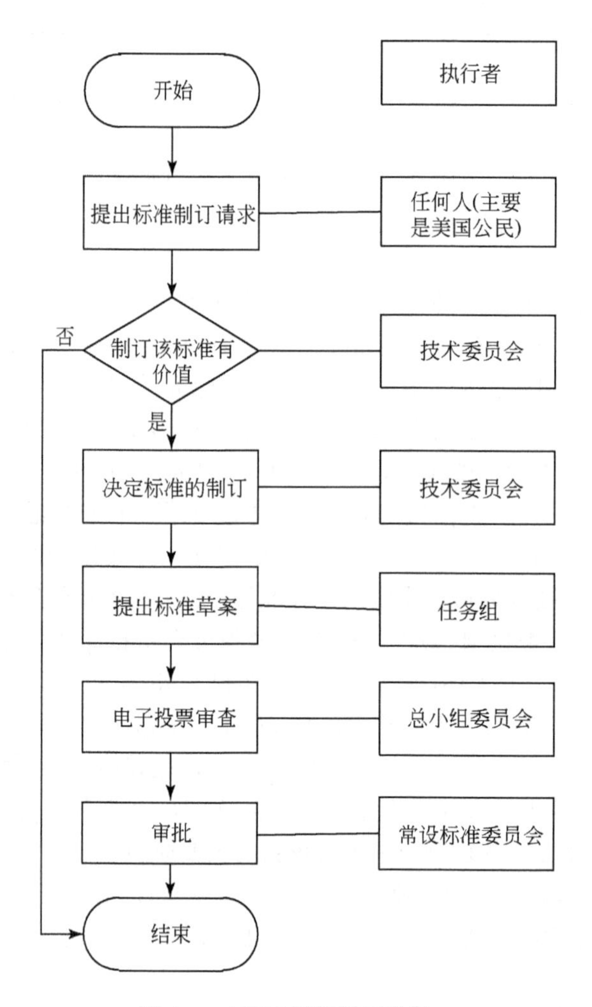

图 4.1　ASTM 标准制订程序

表 4.3　英国土工试验标准

标准代号	现行/废止
BS 1377:1948	废止
BS 1377:1961	废止
BS 1377:1967	废止
BS 1377:1975	废止
BS 1377-1:1990	废止
BS 1377-2:1990	现行
BS 1377-3:1990	现行
BS 1377-4:1990	现行

续表

标准代号	现行/废止
BS 1377-5:1990	现行
BS 1377-6:1990	现行
BS 1377-7:1990	现行
BS 1377-8:1990	现行
BS 1377-1:2016	现行
BS EN ISO 17892-1:2014	现行
BS EN ISO 17892-2:2014	现行
BS EN ISO 17892-3:2015	现行
BS EN ISO 17892-4:2016	现行
BS EN ISO 17892-5:2017	现行

表 4.4　BS 1377 替代表

试验	原标准	替代标准
含水量	BS 1377-2:1990 第 3.2 节	BS EN ISO 17892-1:2014
块体密度	BS 1377-2:1990 第 7 节	BS EN ISO 17892-2:2014
颗粒密度	BS 1377-2:1990 第 8.3 节	BS EN ISO 17892-3:2015
颗粒分析	BS 1377-2:1990 第 9 节	BS EN ISO 17892-4:2016
固结	BS 1377-5:1990 第 7 节	BS EN ISO 17892-5:2017

BS 1377 系列将土工试验划分为九个类别，每个类别均是独立的标准。如表 4.5 所列，BS 1377-1 ~ 8 属于室内土工试验，BS 1377-9 属于原位土工试验，标准编号格式为“BS 1377+数字类号+制订年份”。BS EN ISO 17892 编号格式为“BS EN ISO+17892+数字类号+制订年份”。

表 4.5　英国标准中的土工试验的基本分类

试验	标准	标准代号	生效日期（年.月.日）	修订时间（年.月）
一般要求和试样制备	Methods of Test for Soils for Civil Engineering Purposes-Part 1: General Requirements and Sample Preparation	BS 1377-1:2016	2016.7.31	
土的分类及土的基本物理性质（含水率、液塑限、收缩性、密度、颗粒密度及颗粒分析）	Methods of Test for Soils for Civil Engineering Purposes-Part 2: Classification Tests	BS 1377-2:1990	1990.8.31	1996.5

续表

试验	标准	标准代号	生效日期（年.月.日）	修订时间（年.月）
化学和电化学（有机质含量、灼烧质量损失、硫酸盐含量、碳酸盐含量、氯化物含量、可溶物含量、酸碱度、电阻率及氧化还原势）	Methods of Test for Soils for Civil Engineering Purposes-Part 3: Chemical and Electrochemical Tests	BS 1377-3:1990	1990. 8. 31	1996. 5
压实相关试验（击实、相对密度、含水状态值、白垩粉碎值及承载比）	Methods of Test for Soils for Civil Engineering Purposes-Part 4: Compaction-Related Tests	BS 1377-4:1990	1990. 8. 31	1995. 1
压缩性、渗透性和耐久性（一维固结、膨胀性与湿陷性、常水头渗透、崩解性及冻胀性）	Methods of Test for Soils for Civil Engineering Purposes-Part 5: Compressibility, Permeability and Durability Tests	BS 1377-5:1990	1990. 8. 31	1994. 11
可测孔压的固结和渗透试验（液压固结仪中的固结及渗透试验、三轴仪中的等压固结及渗透试验）	Methods of Test for Soils for Civil Engineering Purposes-Part 6: Consolidation and Permeability Tests in Hydraulic Cells and with Pore Pressure Measurement	BS 1377-6:1990	1990. 11. 30	1994. 11
抗剪试验（总应力法）（室内十字板剪切、直剪、环剪、单级及多级加载 UU 试验）	Methods of Test for Soils for Civil Engineering Purposes-Part 7: Shear Strength Tests (Total Stress)	BS 1377-7:1990	1990. 6. 29	1994. 11
抗剪强度（CU、CD）（有效应力法）	Methods of Test for Soils for Civil Engineering Purposes-Part 8: Shear Strength Tests (Effective Stress)	BS 1377-8:1990	1990. 10. 31	1995. 1
含水量	Geotechnical Investigation and Testing-Laboratory Testing of Soil Part 1: Determination of Water Content	BS EN ISO 17892-1:2014	2014. 12. 31	
块体密度	Geotechnical Investigation and Testing-Laboratory Testing of Soil Part 2: Determination of Bulk Density	BS EN ISO 17892-2:2014	2014. 12. 31	
颗粒密度	Geotechnical Investigation and Testing-Laboratory Testing of Soil Part 3: Determination of Particle Density	BS EN ISO 17892-3:2015	2016. 1. 31	
颗粒分析验	Geotechnical Investigation and Testing-Laboratory Testing of Soil Part 4: Determination of Particle Size Distribution	BS EN ISO 17892-4:2016	2016. 12. 31	
固结	Geotechnical Investigation and Testing-Laboratory Testing of Soil Part 5: Incremental Loadingoedometer Test	BS EN ISO 17892-5:2017	2017. 4. 30	

BS的制订由BSI的技术委员会负责,制订流程见图4.2。任何人(主要指英国公民)均可提出制订新标准的请求,由BSI的技术委员会审核并批准制订标准、编写标准草案,就制订的标准草案咨询公众意见,最终确定标准文本并发布。

图4.2　BS制订流程

技术委员会至少每隔五年通过网络会议、电话会议、信件或会面来定期审查现行标准。在标准上标示校正记录,在标准的扉页标示标准的修订历史。如果标准不能通过审查,则会撤销该标准。

英国岩土试验标准融合了本国标准、国际标准和欧洲标准,适用性强,得到世界其他国家的广泛引用。

4.2.4　国际岩石力学学会标准

国际岩石力学学会(International Society for Rock Mechanics,ISRM)是世界岩石力学工程的顶尖学术机构,作为一个非营利的岩石力学研究学会,它发布了诸多岩石试验建议方法,主要以期刊的形式发布。ISRM的建议方法在世界范围内得到广泛的引用。

ISRM 发布的建议方法收录在 *The Complete ISRM Suggested Methods for Rock Characterization, Testing and Monitoring*: 1974—2006（俗称蓝皮书）和 *The ISRM Suggested Methods for Rock Characterization, Testing and Monitoring*: 2007—2014（俗称黄皮书）两本书中。蓝皮书包含 1974 ~ 2006 年的建议方法，黄皮书包含 2007 ~ 2014 年的建议方法。近期的论文则发表在国际期刊上，主要是岩石力学和岩石工程报（*Rock Mechanics and Rock Engineering*）。表 4.6 列出了主要的 ISRM 建议的部分岩石室内试验方法。

表 4.6 ISRM 建议的部分岩石试验方法

试验	建议方法	出处	出版日期（年·月）
密度、重度、含水率、吸水性、膨胀性、耐崩解性	Suggested methods for Determining Water Content, Porosity, Density, Absorption and Related Properties and Swelling and Slake-Durability Index Properties	*International Journal of Rock Mechanics and Mining Sciences & Geomechanics Abstracts* 第 16 卷第 2 期 141-156 页	1979.4
抗拉强度（巴西劈裂）	Suggested Method for Determining Mode I Fracture Toughness Using Cracked Chevron Notched Brazilian Disc (CCNBD) Specimens	*International Journal of Rock Mechanics and Mining Sciences & Geomechanics Abstracts* 第 32 卷第 1 期 57-64 页	1995.1
单轴（变形）压缩	Suggested Methods for Determining the Uniaxial Compressive Strength and Deformability of Rock Materials	*International Journal of Rock Mechanics and Mining Sciences & Geomechanics Abstracts* 第 16 卷第 2 期 135-140 页	1979.4
声速	Suggested Method for Determining Sound Velocity	*Rock Mechanics and Mining Science & Geomechanics Abstracts* 第 15 卷第 2 期 53-58 页	1978.4
三轴压缩	Suggested Methods for Determination the Strength of Rock Materials in Triaxial Compression: Revised Version	*International Journal of Rock Mechanics and Mining Sciences & Geomechanics Abstracts* 第 15 卷第 2 期 47-51 页	1978.4
点荷载强度	Suggested Method for Determining Point Load Strength	*International Journal of Rock Mechanics and Mining Sciences & Geomechanics Abstracts* 第 22 卷第 2 期 51-60 页	1985.4
结构面直剪	Suggested Method for Laboratory Determination of the Shear Strength of Rock Joints: Revised Version	*Rock Mechanics and Rock Engineering* 第 47 卷第 1 期 291 页	2014.1
声波速度测试	Upgraded ISRM Suggested Method for Determining Sound Velocity by Ultrasonic Pulse Transmission Technique	*Rock Mechanics and Rock Engineering* 第 47 卷第 1 期 255-259 页	2014.1
膨胀性	Suggested Methods for Laboratory Testing of Swelling Rocks	*International Journal of Rock Mechanics and Mining Sciences* 第 36 卷第 3 期 291-306 页	1999.4
Schmidt 回弹	Suggested Method for Determination of the Schmidt Hammer Rebound Hardness: Revised Version	*International Journal of Rock Mechanics and Mining Sciences* 第 46 卷第 3 期 627-634 页	2009.4

如表 4.6 所列，ISRM 的室内岩石试验建议方法主要发布在两份期刊上：岩石力学与采矿学报（*International Journal of Rock Mechanics and Mining Science*，前身为 *International Journal*

of Rock Mechanics and Mining Science & Geomechanics Abstracts）和岩石力学与工程学报（*Rock Mechanics and Rock Engineering*）。前者所刊论文侧重于岩石力学与工程的原创研究、新近进展与工程实录，还刊载国际岩石力学学会试验方法委员会提出的建议方法，后者所刊论文侧重于岩石力学的理论与试验研究。

ISRM发布的建议方法由岩石力学学会测试方法委员会（Commission on Testing Methods）负责审阅和批准，建议方法的制订程序见图4.3。有意愿制订建议方法的人员组成工作组，工作组向委员会提出建议方法的提案，委员会通过后工作组开始撰写草案。完成的草案先交由三位以上相关专家审阅，审阅通过后交由委员会主席审查；审阅未通过则发回工作组继续修改，再交由专家审阅直至通过。委员会审阅通过的草案即被定为建议方法，交由ISRM的期刊出版，ISRM建议方法即制订完成。修订建议方法的程序与制订程序相同。

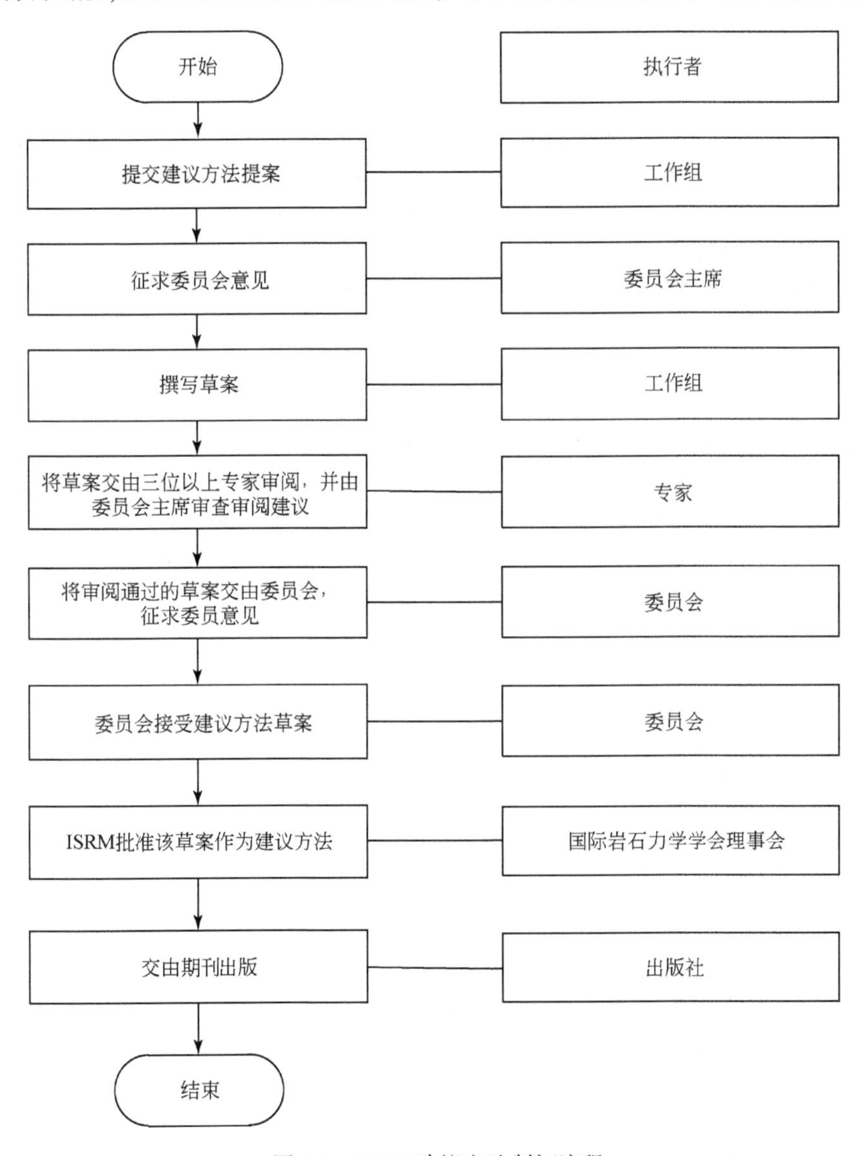

图4.3　ISRM建议方法制订流程

4.2.5 澳大利亚标准

澳大利亚岩土试验标准是由 Standards Australia 制订的 AS,Standards Australia 是一个独立的非政府非营利性标准组织。1922 年,澳大利亚联邦工程标准协会(Australian Commonwealth Engineering Standards Association)成立。1929 年,更名为澳大利亚标准协会(SAA)。1988 年,SAA 从名称中删除"协会",成为澳大利亚标准局(SA),与联邦政府签署谅解备忘录,承认 Standards Australia 是非政府最高标准制订组织。

表 4.7 澳大利亚岩土试验标准

试验	标准	标准代号
岩石单轴压缩变形(岩石强度小于 50MPa)	Methods of Testing Rocks for Engineering Purposes Rock Strength Tests-Determination of the Deformability of Rock Materials in Uniaxial Compression-Rock Strength Less than 50MPa	AS 4133. 4. 3. 2—2013
岩石单轴抗压强度(岩石强度小于 50MPa)	Methods of Testing Rocks for Engineering Purposes Rock Strength Tests-Determination of Uniaxial Compressive Strength-Rock Strength Less than 50MPa	AS 4133. 4. 2. 2—2013
岩石单轴抗压强度(岩石强度大于 50MPa)	Methods of Testing Rocks for Engineering Purposes Rock Strength Tests-Determination of Uniaxial Compressive Strength of 50MPa and Greater	AS 4133. 4. 2. 1—2007
岩石点荷载强度	Methods of Testing Rocks for Engineering Purposes Rock Strength Tests-Determination of Point Load Strength Index	AS 4133. 4. 1—2007(R2016)
岩石孔隙度和干密度(饱和度和卡尺法)	Methods of Testing Rocks for Engineering Purposes Rock Porosity and Density Tests-Determination of Rock Porosity and Dry Density-Saturation and Calliper Techniques	AS 4133. 2. 1. 1—2005(R2016)
岩石孔隙度和干密度(饱和度和浮力法)	Methods of Testing Rocks for Engineering Purposes Rock Porosity and Density Tests-Determination of Rock Porosity and Dry Density-Saturation and Buoyancy Techniques	AS 4133. 2. 1. 2—2005(R2016)
岩石含水率(烘箱干燥法)	Methods of Testing Rocks for Engineering Purposes Rock Moisture Content Tests-Determination of the Moisture Content of Rock-Oven Drying Method (Standard Method)	AS 4133. 1. 1. 1—2005(R2016)
岩石无侧限膨胀应变	Methods of Testing Rocks for Engineering Purposes Rock Swelling and Slake Durability Tests-Determination of the Swelling Strain Developed in an Unconfined Rock Specimen	AS 4133. 3. 1—2005(R2016)
未扰动土样制备	Methods of Testing Soils for Engineering Purposes Soil Strength and Consolidation Tests-Determination of the California Bearing Ratio of a Soil-Standard Laboratory Method for an Undisturbed Specimen	AS 1289. 6. 1. 2—1998(R2013)
扰动土样制备	Methods of Testing Soils for Engineering Purposes Sampling and Preparation of Soils-Disturbed Samples-Standard Method	AS 1289. 1. 2. 1—1998(R2013)
土的分类方法(按孔隙度)	Methods of Testing Soils for Engineering Purposes Soil Classification Tests-Dispersion-Determination of Pinhole Dispersion Classification of a Soil	AS 1289. 3. 8. 3:2014/Amdt 1:2015
土的测试方法定义和一般要求	Methods of Testing Soils for Engineering Purposes Definitions and General Requirements	AS 1289. 0:2014

续表

试验	标准	标准代号
土的干密度(水置换法)	Methods of Testing Soils for Engineering Purposes Soil Compaction and Density Tests-Determination of the Field Dry Density of a Soil-Water Replacement Method	AS 1289.5.3.5—1997(R2013)
土的压实	Methods of Testing Soils for Engineering Purposes Soil Compaction and Density Tests-Compaction Control Test-Hilf Density Ratio and Hilf Moisture Variation (Rapid Method)	AS 1289.5.7.1—2006
无黏性材料的压实(密度指数法)	Methods of Testing Soils for Engineering Purposes Soil Compaction and Density Tests-Compaction Control Test-Density Index Method for a Cohesionless Material	AS 1289.5.6.1—1998(R2016)
土的干密度/水分含量关系(标准压缩法)	Methods of Testing Soils for Engineering Purposes Soil Compaction and Density Tests-Determination of the Dry Density/Moisture Content Relation of a Soil Using Standard Compactive Effort	AS 1289.5.1.1:2017
土的干密度/水分含量关系(改进压缩法)	Methods of Testing Soils for Engineering Purposes Soil Compaction and Density Tests-Determination of the Dry Density/Moisture Content Relation of a Soil Using Modified Compactive Effort	AS 1289.5.2.1:2017
土的液限(四点Casagrande法)	Methods of Testing Soils for Engineering Purposes Soil Classification Tests-Determination of the Liquid Limit of a Soil-Four Point Casagrande Method	AS 1289.3.1.1—2009(R2017)
土的液限(一点Casagrande法)	Methods of Testing Soils for Engineering Purposes Soil Classification Tests-Determination of the Liquid Limit of a Soil-One Point Casagrande Method (Subsidiary Method)	AS 1289.3.1.2—2009(R2017)
土的锥体液限	Methods of Testing Soils for Engineering Purposes Soil Classification Tests-Determination of the Cone Liquid Limit of a Soil	AS 1289.3.9.1:2015
不排水三轴条件下饱和试样的抗压强度(测量孔隙水压力)	Methods of Testing Soils for Engineering Purposes Soil Strength and Consolidation Tests-Determination of Compressive Strength of a Soil-Compressive Strength of a Saturated Specimen Tested in Undrained Triaxial Compression with Measurement of Pore Water Pressure	AS 1289.6.4.2:2016
不排水三轴条件下压缩试样的抗压强度(不测量孔隙水压力)	Methods of Testing Soils for Engineering Purposes Soil Strength and Consolidation Tests-Determination of Compressive Strength of a Soil-Compressive Strength of a Specimen Tested in Undrained Triaxial Compression without Measurement of Pore Water Pressure	AS 1289.6.4.1:2016
土的承载比	Methods of Testing Soils for Engineering Purposes Soil Strength and Consolidation Tests-Determination of the California Bearing Ratio of a Soil-Standard Laboratory Method for a Remoulded Specimen	AS 1289.6.1.1:2014/Amdt 1:2017
土的颗粒密度	Methods of Testing Soils for Engineering Purposes Soil Classification Tests-Determination of the Soil Particle Density of a Soil-Standard Method	AS 1289.3.5.1—2006
土的干密度(水置换法)	Methods of Testing Soils for Engineering Purposes Soil Compaction and Density Tests-Determination of the Field Dry Density of a Soil-Water Replacement Method	AS 1289.5.3.5—1997(R2013)
土的最大干密度和最佳含水量	Methods of Testing Soils for Engineering Purposes Soil Compaction and Density Tests-Compaction Control Test-Assignment of Maximum Dry Density and Optimum Moisture Content Values	AS 1289.5.4.2—2007(R2016)

续表

试验	标准	标准代号
土的干密度比、湿度变化和湿度比	Methods of Testing Soils for Engineering Purposes Soil Compaction and Density Tests-Compaction Control Test-Dry Density Ratio, Moisture Variation and Moisture Ratio	AS 1289. 5. 4. 1—2007(R2016)
无黏性土的最小和最大干密度	Methods of Testing Soils for Engineering Purposes Soil Compaction and Density Tests-Determination of the Minimum and Maximum Dry Density of a Cohesionless Material-Standard Method	AS 1289. 5. 5. 1—1998(R2016)
土的收缩膨胀	Methods of Testing Soils for Engineering Purposes Soil Reactivity Tests-Determination of the Shrinkage Index of a Soil-Shrink-Swell Index	AS 1289. 7. 1. 1—2003
土的载荷收缩指数	Methods of Testing Soils for Engineering Purposes Soil Reactivity Tests-Determination of the Shrinkage Index of a Soil-Loaded Shrinkage Index	AS 1289. 7. 1. 2—2003
土的直接剪切	Methods of Testing Soils for Engineering Purposes Soil Strength and Consolidation Tests-Determination of Shear Strength of a Soil-Direct Shear Test Using a Shear Box	AS 1289. 6. 2. 2—1998
土的渗透阻力(9 千克动态锥度透度计)	Methods of Testing Soils for Engineering Purposes Soil Strength and Consolidation Tests-Determination of the Penetration Resistance of a Soil-9kg Dynamic Cone Penetrometer Test	AS 1289. 6. 3. 2—1997(R2013)
土的穿透阻力(珀斯沙子渗透仪)	Methods of Testing Soils for Engineering Purposes Soil Strength and Consolidation Tests-Determination of the Penetration Resistance of a Soil-Perth Sand Penetrometer Test	AS 1289. 6. 3. 3—1997(R2013)
土的含水率(烘箱干燥法)	Methods of Testing Soils for Engineering Purposes Soil Moisture Content Tests-Determination of the Moisture Content of a Soil-Oven Drying Method(Standard Method)	AS 1289. 2. 1. 1—2005(R2016)
土的含水率(沙浴法)	Methods of Testing Soils for Engineering Purposes Soil Moisture Content Tests-Determination of the Moisture Content of a Soil-Sand Bath Method(Subsidiary Method)	AS 1289. 2. 1. 2—2005(R2016)
土的含水率(微波炉干燥法)	Methods of Testing Soils for Engineering Purposes Soil Moisture Content Tests-Determination of the Moisture Content of a Soil-Microwave-Oven Drying Method (Subsidiary Method)	AS 1289. 2. 1. 4—2005(R2016)
土的含水率(红外线法)	Methods of Testing Soils for Engineering Purposes Soil Moisture Content Tests-Determination of the Moisture Content of a Soil-Infrared Lights Method(Subsidiarymethod)	AS 1289. 2. 1. 5—2005(R2016)
土的含水率(烘干炉法)	Methods of Testing Soils for Engineering Purposes Soil Moisture Content Tests-Determination of the Moisture Content of a Soil-Hotplate Drying Method	AS 1289. 2. 1. 6—2005(R2016)
土的吸水性	Methods of Testing Soils for Engineering Purposes Soil Moisture Content Tests-Determination of the Total Suction of a Soil-Standard Method	AS 1289. 2. 2. 1—1998(R2013)

如表 4.7 所列，AS 按试验类型分为不同的标准，标准编号格式为“AS+序号+制订年份”。标准编号后如附加“(R+年份)”，代表标准在该年份重新确认有效，如 AS 4133. 4. 1-2007(R2016)。标准编号后附加“/Amdt+数字：年份”，代表标准在该年份进行了修订，数字代表第几次修订，如 AS 1289. 3. 8. 3：2014/Amdt 1：2015。

AS由澳大利亚标准委员会(SDAC)负责制订,制订程序与ASTM类似。首先,任何人(主要指澳大利亚公民)均可提出制订或修订某个标准的请求,由委员会考察请求并组织制订或修订标准。对已经出版的标准,委员会每五年进行一次审查、撤销、修改或重新确认,保证现行标准代表最新的技术。

4.2.6 日本标准

日本的岩土试验标准化体制与中国类似,均是由政府机构主导。日本的国家标准是由日本规格协会(Japanese Standards Associations,JSA)制订的日本工业标准(Japanese Industrial Standards,JIS)。JSA成立于1945年12月6日,它是专门从事标准化工作的民间机构,受日本工业标准调查会(Japanese Industrial Standards Committee,JISC)委托制订和修订JIS。

JIS涵盖土木、建筑、钢铁、有色金属、能源、焊接、化学产品、化学分析、高分子、纺织、窑业、日用品、机械零件、机床、精密机械、通用机械、汽车、航空、铁路、船舶、包装运输、电气、电子、家用电器、医疗安全用具、原子能、情报、基础标准。岩土试验标准属于其中的M(矿山)和A(土木及建筑)系列,如表4.8所列,标准编号格式为"JIS+字母类号+数字类号+标准序列+制订或修订年份",如JIS M 0303:2000。

表4.8 日本岩土试验标准

试验	标准代号	标准
岩石抗拉强度	JIS M 0303:2000	Method of Test for Tensile Strength of Rock
岩石抗压强度	JIS M 0302:2000	Method of Test for Compressive Strength of Rock
岩石采样强度试验试样采集与制备	JIS M 0301:1975	Methods of Sampling of Rock and Preparation of Test Piece for Strength Test
土的密度(砂替换法)	JIS A 1214:2013	Test Method for Soil Density by the Sand Replacement Method
路面土体板荷载试验	JIS A 1215:2013	Method for Plate Load Test on Soil for Road
土的压实(夯锤法)	JIS A 1210:2009	Test Method for Soil Compaction Using a Rammer
土的颗粒密度	JIS A 1202:2009	Test Method for Density of Soil Particles
恒定应变加载测定土壤单维固结特性	JIS A 1227:2009	Test Method for One- Dimensional Consolidation Properties of Soils Using Constant Rate of Strain Loading
扰动土样制备	JIS A 1201:2009	Practise for Preparing Disturbed Soil Samples for Soil Testing
土壤块体密度	JIS A 1225:2009	Test Method for Bulk Density of Soils
砂的最小和最大密度	JIS A 1224:2009	Test Method for Minimum and Maximum Densities of Sands
饱和土的渗透率	JIS A 1218:2009	Test Methods for Permeability of Saturated Soils
多级荷载下土的一维固结性能	JIS A 1217:2009	Test Method for One- Dimensional Consolidation Properties of Soils Using Incremental Loading
土的无围压缩	JIS A 1216:2009	Method for Unconfined Compression Test of Soils
土的承载比	JIS A 1211:2009	Test Methods for the California Bearing Ratio (CBR) of Soils in Laboratory

续表

试验	标准代号	标准
土的收缩参数	JIS A 1209:2009	Test Method for Shrinkage Parameters of Soils
土的液、塑限	JIS A 1205:2009	Test Method for Liquid Limit and Plastic Limit of Soils
土的粒度分布	JIS A 1204:2009	Test Method for Particle Size Distribution of Soils
土的含水量	JIS A 1203:2009	Test Method for Water Content of Soils
恒定应变加载下土的一维固结特性	JIS A 1227:2009	Test Method for One-Dimensional Consolidation Properties of Soils Using Constant Rate of Strain Loading

JIS 的制订过程(图 4.4)与 ASTM 类似。任何团体和个人(主要指日本公民)均可提出 JIS 草案,该草案须在公开渠道发表。三个月后该草案交由各方讨论。三周后提交给 JISC,如果 JISC 认为该草案合理,再交由主务大臣审核。审核通过后,将该草案正式纳入 JIS,并在官方公报上公布[9]。

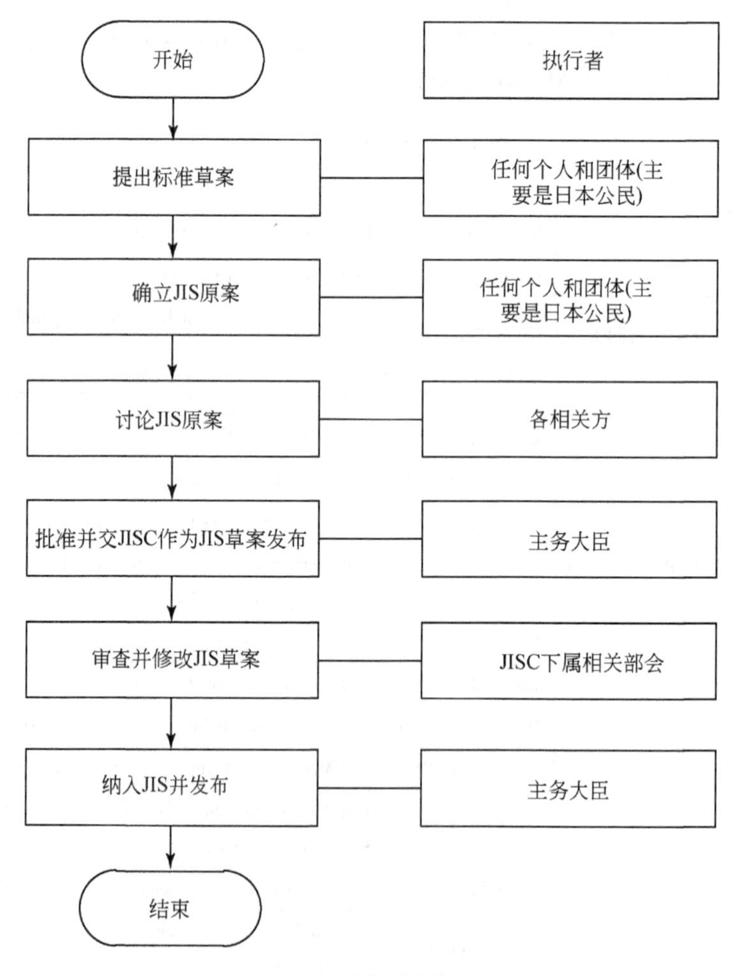

图 4.4　日本标准制订流程

4.2.7　南非标准

南非岩土试验标准分为南非国家标准 SANS 和借鉴的国际标准。SANS 是南非标准局(South Africa Bureau of Standards,SABS)制订的,SABS 成立于1945年,是一个政府机关,在制订标准方面被世界推崇,该局非常重视采用国际标准,制订每一项标准时,均要看是否有相应的 ISO 或 IEC 标准,如有就尽量采用。南非每年新制订的国家标准中,约有一半与 ISO 或 IEC 一致[4]。如表4.9所列,SANS 标准编号格式为"SANS+序号",SANS 属于推荐型标准,不强制使用。

表4.9　南非岩土试验标准

试验	标准	标准代号
岩石的耐久性	Civil Engineering Test Methods-Part Ag15: Determination of Rock Durability Using 10% Fact(Fines Aggregate Crushing Test) Values After Soaking in Ethylene Glycol	SANS 3001-AG15 Ed. 1(2012)
湿法制样和粒度分析	Civil Engineering Test Methods Part GR1: Wet Preparation and Particle Size Analysis	SANS 3001-GR1:2013(Ed. 1.02)
液塑限、线性收缩	Civil Engineering Test Methods Part GR10: Determination of the One-Point Liquid Limit, Plastic Limit, Plasticity Index and Linear Shrinkage	SANS 3001-GR10:2013(Ed. 1.02)
液限(两点法)	Civil Engineering Test Methods Part GR11: Determination of the Liquid Limit with the Two-Point Method	SANS 3001-GR11:2013(Ed. 1.02)
含水量(烘箱干燥法)	Civil Engineering Test Methods Part GR20: Determination of the Moisture Content by Oven-Drying	SANS 3001-GR20:2010(Ed. 1.01)
最大干密度和最优含水量	Civil Engineering Test Methods Part GR30: Determination of the Maximum Dry Density and Optimum Moisture Content	SANS 3001-GR30:2015(Ed. 1.02)
干密度(砂法)	Civil Engineering Test Methods Part GR35: Determination of in-Place Dry Density(Sand Replacement)	SANS 3001-GR35:2015(Ed. 1.00)
承载比	Civil Engineering Test Methods Part GR40: Determination of the California Bearing Ratio	SANS 3001-GR40:2013(Ed. 1.01)

SANS 由 SABS 的技术委员负责制订(图4.5)。南非标准局立项后下达标准制订命令,由技术委员会组织撰写标准草案,草案完成后公布以征求公众意见并修改,之后交由标准批准委员会审核,审核通过即可批准作为南非国家标准。

4.2.8　新加坡标准

新加坡标准体系根据国际标准建立,任何拟议中的新加坡标准均要和各有关方面磋商。

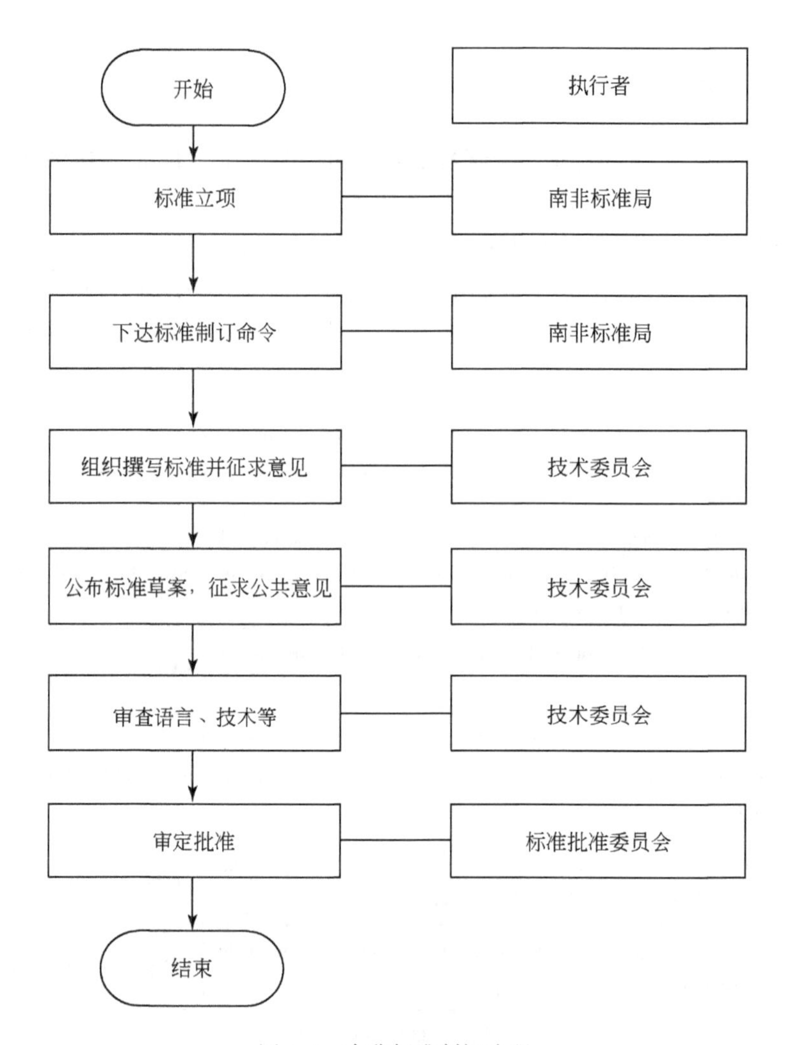

图 4.5　南非标准制订流程

按照新加坡政策,除了某些地域因素必须对国际标准进行改动外,新加坡将全面采用国际标准。事实上,新加坡约 80% 的标准与国际标准一致[5]。

新加坡本土标准(SS)由新加坡标准、生产力与创新委员会(The Standards, Productivity and Innovation Board, SPRING Singapore)制订。SPRING Singapore 成立于 1996 年,属于贸易和工业部(Ministry of Trade and Industry)的下属机构,其前身为新加坡生产力和标准局(PSB),1996 年与国家生产力委员会(NPB)和新加坡标准与工业研究院(SISIR)合并,2002 年 4 月更名为 SPRING。

SS 的制订程序见图 4.6。首先,任何人(主要指新加坡公民)向新加坡标准委员会提出标准制订请求,经标准委员会批准后组织标准的制订工作,制订完成的标准需交由技术委员会批准,并征求公共意见,对公共意见评议后公告,之后可进行印刷、销售和推广。所有新加坡标准每五年必须进行一次复核,确定是否需要修改、修订或废除[5]。

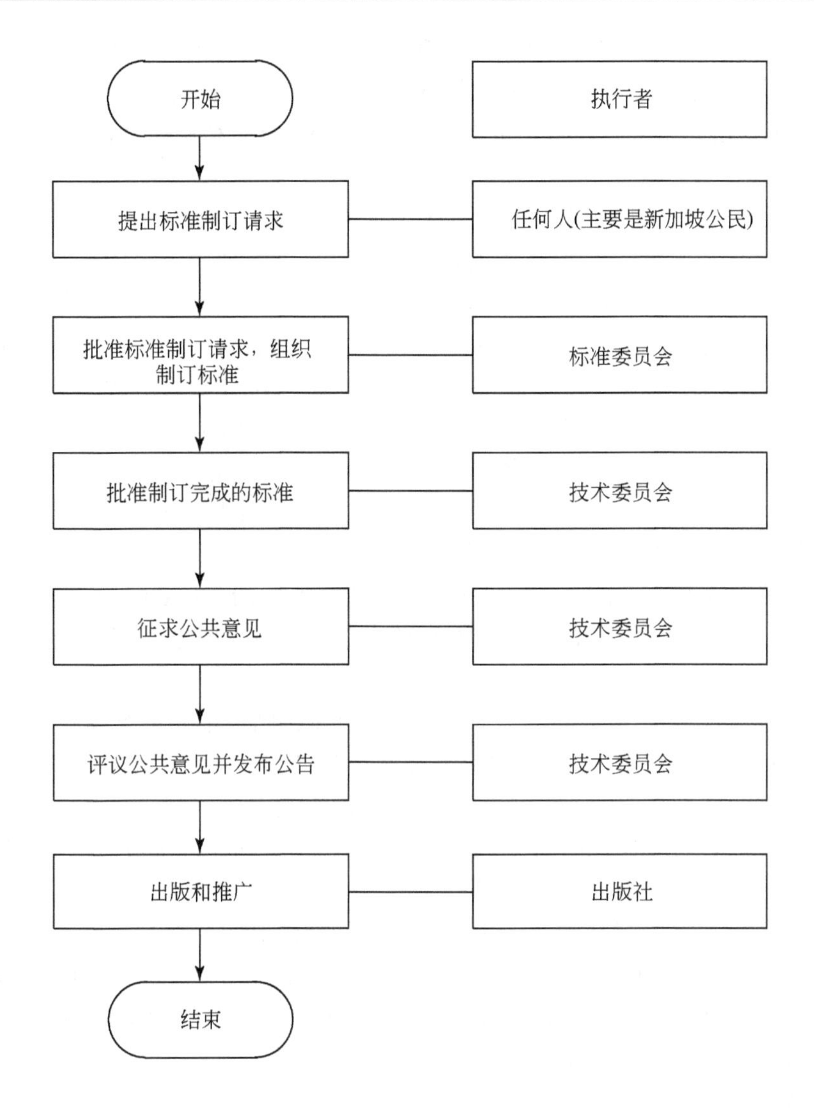

图4.6　新加坡标准制订流程

4.3　对比分析

各标准体系中岩土试验标准的出版形式不同。中国标准将各个试验的标准集结成册出版,一份标准包含所有试验项目。美国标准以ASTM年鉴的形式出版,每个试验单独成册。ISRM的建议方法以期刊的形式出版,再根据年份将期刊收录成册。其他国家的岩土试验标准则是国家标准中的某一类,按照试验类别分别出版。成册的标准包容性强,选用一份标准即可获取所有试验的标准,可减少取用次数。但是,一旦进行标准校正和修改,则需要考虑修改内容是否值得再次修订和出版。年鉴或分类出版的标准在修订和校正时比较方便,无需考虑到修正内容的多少,只修订需要修改的标准即可,有利于及时更新标准。

各标准体系制订机构的性质不同,分为政府机构和非政府机构。非政府机构又分为营利和非营利性质。中国、日本、南非、新加坡的标准制定由政府机构负责,而英国、美国、澳大利亚和ISRM的标准是由非政府机构负责的,其中,美国、澳大利亚和ISRM的标准制定机构是非营利机构。

各标准体系制订机构不同,导致制订的程序产生差异。中国和南非均是在政府部门的指导下提出新标准的制订要求,而其他的标准均是本国的任何个人或团体均可提出标准制订的请求。这就导致了新标准的制订在开端就存在差异,政府主导的标准发起制订请求过程缓慢。在制订的过程中,中国的各级标准均是由政府指定相关部门或相关人员进行编写和校正,具有权威性,但是缺乏民众的广泛参与,其他的标准在制订过程中由相关技术委员会主持编写,经过公示草案和征询民众意见后方可批准,体现了标准制订的民主性。

随着工程难度的加大,施工技术的提高,仪器的改进,操作能力的提升等,标准也要适时的校正、修订以满足工程要求。在标准的制订与更新方面,中国、日本和南非均是在政府部门的指导下提出新标准的制订以及对原有标准的修订。政府主导标准的修订容易出现标准修订和更新不及时的情况,如中国标准的更新缓慢,国标的《土工试验方法规程》(GB/T 50123—1999),是1999年批准生效的,有些试验方法存在不合理之处,但至今未有新的标准替代它。日本和南非的标准虽然也是政府主导修订,但是标准修订较为及时,保证了标准与时俱进,中国应借鉴相关经验。其他国家的标准制订机构则是定期审查和修订现行标准,一般每隔五年进行一次审查,因此,标准的更新比较及时,确保了标准的准确性和合理性。

每个国家的标准不仅满足了本国岩土工程的需求,对其他国家的岩土试验也具有指导作用。例如,美国标准ASTM和国际岩石力学学会的ISRM建议方法可适用于全球大多数国家,属于原则性标准。而中国的标准只适用于中国,因为中国幅员辽阔,岩土种类丰富,地质条件多样,单一的标准无法满足工程实际的需要,分级标准的存在恰恰有利于解决这一问题。英国标准包含了本国标准BS 1377系列和以国际标准发布的标准BS EN ISO系列。南非和新加坡的标准仅一小部分是本国制订的,其余均是引用自国际标准或根据国际标准制订的,这反映出国家标准与国际接轨,在岩土试验方面追求国际水平的态度。

从某种程度上来说,标准的受众面反映了国家岩土工程的实力、试验操作的水平。标准的受众面越广,说明国家的岩土工程发展在全球排名越靠前。

国际标准具有大原则、大框架性的指导作用,同时也代表了国际领先的试验方法。积极参与国际标准化活动,对本国乃至全球岩土试验的发展都具有积极影响。在这一点上,英国、南非、新加坡做得比较到位,这些国家的标准如今也相当完善,相比之下中国参与国际标准化活动较少,中国现行岩土试验标准与工程实际存在脱节,这需要借鉴国际上好的标准经验加以完善。ISRM建议方法在国际上享有很高的盛誉,它以期刊形式发布的建议方法更新速度快,代表了国际岩石力学试验的最高水平,对国际标准和各国家标准的制订具有很好的指导作用。

通过以上分析,得到以下几点认识:①岩土试验标准种类繁多,在选用标准时,应根据所在地区的地质条件、工程要求以及试验方法选择恰当的标准。首先选择当地标准,可参考其他适用范围相同的国际标准或其他国家标准。②岩土试验标准良莠不齐,更新程度不同,选用标准时应选择现行且版本较新的标准,以保证标准与工程实际相适应。③积极参与国际标准化活动,学习国际先进试验方法,改进本国标准对国家岩土试验水平的提高具有重大的意义。

参考文献

[1] 卞昭庆．中国岩土工程标准规范现状[J]．工程勘察,2004(1):16-20.
[2] 高大钊．论岩土工程地方规范[J]．工程勘察,2007(1):1-6.
[3] 徐京悦．日本标准化体制评介[J]．中国标准化,2001(6):50-50.
[4] 安扬．南非标准化概要[J]．中国标准化,2005(1):69-72.
[5] 夏怡．新加坡标准化体系研究[C]//中国标准化论坛．2015.
[6] 丁其兵,许永斌,沈忠炎,等．英美土工试验标准与国标的主要区别[J]．广东土木与建筑,2010(10):19-21.
[7] 国家标准和行业标准中的工程建设标准[EB/OL]. http://www.chinagb.org/Article-58309.html,2009-12-9.
[8] https://www.astm.org/ABOUT/faqs.html,2018-8-6.
[9] 佚名．日本标准化体制简介[J]．印刷质量与标准化,2002(4):38-39.

第5章　试验基本要求

5.1　标准的适用范围及测试参数

参照《土工试验方法标准》(GB/T 50123—1999)和《工程岩体试验方法标准》(GB/T 50266—2013),表5.1和表5.2分别列出了岩土体室内试验的适用范围和所测试的参数(试验测试的指标)。

表5.1　土工试验标准的适用范围及所测试的参数

<table>
<tr><th colspan="2">试验名称</th><th>适用范围</th><th>测试参数</th></tr>
<tr><td colspan="2">试样制备</td><td>d(颗粒粒径)<60mm的原状土和扰动土</td><td>—</td></tr>
<tr><td colspan="2">土样含水率试验</td><td>粗粒土、细粒土、有机质土和冻土[①]</td><td>1. 湿土质量
2. 干土质量</td></tr>
<tr><td rowspan="2">土样密度试验</td><td>环刀法</td><td>不含砾石的细粒土</td><td>1. 环刀质量
2. 环刀与试样的总质量</td></tr>
<tr><td>蜡封法</td><td>易破裂土和形状不规则的坚硬土</td><td>1. 试样质量
2. 蜡封试样质量
3. 蜡封试样在纯水中的质量</td></tr>
<tr><td colspan="2">土粒比重试验(比重瓶法)</td><td>$d<5$mm</td><td>1. 试样质量
2. 比重瓶、水和试样总质量
3. 比重瓶和水总质量</td></tr>
<tr><td rowspan="2">颗粒分析试验</td><td>筛析法</td><td>0.075mm$<d\leqslant$60mm</td><td>1. 试样总质量
2. 各粒组的试样质量</td></tr>
<tr><td>密度计法</td><td>$d<0.075$mm</td><td>1. 试样总质量
2. 小于某粒径的试样质量</td></tr>
<tr><td rowspan="2">界限含水率试验</td><td>液塑限联合测定法</td><td>$d<0.5$mm且有机质含量不超过试样总质量5%的土</td><td>1. 圆锥下沉深度
2. 含水率</td></tr>
<tr><td>滚搓法塑限试验</td><td>$d<0.05$mm</td><td>1. 土条直径
2. 土条含水率</td></tr>
</table>

① 《土工试验方法标准》(GB/T 50123—1999)中土样含水率试验的适用范围分类不明确,建议改成各类土。

续表

<table>
<tr><th colspan="2">试验名称</th><th>适用范围</th><th>测试参数</th></tr>
<tr><td colspan="2">砂土的相对密度试验</td><td>$d \leqslant 5$mm 且粒径 2 ~ 5mm 的试样质量不大于试样总质量的 15%</td><td>1. 砂土的最小干密度：漏斗法和量筒法的试样体积
2. 砂的最大干密度：振击后圆筒和试样的总质量</td></tr>
<tr><td rowspan="3">击实试验</td><td>轻型击实</td><td>$d<5$mm 的黏性土</td><td rowspan="3">1. 击实后试样与筒总质量
2. 烘干前后试样质量</td></tr>
<tr><td>重型击实</td><td>$d<20$mm</td></tr>
<tr><td colspan="2">采用三层击实时，最大粒径小于 40mm</td></tr>
<tr><td colspan="2">承载比试验</td><td>扰动土，$d_{max} \leqslant 20$mm（三层击实时，$d_{max} \leqslant 40$mm）</td><td>1. 浸水膨胀量
2. 轴向压力
3. 贯入量</td></tr>
<tr><td colspan="2">黏土的自由膨胀率试验</td><td>黏土</td><td>1. 试样和量土杯总质量
2. 试样膨胀稳定后体积</td></tr>
<tr><td colspan="2">膨胀率（固结仪法）试验</td><td>原状土、扰动黏土</td><td>1. 有荷载：试样初始高度，试样质量，试样膨胀量
2. 无荷载：试样质量，试样膨胀量</td></tr>
<tr><td colspan="2">膨胀力试验</td><td>原状土和击实黏土</td><td>施加的平衡荷载</td></tr>
<tr><td rowspan="2">渗透试验</td><td>常水头渗透试验</td><td>粗粒土</td><td>1. 水位差
2. 渗出水量
3. 水温</td></tr>
<tr><td>变水头渗透试验</td><td>细粒土</td><td>水头高度随时间的变化</td></tr>
<tr><td colspan="2">固结试验</td><td>饱和黏土；当只进行压缩时，允许用于非饱和土</td><td>试样高度随时间的变化</td></tr>
<tr><td colspan="2">回弹模量实验（杠杆压力仪法）</td><td>含水率较大，硬度较小的土</td><td>试样在每级压力下的变形量</td></tr>
<tr><td colspan="2">黄土湿陷试验</td><td>黄土类土</td><td>试样高度随时间的变化</td></tr>
<tr><td colspan="2">土样三轴压缩试验</td><td>细粒土和 $d<20$mm 的粗粒土</td><td>1. 最大主应力 σ_1
2. 轴向变形值</td></tr>
<tr><td colspan="2">无侧限抗压强度试验</td><td>饱和黏土</td><td>1. 轴向应力
2. 轴向位移</td></tr>
<tr><td rowspan="4">直接剪切试验</td><td>慢剪试验</td><td>细粒土</td><td rowspan="4">1. 剪应力
2. 剪切位移</td></tr>
<tr><td>固结快剪试验</td><td rowspan="2">渗透系数小于 10^{-6}cm/s 的细粒土</td></tr>
<tr><td>快剪试验</td></tr>
<tr><td>砂类土的直剪试验</td><td>砂类土</td></tr>
<tr><td colspan="2">反复直剪强度试验</td><td>黏土和泥化夹层</td><td>1. 剪应力
2. 剪切位移</td></tr>
<tr><td colspan="2">土样抗拉强度试验</td><td>可制成圆柱体试样的各类土</td><td>1. 拉伸断面直径
2. 轴向拉力
3. 形变量</td></tr>
</table>

续表

试验名称			适用范围	测试参数
收缩试验			原状土和击实黏土	试样高度和质量随时间的变化
酸碱度试验	比色法		各类土	—
	电测法			试样悬液的 pH
易溶盐试验	浸出液制取		各类土	—
	易溶盐总量测定			1. 未经2%碳酸钠处理：蒸发皿质量，蒸发皿和烘干残渣总质量 2. 经2%碳酸钠处理：蒸发皿加碳酸钠蒸干后质量，蒸发皿加碳酸钠加试样蒸干后的质量
	碳酸根和重碳酸根的测定			硫酸标准溶液用量
	氯离子的测定			硝酸银标准溶液用量
	钙离子的测定			EDTA 标准溶液用量
	镁离子的测定			1. 钙镁离子对 EDTA 标准溶液的用量 2. 钙离子对 EDTA 标准溶液的用量
	钠离子和钾离子的测定			1. 钠吸收值 2. 钾吸收值
	硫酸根的测定	EDTA 络合容量法	硫酸根含量≥0.025%（相当于50mg/L）的土	1. 浸出液中钙镁与钡镁合剂对 EDTA 标准溶液用量 2. 用同体积钡镁合剂空白对 EDTA 标准溶液用量 3. 同体积浸出液中钙镁对 EDTA 标准溶液用量
		比浊法	硫酸根含量<0.025%（相当于50mg/L）的土	硫酸根的含量
有机质试验(重铬酸钾容量法)			有机质含量不大于15%的土	硫酸亚铁标准溶液的用量

表 5.2　岩石试验标准的适用范围及所测试参数

试验名称	适用范围	测试参数
岩石含水率试验	各类岩石	烘干前后试样质量
岩石颗粒密度试验		1. 烘干岩粉质量 2. 瓶液加岩粉总质量 3. 瓶液总质量
岩石点荷载强度试验		1. 试样尺寸 2. 破坏荷载

续表

试验名称		适用范围	测试参数
岩石块体密度试验	量积法	凡能制备成规则试样的各类岩石	1. 试样直径 2. 试样高度 3. 烘干前后试样质量
	水中称量法	除遇水崩解、溶解、高渗透性和干缩湿胀性岩石外的其他岩石	1. 烘干试样质量 2. 试样经强制饱和后的质量 3. 经强制饱和试样在水中的质量
	蜡封法	不能用量积法和水中称量法测定块体密度的岩石	1. 试样质量 2. 蜡封试样质量 3. 蜡封试样在水中的质量
岩石吸水性试验		遇水不崩解、不溶解和不干缩膨胀的岩石	1. 烘干试样质量 2. 浸水 48h 后试样质量 3. 试样经强制饱和后的质量 4. 经强制饱和试样在水中的质量
岩石膨胀性试验	自由膨胀率试验	遇水不易崩解的岩石	1. 轴向变形量 2. 径向变形量
	侧向约束膨胀率试验	各类岩石	轴向变形量
	体积不变条件下的膨胀压力试验		维持体积不变的荷载
岩石耐崩解性试验		遇水易崩解的岩石	烘干后筛筒和试样的总质量
岩石声波速度测试		能制成规则试样的岩石	1. 试样高度 2. 波速
岩石单轴抗压强度试验		能制成圆柱体试件的各类岩石	1. 试样尺寸 2. 破坏荷载
岩石冻融试验			冻融循环前后的试样质量与单轴抗压强度
岩石单轴压缩变形试验			1. 试样尺寸 2. 破坏荷载 3. 轴向应变 4. 径向应变
岩石三轴压缩强度试验			1. 试样尺寸 2. 破坏荷载
岩石巴西劈裂试验		能制成规则试件的各类岩石	1. 试样尺寸 2. 破坏荷载
岩体结构面直剪试验		各类岩石结构面	1. 剪切位移 2. 剪应力

续表

试验名称	适用范围	测试参数
岩石回弹硬度试验	表层与内部质量没有明显差异且没有缺陷的岩石	回弹值

5.2 试验仪器及试剂要求

正确操作试验仪器和准确使用试剂是试验顺利进行的保证。本节内容对岩土体试验仪器及试剂进行统一归纳整理，详细列出试验仪器的各项参数及试剂的浓度和用量，让操作人员在保证试验要求的前提下，选择适宜的试验仪器和试剂。例如，界限含水率试验分为两种方法：一是液塑限联合测定法，二是滚搓法。本节分别对两个试验方法所需的仪器设备及其规格进行详细介绍，以帮助操作人员区分不同试验方法的仪器设备。

5.2.1 土工试验

1. 土工试样准备

细筛：孔径0.5mm、2mm。

洗筛：孔径0.075mm。

台秤和天平：称量10kg，最小分度值5g；称量5000g，最小分度值1g；称量1000g，最小分度值0.5g；称量500g，最小分度值0.1g；称量200g，最小分度值0.01g。

环刀：不锈钢材料制成，内径61.8mm和79.8mm，高20mm；内径61.8mm，高40mm。

击样器：由定位环、导杆、击锤、击样筒、环刀、底座组成。

压样器：单向压样器由活塞、导筒、护环、环刀、拉杆组成；双向压样器由上下活塞、上下导筒、环刀、销钉组成。

抽气设备：应附真空表和真空缸。

其他：包括切土刀、钢丝锯、碎土工具、烘箱、保湿缸、喷水设备等。

2. 土样含水率试验

电热烘箱：应能控制温度105～110℃。

天平：称量200g，最小分度值0.01g；称量1000g，最小分度值0.1g。

3. 土样密度试验

1）环刀法

环刀：内径61.8mm和79.8mm，高度20mm。

天平：称量200g，最小分度值0.01g；称量1000g，最小分度值0.1g。

2)蜡封法

蜡封设备:应附熔蜡加热器。

天平:称量200g,最小分度值0.01g;称量1000g,最小分度值0.1g。

4. 土粒比重试验

比重瓶法

比重瓶:容积100mL或50mL,分长颈和短颈两种。

恒温水槽:准确度±1℃。

砂浴:应能调节温度。

天平:称量200g,最小分度值0.001g。

温度计:刻度0~50℃,最小分度值0.5℃。

5. 颗粒分析试验

1)筛析法

分析筛:

(1)粗筛,孔径60mm、40mm、20mm、10mm、5mm、2mm。

(2)细筛,孔径2.0mm、1.0mm、0.5mm、0.25mm、0.075mm。

天平:称量5000g,最小分度值1g;称量1000g,最小分度值0.1g;称量200g,最小分度值0.01g。

振筛机:筛析过程中能上下震动。

其他:烘箱、研钵、瓷盘、毛刷等。

2)密度计法

密度计:

(1)甲种密度计,刻度-5°~50°,最小分度值0.5°。

(2)乙种密度计(20℃/20℃),刻度0.995~1.020,最小分度值0.002。

量筒:内径约60mm,容积1000mL,高约420mm,刻度0~1000mL,准确至10mL。

洗筛:孔径0.075mm。

洗筛漏斗:上口直径大于洗筛直径,下口直径略小于量筒内径。

天平:称量1000g,最小分度值0.1g;称量200g,最小分度值0.01g。

搅拌器:轮径50mm,孔径3mm,杆长约450mm,带螺旋叶。

煮沸设备:附冷凝管装置。

温度计:刻度0~50℃,最小分度值0.5℃。

其他:秒表,锥形瓶(容积500mL)、研钵、木杵、电导率仪等。

试剂要求如下。

4%六偏磷酸钠溶液:溶解4g六偏磷酸钠[$(NaPO_3)_6$]于100mL水中。

5%酸性硝酸银溶液:溶解5g硝酸银($AgNO_3$)于100mL硝酸(HNO_3)溶液中。

5%酸性氯化钡溶液:溶解5g氯化钡($BaCl_2$)于100mL盐酸(HCl)溶液中。

6. 界限含水率试验

1) 液塑限联合测定法

液塑限联合测定仪:包括带标尺的圆锥仪、电磁铁、显示屏、控制开关和试样杯。圆锥质量为76g,锥角为30°;读数显示可用光电式、游标式和百分表式;试样杯内径40mm,高度30mm。

天平:称量200g,最小分度值0.01g。

2) 滚搓法塑限试验

毛玻璃板:尺寸宜为200mm×300mm。

卡尺:分度值0.02mm。

7. 砂土的相对密度试验

1) 砂的最小干密度试验

量筒:容积500mL和1000mL,后者内径应大于6mm。

长颈漏斗:颈管内径1.2cm,颈口磨平。

锥形塞:直径1.5cm的圆锥体,焊接在铁杆上。

砂面拂平器:十字形金属平面焊接在铜杆下端。

2) 砂的最大干密度试验

金属圆筒:容积250mL,内径5cm;容积1000mL,内径10cm,高度均为12.7cm。附护筒。

振动仪。

击锤:锤质量1.25kg,落高15cm,锤直径5cm。

8. 击实试验

轻型击实试验的单位体积击实功约592.2kJ/m^3,重型击实试验的单位体积击实功约2684.9kJ/m^3。

击实仪的击实筒和击锤尺寸应符合表5.3中的规定。

表5.3　击实仪主要规格

试验方法	锤底直径/mm	锤质量/kg	落高/mm	击实筒			护筒高度/mm
				内径/mm	筒高/mm	容积/cm^3	
轻型	51	2.5	305	102	116	947.4	50
重型	51	4.5	457	152	116	2103.9	50

击实仪的击锤应配导筒,击锤与导筒间应有足够间隙使锤自由下落;电动操作的击锤必须有控制落距的跟踪装置和锤击点按一定角度(轻型53.5°,重型45°)均匀分布的装置(重型击实仪中心点每圈要加一击)。

天平:量程200g,精度0.01g。

台秤:量程10kg,精度5g。

标准筛:孔径20mm、40mm和5mm。

试样推出器:宜用螺旋式千斤顶或液压式千斤顶,如无此类装置,亦可用刮刀和修土刀从击实筒中取出试样。

9. 黏土的自由膨胀率试验

量土杯:容积10mL,内径20mm。

无颈漏斗:上口直径50~60mm,下口直径4~5mm。

搅拌器:由直杆和带孔圆盘构成。

量筒:容积50 mL,精度1mL,容积与刻度需经过校正。

天平:量程200g,精度0.01g。

10. 膨胀率(固结仪法)试验,膨胀力试验

固结容器:由环刀、护环、透水石、水槽、加压上盖和套环组成。

环刀:内径61.8mm或79.8mm,高度20mm。

透水石:渗透系数应大于试样渗透系数。

加压设备:应能瞬间垂直施加各级规定压力,且无冲击力。

变形量测设备:百分表(量程10mm,精度0.01mm)或位移传感器(精度为全量程0.2%)。

11. 承载比试验

试样筒:内径152mm,高166mm的金属圆筒,护筒高50mm;筒内垫块直径151mm,高50mm。

击锤和导筒:锤底直径51mm,锤质量4.5kg,落距457mm。

标准筛:孔径20mm、40mm和5mm。

膨胀量测定装置由三脚架和位移计组成。

带调节杆的多孔顶板,板上孔径宜小于2mm。

贯入仪由下列部件组成。

(1)加压和测力设备:测力计量程不小于50kN,最小贯入速度应能调节至1mm/min。

(2)贯入杆:杆的端面直径50mm,长约100mm,杆上应配有安装位移计的夹孔。

(3)位移计2只,最小分度值0.01mm的百分表或准确度为全量程2%的位移传感器。

荷载块:直径150mm,中心孔眼直径52mm,每块质量1.25kg,共4块,并沿直径分为两个半圆块。

水槽:浸泡试样用,槽内水面应高出试样顶面25mm。

其他:台秤,脱模器等。

12. 回弹模量试验

杠杆压力仪法

杠杆压力仪:最大压力1500N。试验前应按仪器说明书的要求进行校准。

试样筒:应符合击实试验试验仪器中的规定,仅在与夯击底板的立柱连接的缺口板上多一个内径5mm,深5mm的螺丝孔,用来安装千分表支架。

承压板:直径50mm,高80mm。

千分表:量程2mm,2只。

秒表:最小分度值0.1s。

13. 渗透试验

1)常水头渗透试验

常水头渗透仪装置:由金属封底圆筒、金属孔板、滤网、测压管和供水瓶组成。金属圆筒内径10cm,高40cm。当使用其他尺寸的圆筒时,圆筒内径应大于试样最大粒径的10倍。

2)变水头渗透试验

变水头装置由渗透容器、变水头管、供水瓶、进水管等组成。变水头管的内径应均匀,管径不大于1cm,管外壁刻度最小分度1.0mm,长度2m左右。

渗透容器:由环刀、透水石、止水垫圈、套环、上盖和下盖组成。

环刀:内径61.8mm,高40mm。

透水石:渗透系数应大于10^{-3}cm/s。

14. 固结试验

标准固结试验

固结容器:由环刀、护环、透水石、水槽、加压上盖和套环组成。

环刀:内径61.8mm和79.8mm,高度20mm。环刀应具有一定的刚度,内壁应保持较高的光洁度,宜涂一薄层硅脂或聚四氯乙烯。

透水板:氧化铝或不受腐蚀的金属材料制成,渗透系数应大于试样渗透系数。用固定式容器时,顶部透水板直径应小于环刀内径0.2~0.5mm;用浮环式容器时上下端透水板直径相等,均应小于环刀内径。

加压设备:应能瞬间垂直施加各级规定压力,且无冲击力,压力准确度应符合《土工仪器的基本参数及通用技术条件》(GB/T 15406—2007)的规定。

变形量测设备:量程10mm,最小分度值0.01mm的百分表或准确度为全量程0.2%的位移传感器。

固结仪及加压设备应定期校准,并应作仪器变形校正曲线,具体操作见《固结仪校准规范》(JJF 1311—2011)。

15. 黄土湿陷试验

黄土湿陷试验所用仪器设备应符合固结试验规定,其中环刀内径79.8mm。试验所用滤纸及透水石的湿度应接近试样的天然湿度。

16. 土样三轴压缩试验

应变控制式三轴仪:由压力室、轴向加压设备、围压系统、反压力系统、孔隙水压力量测系统、轴向变形和体积变化量测系统组成。

附属设备：包括击样器、饱和器、切土器、原状土分样器、切土盘、承膜筒和对开圆膜。

天平：称量200g，最小分度值0.01g；称量1000g，最小分度值0.1g。

橡皮膜：弹性乳胶膜，对直径39.1mm和61.8mm的试样，厚度以0.1～0.2mm为宜，对直径101mm的试样，厚度以0.2～0.3mm为宜。

透水板：直径与试样直径相等，其渗透系数宜大于试样渗透系数，使用前在水中煮沸并泡于水中。

17. 无侧限抗压强度试验

应变控制式无侧限压缩仪：由测力计、加压框架和升降设备组成。

轴向位移计：量程10mm，精度0.01mm的百分表或准确度为全量程0.2%的位移传感器。

天平：称量500g，最小分度值0.1g。

18. 直接剪切试验

应变控制式直剪仪：由剪切盒、垂直加压设备、剪切传动装置、测力计、位移量测系统组成。

环刀：内径61.8mm，高度20mm。

位移量测设备：量程为10mm，分度值为0.01mm的百分表或准确度为全量程0.2%的传感器。

19. 反复直剪强度试验

应变控制式反复直剪仪：由剪切盒、垂直加压设备、剪切传动装置、测力计、位移量测系统、剪切变速设备、剪切反推装置和可逆电动机组成。

环刀和位移量测设备与直接剪切试验相同。

20. 土样抗拉强度试验

电子万能试验机。

线切割机。

打磨套筒：直径50mm，高度100mm。

试样夹具。

变径削土装置。

削土刀。

砂纸。

21. 收缩试验

收缩仪：由量表、支架、测板、多孔板、垫块组成。其中孔的面积占整个板面积50%以上。

环刀：内径61.8mm，高度20mm。

22. 酸碱度试验

酸度计:应附玻璃电极、甘汞电极或复合电极。

分析筛:孔径 2mm。

天平:量程 200g,精度 0.01g。

电动磁力搅拌器。

电动振荡器。

其他设备:烘箱、烧杯、广口瓶、玻璃棒、1000mL 容量瓶、滤纸等。

试剂要求如下。

标准缓冲溶液:

(1)pH=4.01。称取经 105~110℃烘干的邻苯二甲酸氢钾($KHC_8H_4O_4$)10.21g,通过漏斗用纯水冲洗入 100mL 容量瓶中,使溶解后稀释,定容至 1000mL。

(2)pH=6.87。称取在 105~110℃烘干冷却后的磷酸氢二钠(Na_2HPO_4)3.53g 和磷酸二氧钾(KH_2PO_4)3.39g,经漏斗用纯水冲洗入 1000mL 容量瓶中,待溶解后,继续用纯水稀释,定容至 1000mL。

(3)pH=9.18。称取硼砂($Na_2B_4O_7 \cdot 10H_2O$)3.80g,经漏斗用已除去 CO_2 的纯水冲洗入 1000mL 容量瓶中,待溶解后继续用除去 CO_2 的纯水稀释,定容至 1000mL。宜储于干燥密闭的塑料瓶中保存,使用 2 个月。

饱和氯化钾溶液:向适量纯水中加入氯化钾(KCl)边加边搅拌,直至不再溶解为止。

注:所有试剂均为分析纯化学试剂。

23. 易溶盐试验

1)浸出液制取

分析筛:孔径 2mm。

天平:量程 200g,精度 0.01g。

电动振荡器。

过滤设备:包括抽滤瓶、平底瓷漏斗、真空泵等。

离心机:转速为 1000r/min。

其他设备:广口瓶、细口瓶、容量瓶、角勺、玻璃棒、烘箱等。

2)易溶盐总量测定

分析天平:量程 200g,精度 0.0001g。

水浴锅,蒸发皿。

烘箱,干燥容器,坩埚钳等。

移液管。

试剂要求:

15%过氧化氢溶液和 2%碳酸钠溶液。

3)碳酸根和重碳酸根的测定

酸式滴定管:容量 25mL,精度 0.05mL。

分析天平：量程200g，精度0.0001g。

其他设备：移液管、锥形瓶、烘箱、容量瓶。

试剂要求如下。

(1)甲基橙指示剂(0.1%)：称0.1g甲基橙溶于100mL纯水中。

(2)酚酞指示剂(0.5%)：称取0.5g酚酞溶于50mL乙醇中，用纯水稀释至100mL。

(3)硫酸标准溶液：溶解3mL分析纯浓硫酸于适量纯水中，用纯水稀释至1000mL。

硫酸标准溶液的标定：称取预先在160～180℃烘干2～4h的无水碳酸钠3份，每份0.1g。精确至0.0001g，放入3个锥形瓶中，各加入纯水20～30mL再各加入甲基橙指示剂2滴，用配制好的硫酸标准溶液滴定至溶液由黄色变为橙色为终点，记录硫酸标准溶液用量，按式(5.1)计算硫酸标准溶液的准确浓度。

$$c(H_2SO_4)=\frac{m(Na_2CO_3)\times1000}{V(H_2SO_4)M(Na_2CO_3)} \tag{5.1}$$

式中，$c(H_2SO_4)$为硫酸标准溶液浓度(mol/L)；$V(H_2SO_4)$为硫酸标准溶液用量(mL)；$m(Na_2CO_3)$为碳酸钠的用量(g)；$M(Na_2CO_3)$为碳酸钠的摩尔质量。

计算至0.0001mol/L。3个平行滴定，平行误差不大于0.05mL，取算术平均值。

4)氯离子的测定

分析天平：量程200g，精度0.0001g。

酸式滴定管：容量25mL，精度0.05mL，棕色。

其他设备：移液管、烘箱、锥形瓶、容量瓶等。

试剂要求如下。

铬酸钾指示剂(5%)：称取5g铬酸钾(K_2CrO_4)溶于适量纯水中，然后逐滴加入硝酸银标准溶液至出现砖红色沉淀为止。放置过夜后过滤，滤液用纯水稀释至100mL，储于滴瓶中。

硝酸银$c(AgNO_3)$标准溶液：称取预先在105～110℃温度烘干30min的分析纯硝酸银($AgNO_3$)3.3974g，通过漏斗冲洗入1L容量瓶中，待溶解后，继续用纯水稀释至1000mL，储于棕色瓶中，则硝酸银的浓度为0.02mol/L。

重碳酸钠$c(NaHCO_3)$溶液：称取重碳酸钠1.7g溶于纯水中，并用纯水稀释至1000mL，其浓度约为0.02mol/L。

甲基橙指示剂。

5)硫酸根的测定

a. EDTA络合容量法

分析天平：量程200g，精度0.0001g。

酸式滴定管：容量25mL，精度0.1mL。

其他设备：移液管、锥形瓶、容量瓶、量杯、角匙、烘箱、研钵、杵、量筒。

试剂要求如下。

1∶4盐酸溶液：将1份浓盐酸与4份纯水互相混合均匀。

钡镁混合剂：称取1.22g氯化钡($BaCl_2\cdot2H_2O$)和1.02g氯化镁($MgCl_2\cdot6H_2O$)，一起通过漏斗用纯水冲洗入500mL容量瓶中，待溶解后继续用纯水稀释至500mL。

氨缓冲溶液：称取 70g 氯化铵（NH_4Cl）于烧杯中，加适量纯水溶解后移入 1000mL 量筒中，再加入分析纯浓氨水 570mL，最后用纯水稀释至 1000mL。

铬黑 T 指示剂：称取 0.5g 铬黑 T 和 100g 预先烘干的氯化钠（NaCl），互相混合研细均匀，储于棕色瓶中。

锌基准溶液：称取预先在 105～110℃烘干的分析纯锌粉（粒）0.6538g 于烧杯，小心地分次加入 1∶1 盐酸溶液 20～30mL，置于水浴上加热至锌完全溶解，切勿溅失，然后移入 1000mL 容量瓶中，用纯水稀释至 1000mL，即得锌基准溶液浓度为 0.01mol/L。

EDTA 标准溶液要求如下。

配制：称取乙二铵四乙酸二钠 3.72g 溶于热纯水中，冷却后移入 1000mL 容量瓶中，再用纯水稀释至 1000mL。

标定：用移液管吸取 3 份锌基准溶液，每份 20mL，分别置于 3 个锥形瓶中，用适量纯水稀释后，加氨缓冲溶液 10mL，铬黑 T 指示剂少许，再加 95% 乙醇，然后用 EDTA 标准溶液滴定至溶液由红色变亮蓝色为终点，记下用量，按式（5.2）计算标准溶液的浓度：

$$c(\mathrm{EDTA})=\frac{V(\mathrm{Zn^{2+}})c(\mathrm{Zn^{2+}})}{V(\mathrm{EDTA})} \tag{5.2}$$

式中，c(EDTA) 为标准溶液浓度（mol/L）；V(EDTA) 为标准溶液用量（mL）；$c(Zn^{2+})$ 为锌基准溶液的浓度（mol/L）；$V(Zn^{2+})$ 为锌基准溶液的用量（mL）。计算至 0.0001mol/L，3 份平行滴定，滴定误差不大于 0.05mL，取算术平均值。

95% 分析乙醇。

1∶1 盐酸溶液：取 1 份盐酸与 1 份水混合均匀。

5% 氯化钡（$BaCl_2$）溶液：溶解 5g 氯化钡（$BaCl_2$）于 1000mL 纯水中。

b. 比浊法

光电比色计或分光光度计。

电动磁力搅拌器。

量匙容量 0.2～0.3g。

其他设备：移液管、容量瓶、筛子、烘箱、分析天平（最小分度值 0.1mg）。

试剂要求如下。

悬浊液稳定剂：将浓盐酸（HCl）30mL，95% 的乙醇 100mL，纯水 30mL，氯化钠（NaCl）25g 混匀的溶液与 50mL 甘油混合均匀。

结晶氯化钡（$BaCl_2$）：将氯化钡结晶过筛取粒径在 0.6～0.85mm 的晶粒。

硫酸根标准溶液：称取预先在 105～110℃烘干的无水硫酸钠 0.1479g，用纯水通过漏斗冲洗入 1000mL 容量瓶中，溶解后，继续用纯水稀释至 1000mL，此溶液中硫酸根含量为 0.1mg/mL。

6）钙镁离子的测定

酸式滴定管：容量 25mL，精度 0.1mL。

其他设备：移液管、锥形瓶、量杯、天平、研钵等。

试剂要求如下。

2mol/L 氢氧化钠溶液：称取 8g 氢氧化钠溶于 100mL 纯水中。

钙指示剂：称取0.5g钙指示剂与50g预先烘焙的氯化钠一起置于研钵中研细混合均匀，储于棕色瓶中，保存于干燥器内。

EDTA标准溶液：配制步骤同5）硫酸根的测定—a. EDTA络合容量法中要求。

1∶4盐酸溶液：取1份盐酸与4份水混合均匀。

刚果红试纸。

95%乙醇溶液。

7）钠离子和钾离子的测定

火焰光度计及其附属设备。

分析天平：量程200g，精度0.0001g。

其他设备：高温炉、烘箱、移液管、1L容量瓶、50mL容量瓶、烧杯等。

试剂要求如下。

钠（Na^+）标准溶液：称取预先于550℃灼烧过的氯化钠（NaCl）0.2542g。在少量纯水中溶解后，冲洗入1L容量瓶中。继续用纯水稀释至1000mL，储于塑料瓶中。此溶液含钠离子（Na^+）为0.1mg/mL（100mg/L）。

钾（K^+）标准溶液：称取预先于105～110℃烘干的氯化钾（KCl）0.1907g。在少量纯水中溶解后，冲洗入1L容量瓶中。继续用水稀释至1000mL，储于塑料瓶中。此溶液含钾离子（K^+）为0.1mg/mL（100mg/L）。

24. 有机质试验

分析天平：量程200g，精度0.0001g。

油浴锅：带铁丝笼，植物油。

加热设备：烘箱，电炉。

其他设备：温度计，量程0～50℃，精度0.5℃。试管、锥形瓶、滴定管、小漏斗、洗瓶、玻璃棒、容量瓶、干燥器、0.15mm筛子等。

试剂要求如下。

重铬酸钾标准溶液：准确称取预先在105～110℃烘干并研细的重铬酸钾（$K_2Cr_2O_7$）44.1231g，溶于800mL纯水中（必要时可加热），在不断搅拌下，缓慢地加入浓硫酸1000mL，冷却后移入2L容量瓶中，用纯水稀释至刻度。此标准溶液浓度为0.075mol/L。

硫酸亚铁标准溶液：称取硫酸亚铁（$FeSO_4 \cdot 7H_2O$）56g（或硫酸亚铁铵80g），溶于适量纯水中，加3mol/L $c(H_2SO_4)$溶液30mL，然后用纯水稀释至1L，按如下标定。

准确量取3份重铬酸钾标准溶液各10.00mL，分别置于锥形瓶中，各用纯水稀释至约60.00mL，再分别加入邻啡锣啉指示剂3～5滴，用硫酸亚铁标准溶液滴定，使溶液由黄色经绿突变至橙红色为终点，记录其用量。3份平行误差不得超过0.05mL，取算术平均值，求硫酸亚铁标准溶液准确浓度：

$$c(FeSO_4)=\frac{c(K_2Cr_2O_7)V(K_2Cr_2O_7)}{V(FeSO_4)} \tag{5.3}$$

式中，$c(FeSO_4)$为硫酸亚铁的浓度（mol/L）；$V(FeSO_4)$为滴定硫酸亚铁用量（mL）；$c(K_2Cr_2O_4)$为重铬酸钾浓度（mol/L）；$V(K_2Cr_2O_4)$为取重铬酸钾体积（mL）。

计算至 0.0001mol/L。

邻啡锣啉指示剂:称取邻啡锣啉 1.845g 和硫酸亚铁 0.695g 溶于 100mL 纯水中,储于棕色瓶中。

5.2.2 岩石试验

1. 岩石含水率试验

电热烘箱:应能控制温度为 105 ~ 110℃。
天平:量程 200g,精度 0.01g。
干燥容器。

2. 岩石颗粒密度试验

粉碎机,瓷研钵或玛瑙研钵,磁铁块,孔径 0.25mm 的筛。
天平:量程 200g,精度 0.001g。
电热烘箱:应能控制温度为 105 ~ 110℃。
干燥容器、煮沸设备、真空抽气设备。
恒温水槽:准确度±1℃。
砂浴:应能调节温度 20 ~ 300℃。
短颈比重瓶:容积 100mL。
温度计:量程 0 ~ 50℃,精度 0.5℃。

3. 岩石块体密度试验

1)量积法
钻石机、切石机、磨石机、砂轮机等。
电热烘箱:应能控制温度 105 ~ 110℃。
天平:量程 200g,精度 0.01g。
游标卡尺:精度 0.01mm。
干燥容器。
测量平台。
2)蜡封法
钻石机、切石机、磨石机、砂轮机等。
天平:量程 200g,精度 0.001g。
电光分析天平:量程 200g,精度 0.1mg。
熔蜡设备,电热烘箱、干燥容器、测量平台。

4. 岩石吸水性试验

钻石机、切石机、磨石机、砂轮机等。

电热烘箱:应能控制温度105～110℃。
天平:量程200g,精度0.01g。
水槽、干燥容器、测量平台、熔蜡设备、水中称量装置、游标卡尺。

5. 岩石膨胀性试验

钻石机、切石机、磨石机等。
测量平台。
自由膨胀率试验仪。
侧向约束膨胀率试验仪。
膨胀压力试验仪。
温度计。

6. 岩石耐崩解性试验

烘箱和干燥容器。
天平或台秤:量程15kg,精度0.5g。
耐崩解性试验仪:由动力装置、圆柱形筛筒和水槽组成,其中圆柱形筛筒长100mm,直径140mm,筛孔直径2mm。
温度计。

7. 岩石声波速度测试

钻石机、锯石机、磨石机、车床等。
测量平台。
岩石超声波参数测定仪。
纵、横波换能器。
测试架。
应检查仪器接头性状、仪器接线情况以及开机后仪器和换能器的工作状态。

8. 岩石单轴抗压强度试验

钻石机、切石机、磨石机和车床等。
测量平台。
材料试验机。
微机控制电液伺服压力试验机。

9. 岩石冻融试验

天平:量程200g,精度0.01g。
冷冻温度能达到-24℃的冰箱或低温冰柜,以及冷冻库、冷冻箱。
白铁皮盒和铁丝架。
钻石机、切石机、磨石机和车床等。

测量平台。
材料试验机。

10. 岩石单轴压缩变形试验

钻石机、切石机、磨石机和车床等。
测量平台。
材料试验机。
静态电阻应变仪。
惠斯顿电桥、兆欧表、万用电表。
电阻应变片、千分表或百分表。
千分表架、磁性表架。

11. 岩石三轴压缩强度试验

钻石机、切石机、磨石机和车床等。
测量平台。
三轴试验机。
微机控制电液伺服压力试验机。

12. 岩石巴西劈裂试验

钻石机、切石机、磨石机和车床等。
测量平台。
材料试验机。
微机控制电子压力机。

13. 岩体结构面直剪试验

试样制备设备。
试样饱和与养护设备。
应力控制式平推法直剪试验仪。
位移测表。

14. 岩石点荷载强度试验

点荷载试验仪。
游标卡尺：精度 0.01mm。

15. 岩石回弹硬度试验

回弹仪：使用前应进行校正。

第6章　土工试验方法

室内土工试验的目的是对土样进行物理、力学、化学等性质分析，以获取反映土体特性的参数指标，为土木工程设计、施工以及工程填料选择提供重要的理论依据。正确的试验步骤是达到试验目的的重要保证。本章主要讲解土工试验操作方法，首先对试样制备方法进行归纳整理，然后介绍试验原理、流程和具体操作步骤。

本章内容以《土工试验方法标准》(GB/T 50123—1999)为基础，结合公路、水利等相关行业标准对试验步骤作出相应调整和修正(如在土的含水率试验中，增加了有机质含量超过5%和含有石膏的土的烘干时间和温度)。同时，采用流程图的形式介绍试验的要点、重点，化抽象为具体，有助于试验操作人员充分完整地跟踪试验进程，获得合理可靠的数据结果。

6.1　土工试样制备

土工试样制备分为原状土试样制备和扰动土试样制备。原状土是指物理性质和化学成分没有发生改变，保持天然结构和天然含水率的土样；扰动土是指天然结构受到破坏或含水率改变了的土样。原状土的试样制备包括：开启试样、描述试样物理性质、切样等程序。扰动土的制备包括：描述试样物理性质、风干、碾散、过筛等备样程序，以及击样法或压样法制样。当试验要求试样饱和时，可根据土样的透水性能选择不同的饱和方式。

6.1.1　试样制备

根据力学性质试验项目要求，原状土样同一组试样间密度的允许差值为0.03g/cm^3；扰动土样同一组试样密度与要求密度之差不得大于±0.01g/cm^3，一组试样的含水率与要求的含水率之差不得大于±1%。

1)原状土试样制备基本步骤

(1)将土样筒按标明的上下方向放置，剥去蜡封和胶带，开启土样筒取出土样。检查土样结构，当确定土样已受扰动或取土质量不符合规定时，不应制备力学性质试验的试样。

(2)根据试验要求用环刀切取试样时，应在环刀内壁涂一薄层凡士林，刃口向下放在土样上，将环刀垂直下压，并用切土刀沿环刀外侧切削土样，边压边削至土样高出环刀，根据试样的软硬采用钢丝锯或切土刀整平环刀两端土样，擦净环刀外壁，称环刀和土的总质量。

(3)从余土中取代表性试样测定含水率。比重、颗粒分析、界限含水率等项试验的取样，应按扰动土试样制备第(2)步中的规定进行。

(4)切削试样时，应对土样的层次、气味、颜色、夹杂物、裂缝和均匀性进行描述，对低塑性和高灵敏度的软土，制样时不得扰动。

2)扰动土试样制备基本步骤

(1)将土样从土样筒或包装袋中取出,对土样的颜色、气味、夹杂物和土类及均匀程度进行描述,并将土样切成碎块,拌和均匀,取代表性土样测定含水率。

(2)对均质和含有机质的土样,宜采用天然含水率状态下代表性土样,供颗粒分析、界限含水率试验。对非均质土应根据试验项目取足够数量的土样,置于通风处晾干至可碾散为止。对砂土和进行比重试验的土样宜在 105 ~ 110℃温度下烘干,对有机质含量超过 5% 的土、含石膏和硫酸盐的土,应在 65 ~ 70℃温度下烘干。

(3)将风干或烘干的土样放在橡皮板上用木碾碾散,对不含砂和砾的土样,可用碎土器碾散(碎土器不得将土粒破碎)。

(4)对分散后的粗粒土和细粒土,应按表 6.1 的要求过筛。对含细粒土的砾质土,应先用水浸泡并充分搅拌,使粗细颗粒分离后按不同试验项目的要求进行过筛。

表 6.1　不同试验取样数量和过筛标准

土样数量 \ 土类 试验项目	黏土		砂土		过筛标准/mm
	原状土(筒) ϕ10cm×20cm	扰动土/g	原状土(筒) ϕ10cm×20cm	扰动土/g	
含水率		800		500	
比重		800		500	
颗粒分析		800		500	
界限含水率		500			0.5
密度	1		1		
固结	1	2000			2.0
黄土湿陷	1				
三轴压缩	2	5000		5000	2.0
膨胀、收缩	2	2000		8000	2.0
直接剪切	1	2000		2.0	
击实承载比		轻型>15000 重型>30000			5.0
无侧限抗压强度	1				
反复直剪	1	2000			2.0
相对密度				2000	
渗透	1	1000		2000	2.0
化学分析		300			2.0
离心含水当量		300			0.5

3)扰动土试样制样应按下列步骤进行

(1)试样的数量视试验项目而定(表6.1),应备用试样1~2个。

(2)将碾散的风干土样通过孔径2mm或5mm的筛,取筛下足够试验用的土样,充分拌匀,测定风干含水率,装入保湿缸或塑料袋内备用。

(3)根据试验所需土量与含水率,制备试样所需加水量按式(6.1)计算:

$$m_w = \frac{m_0}{1+0.01\,\omega_0} \times 0.01(\omega_1 - \omega_0) \tag{6.1}$$

式中,m_w为制备试样所需要的加水量(g);m_0为湿土(或风干土)质量(g);ω_0为湿土(或风干土)含水率(%);ω_1为制样要求的含水率(%)。

(4)称取过筛的风干土样平铺于搪瓷盘内,将水均匀喷洒于土样上,充分拌匀后装入盛土容器内盖紧,润湿24h,砂土的润湿时间可酌减。

(5)测定润湿土样不同位置处的含水率,不应少于两点,含水率差值不得大于±1%。

(6)根据环刀容积及所需干密度,制样所需湿土量应按式(6.2)计算:

$$m_0 = (1+0.01\,\omega_0)\rho_d V \tag{6.2}$$

式中,ρ_d为试样的干密度(g/cm^3);V为试样体积(环刀容积)(cm^3)。

(7)扰动土制样可采用击样法和压样法。

击样法:将根据环刀容积和要求干密度所需质量的湿土倒入装有环刀的击样器内,击实到所需密度。

压样法:将根据环刀容积和要求干密度所需质量的湿土倒入装有环刀的压样器内,以静压力通过活塞将土样压紧到所需密度。

(8)取出带有试样的环刀,称环刀和试样总质量,对不需要饱和且不立即进行试验的试样,应存放在保湿器内备用。

6.1.2　试样饱和

(1)试样饱和宜根据土样的透水性能,分别采用下列方法:①粗粒土采用浸水饱和法。②渗透系数大于10^{-4}cm/s的细粒土,采用毛细管饱和法;渗透系数小于等于10^{-4} cm/s的细粒土,采用抽气饱和法。

(2)毛细管饱和法,应按下列步骤进行。

第一步:选用框式饱和器,试样上、下面放滤纸和透水板,装入饱和器内并旋紧螺母。

第二步:将装好的饱和器放入水箱内,注入清水,水面不宜将试样淹没,关箱盖,浸水时间不得少于48h,使试样充分饱和。

第三步:取出饱和器,松开螺母,取出环刀,擦干外壁,称环刀和试样的总质量,计算试样的饱和度。当饱和度低于95%时,应继续饱和。

第四步:试样的饱和度应按式(6.3)和式(6.4)计算:

$$S_r = \frac{(\rho_{sr} - \rho_d)G_s}{\rho_d \cdot e} \tag{6.3}$$

或

$$S_r = \frac{\omega_{sr} G_s}{e} \tag{6.4}$$

式中，ρ_d 为试样的干密度(g/cm^3)；S_r为试样的饱和度(%)；ω_{sr}为试样饱和后的含水率(%)；ρ_{sr}为试样饱和后的密度(g/cm^3)；G_s为土粒比重；e 为试样的孔隙比。

(3)抽气饱和法，应按下列步骤进行。

第一步：选用叠式或框式饱和器和真空饱和装置。在叠式饱和器下夹板的正中，依次放置透水板、滤纸、带试样的环刀、滤纸、透水板，如此顺序重复，由下向上重叠到拉杆高度，将饱和器上夹板盖好后，拧紧拉杆上端的螺母，将各个环刀在上、下夹板间夹紧。

第二步：将装有试样的饱和器放入真空缸内，真空缸和盖之间涂一薄层凡士林，盖紧。将真空缸与抽气机接通，启动抽气机，当真空压力表读数接近当地一个大气压时(抽气时间不少于1h)，微开管夹，使清水徐徐注入真空缸，在注水过程中，真空压力表读数宜保持不变。

第三步：待水淹没饱和器后停止抽气。开管夹使空气进入真空缸，静止一段时间，细粒土宜为10h，使试样充分饱和。

第四步：打开真空缸，从饱和器内取出带环刀的试样，称环刀和试样总质量，并按式(6.3)、式(6.4)计算饱和度。当饱和度低于95%时，应继续抽气饱和。

6.2 物理性质测试

6.2.1 土样含水率试验

烘干法是所有含水率测定方法中最标准的一种方法，试验流程如图6.1所示。在指定温度下将土样烘至恒重，通过称量烘干前后土样的质量，得出土样失去水分的质量，计算其与烘干土质量的比值即为含水率。试验步骤如下。

第一步：称称量盒的质量；并称取代表性试样，细粒土15~30g[①]。若试样为有机质土、砂类土和整体状构造冻土时应取50g。放入称量盒内，盖上盒盖，称其质量。

第二步：打开盒盖，将盒置于烘箱内，在105~110℃下烘干；烘干时间不得少于8h。

对有机质含量超过5%，或含石膏的土，在60~70℃下烘干，烘干时间为12~15h[②]。对砂类土不得少于6h。确保试样完全烘干。

第三步：将称量盒从烘箱中取出，放入干燥容器内冷却至室温后，称称量盒加干土质量。

① 根据2007版《公路土工试验规程》(JTG E40—2007)代表性土样，一般为细粒土。

② 根据2007版《公路土工试验规程》(JTG E40—2007)有机质超过5%或含石膏的土，烘干温度为60~70℃；时间为12~15h。

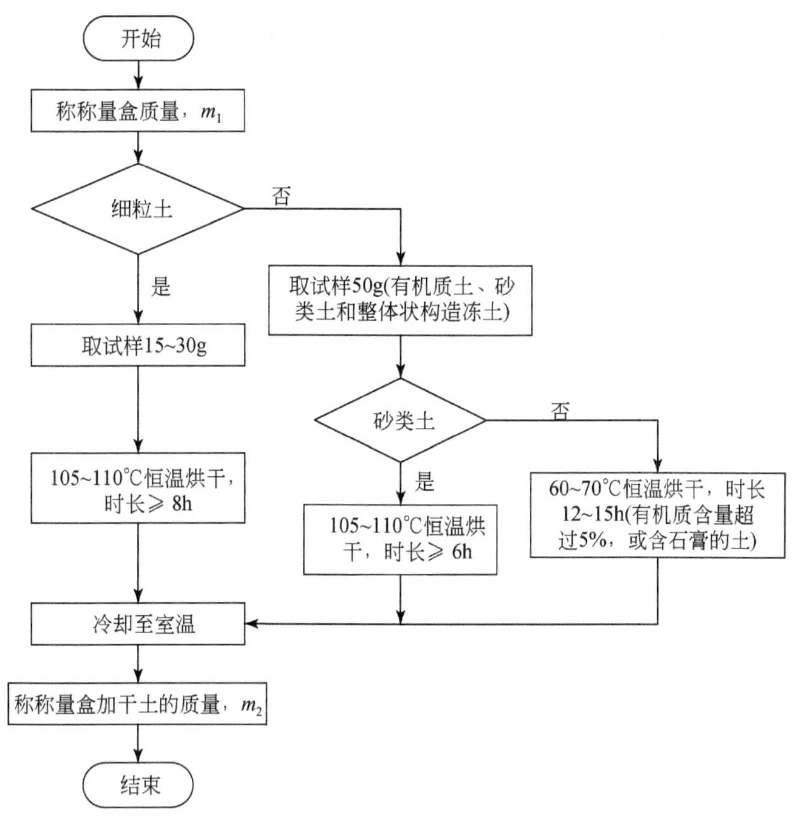

图 6.1　含水率试验流程

6.2.2　土样密度试验

土的密度一般是指土的块体密度，即单位体积土的质量。测定土体密度最常用的室内试验方法有环刀法和蜡封法。环刀法是使用一定容积的环刀切取土样，环刀的容积即为土样的体积，通过称量环刀切样前后的质量，求得土样的质量，然后根据密度的定义计算出土的密度。蜡封法是将已知质量的土样浸没于融化的石蜡中，使土样不发生变形，通过分别称量蜡封试样在空气中和水中的质量，根据土样浸入水中所受的浮力，其大小等于土样所排开水的重量，从而得出试样的体积，计算出土的密度。

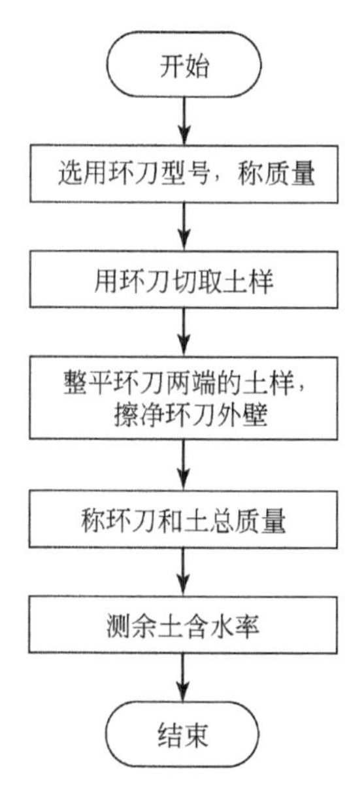

图 6.2　密度试验流程（环刀法）

1）环刀法

环刀法试验流程如图 6.2 所示。

第一步：选用环刀型号，称环刀质量。

第二步：在环刀内壁涂一薄层凡士林，将环刀置于土样之上，刃口向下垂直下压土样，同时用切土刀沿环刀外侧切削土样，至土样充满环刀。

第三步:用切土刀和钢丝锯整平环刀两端的土样,擦净环刀外壁,称环刀和土的总质量。

第四步:取余土中代表性土样测定含水率。

2)蜡封法

蜡封法试验流程如图 6.3 所示。

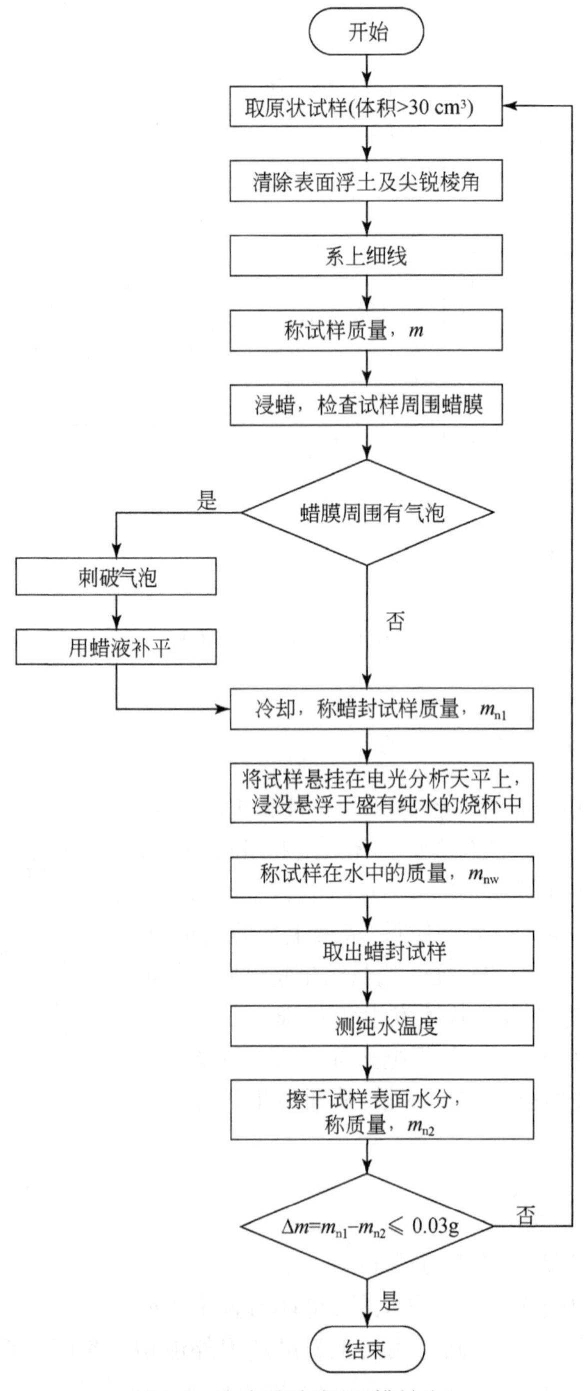

图 6.3　密度试验流程(蜡封法)

第一步:切取体积大于30cm^3的代表性原状试样,清除表面浮土及尖锐棱角,系上细线,称试样质量,精确至0.01g。

第二步:持线将试样浸入刚过熔点的蜡液中,浸没后立即提出,检查试样周围的蜡膜。若有气泡时用银针刺破,再用蜡液补平。冷却后称蜡封试样质量。

第三步:把蜡封试样悬挂在电光分析天平上,浸没悬浮于盛有纯水的烧杯中。试样不可接触烧杯壁,称其在水中的质量。

第四步:取出蜡封试样,测量纯水的温度,擦干蜡面上的水分,再称蜡封试样质量。蜡封试样质量变化不超过0.03g时,表示蜡封完好,否则重新试验。

6.2.3　土粒比重试验

土粒比重是土的基本物理指标之一,是用来计算孔隙比和评价土的物理力学性质的重要指标。比重瓶法测量土粒比重时,应先校准比重瓶,通过称量不同温度下的瓶水总质量,绘制温度和瓶水总质量的关系曲线。试验流程如图6.4所示,将已知质量的土样装入比重瓶,称量瓶和试样的质量,以及注水煮沸后的瓶、水和试样总质量,根据关系曲线查得试验温度下的瓶水总质量,计算出土粒比重。

1)校准比重瓶

第一步:将比重瓶洗净、烘干,冷却后称量。

第二步:将煮沸冷却后的纯水注满比重瓶,塞紧瓶塞,多余水自瓶塞毛细管中溢出。将比重瓶放入恒温水槽直至瓶内水温稳定。取出比重瓶,擦干外壁,称量瓶和水总质量,读记恒温水槽内水温。

第三步:对恒温水槽内的温度逐级增加,温度差宜为5℃。测定不同温度下的瓶水总质量,并绘制温度与瓶水总质量关系曲线。每个温度下进行两次平行测定,两次测定的差值不得大于0.002g,否则重新测定,结果取两次测值的平均值。

2)比重瓶法试验

第一步:称取15g烘干试样,将试样装入100mL比重瓶,称量试样和瓶的总质量。

第二步:向比重瓶内注入半瓶纯水,摇匀,塞紧瓶塞,放入砂浴内煮沸,使土中空气排尽。不同的试样煮沸时间不同,对于砂土试样,不少于30min;对于黏土、粉土试样,不少于1h。沸腾后调节砂浴温度,防止比重瓶内悬液溢出。

第三步:取出比重瓶,冷却至室温。将煮沸冷却后的纯水注满装有试样悬液的比重瓶,塞紧瓶塞,多余的水分从瓶塞毛细管中溢出。将比重瓶置于恒温水槽内,待温度稳定,且瓶内上部悬液澄清,取出比重瓶。擦干瓶外壁,称比重瓶、水和试样总质量,测记瓶内的水温。

第四步:从温度与瓶水总质量的关系曲线中查得试验温度下的瓶水总质量。

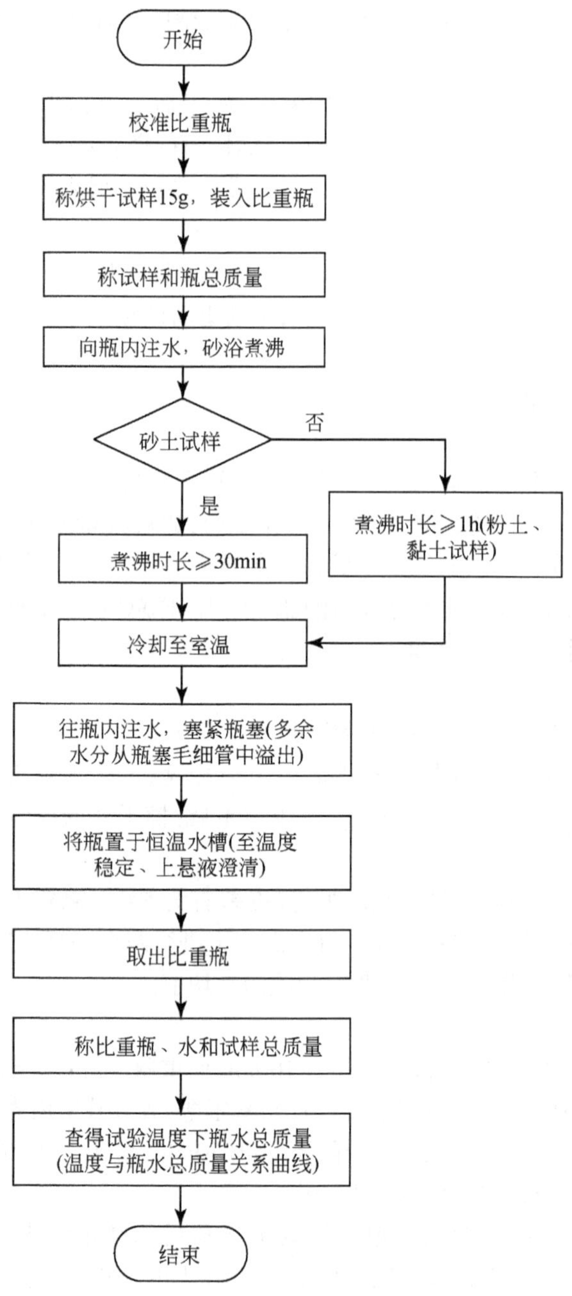

图 6.4　土粒比重试验流程(比重瓶法)

6.2.4　颗粒分析试验

颗粒分析试验的目的是测定土中各粒组所占土总质量的百分数,通常用于了解土粒组成情况,分析土的分类以及工程性质等。颗粒分析试验的主要方法有筛析法和密度计法。筛析法是利用孔径不同的标准筛分离不同粒径的土颗粒,称量筛上和底盘的土粒质量,计算各粒组的相对含量,进而确定土的粒度成分。密度计法是将一定质量的试样加入六偏磷酸钠制成土粒分布均匀的悬液,粒径不同其下沉速度也就不同。根据斯托克斯定律(Stokes)计算悬液中不同大小土粒的直径,并使用密度计确定土的粒度成分。

1)筛析法

筛析法试验流程如图6.5所示。

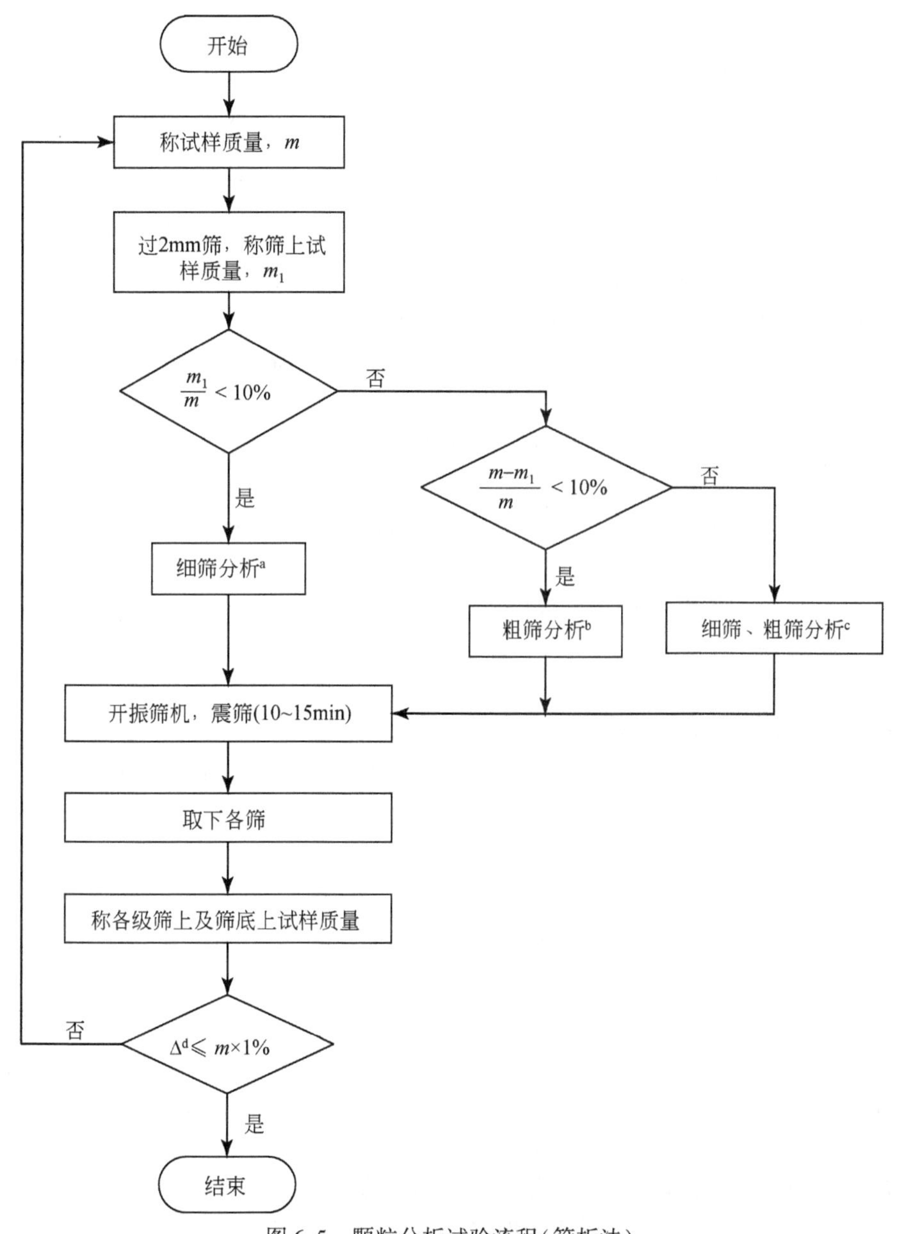

图6.5　颗粒分析试验流程(筛析法)

a. 细筛分析:将标准筛按孔径大小依次叠置;取过2mm筛筛下土样倒入细筛系列顶部,盖上盒盖,置于振筛机上,进行筛析。
b. 粗筛分析:将标准筛按孔径大小依次叠置;取过2mm筛筛上土样倒入粗筛系列顶部,盖上盒盖,置于振筛机上,进行筛析。
c. 细筛、粗筛分析:将标准筛按孔径大小依次叠置,最下面为底盘。取过2mm筛筛上土样倒入依次排好的粗筛中;筛下的试样置于细筛系列顶部,盖上盒盖,置于振筛机上,进行筛析。
d. Δ:指筛后各级筛上和筛底上试样质量的总和与筛前试样总质量的差值。

第一步：按表 6.2 规定称取试样质量，精确至 0.1g。若试样质量超过 500g 时，应精确至 1g。

表 6.2　取样质量

颗粒尺寸/mm	取样质量/g
<2	100～300
<10	300～1000
<20	1000～2000
<40	2000～4000
<60	4000 以上

第二步：将试样过 2mm 筛，称量筛上试样。筛上试样质量小于试样总质量的 10%，只作细筛分析。若筛下的试样质量小于试样总质量的 10%，只作粗筛分析，其余两者都做。

第三步：对于细筛分析，先将细筛按孔径大小依次叠置。

第四步：将第二步中筛下土倒入细筛系列顶部，盖上盒盖，进行筛析。粗筛分析与细筛分析相似。

第五步：将装有试样的筛子系列置于振筛机上，打开振筛机，开始振筛，振筛时间宜为 10～15min。

第六步：从振筛机上按由上而下的顺序将各筛取下，称量各级筛上及底盘内的试样质量，精确至 0.1g。

第七步：筛后各级筛上和筛底上试样质量的总和与筛前试样总质量的差值不得大于试样总质量的 1%。否则，重新试验。

2）密度计法

密度计法试验流程如图 6.6 所示。

第一步：采用电导法测定风干试样的易溶盐含量，按电导率仪使用说明书操作，测定悬液温度为 T℃时试样溶液（土水比为 1∶5）的电导率，按式（6.5）计算 20℃时的电导率。

$$K_{20}=\frac{k_T}{1+0.02(T-20)} \tag{6.5}$$

式中，K_{20}为 20℃时悬液的电导率（μs/cm）；k_T为 T℃时悬液的电导率（μs/cm）；T 为测定时悬液的温度（℃）。

当 K_{20}大于 1000μs/cm 时应洗盐。

洗盐方法：按式（6.6）或式（6.7）计算，称取干土质量为 30g 的风干试样质量，准确至 0.01g，倒入 500mL 的锥形瓶中，加纯水 200mL，搅拌后用滤纸过滤或抽气过滤，并用纯水洗滤到滤液的电导率 K_{20}小于 1000μs/cm（或对 5% 酸性硝酸银溶液和 5% 酸性氯化钡溶液无白色沉淀反应）为止，滤纸上的试样按第二步进行操作。

试样干质量为 30g 的风干试样质量按式（6.6）、式（6.7）计算：

当易溶盐含量小于 1% 时，

$$m_0=30(1+0.01\,\omega_0) \tag{6.6}$$

当易溶盐含量大于、等于 1% 时，

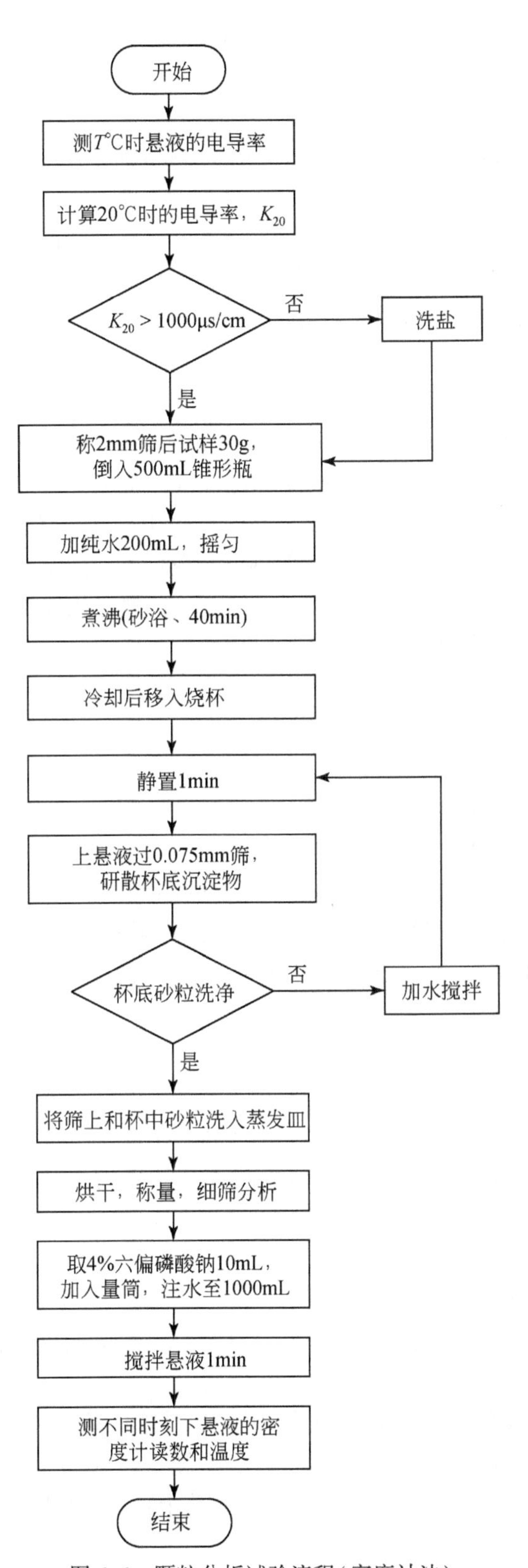

图 6.6　颗粒分析试验流程(密度计法)

$$m_0=\frac{30\times(1+0.01\ \omega_0)}{1-W} \tag{6.7}$$

式中，W 为易溶盐含量（%）。

第二步：称取过 2mm 筛后试样 30g，倒入 500mL 锥形瓶，注入纯水 200mL，摇匀。置于砂浴中煮沸，煮沸时间宜为 40min。

第三步：将冷却后的悬液移入烧杯中，静置 1min，通过洗筛漏斗将上部悬液过 0.075mm 筛。遗留杯底沉淀物用带橡皮头研杵研散。再加适量水搅拌，静置 1min，再将上部悬液过 0.075mm 筛。如此重复倾洗（每次倾洗，最后所得悬液不得超过 1000mL）直至杯底砂粒洗净。将筛上和杯中砂粒合并洗入蒸发皿中，倾去清水，烘干，称量，按细筛分析进行筛析。

第四步：取 4% 六偏磷酸钠 10mL，加入量筒中，再注入纯水至 1000mL。

第五步：将搅拌器放入量筒中，沿悬液深度上下搅拌 1min，取出搅拌器，立即开动秒表。将密度计放入悬液中，测记 0.5min、1min、2min、5min、15min、30min、60min、120min、1440min 时的密度计读数。每次测记数据应在预定读数时间前 10～20s 将密度计放入悬液中。读数时，密度计浮泡应在量筒中心，不得贴近量筒内壁，密度计读数以弯液面上缘为准。

读数后，立即取出密度计，放入盛有纯水的量筒中，测定相应的悬液温度。放入或取出密度计时，应小心轻放，不得扰动悬液。

6.2.5 界限含水率试验

黏性土根据含水率的不同，分别处于固态、半固态、可塑状态和流动状态，黏性土从一种状态到另一种状态的分界含水率称为界限含水率。液塑限联合测定法可用于联合测定土的液限和塑限，通过测定 3 个不同含水率状态下土样的圆锥体下沉深度，绘制圆锥下沉深度与含水率关系曲线，在曲线上查得液限、塑限值；滚搓法塑限实验主要用于测定土的塑限，将试样放在毛玻璃板上用手掌滚搓，当土条直径达 3mm 产生裂缝，并开始断裂时，此时试样的含水率即为塑限。

1）液塑限联合测定法

液塑限联合测定法试验流程如图 6.7 所示。

第一步：试验若采用不均匀风干试样，过 0.5mm 筛，取筛下的代表性土样 200g；若采用天然含水率土样，取代表性土样 250g。用纯水将土样调成均匀膏状，浸润过夜，确保土样水分分布均匀。

取浸润后土样，充分调拌均匀，填入试样杯中，填样时不应留有空隙。对较干的试样充分搓揉，密实地填入试样杯中，填满后刮平表面。

第二步：调平联合测定仪。在圆锥上抹一薄层凡士林，接通电源，使电磁铁吸住圆锥，将屏幕上的标尺调至零位。

第三步：将试样杯放在联合测定仪的升降座上，调整升降座，使圆锥尖刚好接触试样表面，断开电源，指示灯亮时，圆锥在自重下沉入试样，经 5s 后测读圆锥下沉深度。

取出试样杯，移走圆锥仪。挖去锥尖入土处的凡士林，取锥体附近的试样不少于 10g，放入称量盒内，测定含水率。

第四步：将剩余试样加水或吹干并调匀，以调节含水率。至少制备3个不同含水率的试样，测记不同含水率试样的圆锥入土深度。其圆锥入土深度宜为3～4mm，7～9mm，15～17mm。

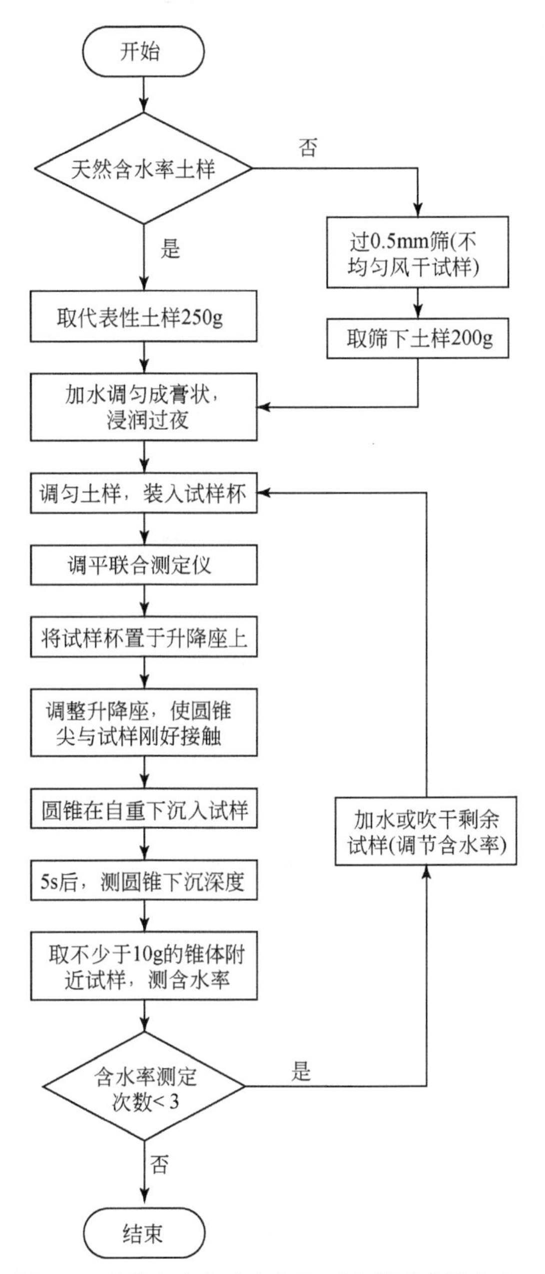

图6.7　界限含水率试验流程(液塑限联合测定法)

2)滚搓法塑限试验

滚搓法塑限试验流程如图6.8所示。

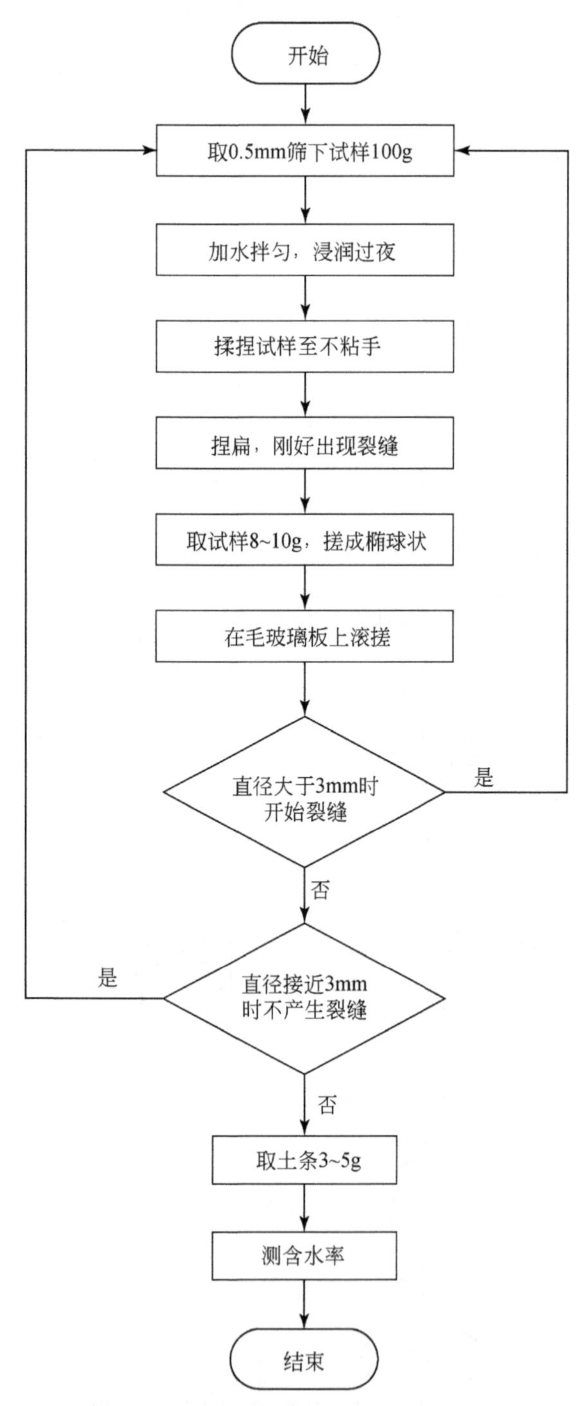

图 6.8　界限含水率试验流程(滚搓法)

第一步:取 0. 5mm 筛下的代表性试样 100g,加纯水拌匀,浸润过夜,确保土样水分分布均匀。

第二步:将制备好的试样在手中揉捏至不粘手,捏扁,当出现裂缝时,表示其含水率接近塑限。

第三步:取接近塑限含水率的试样8~10g,用手搓成椭球状,放在毛玻璃板上用手掌滚搓,滚搓时手掌的压力要均匀地施加在土条上,不得使土条在毛玻璃板上无力滚动,土条不得有空心现象,土条长度不宜大于手掌宽度。

第四步:当土条直径搓成3mm时产生裂缝,并开始断裂,表示试样的含水率达到塑限含水率。当土条直径搓成3mm时不产生裂缝,或土条直径大于3mm时开始断裂,表示试样的含水率高于或低于塑限,都应重新取样进行试验。

第五步:取直径3mm有裂缝的土条3~5g,测定土条的含水率。

6.2.6　砂土的相对密度试验

砂土的相对密度是反映砂类土紧密程度的指标,是最大孔隙比与天然孔隙比之差与最大孔隙比与最小孔隙比之差的比值。

砂土的相对密度试验由最小干密度试验和最大干密度试验两部分组成。最小干密度试验是将一定质量的砂通过漏斗法和量筒法测定砂的体积(松散状态下),取砂最大体积的情况下确定砂的干密度和孔隙比。最大干密度试验是使用击锤和振动叉击实砂样,测定砂样在最紧密状态下的孔隙比和干密度。

1)砂土的最小干密度试验

砂土的最小干密度试验流程如图6.9所示。

第一步:组装仪器。将锥形塞杆自长颈漏斗下口穿入,向上提起,使锥底堵住漏斗管口,一并放入1000mL量筒内,使其下端与量筒底接触。

第二步:称取烘干的代表性试样700g,缓慢均匀地倒入漏斗中,将漏斗和锥形塞杆同时提高,移动塞杆,使锥体略离开管口,管口保持高出砂面1~2cm,使全部试样缓慢且均匀分布地落入量筒中。若试样中不含大于2mm的颗粒,称取试样400g,用500mL量筒试验。

第三步:取出漏斗和锥形塞杆,将砂面拂平,测记漏斗法的试样体积,估读至5mL。

第四步:用手掌或橡皮板堵住量筒口,将量筒倒转并缓慢转回到原来位置,测读试样体积,重复数次,记录量筒法试样体积最大值,估读至5mL。

第五步:取漏斗法和量筒法所测体积的较大值,计算最小干密度、最大孔隙比。

2)砂土的最大干密度试验

砂土的最大干密度试验流程如图6.10所示。

第一步:取代表性试样2000g,拌匀。分3次倒入金属圆筒进行振击,每层试样宜为圆筒容积的1/3。试样倒入筒后用振动叉以每分钟往返150~200次的速度敲打圆筒两侧,同时用击锤锤击试样表面,每分钟30~60次,直至试样体积不变为止。第二层和第三层重复第一层步骤。

第二步:取下护筒,刮平试样,称量金属圆筒和试样的总质量。

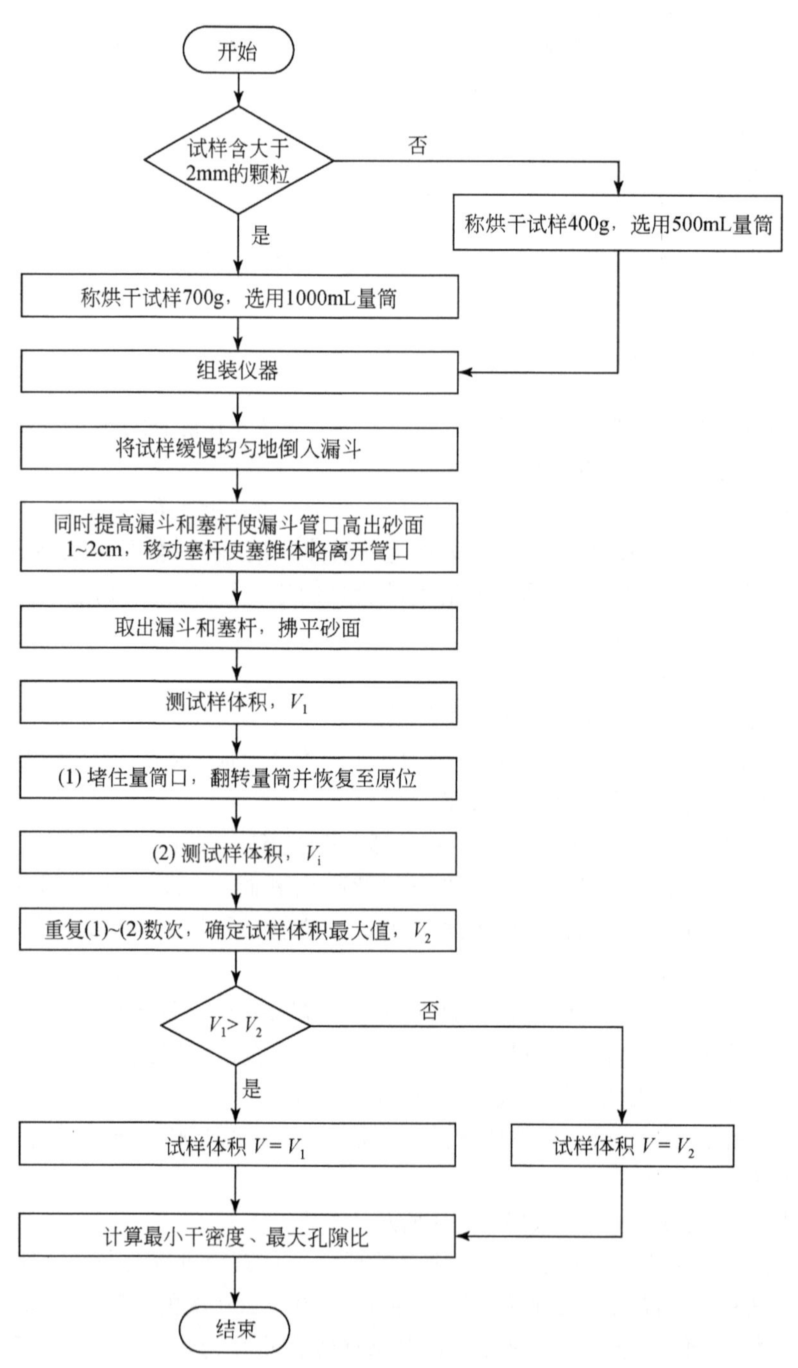

图 6.9　砂土的最小干密度试验流程

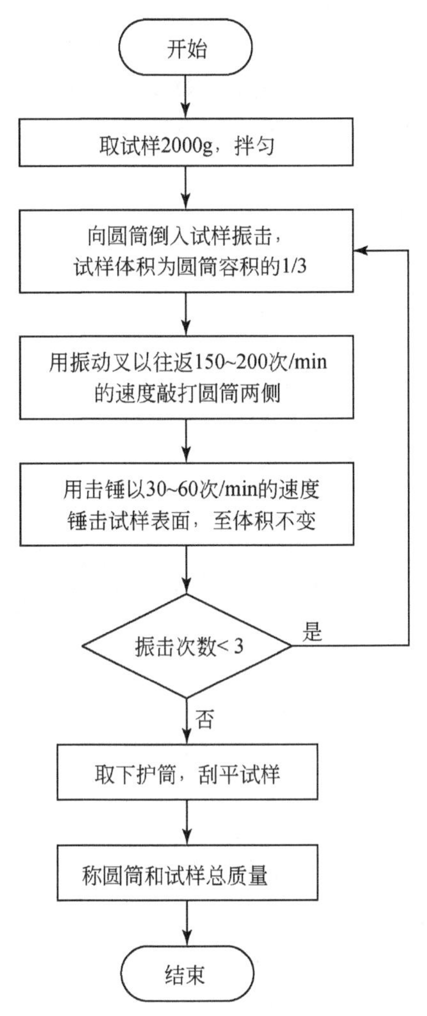

图 6.10　砂土的最大干密度试验流程

6.2.7　击实试验

击实试验是指在一定的击实功作用下,对不同含水率的土样进行击实,测定土样在一定击实功作用下的最优含水率和最大干密度。击实试验可分为重型击实和轻型击实两种。

试样制备分为干法和湿法两种。

干法制备:用四分法取代表性土样 20kg(重型击实土样为 50kg),风干碾碎,过 5mm 筛(重型击实过 20mm 或 40mm 筛),将筛下土样拌匀,并测定土样的风干含水率。根据土的塑限预估最优含水率。称取过筛的风干土样平铺于搪瓷盘内,将水均匀喷洒于土样上,充分拌匀后装入盛土容器内盖紧,润湿一昼夜,制备一组 5 个不同含水率的试样。使得该组试样中含水率应有 2 个大于塑限,2 个小于塑限,1 个接近塑限,且相邻 2 个试样含水率的差值宜为 2% 。

湿法制备:取天然含水率的代表性土样 20kg(重型击实土样为 50kg),碾碎,过 5mm 筛(重型击实过 20mm 或 40mm 筛),将筛下土样拌匀,并测定土样的天然含水率。根据土样的塑限预估最优含水率。分别将天然含水率的土样风干或加水,制备一组 5 个不同含水率的试样。使得该组试样中含水率应有 2 个大于塑限,2 个小于塑限,1 个接近塑限,且相邻 2 个试样含水率的差值宜为 2%。

击实试验流程如图 6.11 所示。

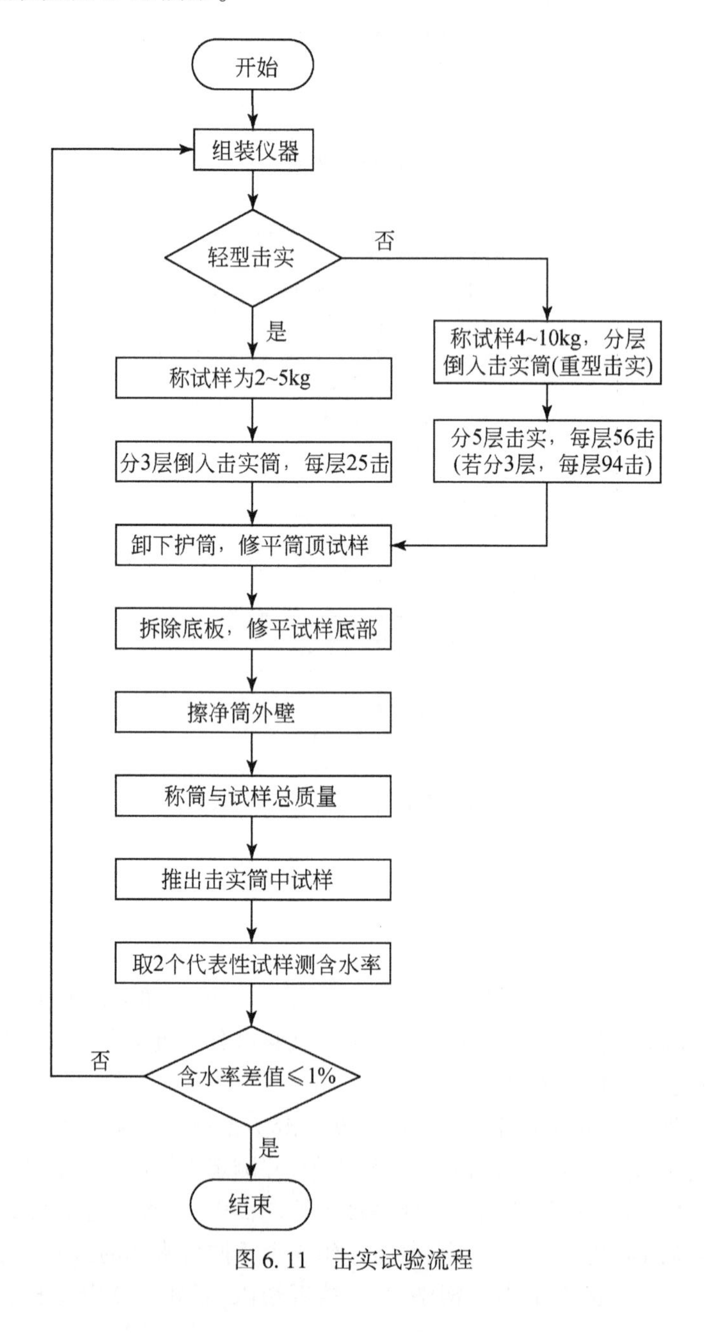

图 6.11　击实试验流程

第一步：仪器组装。将击实仪平稳置于刚性基础上，连接击实筒与底座，安装护筒。在击实筒内壁均匀涂一薄层润滑油。

第二步：称取一定量试样，倒入击实筒内，分层击实，轻型击实试样为2～5kg，分3层，每层25击；重型击实为4～10kg试样，分层装入与击实，分5层，每层56击；若分3层，每层94击。

每层试样高度宜相等，两层交界处的土面应刨毛。击实完成时，超出击实筒顶的试样高度应小于6mm。

第三步：卸下护筒，用直刮刀修平击实筒顶部的试样。拆除底板，试样底部若超出筒外，也应修平。擦净筒外壁，称筒与试样的总质量，精确至1g。

第四步：用试样推出器将试样从击实筒中推出。取2个代表性试样测定含水率，2个含水率的差值应不大于1%。

第五步：对其他含水率的试样依次进行击实。

6.2.8　黏土的自由膨胀率试验

土的自由膨胀率试验一般用来测定松散土颗粒在水中的膨胀潜势，初步评价黏土的胀缩性，试验流程如图6.12所示。向量筒内加入纯水和NaCl试剂，将已知质量的松散干土倒入量筒，测定全部土样浸水膨胀稳定后的体积增量，体积增量和原体积的比值即为土的自由膨胀率。

第一步：用四分法取一定量风干土，碾细，过0.5mm筛。将筛下土样拌匀，放入烘箱在105～110℃下烘干。取出试样，置于干燥容器内冷却至室温。

第二步：将无颈漏斗放在支架上，漏斗下口与量土杯中心对准并保持距离为10mm。

第三步：使用取土匙取适量试样倒入漏斗中，倒土时取土匙应与漏斗壁接触，尽量靠近漏斗底部，边倒边用细铁丝轻轻搅动。当土样装满量土杯并溢出时，停止向漏斗倒土。移开漏斗，刮去杯口多余土，将量土杯中试样倒入取土匙中，再次将量土杯置于漏斗下方。将取土匙中土样全部倒入漏斗，落入量土杯中，刮去杯体上方多余土，称量土杯和试样总质量。须对量土杯和试样总质量进行两次平行测定，两次测定的差值不得大于0.1g。

第四步：在量筒内注入30mL纯水，加入5mL浓度为5%的分析纯氯化钠溶液，以加速试验。将试样倒入量筒内，用搅拌器上下搅拌悬液各10次，最后用纯水冲洗搅拌器和量筒内壁至试液达50mL。

第五步：待悬液澄清后，每2h记录1次土面高度读数，估读至0.1mL，连续两次读数差值不超过0.2mL，认为试样膨胀稳定。

6.2.9　膨胀率（固结仪法）试验

土的膨胀率是指膨胀量与初始高度的比值，可用来判定膨胀土和评价建筑物地基的膨胀特性。膨胀率试验可分为无荷载膨胀率试验和有荷载膨胀率试验两种。无荷载膨胀率试验是在有侧限条件下，测定试样浸水膨胀稳定后的膨胀量，计算土的膨胀率；有荷载膨胀率

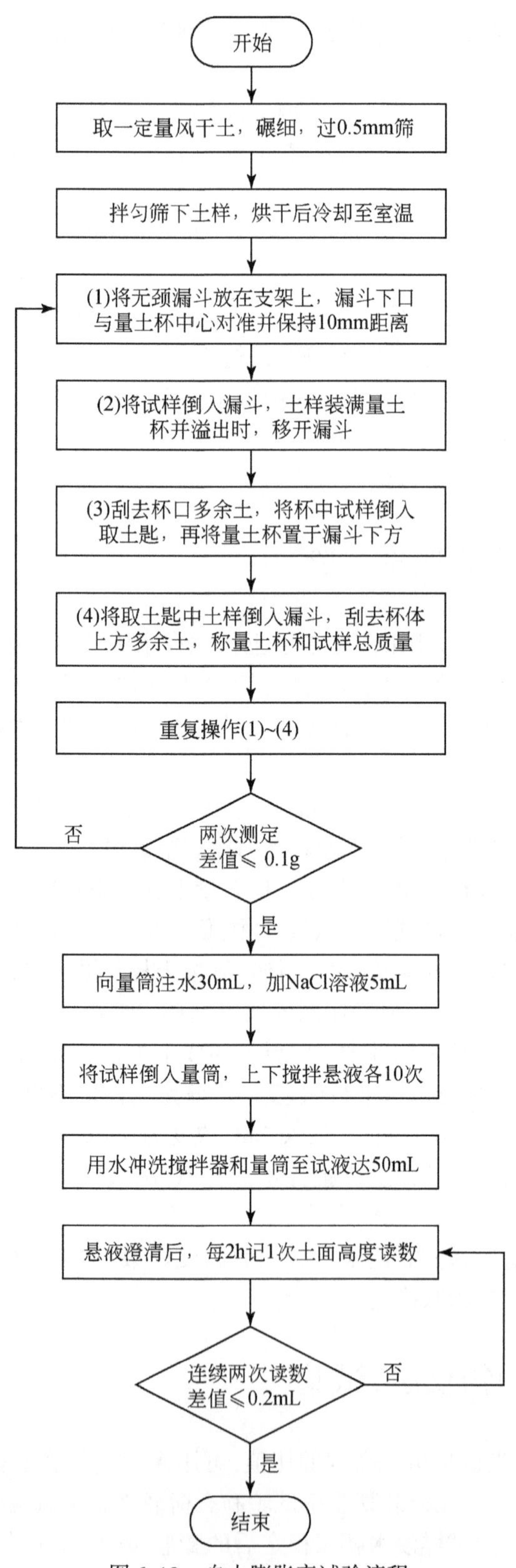

图 6. 12　自由膨胀率试验流程

试验原理和无荷载膨胀率试验相似,其本质区别在于试验时加荷条件不同。

1)无荷载膨胀率试验

无荷载膨胀率试验流程如图6.13所示。

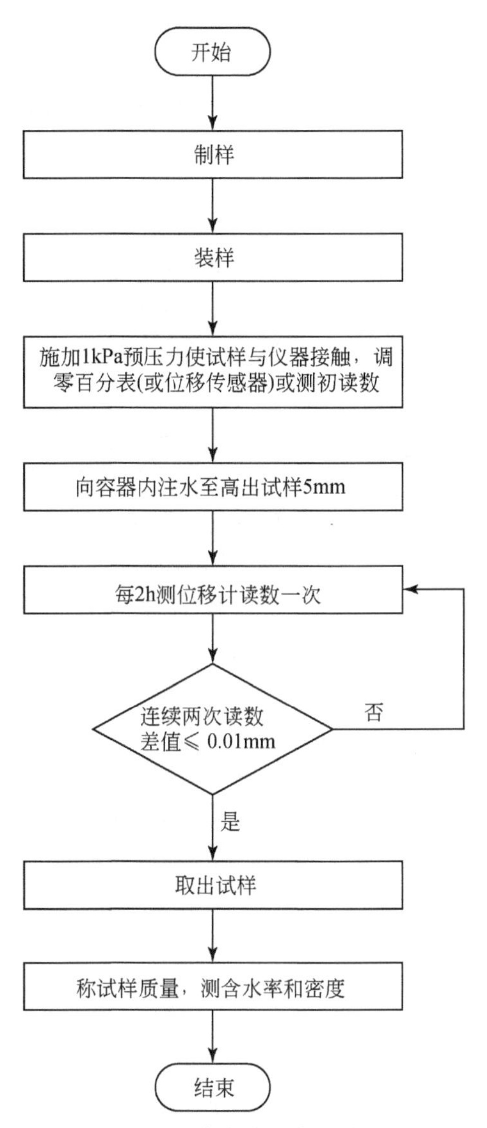

图6.13　无荷载膨胀率试验流程

第一步:在环刀内壁涂一薄层凡士林,用环刀切取土样,整平环刀两侧,擦净环刀。

第二步:安装试样。在固结容器内放置护环、透水石和滤纸,将带有试样的环刀装入护环内,放上导环,试样上依次放上滤纸、透水石和加压上盖。调平杠杆,将固结容器置于加压框架正中,使加压上盖与加压框架中心对准,安装百分表或位移传感器。

第三步:施加1kPa的预压力使试样与仪器上下各部件之间接触,将百分表或位移传感器调整到零位或测读初读数。

第四步:向容器内注入纯水至高出试样5mm。注水后每隔2h测记位移计读数一次,直至连续两次读数差值不超过 0. 01mm 时膨胀稳定。

第五步:试验结束后,用吸耳球吸去容器中的水,迅速拆除仪器各部件,取出试样,称其质量,测定其含水率和密度。

2)有荷载膨胀率试验

有荷载膨胀率试验流程如图 6. 14 所示。

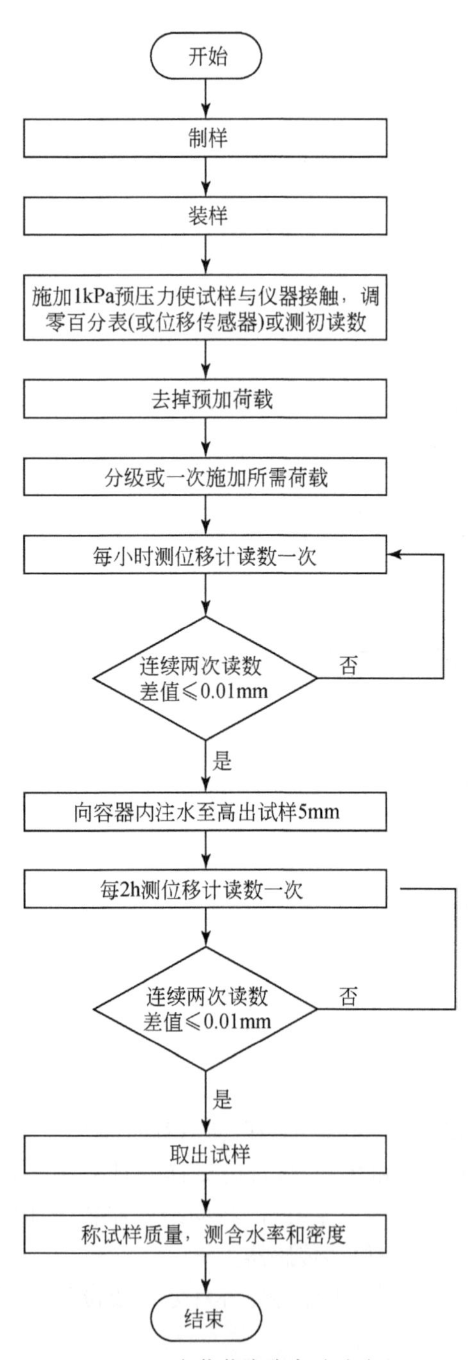

图 6. 14　有荷载膨胀率试验流程

第一步:在环刀内壁涂一薄层凡士林,用环刀切取土样,整平环刀两侧,擦净环刀。

第二步:安装试样。在固结容器内放置护环、透水石和滤纸,将带有试样的环刀装入护环内,放上导环,试样上依次放上滤纸、透水石和加压上盖。调平杠杆,将固结容器置于加压框架正中,使加压上盖与加压框架中心对准,安装百分表或位移传感器。

第三步:施加 1kPa 的预压力使试样与仪器上下各部件之间接触,将百分表或位移传感器调整到零位或测读初读数。

第四步:去掉预加荷载,分级或一次施加所需的荷载(一般选取上覆土自重或上覆土加建筑物的附加荷载),每小时测记位移计读数一次至变形稳定,即连续两次读数差值不超过 0. 01mm。

第五步:向容器内注入纯水至高出试样 5mm。注水后每隔 2h 测记位移计读数一次,直至连续两次读数差值不超过 0. 01mm 时膨胀稳定。

第六步:卸除荷载,用吸耳球吸去容器中的水,迅速拆除仪器各部件,取出试样,称试样质量,测定其含水率。

6. 2. 10　膨胀力试验

膨胀力是指黏土遇水膨胀产生的内应力,通常用来反映黏性土膨胀强弱。膨胀力试验流程如图 6. 15 所示,在无侧向变形和无竖向应变的条件下,采用平衡加荷法测定试样的竖向最大内应力。

第一步:试样制备应按原状土或扰动土的制备步骤进行。

第二步:试样安装应按标准固结试验第一步进行。施加 1kPa 的预压力使试样与仪器上下各部件之间接触,将百分表调整到零位或测读初读数。自下而上向容器注入纯水,并保持水面高出试样顶面。

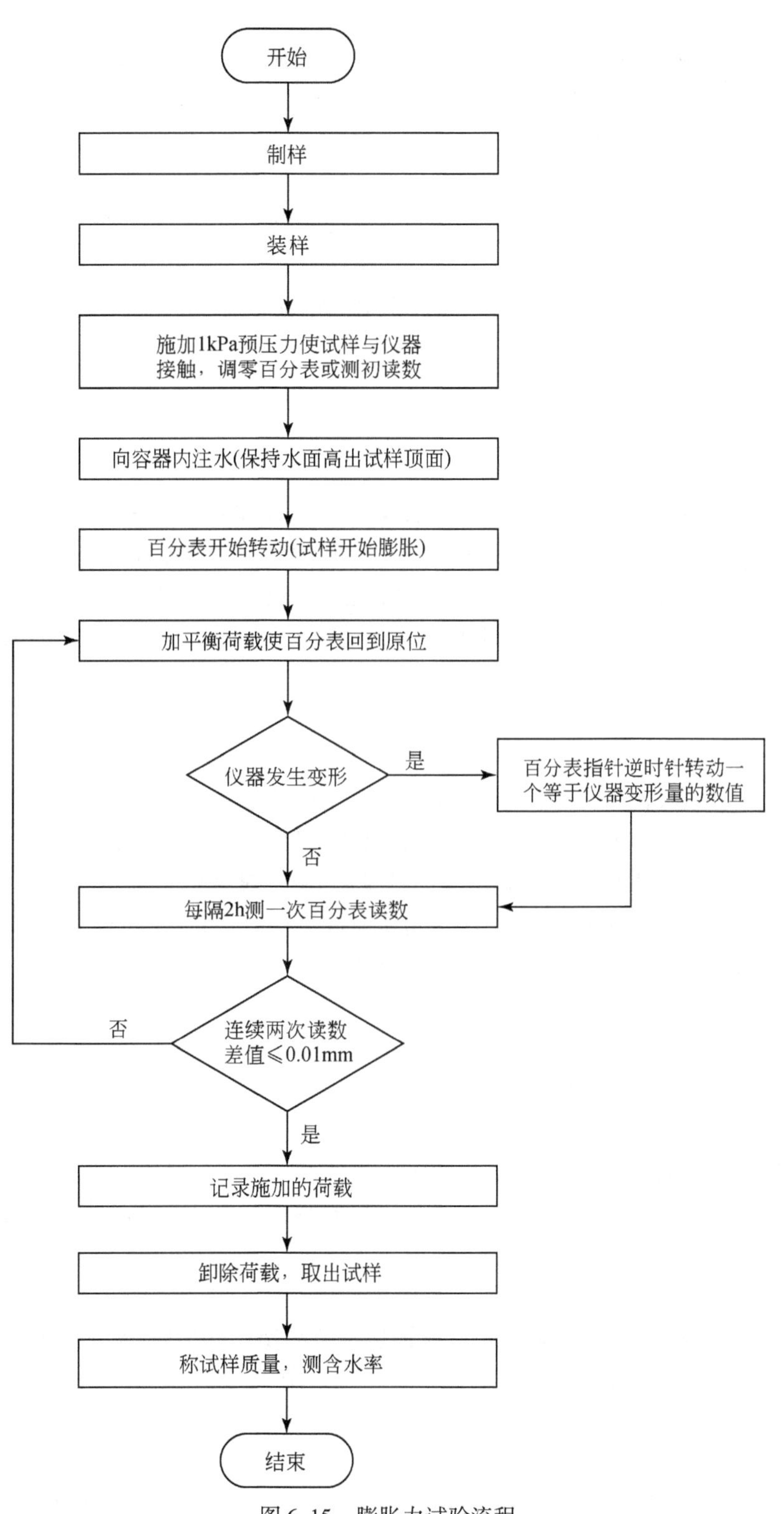

图 6.15　膨胀力试验流程

第三步：百分表开始顺时针转动时，表明试样开始膨胀，立即施加适当的平衡荷载，使百分表指针回到原位。

第四步：当施加的荷载足以使仪器产生变形时，在施加下一级平衡荷载时，百分表指针应逆时针转动一个等于仪器变形量的数值。

第五步：当试样在某级荷载下间隔 2h 不再膨胀时，则试样在该级荷载下达到稳定，允许膨胀量不应大于 0.01mm，记录施加的平衡荷载。

第六步：试验结束后，吸去容器内水，卸除荷载，取出试样，称试样质量，测定含水率。

6.3　力学特性测试

6.3.1　承载比试验

承载比主要用来评定土基及路面材料承载能力，其试验步骤分为试样制备、浸水膨胀和贯入试验三部分。按标准击实试验确定的最大干密度和最优含水率制备所需试样，加载前将试样浸泡 4 昼夜（目的是模拟材料在工程实际使用过程中处于最不利的状态），贯入时使用标准贯入杆以 1～1.25mm/min 的速度压入试样达 2.5mm，此时的单位压力与标准压力的比值即为需要测定的承载比。

承载比试验流程如图 6.16 所示。

第一步：试样制备。

（1）取代表性试样测定风干含水率，按重型击实试验步骤进行备样。土样需过 20mm 或 40mm 筛，记录超径颗粒的百分比，按需要制备试样数量，每份试样质量约 6kg。

（2）试样制备应按重型击实试验步骤进行试验，测定试样的最大干密度和最优含水率。再按最优含水率备样，进行重型击实试验（击实时放垫块）制备 3 个试样，若需要制备 3 种干密度试样，应制备 9 个试样，试样的干密度可控制在最大干密度的 95%～100%。击实完成后试样超高应小于 6mm。

（3）卸下护筒，用修土刀或直刮刀沿试样筒顶修平试样，表面不平整处应用细料填补，取出垫块，称试样筒和试样总质量。

第二步：浸水膨胀。

（1）安装试样。将一层滤纸铺于试样表面，放上多孔底板，用拉杆将试样筒与多孔底板固定。倒转试样筒，在试样另一表面铺一层滤纸，在该面上放上带调节杆的多孔顶板，再放上 4 块荷载板。

（2）将整个装置放入水槽内，安装好膨胀量测定装置，读取初读数。向水槽内注水，使水自由进入试样顶部和底部，注水后水槽内水面应保持高出试样顶面 25mm，通常浸泡 4 昼夜。

（3）量测浸水后试样的高度变化，按式（6.8）计算膨胀量：

$$\delta_w = \frac{\Delta h_w}{h_0} \times 100 \tag{6.8}$$

式中，δ_w 为浸水后试样的膨胀量（%）；Δh_w 为试样浸水后的高度变化（mm）；h_0 为试样初始高度。

(4)拆卸仪器。卸下膨胀量测定装置,从水槽中取出试样筒,吸去试样顶面的水,静置 15min 后卸下荷载块、多孔顶板和多孔底板,取下滤纸,称试样及试样筒的总质量,计算试样的含水率及密度变化。

第三步:贯入试验。

(1)将浸水后的试样放在贯入仪的升降台上,调整升降台高度,使贯入杆与试样顶面刚好接触,试样顶面放上 4 块荷载块,在贯入杆上施加荷载 45N,将测力计和变形量测设备的位移计调整至零位。

(2)启动电动机,施加轴向压力,使贯入杆以 1 ~ 1.25mm/min 的速度压入试样,测定测力计内百分表在指定整读数(如 20,40,60 等)下相应的贯入量,使贯入量在 2.5mm 时的读数不少于 5 个,试验至贯入量为 10 ~ 12.5mm 时终止。

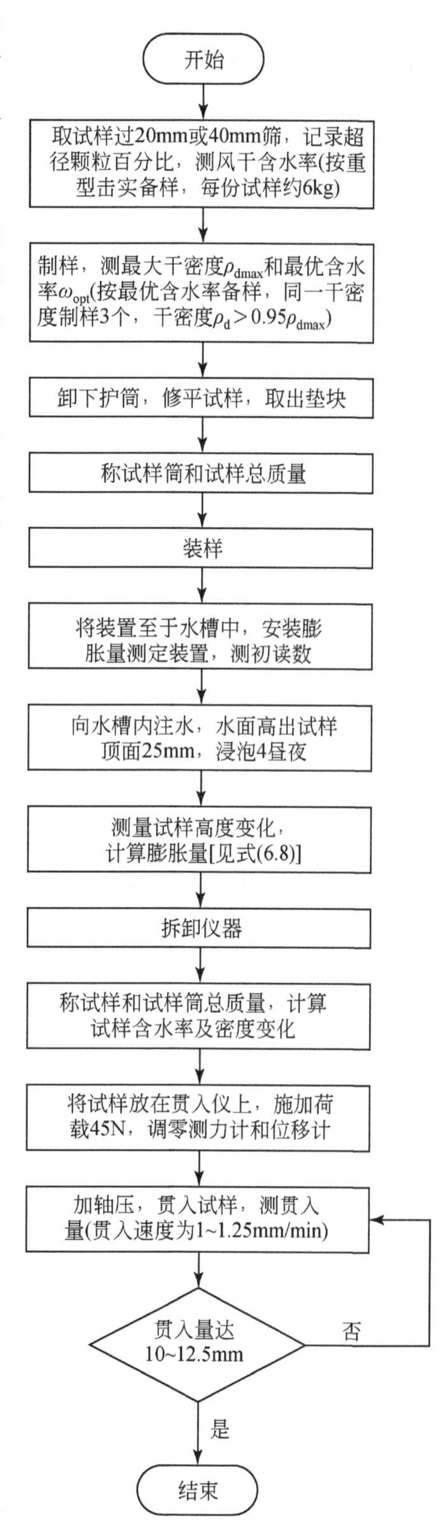

图 6.16　承载比试验流程

6.3.2　回弹模量试验

回弹模量是指路基、路面及筑路材料在荷载作用下产生的应力与对应回弹应变的比值,反映土基或基层材料的强度和刚度。杠杆压力仪法测定回弹模量时试验流程如图 6.17 所示,在规定压力下通过承压板对试样逐级加载和卸载,测定土的回弹变形量,最终确定土的回弹模量。

第一步:根据工程要求选择轻型或重型击实法,得出最优含水率和最大干密度,然后按照最优含水率进行击实,制备试样。

第二步:安装试样。将装有试样的试样筒放在杠杆压力仪的底盘上,承压板放在试样顶面中心位置,对正杠杆压力仪的加压球座。将千分表固定在立柱上,并将千分表的测头安放在承压板的支架上。

第三步:在杠杆压力仪的加压架上施加砝码,用预定的最大压力进行预压。以含水率小于塑限的试样为例,对试样施加 100 ~ 200kPa 的压力;若试样含水率大于塑限,施加压力为 50 ~ 100kPa。预压应进行 1 ~ 2 次,每次预压 1min,预压后调整承压板位置,将千分表调到零位。

第四步:将预定的最大压力分 4 ~ 6 级进行加

压,每级压力加载时间为 1min,记录千分表读数,同时卸压。卸压 1min 后,再次记录千分表读数,同时施加下一级压力。如此逐级进行加压和卸压,并记录千分表读数,直至施加完最后一级压力。试验中的最大压力可略大于预定的最大压力。

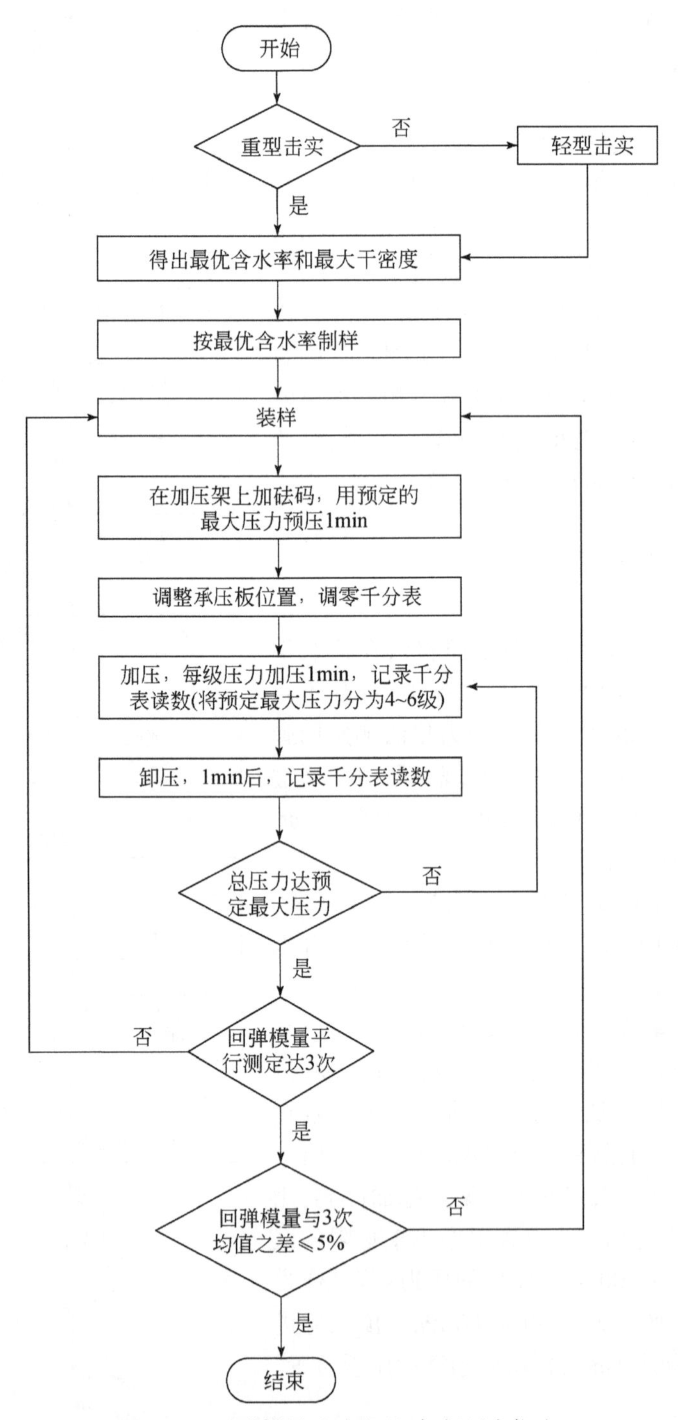

图 6.17　回弹模量试验流程(杠杆压力仪法)

第五步:本试验需进行3次平行测定,每次试验结果与回弹模量的均值之差应不超过5%。否则重新试验。

6.3.3 渗透试验

土的渗透性是指水在土孔隙中渗透流动的性能。根据达西定律可知,当土中水流流速较低时,水的渗流速度与水力梯度成正比,两者的比值称为土的渗透系数。渗透系数可用于基坑围护设计、坝体填土料选择及固结沉降计算等工程方面。

渗透试验分为常水头渗透试验和变水头渗透试验。对于渗透性大(渗透系数大于10^{-3} cm/s)的粗粒土,一般采用常水头渗透试验;对于渗透系数小(渗透系数小于10^{-3}cm/s)的细粒土,一般采用变水头渗透试验。

1)常水头渗透试验

常水头渗透试验流程如图6.18所示。

第一步:仪器组装。量测滤网至筒顶的高度,将调节管和供水管相连,从渗水孔向圆筒充水,直至高出滤网顶面。

第二步:称取具有代表性的风干试样3~4kg,测定其风干含水率。将风干试样分层装入圆筒内,每层2~3cm,根据要求的孔隙比,控制试样厚度。当试样中含有黏粒时,应在滤网上铺2cm厚的粗砂作为过滤层,防止细粒流失。

每层试样装完后从渗水孔向圆筒充水至试样顶面。制备完成的试样顶面应高出测压管3~4cm,在试样顶面铺2cm砾石作为缓冲层。当水面高出试样顶面时,继续充水至溢水孔有水溢出。

第三步:量试样顶面至筒顶高度,计算试样高度,称剩余土样的质量,计算试样质量。

第四步:检查测压管水位是否齐平。如果测压管与溢水孔水位不平时,用吸耳球调整测压管水位,直至两者水位齐平。

第五步:将供水管放入圆筒内,提高调节管至溢水孔以上。打开供水管止水夹,使水由顶部注入圆筒。降低调节管至试样的上1/3高度处,形成水位差使水渗入试样,经调节管流出。调节供水管止水夹,使进入圆筒的水量多于溢出的水量,确保溢水孔始终有水溢出,保持圆筒内水位不变,使试样处于常水头条件下渗透。

第六步:当测压管水位稳定后,测记水位。记录经过时间和渗出水量。接取渗出水时,调节管口不得浸入水中。测量出水处和进水处的水温,取平均值。

第七步:降低调节管至试样的1/2处和下1/3处,按第四、第五步测定稳定后的渗出水量和水温。当三个水力坡降下测定的数据接近时,结束试验。

2)变水头渗透试验

变水头渗透试验流程如图6.19所示。

第一步:制备试样,取余土测定试样的含水率和密度。

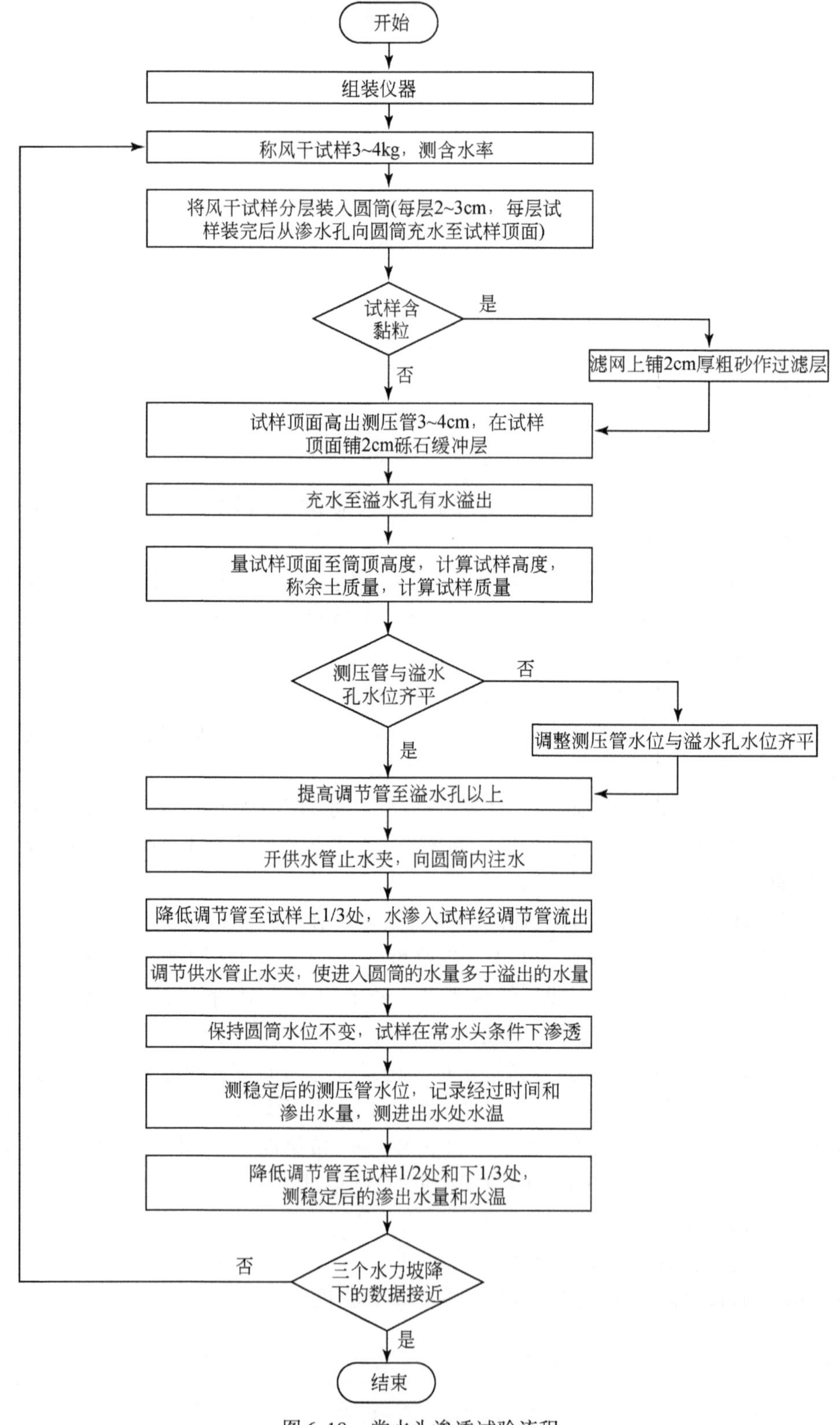

图 6.18　常水头渗透试验流程

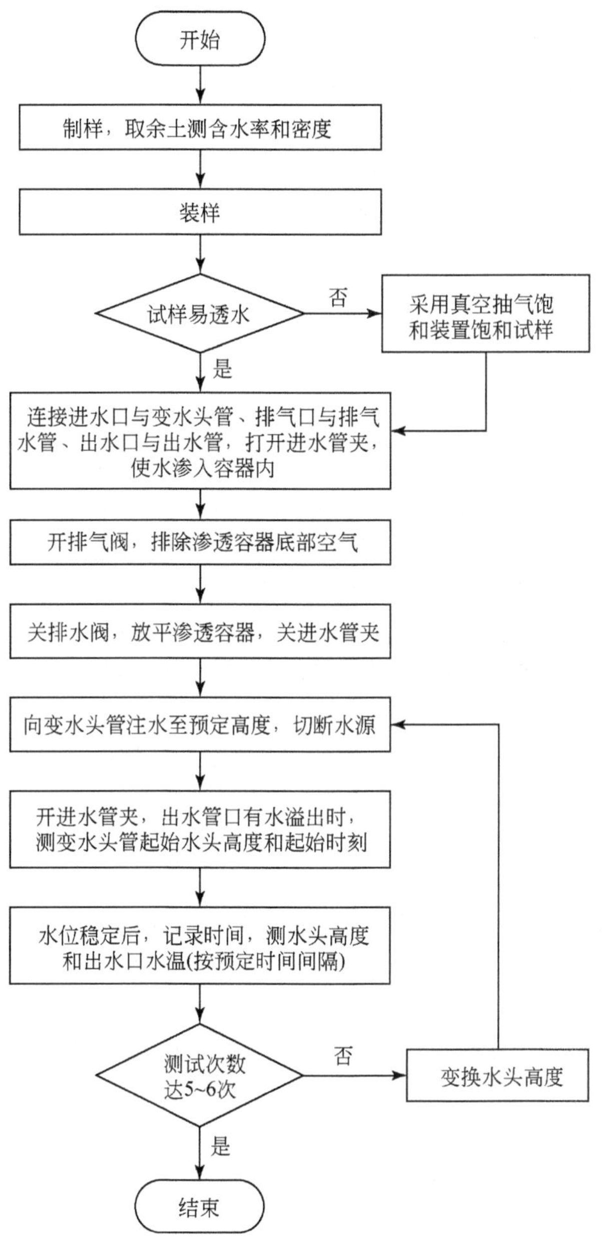

图 6.19　变水头渗透试验流程

第二步:安装试样。在渗透仪套筒内壁涂一薄层凡士林,将装有试样的环刀装入渗透容器,放入透水石,压入止水垫圈,用螺母旋紧,使渗透容器不漏水漏气。对不易透水的试样,采用真空抽气装置进行抽气饱和;对饱和试样和较易透水的试样,直接用变水头装置的水头进行试样饱和。

第三步:连接渗透容器的进水口与变水头管、排气口与排气水管、出水口与出水管,打开进水管夹,利用供水瓶中的纯水向进水管注满水,使水流渗入渗透容器。打开排气阀,出水管有水溢出,排除渗透容器底部的空气,至水中无气泡,关排水阀,放平渗透容器,关进水管夹。

第四步:变水头管中注入纯水,充水至预定高度后,切断水源。水头高度根据试样结构的疏松程度确定,一般不大于2m。

第五步:打开进水管夹,当出水管口有水溢出时,开始测记变水头管中起始水头高度和起始时刻,待水位变化稳定后,按预定时间间隔记录时间,测读水头高度,测记出水水温。

第六步:变换变水头管中的水位高度,待水位稳定再进行测记水头和时间变化,重复试验5~6次。当不同初始水头下测定的渗透系数在允许差值范围内时,结束试验。

6.3.4 固结试验

标准固结试验以太沙基单向固结理论为基础,主要是用来对土体压缩性、膨胀性以及固结特性进行评价的试验方法。试验流程如图6.20所示。将土样置于固结容器内,在有侧限条件下通过加荷设备施加垂直压力,测量土在不同压力下的压缩变形量,从而计算出土的压缩性指标。这些指标可用于计算地基沉降和研究土的变形特征。

第一步:在环刀内壁涂一薄层凡士林,用环刀切取土样,整平环刀两侧,擦净环刀外壁。测定试样的含水率和密度,取切下的余土测定土粒比重。试样需要饱和时,应进行抽气饱和。

第二步:安装试样。在固结容器内放置护环、透水石和滤纸,将带有试样的环刀刃口向下装入护环内,放置导环、滤纸、透水石和加压上盖。其中滤纸和透水石的湿度应接近试样湿度。将固结容器置于加压框架正中,使加压上盖与加压框架中心对准,安装百分表或位移传感器。

第三步:施加1kPa的预压力使试样与仪器上下各部件之间接触,将百分表或位移传感器调整到零位或测读初读数。

第四步:确定需要施加的各级压力,宜为12.5kPa、25kPa、50kPa、100kPa、200kPa、400kPa、800kPa、1600kPa、3200kPa。第一级压力的大小应视土的软硬程度而定,宜用12.5kPa、25kPa或50kPa。最后一级压力应大于土的自重压力与附加压力之和。只需测定压缩系数时,最大压力不小于400kPa。对于饱和试样,立即向水槽中注水浸没试样;对于非饱和试样,用湿棉纱围在加压板周围。

第五步:测定沉降速率、固结系数时,施加每一级压力后,宜按下列时间顺序测记试样的高度变化。时间为6s、15s、1min、2min15s、4min、6min15s、9min、12min15s、16min、20min15s、25min、30min15s、36min、42min15s、49min、64min、100min、20min、400min、23h、24h,至稳定为止。每小时变形不超过0.01mm时,测定试样高度变化作为稳定标准。

不需要测定沉降速率时,施加每级压力24h后,测定试样高度无变化为稳定标准;只测定压缩系数时,施加每级压力后,每小时变形不超过0.01mm时作为稳定标准。

第六步:试验结束,取下砝码。拆除百分表,取出固结装置,用吸耳球吸去固结容器中的水,迅速拆除仪器各部件。取出整块试样,并测定试样含水率。

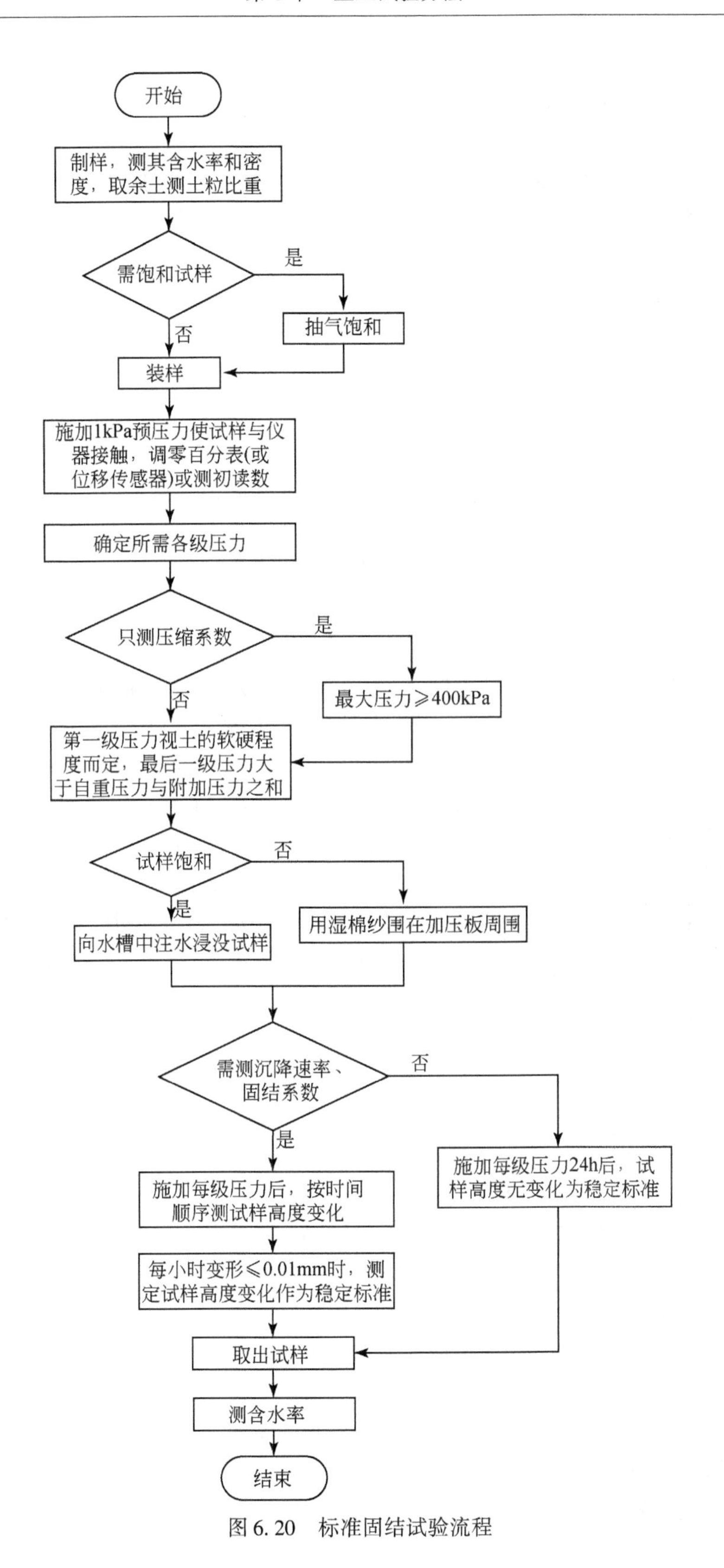

图 6. 20　标准固结试验流程

6.3.5　黄土湿陷试验

湿陷性是指黄土类土在外荷载或自重作用下受水浸湿沉陷的性质。反映黄土湿陷性的指标有湿陷系数、溶滤变形系数、自重湿陷系数及湿陷起始压力等。

1）湿陷系数试验

黄土在荷载和浸水共同作用下，测定单位厚度土样产生的变形量，试验流程如图 6.21 所示。

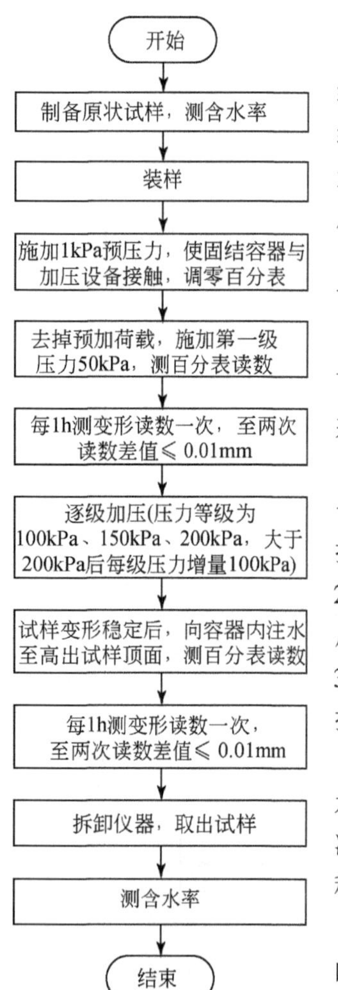

图 6.21　湿陷系数试验流程

第一步：制备原状土样，并测定试样含水率。

第二步：安装试样。在固结容器内放置护环、透水石和滤纸，将带有试样的环刀装入护环内，试样上依次放上导环、滤纸、透水石和加压上盖。滤纸与透水石的湿度需接近土样的天然湿度。将固结容器置于加压框架正中，使加压上盖与加压框架中心对准，安装百分表。

第三步：施加 1kPa 的预压力，使固结容器与加压设备上下各部件接触，将百分表调零。

第四步：去掉预加荷载，立即施加第一级压力 50kPa，测记百分表读数，之后每隔 1h 测定一次变形读数，直至两次读数差值不超过 0.01mm，表示试样变形稳定。

接下来施加的压力等级宜为 100kPa、150kPa、200kPa，大于 200kPa 后每级压力增量为 100kPa。施加的最后一级压力按取土深度而定，由基础底面至 10m 深度以内，压力为 200kPa；10m 以下至非湿陷土层顶面，用其上覆土的饱和自重压力，若上覆土的饱和自重压力大于 300kPa 时，仍应用 300kPa。若基底压力大于 300kPa 或有特殊要求的建筑物，宜按实际压力确定。

试样在最后一级压力下变形稳定后，向容器内注入纯水，水面宜高出试样顶面，测记百分表读数，此后每隔 1h 测记一次变形读数，直至两次读数差值不超过 0.01mm，表示变形稳定。

第五步：去掉砝码，取下固结容器，用吸耳球吸去容器中的水，迅速拆除仪器各部件。取出整块试样，并测定试样含水率。

2）溶滤变形系数试验

溶滤变形是指黄土在荷载和浸水的长期作用下，由于盐类溶滤及土中孔隙继续被压密而产生的变形。溶滤变形系数是单位厚度试样渗透引起的溶滤变形量，其试验流程如图 6.22 所示。

前述步骤同湿陷系数试验第一～第四步，待试样变形稳定后，具体步骤如下。

第一步：用水继续渗透试样，每隔 2h 测记一次变形读数，24h 后每天测记 1 ~ 3 次，直至连续 3 天读数差值不大于 0.01mm，表示变形稳定。

第二步：测记试样溶滤变形稳定后，去掉砝码，取下固结装置，用吸耳球吸去容器中的水，迅速拆除仪器各部件。取出整块试样，并测定试样含水率。

3）自重湿陷系数试验

自重湿陷系数是指土样加压至饱和自重压力时，土的湿陷量与原始高度的百分比，可用于区分自重湿陷性黄土和非自重湿陷性黄土。试验流程如图 6.23 所示，在固结容器内，对试样施加饱和自重对应的压力，测定试样在浸水条件下产生的变形量。

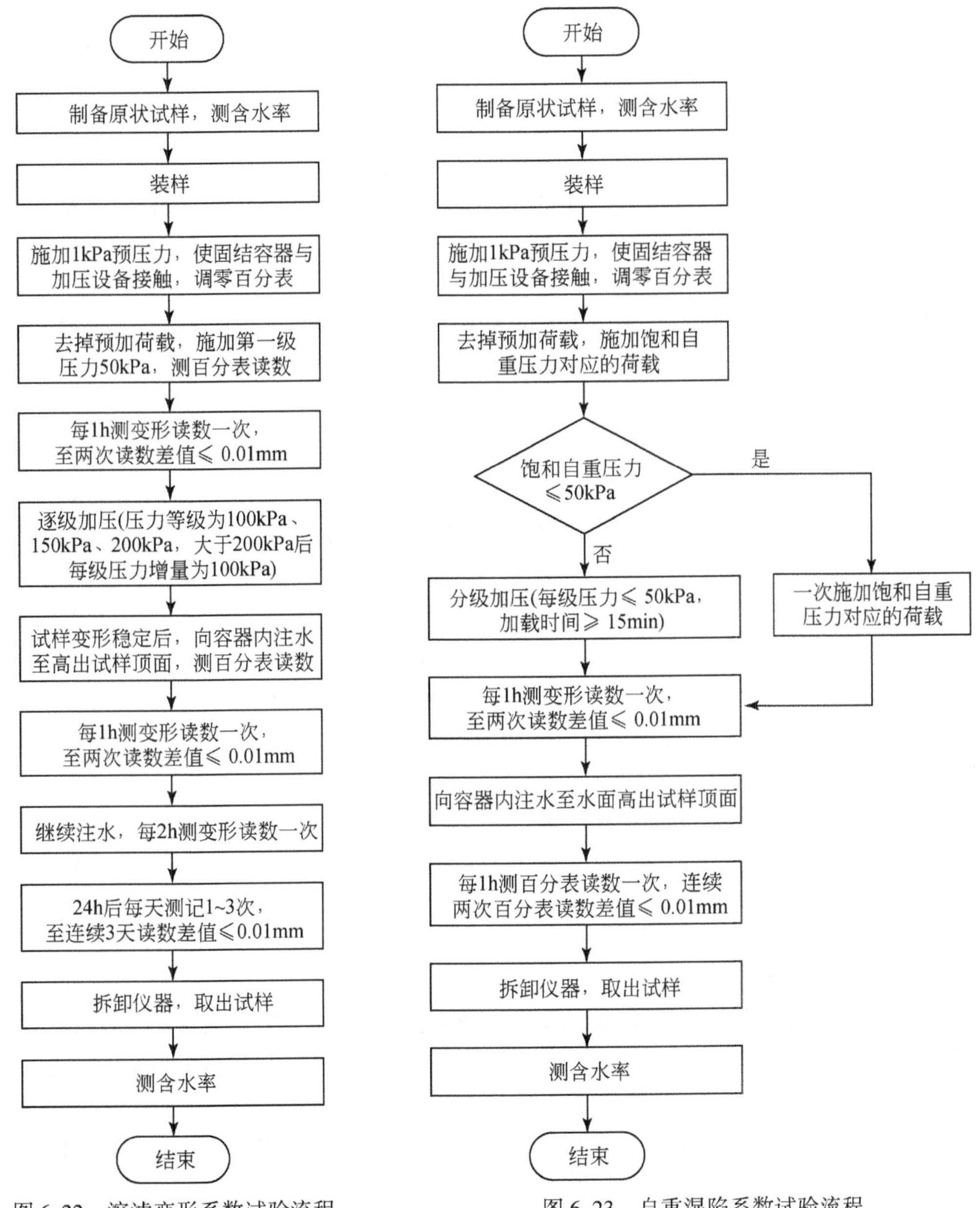

图 6.22　溶滤变形系数试验流程

图 6.23　自重湿陷系数试验流程

第一步：制备原状土样，并测定试样含水率。

第二步：安装试样。在固结容器内放置护环、透水石和滤纸，将带有试样的环刀装入护环内，试样上依次放上导环、滤纸、透水石和加压上盖。滤纸与透水石的湿度需接近土样的天然湿度。将固结容器置于加压框架正中，使加压上盖与加压框架中心对准，安装百分表。

第三步：施加 1kPa 的预压力，使固结容器与加压设备上下各部件接触，将百分表调零。

第四步：去掉预加荷载，施加土的饱和自重压力所对应的荷载。若饱和自重压力小于、等于 50kPa 时，可一次施加；若饱和自重压力大于 50kPa 时，应分级施加，每级压力不大于 50kPa，加载时间不少于 15min。

最后一级压力加压完毕后，每隔 1h 测记一次百分表读数，直至连续两次读数差值不超过 0. 01mm，表示试样变形稳定。

第五步：向容器内注入纯水，水面应高出试样顶面，每隔 1h 测记一次百分表读数，直至连续两次读数差值不超过 0. 01mm，表示试样浸水变形稳定。

第六步：去掉砝码，取下固结装置，用吸耳球吸去容器中的水，迅速拆除仪器各部件。取出整块试样，并测定试样含水率。

4）湿陷起始压力试验（双线法）

湿陷起始压力为黄土在荷载作用下受水浸湿后出现湿陷的最小压力，可由湿陷系数与压力关系曲线得到。双线法测定湿陷起始压力试验流程如图 6. 24 所示。

第一步：制备原状土样，并测定试样含水率。

第二步：安装试样。在固结容器内放置护环、透水石和滤纸，将带有试样的环刀装入护环内，试样上依次放上导环、滤纸、透水石和加压上盖。滤纸与透水石的湿度需接近土样的天然湿度。将固结容器置于加压框架正中，使加压上盖与加压框架中心对准，安装百分表。

第三步：施加 1kPa 的预压力，使固结容器与加压设备上下各部件接触，将百分表调零。

第四步：去掉预加荷载。第一个试样在天然湿度下分级加压（50kPa、100kPa、150kPa、200kPa）。每级压力下，每小时测记一次变形读数直至连续两次读数差值不大于 0. 01mm。然后开始施加下一级压力，施加至最后一级压力（200kPa），变形稳定后，向容器内注入纯水，每小时测记一次变形读数至试样湿陷稳定。

第二个试样在施加第一级压力（50kPa）后，向容器内注入纯水，分级加压（100kPa、150kPa、200kPa）。每级压力下，每小时测定一次变形读数直至湿陷变形稳定后，再施加下一级压力，直至各级压力加载完毕。

第五步：拿去砝码，取下固结装置，用吸耳球吸去容器中的水，迅速拆除仪器各部件。取出整块试样，并测定试样含水率。

第六步：根据第二个试样记录的数据，计算各级压力下的湿陷系数。根据第一个试样计算最后一级压力的湿陷变形系数，与第二个试样最后一级压力湿陷系数进行比较，当下沉稳定后的高度不一致，且相对差值不大于 20% 时，应以第一个试样的结果为准，对第二个试样的实验结果进行修正（参考湿陷性黄土地区建筑规范）；若相对差值大于 20% 时，应重新试验。

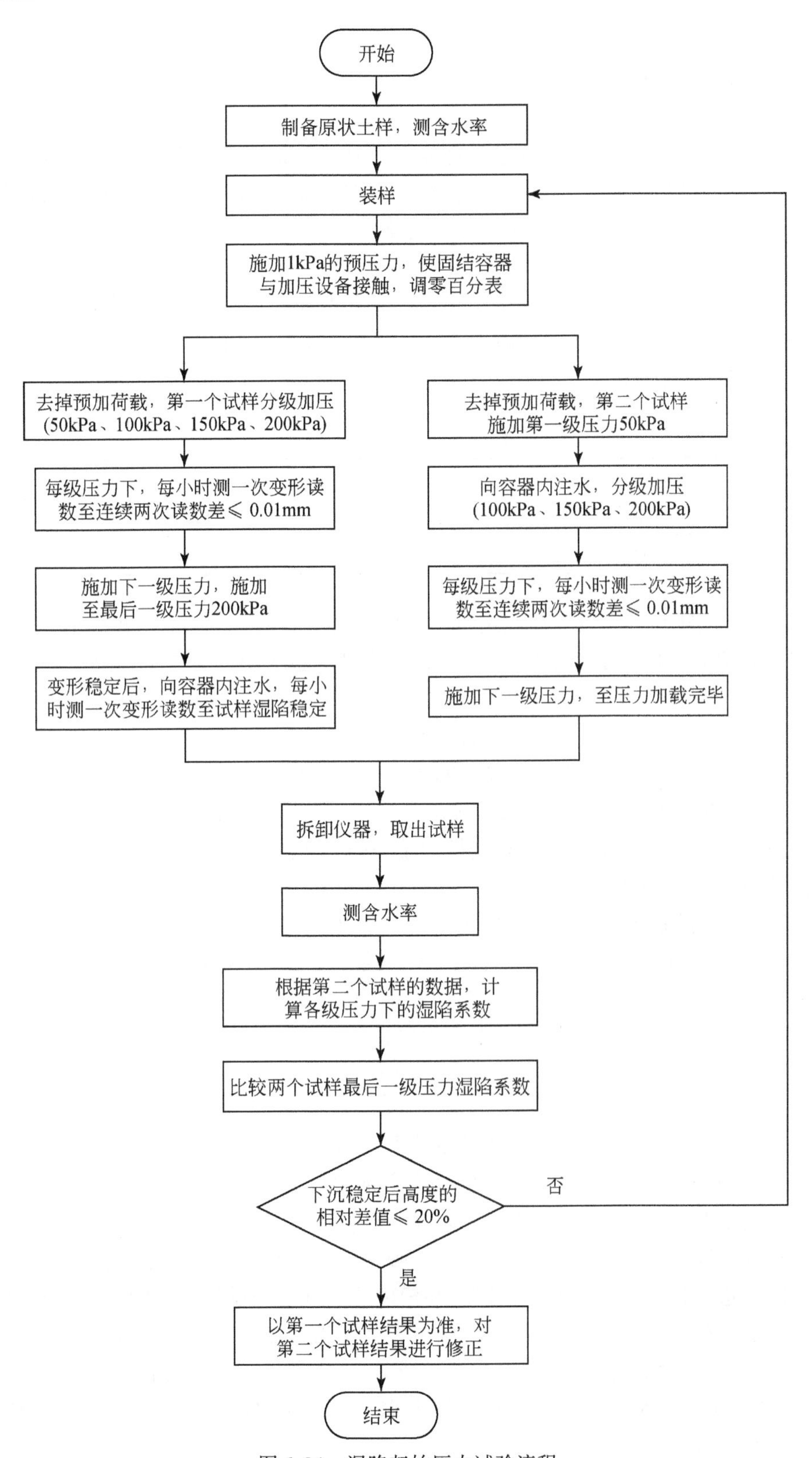

图 6. 24　湿陷起始压力试验流程

6.3.6　土样三轴压缩试验

土样三轴压缩试验主要用来测定土样发生剪切破坏时的抗剪强度参数，这些参数是计算地基强度和土坡稳定的重要指标。三轴压缩试验包括不固结不排水剪试验，固结不排水剪试验，固结排水剪试验和一个试样的多级加荷试验。

1）试样制备和饱和

（1）本试验采用的试样最小直径为 35mm，最大直径为 101mm，试样高度宜为试样直径的 2～2.5 倍，试样的允许最大粒径应符合表 6.3 的规定。对于有裂缝、软弱面和构造面的试样，试样直径宜大于 60mm。

表 6.3　试样允许的最大粒径

试样直径/mm	允许最大粒径
<100	试样直径的 1/10
>100	试样直径的 1/5

（2）原状土试样制备应按上述规定将土样切成圆柱形试样。①对于较软的土样，先用钢丝锯或切土刀切取一稍大于规定尺寸的土柱，放在切土盘上下圆盘之间，用钢丝锯或切土刀紧靠侧板，由上往下细心切削，边切削边转动圆盘，直至土样被削成规定的直径为止。试样切削时应避免扰动，当试样表面遇有砾石或凹坑时，允许用削下的余土填补。②对于较硬的土样，先用切土刀切取一稍大于规定尺寸的土柱，放在切土架上，用切土器切削土样，边削边压切土器，直至切削到超出试样高度约 2cm 为止。③取出试样，按规定的高度将两端削平，称量。取余土测定试样含水率。④对直径大于 10cm 的土样，可用分样器切成 3 个土柱，按上述方法切取直径 39.1mm 的试样。

（3）扰动土试样制备应根据预定的干密度和含水率，按扰动土样的步骤制样后，在击样器内分层击实，粉土宜为 3～5 层，黏土宜为 5～8 层，各层土料数量应相等，各层接触面应刨毛。击完最后一层，将击样器内的试样两端整平，取出试样称量。对制备好的试样，应测量其直径和高度。试样的平均直径应按式(6.9)计算：

$$D_0 = \frac{D_1 + 2\ D_2 + D_3}{4} \tag{6.9}$$

式中，D_1、D_2、D_3分别为试样上、中、下部位的直径(mm)。

（4）砂类土的试样制备应先在压力室底座上依次放上不透水板、橡皮膜和对开圆模。根据砂样的干密度及试样体积，称取所需的砂样质量，分三等份，将每份砂样填入橡皮膜内，填至该层要求的高度，依次第二层、第三层，直至膜内填满为止。当制备饱和试样时，在压力室底座上依次放透水板、橡皮膜和对开圆模，在模内注入纯水至试样高度的 1/3，将砂样分三等份，在水中煮沸，待冷却后分三层，按预定的干密度填入橡皮膜内，直至膜内填满为止。当要求的干密度较大时，填砂过程中，轻轻敲打对开圆模，使所称的砂样填满规定的体积，整平砂面，放上不透水板或透水板，试样帽，扎紧橡皮膜。对试样内部施加 50kPa 负压力使试样能站立，拆除对开圆模。

(5)试样饱和。①抽气饱和:按6.1节抽气饱和操作步骤进行。②水头饱和:将试样按固结不排水试验第一步的操作步骤安装于压力室内。试样周围不贴滤纸条。施加20kPa围压。提高试样底部量管的水位,降低试样顶部量管的水位,使两管水位差在1m左右,打开孔隙水压力阀、量管阀和排水管阀,使纯水从底部进入试样,从试样顶部溢出,直至流入水量和溢出水量相等为止。当需要提高试样的饱和度时,宜在水头饱和前,从底部将二氧化碳气体通入试样,置换孔隙中的空气。二氧化碳的压力以5~10kPa为宜,再进行水头饱和。③反压力饱和:试样要求完全饱和时,应对试样施加反压力。反压力系统和围压系统相同(对不固结不排水剪试验可用同一套设备施加),但应用双层体变管代替排水量管,试样装好后,调节孔隙水压力等于大气压力,关闭孔隙水压力阀、反压力阀、体变管阀,测记体变管读数。开围压阀,先对试样施加20kPa的围压,开孔隙水压力阀,待孔隙水压力变化稳定,测记读数,关孔隙水压力阀。反压力应分级施加,同时分级施加围压,以尽量减少对试样的扰动。围压和反压力的每级增量宜为30kPa,开体变管阀和反压力阀,同时施加围压和反压力,缓慢打开孔隙水压力阀,检查孔隙水压力增量,待孔隙水压力稳定后,测记孔隙水压力和体变管读数,再施加下一级围压和孔隙水压力。计算每级围压引起的孔隙水压力增量,当孔隙水压力增量与围压增量之比大于0.98时,认为试样饱和。

2)不固结不排水剪试验

不固结不排水剪试验分为安装试样和剪切试样两个部分。试验流程如图6.25所示,在不排水条件下,对试样施加围压和轴向压力直至试样发生剪切破坏,以测定抗剪强度参数。

第一步:试样的安装,应按下列步骤进行。

(1)在压力室底座上,依次放上不透水板、试样及不透水试样帽,将橡皮膜用承膜筒套在试样外,用橡皮圈将橡皮膜两端与底座及试样帽分别扎紧。

(2)将压力室罩顶部活塞提高,放下压力室罩,将活塞对准试样中心,均匀地拧紧底座连接螺母。向压力室内注满纯水,待压力室顶部排气孔有水溢出时,拧紧排气孔,将活塞对准测力计和试样顶部。

(3)将离合器调至粗位,转动粗调手轮,当试样帽与活塞及测力计接近时,将离合器调至细位,改用细调手轮,使试样帽与活塞及测力计接触,装上变形指示计,将测力计和变形指示计调至零位。

(4)关排水阀,打开围压阀,施加围压。

第二步:剪切试样应按下列步骤进行。

(1)剪切应变速率宜为每分钟应变0.5%~1.0%。

(2)启动电动机,合上离合器,开始剪切。试样每产生0.3%~0.4%的轴向应变(或0.2mm变形值)记一次测力计读数和轴向变形值。当轴向应变大于3%时,试样每产生0.7%~0.8%的轴向应变(或0.5mm变形值),测记一次。

(3)当测力计读数出现峰值时,剪切应继续进行到轴向应变为15%~20%。

(4)试验结束,关电动机,关围压阀,脱开离合器,将离合器调至粗位,转动粗调手轮,将压力室降下,打开排气孔,排除压力室内的水,拆卸压力室罩,拆除试样,描述试样破坏形状,称试样质量,测定含水率。

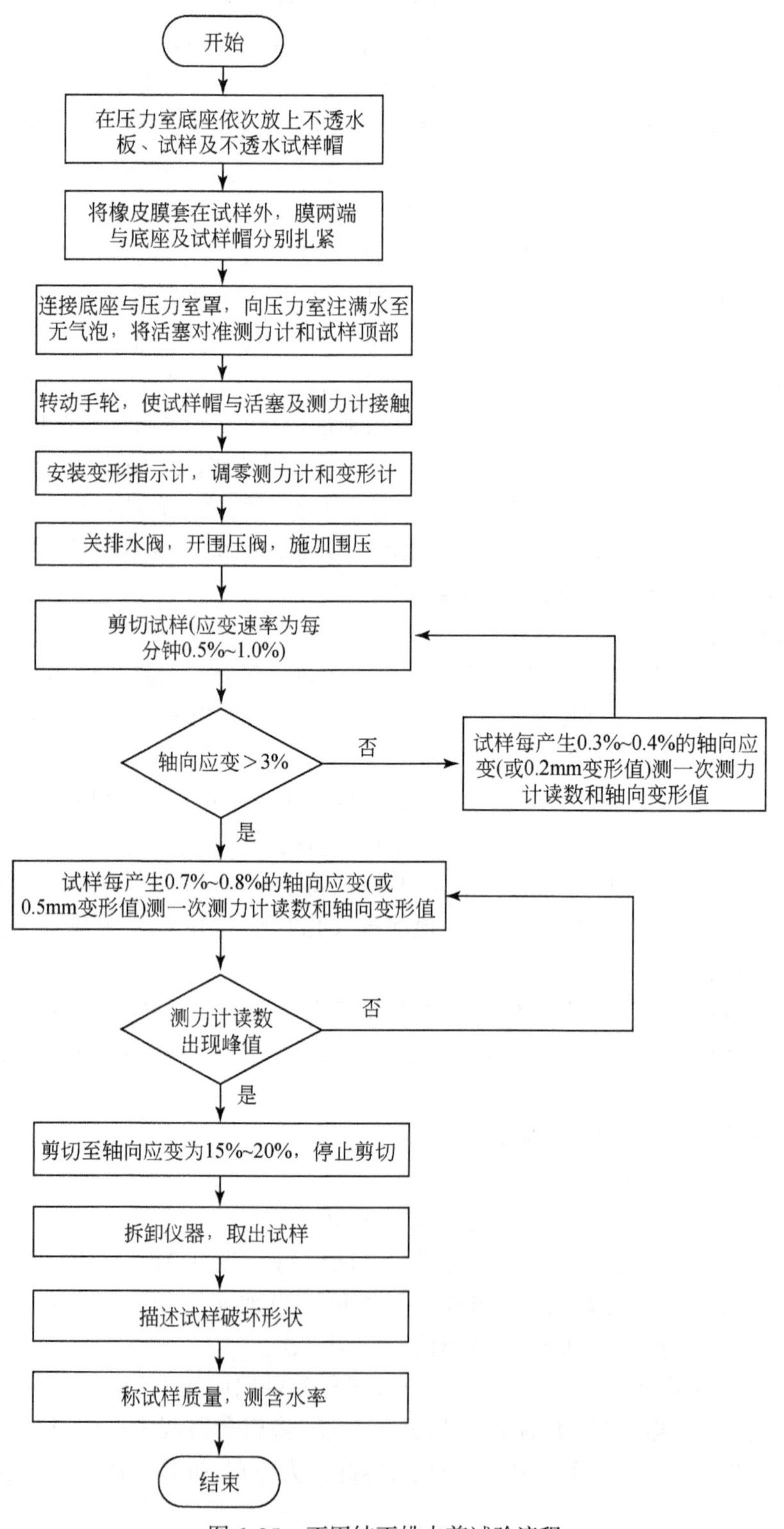

图 6.25　不固结不排水剪试验流程

3) 固结不排水剪试验

固结不排水剪试验分为安装试样、排水固结和剪切试样三个部分。试验流程如图 6. 26 所示，试样在某一围压下排水固结之后，在不排水条件下施加轴向压力直至试样发生剪切破坏。

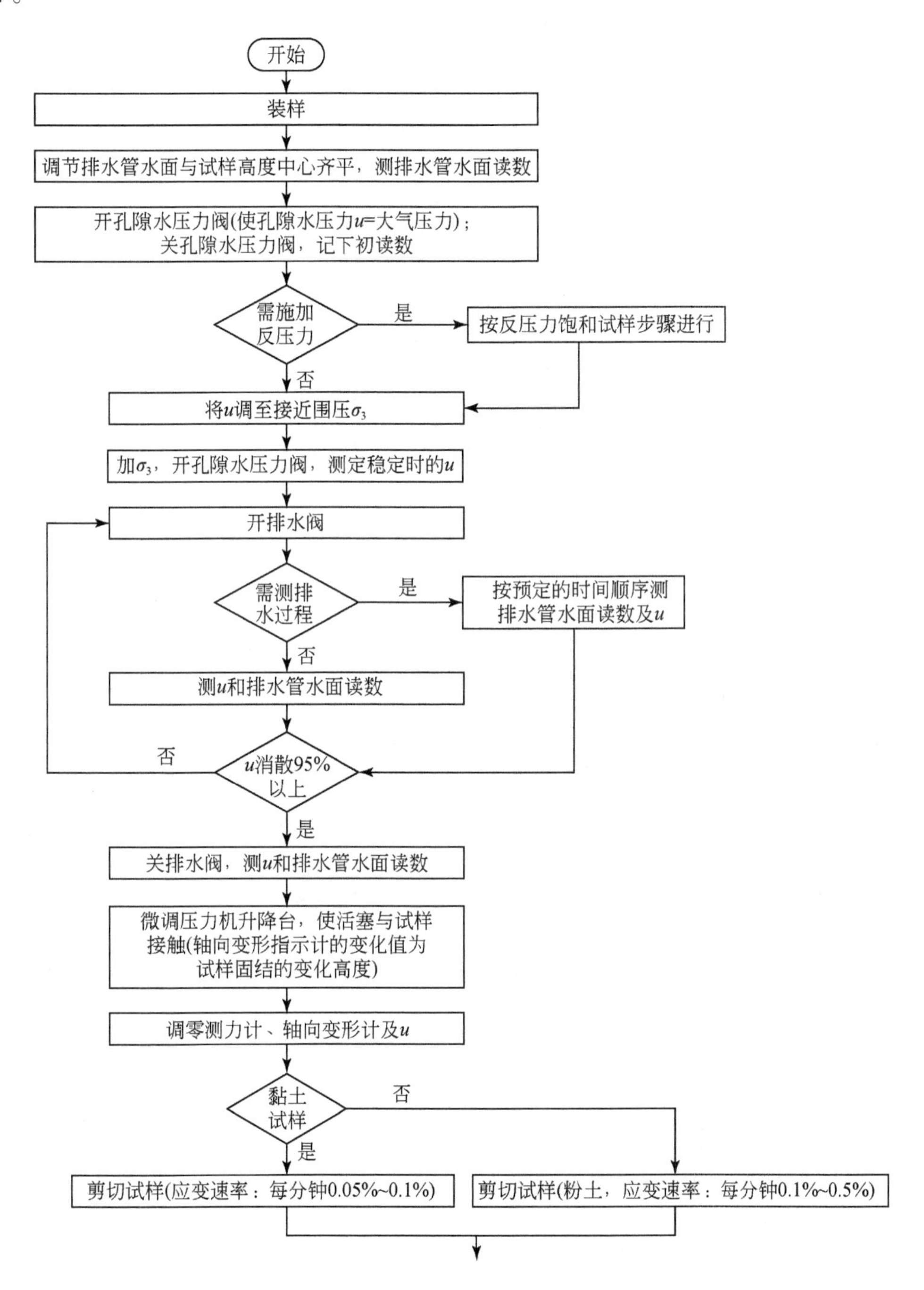

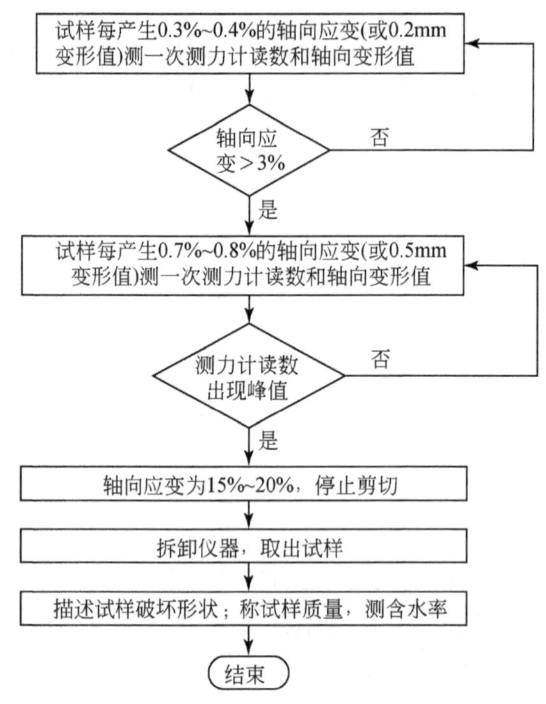

图 6.26　固结不排水剪试验流程

第一步:试样的安装,应按下列步骤进行。

(1)开孔隙水压力阀和量管阀。对孔隙水压力系统及压力室底座充水排气后,关孔隙水压力阀和量管阀。压力室底座上依次放上透水板、湿滤纸、试样、湿滤纸、透水板,试样周围贴浸水的滤纸条 7 ~ 9 条。将橡皮膜用承膜筒套在试样外,用橡皮圈将橡皮膜下端与底座扎紧。打开孔隙水压力阀和量管阀,使水缓慢地从试样底部流入,排除试样与橡皮膜之间的气泡,关闭孔隙水压力阀和量管阀,打开排水阀,使试样帽中充水,放在透水板上,用橡皮圈将橡皮膜上端与试样帽扎紧,降低排水管,使管内水面位于试样中心以下 20 ~ 40cm,吸除试样与橡皮膜之间的余水,关排水阀。需要测定土的应力应变关系时,应在试样与透水板之间放置中间夹有硅脂的两层圆形橡皮膜,膜中间应留有直径为 1cm 的圆孔排水。

(2)压力室罩安装、充水及测力计调整应按不固结不排水剪试验试样安装第三步进行。

第二步:试样排水固结应按下列步骤进行。

(1)调节排水管使管内水面与试样高度的中心齐平,测记排水管水面读数。

(2)开孔隙水压力阀,使孔隙水压力等于大气压力,关孔隙水压力阀,记下初始读数。当需要施加反压力时,按反压力饱和试样步骤进行操作。

(3)将孔隙水压力调至接近围压值,施加围压后,再打开孔隙水压力阀,待孔隙水压力稳定测定孔隙水压力。

(4)打开排水阀。当需要测定排水过程时,应按时间为 6s、15s、1min、2min15s、4min、6min15s、9min、12min15s、16min、20min15s、25min、30min15s、36min、42min15s、49min、64min、100min、200min、400min、23h、24h 至稳定为止,测记排水管水面及孔隙水压力读数,直至孔隙

水压力消散95%以上。固结完成后，关排水阀，测记孔隙水压力和排水管水面读数。

(5)微调压力机升降台，使活塞与试样接触，此时轴向变形指示计的变化值为试样固结时的高度变化。

第三步：剪切试样应按下列步骤进行。

(1)剪切应变速率黏土宜为每分钟应变0.05%～0.1%；粉土为每分钟应变0.1%～0.5%。

(2)将测力计、轴向变形指示计及孔隙水压力读数均调整至零。

(3)启动电动机，合上离合器，开始剪切。测力计、轴向变形、孔隙水压力应按不固结不排水中的第二、第三步进行测记。

(4)试验结束，关电动机，关各阀门，脱开离合器，将离合器调至粗位，转动粗调手轮，将压力室降下，打开排气孔，排除压力室内的水，拆卸压力室罩，拆除试样，描述试样破坏形状，称试样质量，测定试样含水率。

4)固结排水剪试验

试样的安装、固结、剪切按固结不排水剪试验步骤进行。但在剪切过程中应打开排水阀，剪切速率采用每分钟应变0.003%～0.012%。

5)一个试样多级加荷试验

土样不均匀或不能同时切取3～4个试样时，可采用一个试样的多级加荷进行试验。本试验分为不固结不排水剪和固结不排水剪两类，试验流程如图6.27所示。对单个试样多级施加围压和轴向压力进行剪切，以测定土的总抗剪强度和有效抗剪强度参数。

a.不固结不排水剪试验

第一步：试样安装，同上述不固结不排水剪试验。

第二步：施加第一级围压，启动电动机，合上离合器，开始剪切，剪切应变速率宜为每分钟应变0.5%～1.0%。当测力计读数达到稳定或出现倒退时，测记测力计和轴向变形读数。关电动机，将测力计调整为零。

第三步：施加第二级围压，此时测力计因施加围压读数略有增加，应将测力计读数调至零位。然后转动手轮，使测力计与试样帽接触。按同样方法剪切到测力计读数稳定。如此进行第三、第四级围压下的剪切，累计的轴向应变不超过20%。

第四步：试验结束，关电动机，关围压阀，脱开离合器，将离合器调至粗位，转动粗调手轮，将压力室降下，打开排气孔，排除压力室内的水，拆卸压力室罩，拆除试样，描述试样破坏形状，称试样质量，测定含水率。

b.固结不排水剪试验

第一步：试样安装，同上述固结不排水剪试验。

第二步：试样固结，同上述固结不排水剪试验。第一级围压宜采用50kPa，第二级和以后各级围压应等于、大于前一级围压下的破坏最大主应力。

第三步：试样剪切，同上述固结不排水剪试验。第一级剪切完成后，退除轴向压力，待孔隙水压力稳定后施加第二级围压，进行排水固结。

第四步：固结完成后进行第二级围压下的剪切，按上述步骤进行第三级围压下的剪切，累计的轴向应变不超过20%。

第五步:试验结束后,拆除试样,称试样质量,测定含水率。

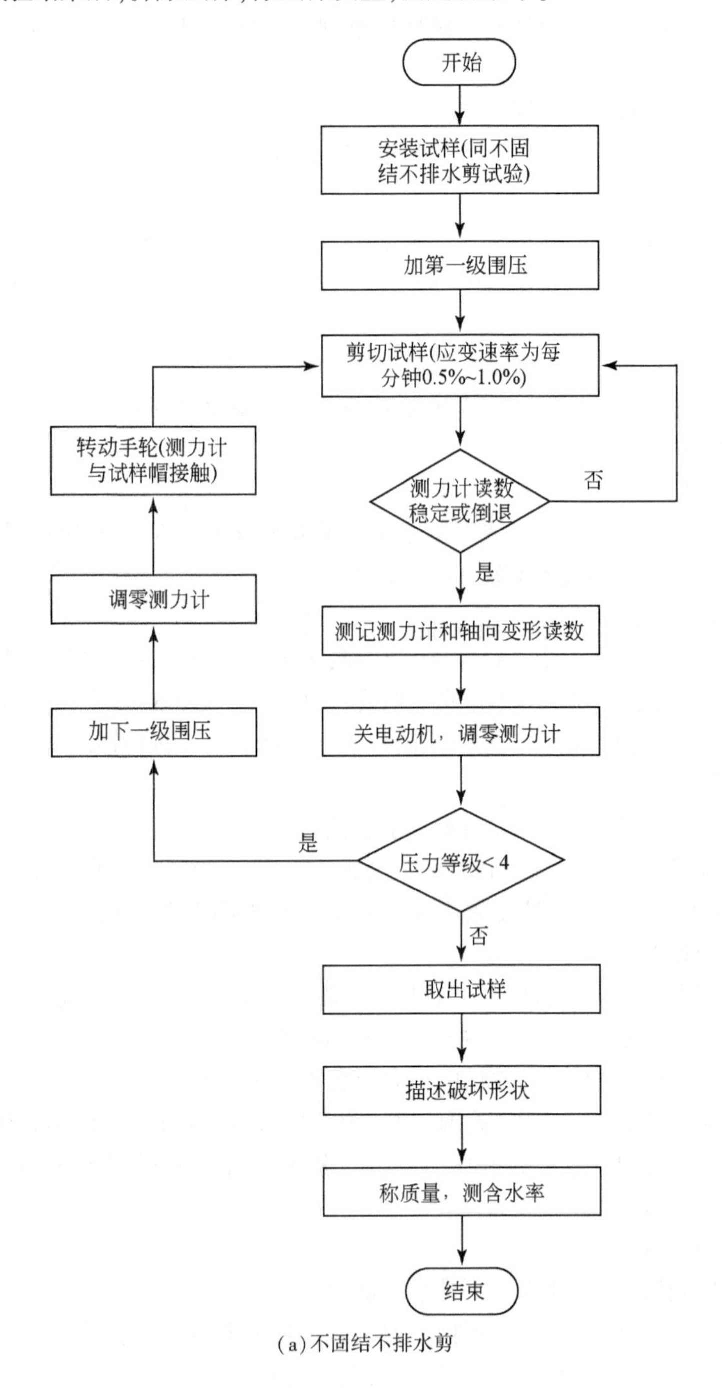

(a)不固结不排水剪

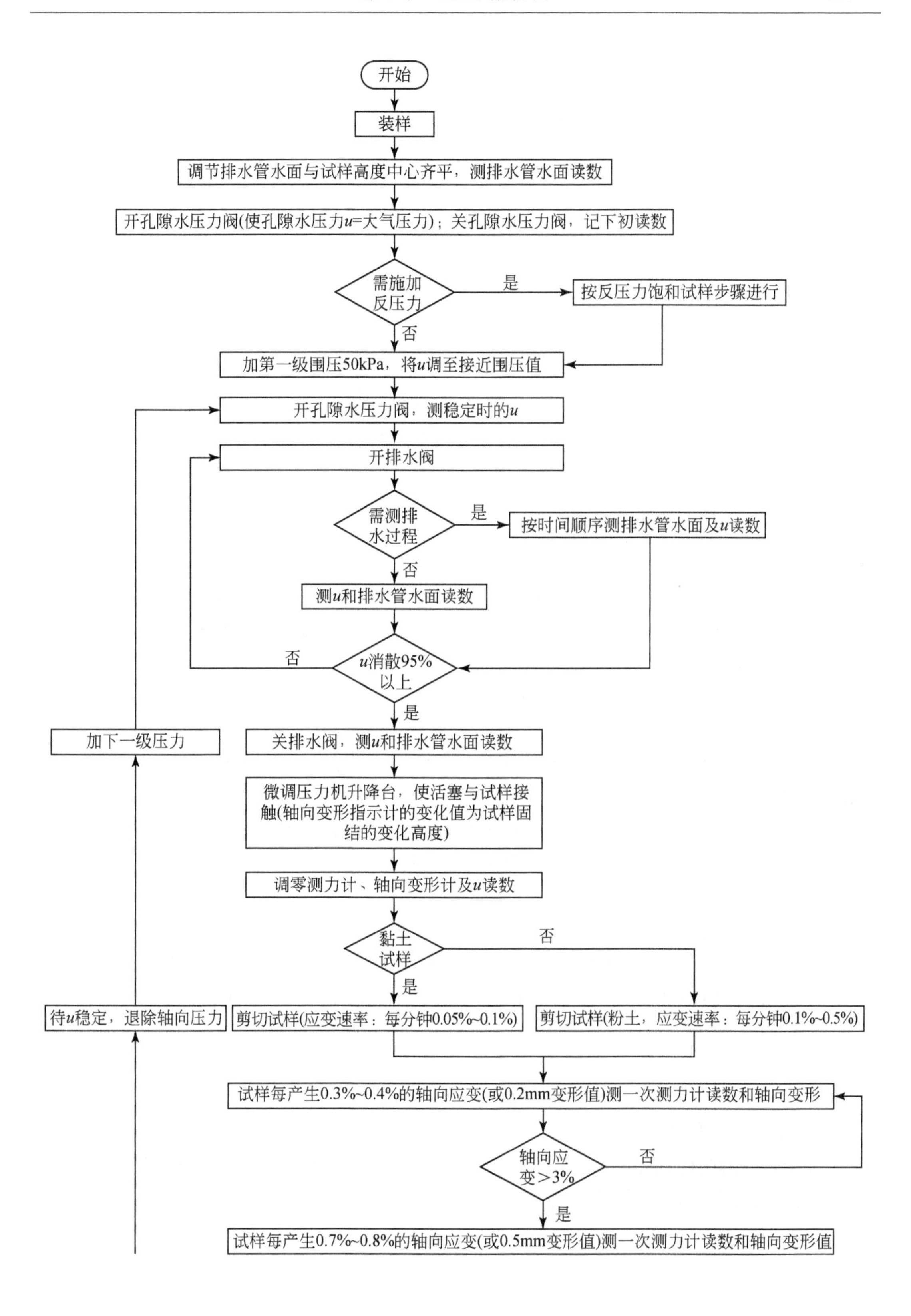

开始
装样
调节排水管水面与试样高度中心齐平，测排水管水面读数
开孔隙水压力阀(使孔隙水压力u=大气压力)；关孔隙水压力阀，记下初读数
需施加反压力
是
按反压力饱和试样步骤进行
否
加第一级围压50kPa，将u调至接近围压值
开孔隙水压力阀，测稳定时的u
开排水阀
需测排水过程
是
按时间顺序测排水管水面及u读数
否
测u和排水管水面读数
否
u消散95%以上
是
加下一级压力
关排水阀，测u和排水管水面读数
微调压力机升降台，使活塞与试样接触(轴向变形指示计的变化值为试样固结的变化高度)
调零测力计、轴向变形计及u读数
黏土试样
否
是
待u稳定，退除轴向压力
剪切试样(应变速率：每分钟0.05%~0.1%)
剪切试样(粉土，应变速率：每分钟0.1%~0.5%)
试样每产生0.3%~0.4%的轴向应变(或0.2mm变形值)测一次测力计读数和轴向变形
轴向应变＞3%
否
是
试样每产生0.7%~0.8%的轴向应变(或0.5mm变形值)测一次测力计读数和轴向变形值

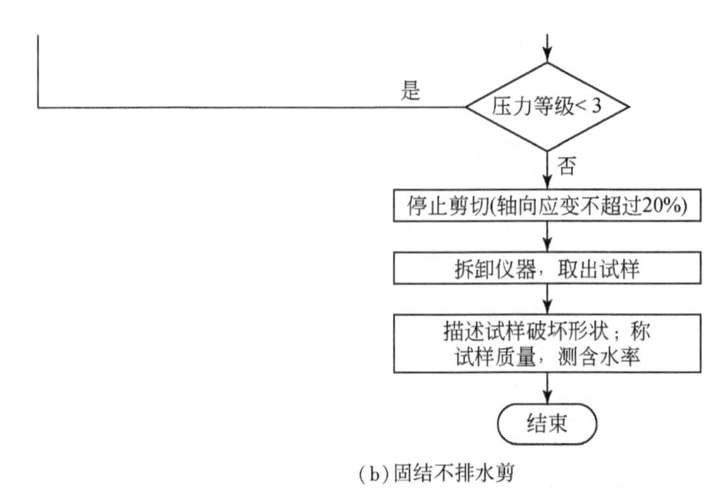

(b)固结不排水剪

图 6. 27　一个试样多级加荷试验流程

6. 3. 7　无侧限抗压强度试验

无侧限抗压强度是指试样在无侧限条件下,抵抗轴向压力的极限强度。无侧限抗压强度试验流程如图 6. 28 所示,在不排水和围压为零的条件下,对试样施加轴向压力使试样在规定时间内发生变形破坏,以测定土的无侧限抗压强度和灵敏度。

第一步:制备原状试样并称试样质量。试样直径宜为 35 ~ 50mm,高径比宜采用 2. 0 ~ 2. 5。

第二步:在试样两端抹一薄层凡士林。在气候干燥时,试样周围亦需抹一薄层凡士林,防止水分蒸发。

第三步:将试样放在底座上,安装百分表,打开应变控制式无侧限压缩仪,转动手轮,使底座缓慢上升,当试样与加压板刚好接触时,停止转动手轮,将测力计读数调零。根据试样的软硬程度选用不同量程的测力计。

第四步:打开开关,转动手柄,使升降设备上升。轴向应变速率宜为每分钟应变 1% ~ 3% 。轴向应变小于 3% 时,每隔 0. 5% 应变(或 0. 4mm)记录测力计读数一次;轴向应变等于、大于 3% 时,每隔 1% 应变(或 0. 8mm)读数一次。试验宜在 8 ~ 10min 完成。

第五步:当测力计读数出现峰值时,继续进行 3% ~ 5% 的应变后停止试验;若读数无峰值,应变达 20% 后停止试验。

第六步:取下试样,描述破坏的形状。

第七步:若需要测定灵敏度时,应立即将破坏后的试样除去涂有凡士林的表面。加少许余土,包于塑料薄膜内用手搓捏,破坏其结构。重塑成圆柱形,放入重塑筒内,用金属垫板,将试样挤成与原状试样尺寸、密度相等的试样,重复第二 ~ 第六步。

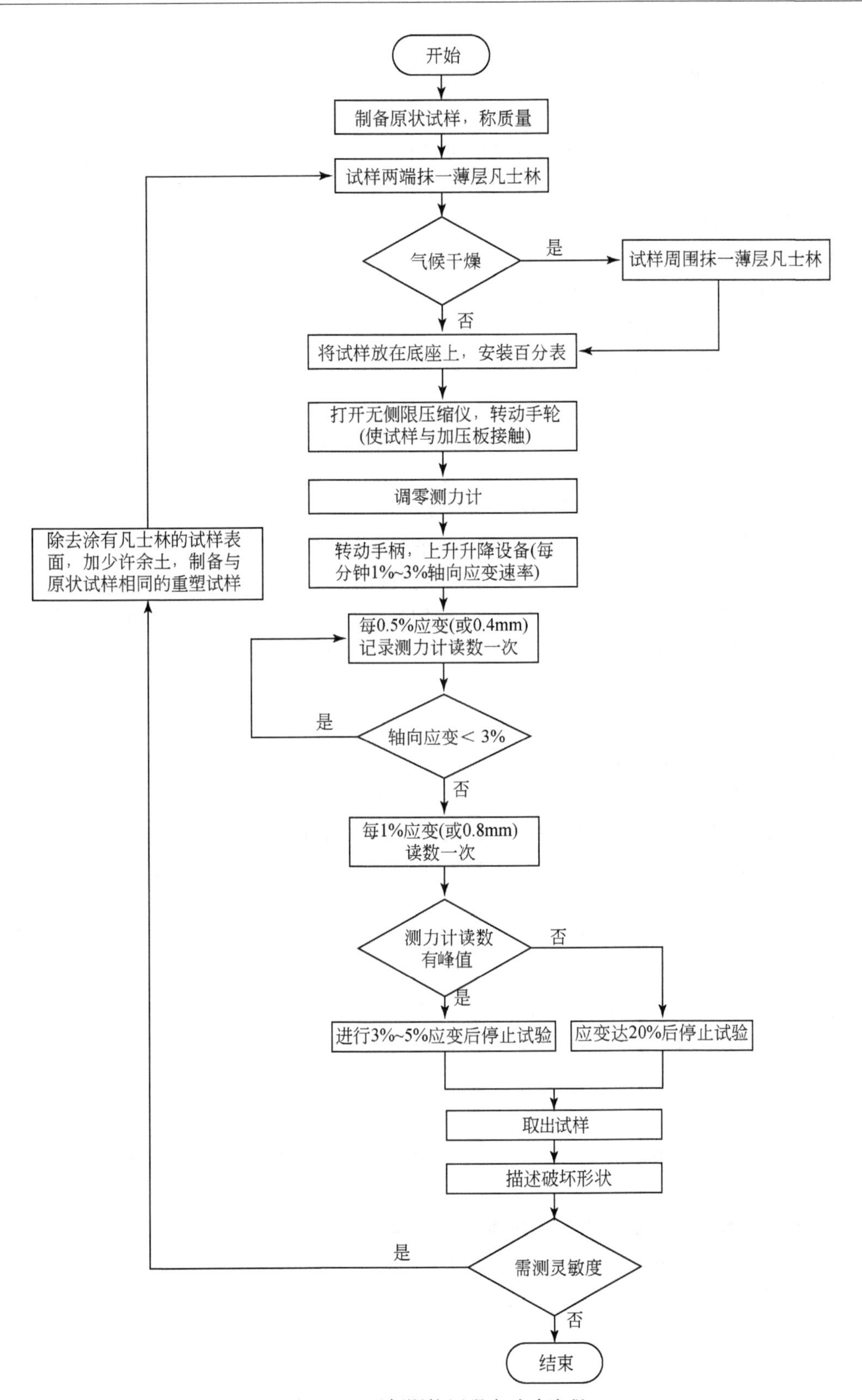

图 6. 28　无侧限抗压强度试验流程

6.3.8　直接剪切试验

直接剪切试验是指在剪切面上分别施加法向压力和剪应力，得出土样发生剪切破坏时的剪应力，然后根据库仑定律测定土的抗剪强度指标。可分为慢剪试验、固结快剪试验、快剪试验和砂类土直剪试验。

1）慢剪试验

试验流程如图 6.29 所示，对试样施加垂直压力后，充分排出土样中的水分，当试样固结变形稳定后，施加水平剪应力，使试样发生剪切破坏。

第一步：制备试样，每组试样不得少于 4 个。当试样需要饱和时，采用抽气饱和法进行试样饱和。

第二步：安装试样。对准剪切容器上下盒，插入固定销，在下盒内放透水板和滤纸，将带有试样的环刀刃口向上，对准剪切盒口，在试样上放滤纸和透水板，将试样小心地推入剪切盒内。透水板和滤纸的湿度应接近试样的湿度。

第三步：移动传动装置，使上盒前端钢珠刚好与测力计接触，依次放上传压板、加压框架，安装垂直位移和水平位移量测装置，调至零位或测记初读数。

第四步：根据工程实际和土的软硬程度施加各级垂直压力，对松软试样垂直压力应分级施加，以防土样挤出。施加压力后，向盒内注水，当试样为非饱和试样时，应在加压板周围包以湿棉纱。

第五步：施加垂直压力后，每小时测读垂直变形一次，直至试样固结变形稳定。变形稳定标准为每小时不大于 0.005mm。

第六步：拔去固定销，以小于 0.02mm/min 的剪切速度进行剪切，试样每产生剪切位移 0.2～0.4mm 测记测力计和位移读数，直至测力计读数出现峰值，应继续剪切至剪切位移为 4mm 时停机，记下破坏值；当剪切过程中测力计读数无峰值时，应剪切至剪切位移为 6mm 时停机。

第七步：当需要估算试样的剪切破坏时间，可按式(6.10)计算：

$$t_f = 50\, t_{50} \tag{6.10}$$

式中，t_f为达到破坏所经历的时间(min)；t_{50}为固结度达 50% 所需的时间。

第八步：剪切结束，吸去盒内积水，退去剪切力和垂直压力，移动加压框架，取出试样，测定试样含水率。

2）固结快剪试验

试验流程如图 6.30 所示，试样在垂直压力作用下固结变形稳定后，立即施加水平剪应力，使试样在 3～5min 剪损。

第一步：试样制备、安装和固结，试验步骤应按慢剪试验第一～第五步进行。

第二步：拔去固定销，固结快剪试验的剪切速度为 0.8mm/min，使试样在 3～5min 剪损，剪切步骤应按慢剪试验第六、第八步进行。

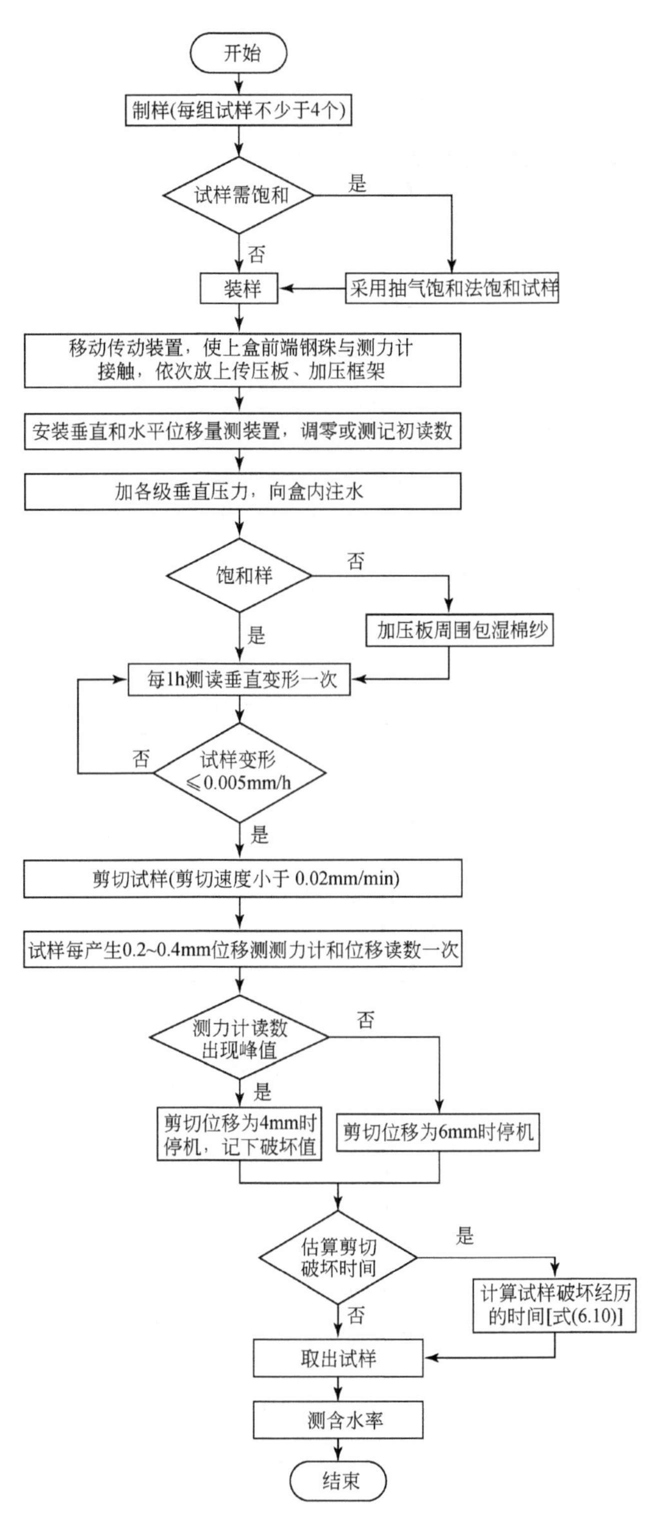
开始
制样(每组试样不少于4个)
试样需饱和
是
否
采用抽气饱和法饱和试样
装样
移动传动装置，使上盒前端钢珠与测力计接触，依次放上传压板、加压框架
安装垂直和水平位移量测装置，调零或测记初读数
加各级垂直压力，向盒内注水
饱和样
否
是
加压板周围包湿棉纱
每1h测读垂直变形一次
试样变形≤0.005mm/h
否
是
剪切试样(剪切速度小于0.02mm/min)
试样每产生0.2~0.4mm位移测测力计和位移读数一次
测力计读数出现峰值
否
是
剪切位移为4mm时停机，记下破坏值
剪切位移为6mm时停机
估算剪切破坏时间
是
否
计算试样破坏经历的时间[式(6.10)]
取出试样
测含水率
结束
图6.29 慢剪试验流程

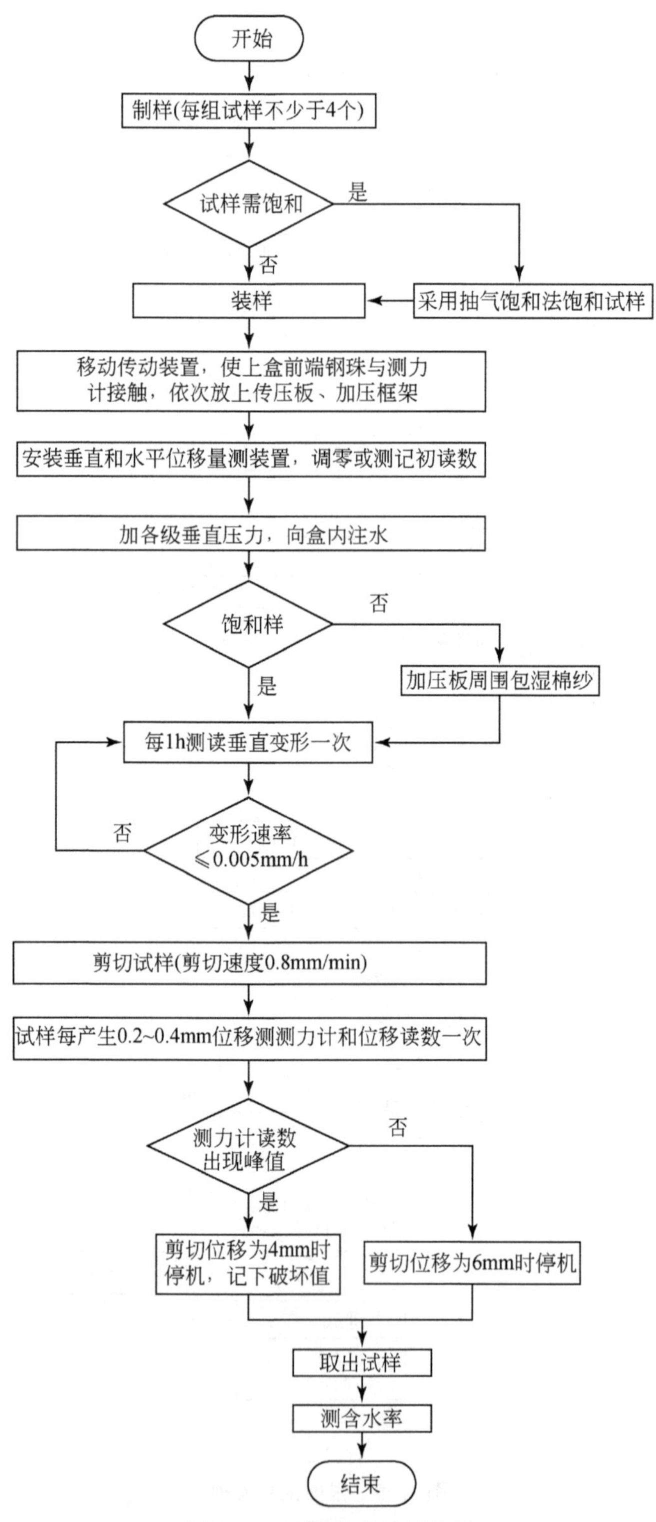

图 6.30　固结快剪试验流程

3)快剪试验

试验流程如图 6. 31 所示,试样在垂直压力作用下,立即施加水平剪应力,使试样在 3 ~ 5min 剪损。

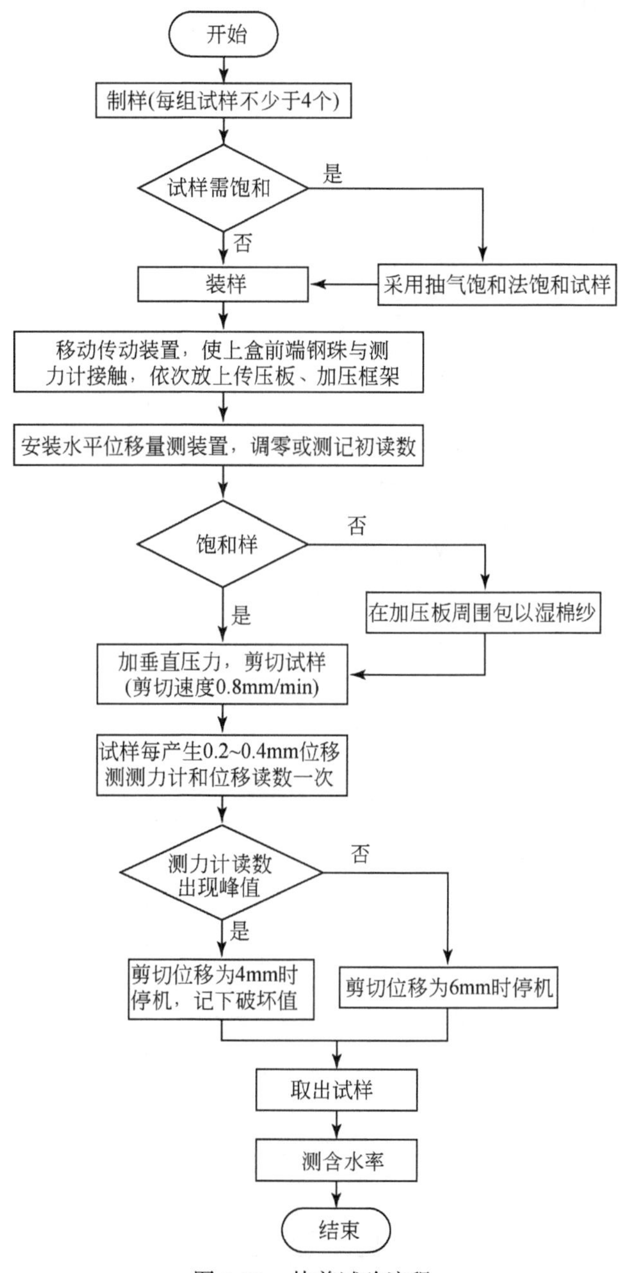

图 6. 31　快剪试验流程

第一步:试样制备、安装应按慢剪试验第一 ~ 第四步进行。安装时应以硬塑料薄膜代替滤纸,不需安装垂直位移量测装置。

第二步:施加垂直压力,拔去固定销,立即以 0. 8mm/min 的剪切速度按慢剪试验第六、第八步进行剪切至试验结束。使试样在 3 ~5min 剪损。

4) 砂类土类直剪试验

试验流程如图 6.32 所示，试验原理和土的直剪试验原理相似，由于砂土没有内聚力，试验时需用硬木块敲打，以压实砂样。

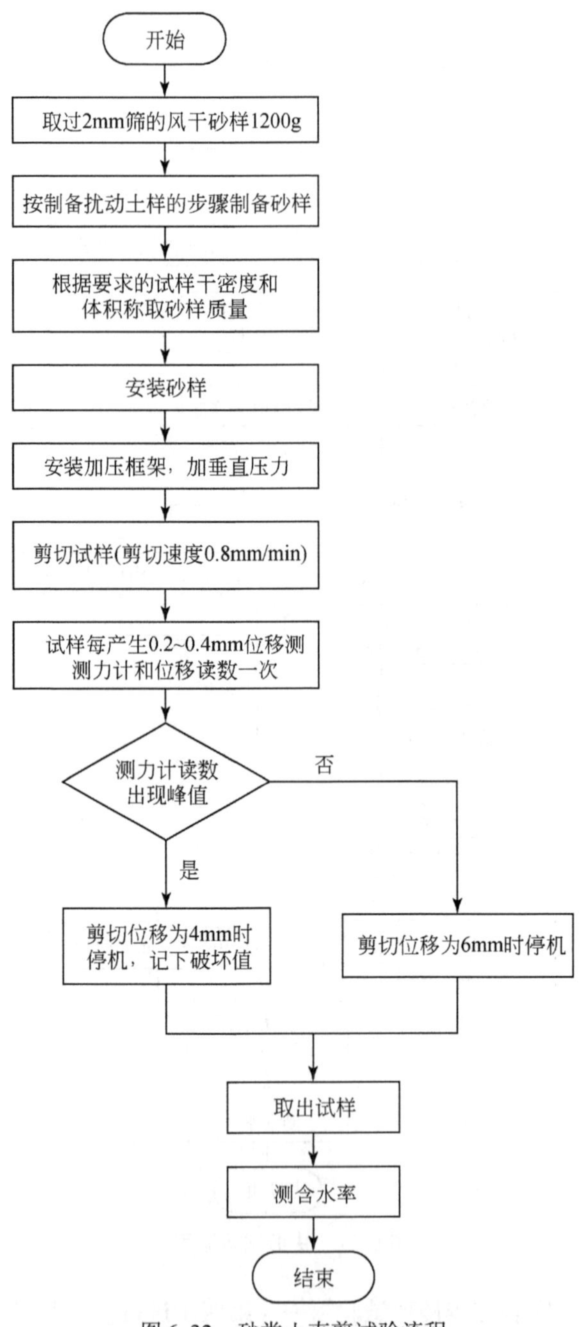

图 6.32　砂类土直剪试验流程

第一步：取过2mm筛的风干砂样1200g，按扰动土试样的制备步骤制备砂样。

第二步：根据要求的试样干密度和试样体积称取每个试样所需的风干砂样质量，准确至0.1g。

第三步：安装砂样。对准剪切容器上下盒，插入固定销，放干透水板和干滤纸。将砂样倒入剪切容器内，拂平表面，放上硬木块轻轻敲打，使试样达到预定的干密度，取出硬木块，拂平砂面。依次放上干滤纸、干透水板和传压板。

第四步：安装垂直加压框架，施加垂直压力，试样剪切应按固结快剪试验第二步进行。

6.3.9　反复直剪强度试验

反复直剪强度试验流程如图6.33所示，在排水条件下，使用直剪仪对土样反复剪切至剪应力达到稳定，进而测定土的残余抗剪强度参数。

第一步：试样制备。

(1)对于有软弱面的原状土，先整平土样两端，使土的顶面、底面平行土体软弱面，用环刀切取试样，当切到软弱面后向下切10mm，使软弱面位于试样高度的中部，密度较低的试样，下半部应略大于10mm。

(2)对于无软弱面的原状土样，应按原状土制备的步骤进行。

(3)对于泥化夹层或滑坡层面，无法取得原状土样时，可刮取夹层或层面上的土样，制备成10mm液限状态的土膏，分层填入环刀内，边填边排气，同一组试样填入密度的允许差值为0.03g/cm^{3}并取软弱面上的土样测定含水率。

(4)当试样需要饱和时，应按抽气饱和法制备饱和试样的步骤进行。

第二步：试样安装、固结排水应按慢剪试验第二～第五步进行。

第三步：拔去固定销，启动电动机正向开关，以0.02mm/min(粉土采用0.06mm/min)的剪切速度进行剪切，试样每产生剪切位移0.2～0.4mm测记测力计和位移读数，当剪应力超过峰值后，按剪切位移0.5mm测读一次，直至最大位移达8～10mm停止剪切。

第四步：第一次剪切完成后，启动反向开关，将剪切盒退回原位，插入固定销，反推速率应小于0.6mm/min。

第五步：等待30min后，重复第三、第四步进行第二次剪切，如此反复剪切多次，直至最后两次剪切时测力计读数接近为止。对粉质黏土，需剪切5～6次，总剪切位移量达30～40mm；对黏质土需剪切3～4次，总剪切位移量达30～40mm。

第六步：剪切结束，吸去盒中积水，卸除压力，取出试样，描述剪切面破坏情况，取剪切面上的试样测定剪后含水率。

6.3.10　土样抗拉强度试验

土样抗拉强度试验流程如图6.34所示，土样抗拉强度是土样在单轴拉伸荷载作用下达到破坏时承受的最大拉应力。

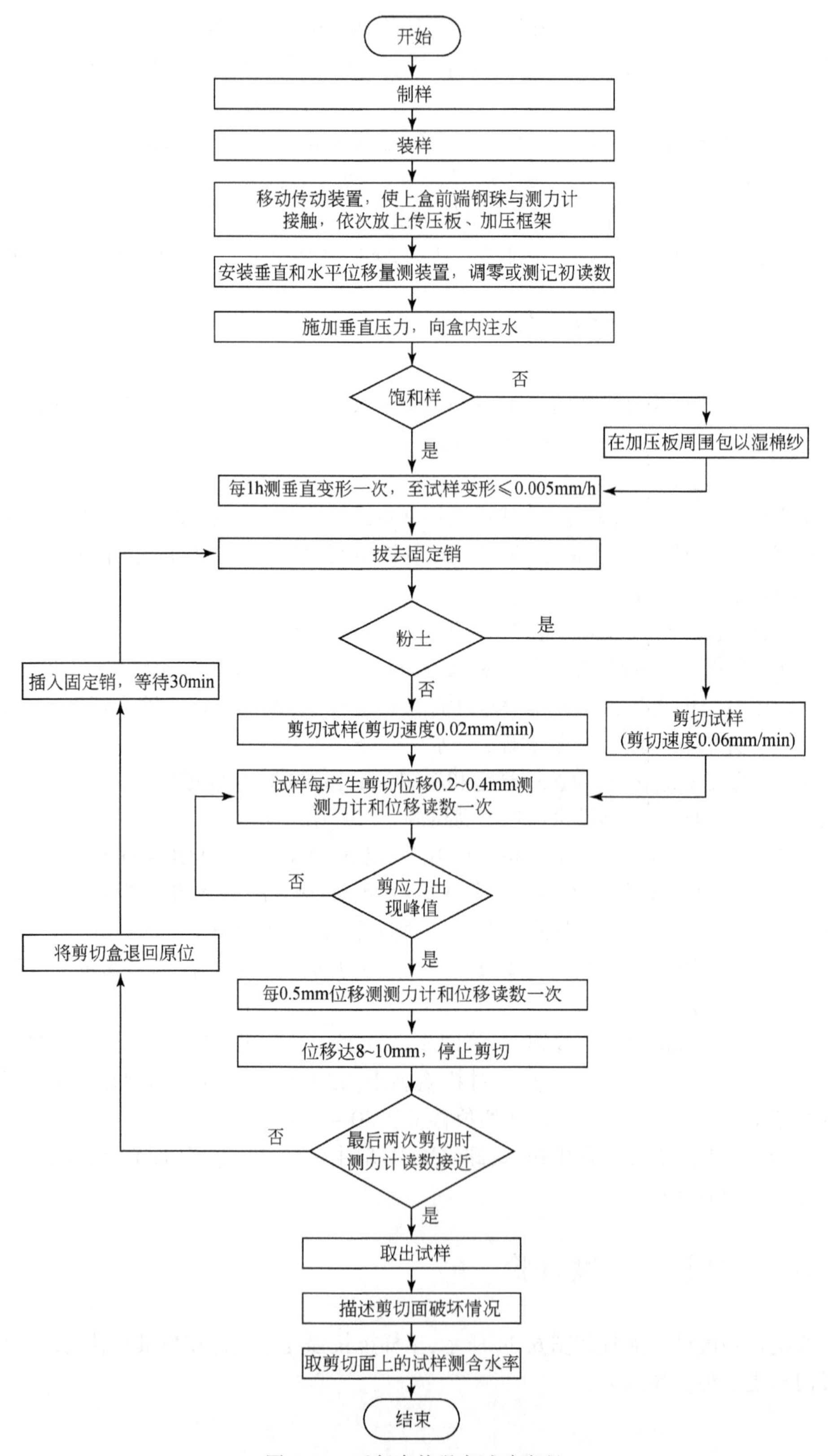

图 6.33　反复直剪强度试验流程

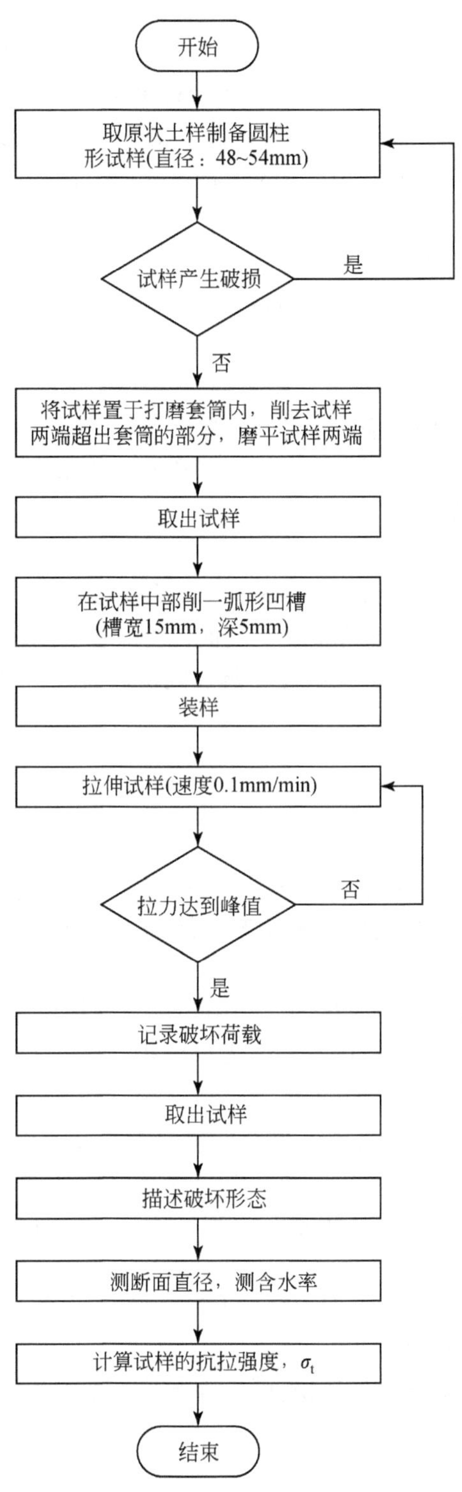

图 6. 34　土样抗拉强度试验流程

第一步:试样制备。

(1)取野外采取的原状土样,削平土样的上下表面。将土样置于线切割机的切割架上。设定切割路径(试样直径宜为48～54mm),移动土样至接近砂线,开始切割土样。

(2)切割完成后取出试样,检查试样,若试样不完整或出现裂缝,应重新切样。将圆柱体试样置于打磨套筒内,用削土刀削去试样两端超出套筒的部分,再用砂纸将试样两端打磨平整。

(3)将试样从套筒中取出,固定在变径削土装置上。转动手轮,缓慢推进削土刀,在试样的中部削出一圈弧形凹槽(宽15mm,深5mm),以保证拉裂断面位于凹槽,取出试样。

第二步:试样安装。

将夹具包裹于试样两端,旋紧螺丝固定试样,应根据土样的软硬程度调整夹持力度。将夹具一端连接杆置于上部拉伸卡槽中。打开万能试验机,降下上部拉伸卡槽,使另一端连接杆刚好置于下部拉伸卡槽中。微调卡槽高度与试样位置,使试样被拉紧,轴向拉应力应通过试样轴心。将拉力与位移调零。

第三步:拉伸试样。

设置拉伸速率,拉伸速率宜为0.1mm/min,开始拉伸试样,观察拉力随时间变化曲线;拉力达到峰值时,试样被拉断,记录破坏荷载。断面位置应位于试样中部凹槽内。

第四步:取下破坏后的试样,拆除试样夹具。测量断面直径,描述试样的破坏形态。测定试样的含水率。

6.3.11　收缩试验

土的收缩是指土在自干燥条件下水分蒸发而体积减小的现象。收缩试验流程如图6.35所示,利用收缩仪测定土样在自然风干条件下的收缩变形量,计算土样的线缩率、体缩率和收缩系数等收缩性指标。

第一步:试样制备应按原状土或扰动土的制备步骤进行。将试样推出环刀置于多孔板上,称试样和多孔板的质量,精确至0.1g。将多孔板和试样放到收缩仪垫块上,轻放测板,装好百分表,记下初始读数。

第二步:在室温不高于30℃条件下进行收缩试验。根据试样含水率及收缩速度,每隔1～4h测记百分表读数,称整套装置和试样质量,精确至0.1g。48h后,每隔6～24h测记百分表读数并称质量,直至两次百分表读数基本不变。称质量时应保持百分表读数不变。

第三步:取出试样,置于烘箱内,在105～110℃下烘至恒量。取出烘干后试样,冷却至室温。称干土和多孔板质量,精确至0.1g。

第四步:按蜡封法测定烘干试样体积,可参考土样密度试验。

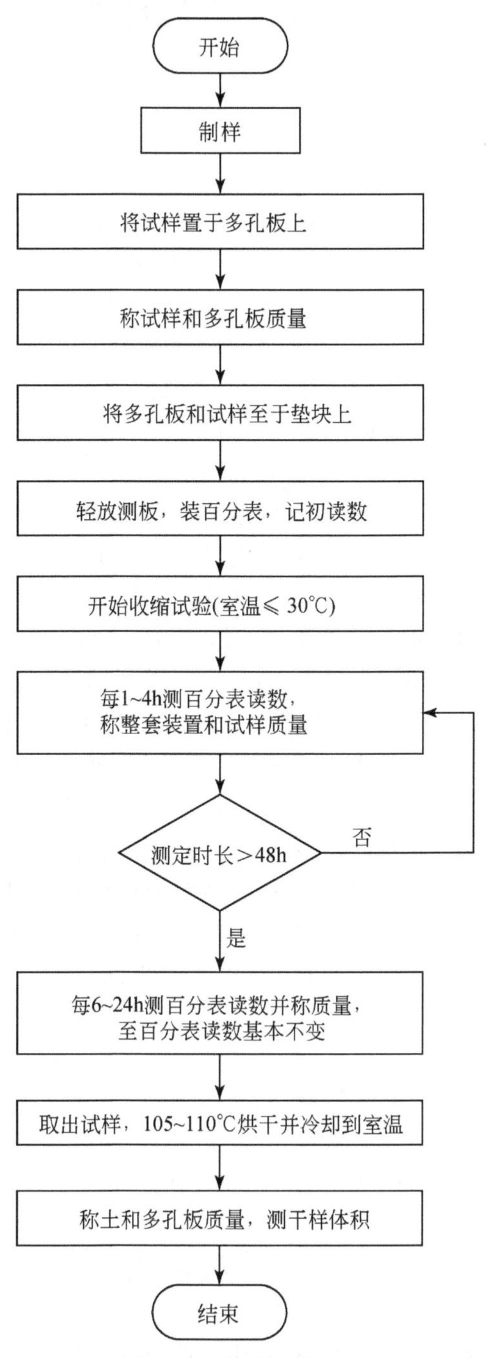
开始
制样
将试样置于多孔板上
称试样和多孔板质量
将多孔板和试样至于垫块上
轻放测板，装百分表，记初读数
开始收缩试验(室温≤ 30℃)
每1~4h测百分表读数，
称整套装置和试样质量
测定时长＞48h
否
是
每6~24h测百分表读数并称质量，
至百分表读数基本不变
取出试样，105~110℃烘干并冷却到室温
称土和多孔板质量，测干样体积
结束

图 6.35　收缩试验流程

6.4 化学性质测试

6.4.1 酸碱度试验

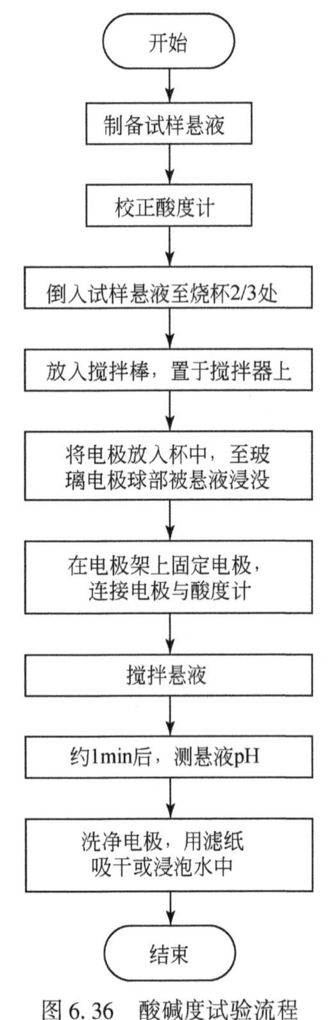

图 6.36 酸碱度试验流程

土的酸碱性强弱通常以酸碱度衡量。土的酸碱度主要取决于土悬液中氢离子的浓度,用 pH 表示。酸碱度试验可分为比色法和电测法,电测法比比色法更加方便准确,本试验采用电测法测定土的酸碱度。试验流程如图 6.36 所示,使用校正后的酸度计测定土壤悬液的 pH。

第一步:制备试样悬液。称取过 2mm 筛的风干试样 10g,放入广口瓶中,加纯水 50mL(土水比为 1 : 5)振荡 3min,静置 30min。将试样悬液存于细口瓶中。

第二步:酸度计校正。在测定试样悬液之前,按照酸度计使用说明书,用标准缓冲溶液进行标定。将复合电极放入 pH=6.87 缓冲溶液中进行标定,电极球部应被悬液浸没,且与杯底应保持一定距离,然后将电极固定于电极架上。标定后用纯水清洗电极,用滤纸吸净电极上的水,再分别放入 pH=9.18 和 pH=4.01 的缓冲溶液中标定。

第三步:在烧杯中倒入试样悬液,至容积的 2/3 处。杯中放入搅拌棒一只,将烧杯置于电动磁力搅拌器上。

第四步:小心地将玻璃电极和甘汞电极(或复合电极)放入杯中,直至玻璃电极球部被悬液浸没为止,电极与杯底应保持适量距离,然后将电极固定于电极架上,使电极与酸度计连接。

第五步:开动磁力搅拌器,搅拌悬液。约 1min 后,用酸度计测定悬液的 pH,精确至 0.01。

第六步:测定完毕,关闭电源。用纯水洗净电极,用滤纸吸干或将电极浸泡于纯水中。

6.4.2 易溶盐试验

土的易溶盐指土中易溶于水的盐类,在土中一般以固态或液态的形式存在。在工程选用填料时,为了避免路基发生溶陷性和溶胀性危害,需知道土料中易溶盐的含量和成分,且不宜选用易溶盐含量较高的土料充填。易溶盐试验分为浸出液制取和离子含量测定两个部分,离子含量的测定主要包括:易溶盐总量测定、阴离子(CO_3^{2-}、HCO_3^-、Cl^-、SO_4^{2-})及阳离子的测定(Ca^{2+}、Mg^{2+}、Na^+、K^+)。

1)浸出液制取

试验流程如图6.37所示,将土水按比例混合充分溶解土中的易溶盐,采用抽气过滤的方法获取透明滤液。

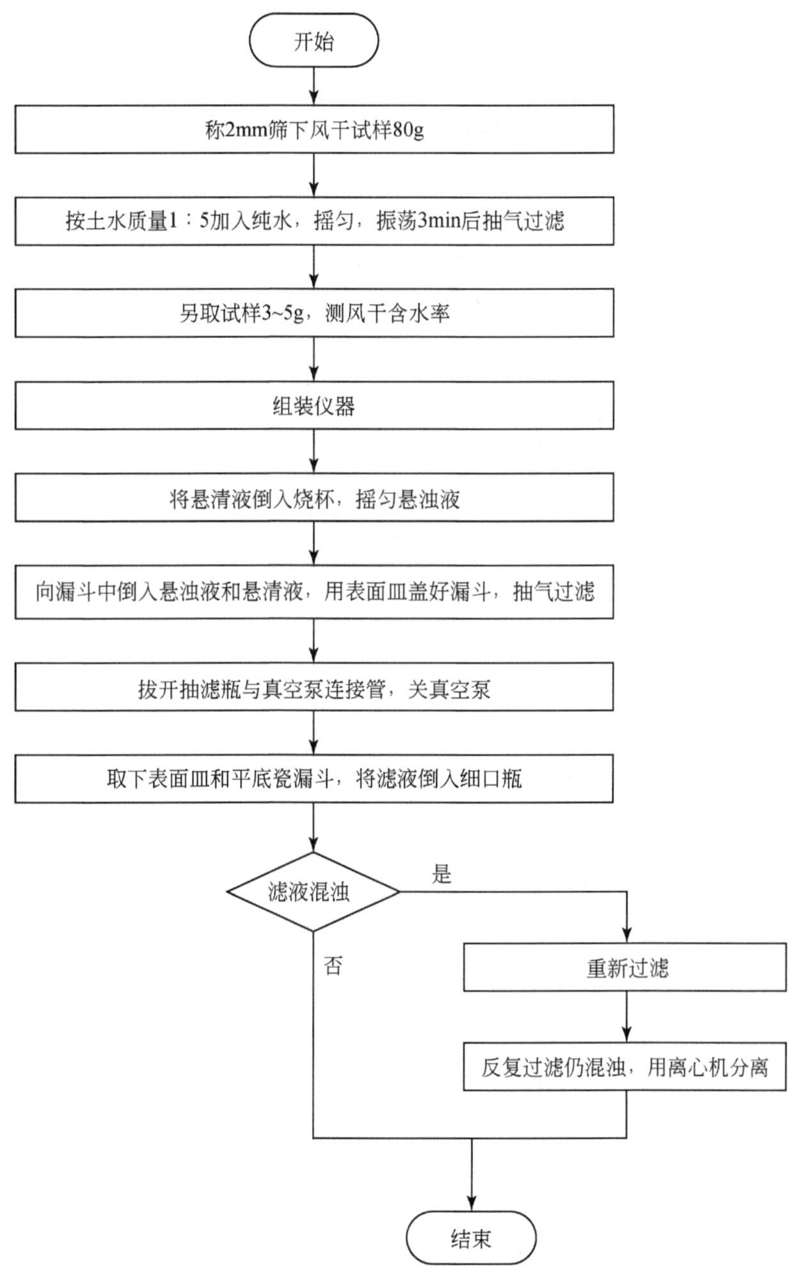

图6.37　浸出液制取流程

第一步:称取2mm筛下的风干试样80g,精确至0.01g,置于广口瓶中。按土水质量比1∶5加入纯水,摇匀,在振荡器上振荡3min后抽气过滤。另取试样3~5g,测定风干含水率。

第二步：仪器组装。组装平底瓷漏斗和抽滤瓶，将滤纸用纯水浸湿后贴在平底瓷漏斗内壁底部，联通真空泵抽气，确保滤纸与漏斗内壁紧贴。

将细口瓶中静置后的上层悬清液倒入烧杯中，摇匀剩余悬浊液。依次向平底瓷漏斗中倒入摇匀后的悬浊液和悬清液，抽气过滤，过滤时漏斗应用表面皿盖好。

抽滤结束，将抽滤瓶与真空泵的管子拔开，关闭真空泵。

第三步：取下表面皿和平底瓷漏斗，将滤液倒入另一只洁净细口瓶中。所得的透明滤液，即为浸出液，储于细口瓶中供后续测试用。当发现滤液混浊时，应重新过滤，经反复过滤，如果仍然混浊需用离心机分离。

2）易溶盐总量测定

试验流程如图 6.38 所示，采用烘干法将浸出液蒸干，测定烘干物质的质量，计算烘干物质的含量，即为易溶盐总量。

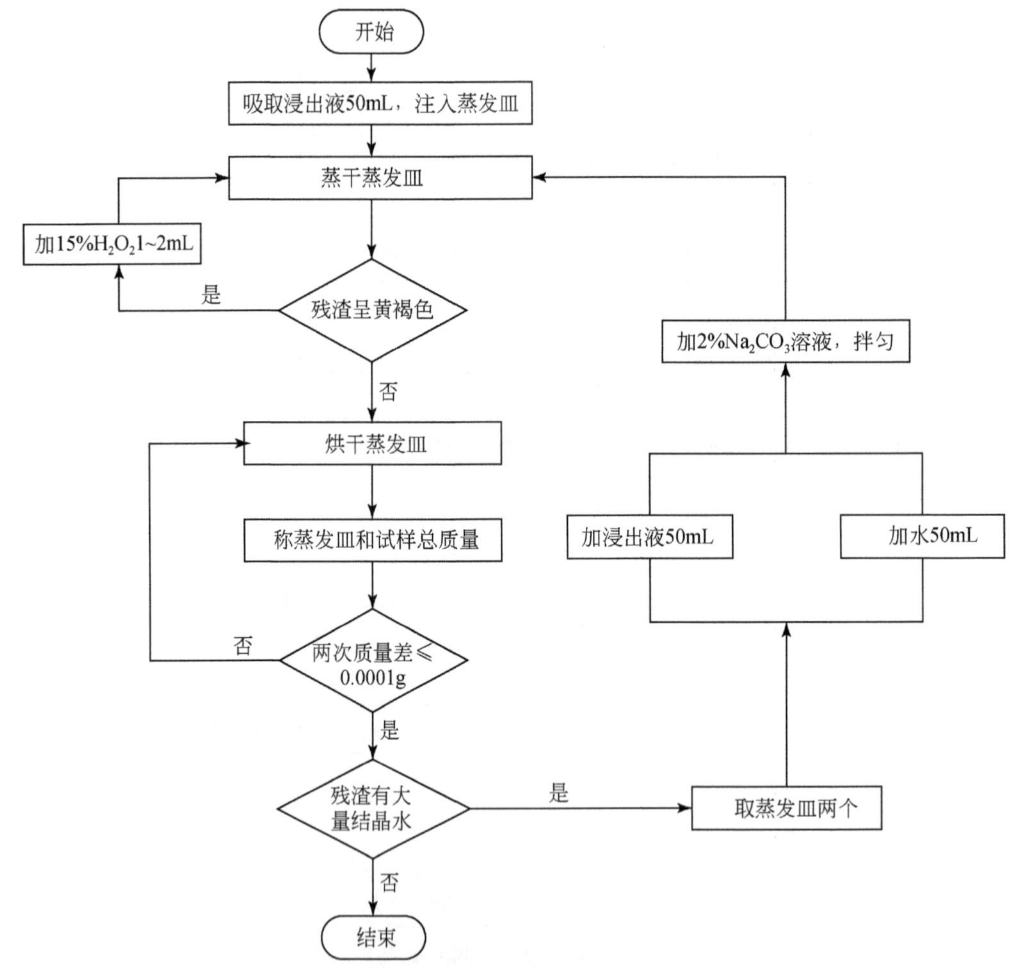

图 6.38　易溶盐总量测定试验流程

第一步：用移液管吸取浸出液 50mL，注入已知质量的蒸发皿中。将蒸发皿放在水浴锅或电子万用炉上，盖上表面皿，蒸干。若采用电子万用炉，温度宜为 100℃左右。当蒸干残渣中呈现黄褐色时,加入15%过氧化氢(H_2O_2)1～2mL,继续在电子万用炉上蒸干,反复处理至黄褐色消失。

第二步:将蒸发皿放入烘箱,在105～110℃下烘干4～8h。取出蒸发皿放入干燥容器中,冷却至室温。称量冷却后蒸发皿和试样的总质量。再烘干2～4h,置于干燥容器中冷却后再次称量蒸发皿和试样的总质量,反复进行,直至最后相邻两次质量差值不大于0.0001g。

第三步:若浸出液蒸干后,残渣中仍含有大量结晶水,测得的易溶盐质量将偏高。遇此情况,可取蒸发皿两个,一个加浸出液50mL,另一个加纯水50mL,分别加入等量2%碳酸钠(Na_2CO_3)溶液,搅拌均匀,按第一、第二步进行试验。烘箱温度为180℃以烘干结晶水。

3)碳酸根和重碳酸根的测定

试验流程如图6.39所示,为了避免空气中CO_2对试验结果的影响,采用双指示剂中和滴定法分步滴定刚制备好的浸出液,以不同指示剂指示终点,根据标准溶液的用量计算碳酸根和重碳酸根的含量。

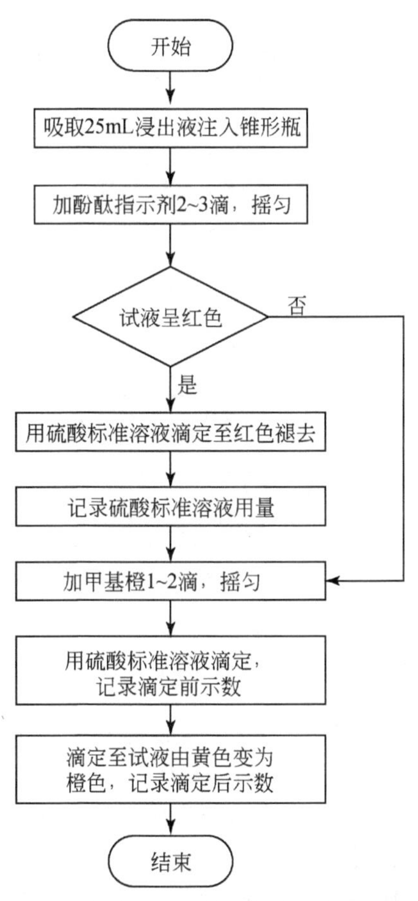

图6.39　碳酸根与重碳酸根的测定试验流程

第一步:碳酸根与重碳酸根之间容易互相转化,浸出液制备后,应立即用移液管吸取25mL,注入锥形瓶中,加酚酞指示剂2～3滴,摇匀,试液若不显红色,表示无碳酸根存在。如果试液显红色,即用硫酸标准溶液滴定至红色刚褪去为止,记录硫酸标准溶液用量,精确至 0. 05mL。

第二步：在第一步得到的试液中，加入甲基橙指示剂 1 ~ 2 滴，摇匀。用硫酸标准溶液滴定，记录滴定前示数，进行滴定至试液由黄色变为橙色。记录滴定后示数，精确至 0. 05mL。

4）氯离子的测定

测定氯离子的方法不止硝酸银容量法一种，还有硝酸汞滴定法、硫氰酸汞光度法、离子色谱法等，但是这些方法不如硝酸银容量法操作简便，一般仅适用于氯离子浓度较低的试样，有些还需专门的仪器设备。本试验采用硝酸银容量法，试验流程如图 6. 40 所示，以铬酸钾作为指示剂，使用硝酸银标准溶液滴定中性浸出液，最终生成砖红色铬酸银沉淀，由消耗的硝酸银标准溶液用量计算出氯离子的含量。

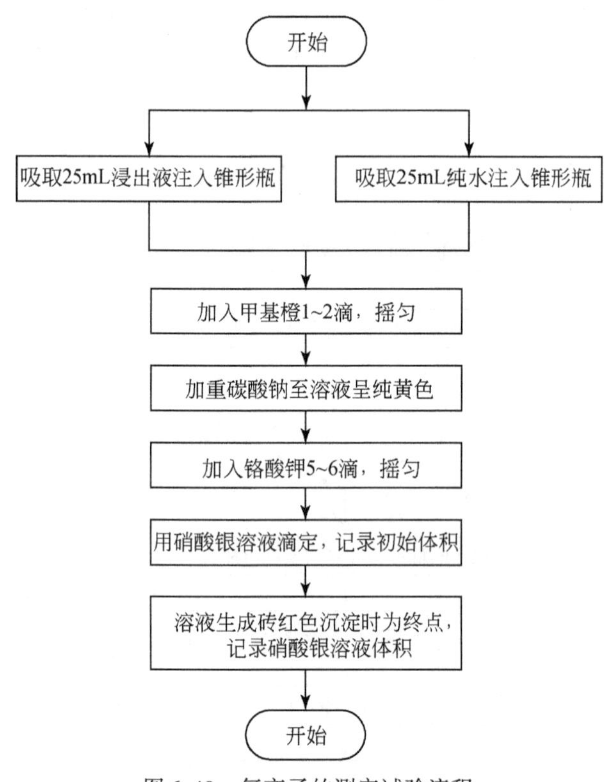

图 6. 40　氯离子的测定试验流程

第一步：用移液管吸取浸出液 25mL，注入锥形瓶中，加入甲基橙指示剂 1 ~ 2 滴，摇匀。逐滴加入重碳酸钠至溶液呈纯黄色，以控制 pH 为 7。再加入铬酸钾指示剂 5 ~ 6 滴，摇匀。用硝酸银标准溶液滴定，记录初始体积，当溶液生成砖红色沉淀时为终点。记录滴定后硝酸银标准溶液的体积。计算硝酸银标准溶液用量，精确至 0. 05mL。

第二步：另取纯水 25mL，作为空白试样按照第一步进行试验，记录生成砖红色沉淀时的硝酸银标准溶液用量。

5）硫酸根的测定

试验流程如图 6. 41 所示，首先估测硫酸根含量，当土中硫酸根含量≥0. 025%（相当于 50mg/L）时，采用 EDTA 络合容量法；当硫酸根含量<0. 025% 时，采用比浊法。

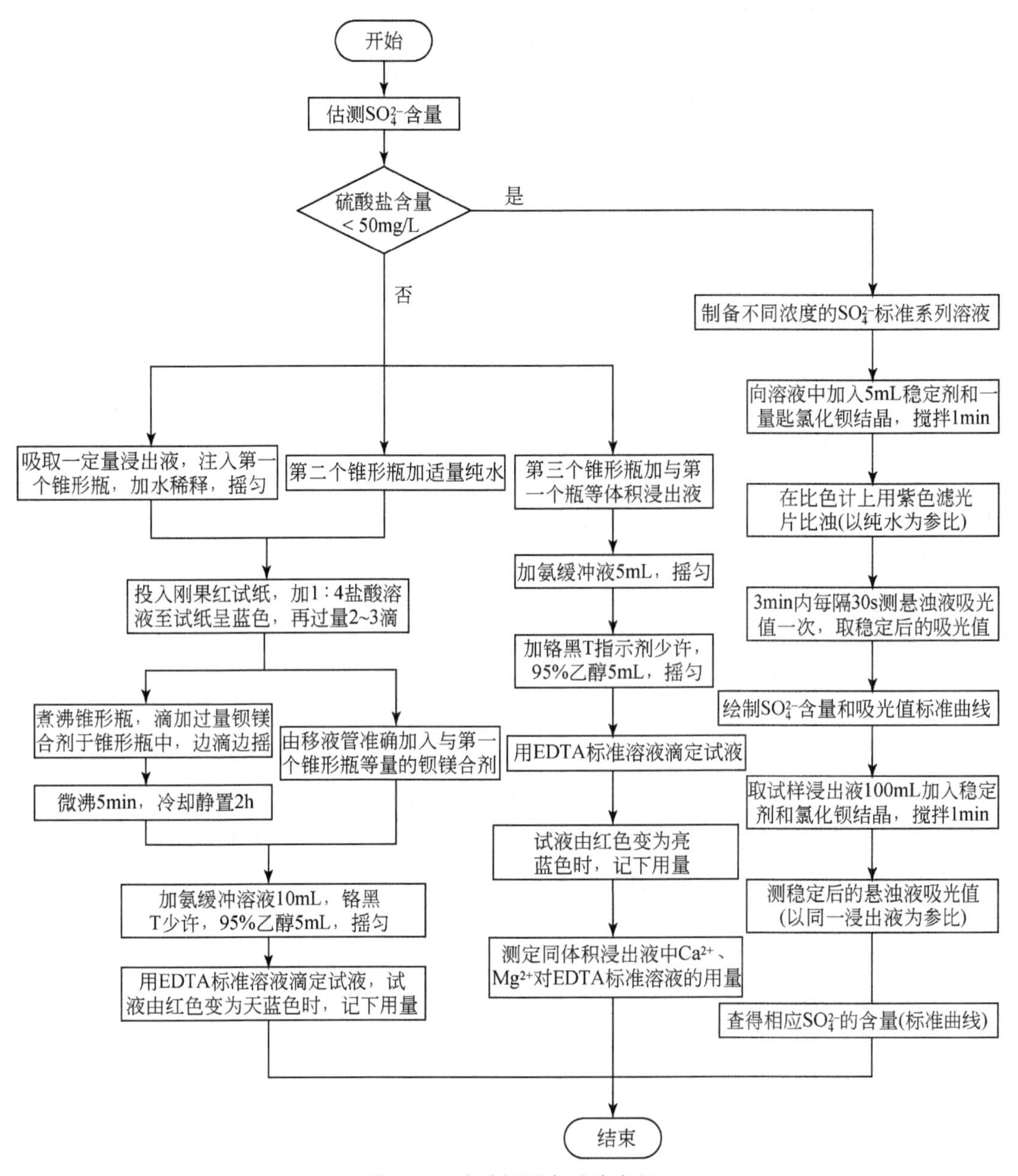

图 6.41　硫酸根测定试验流程

EDTA 络合容量法是将过量钡镁混合剂与硫酸根反应生成硫酸钡沉淀,使硫酸根离子完全被消耗,再用 EDTA 标准溶液滴定试液和铬黑 T 指示剂滴定过量的钡离子,最终由消耗的钡离子计算硫酸根的含量。比浊法是使氯化钡与硫酸根反应生成硫酸钡沉淀,再将硫酸钡制成浊液,然后在比色计中测定溶液的浊度,根据浊度查标准曲线计算硫酸根的含量。

a. EDTA 络合容量法

第一步:硫酸根含量的估测。取浸出液 5mL 于比色管中,加入 1∶1 盐酸 2 滴,再加氯化钡溶液 5 滴,摇匀。按硫酸根估测方法选择试剂用量(表 6.4),估测硫酸根含量。若硫酸盐含量小于 50mg/L 时，采用比浊法。

表 6.4　硫酸根估测方法选择与试剂用量

加氯化钡后溶液混浊情况	SO_4^{2-} 含量/(mg/L)	测定方法	吸取土浸出液/mL	钡镁混合剂用量/mL
数分钟后微混浊	<10	比浊法	—	—
立即呈生混浊	25 ~ 50	比浊法	—	—
立即混浊	50 ~ 100	EDTA	25	4 ~ 5
立即沉淀	100 ~ 200	EDTA	25	8
立即大量沉淀	>200	EDTA	10	10 ~ 12

第二步：用移液管吸取一定量浸出液，注于第一个锥形瓶中，用适量纯水稀释，摇匀。投入刚果红试纸一片，滴加 1 : 4 盐酸溶液至试纸呈蓝色，再过量 2 ~ 3 滴。加热煮沸锥形瓶，趁热用移液管准确滴加过量钡镁合剂（至少过量 50%）于锥形瓶中，边滴边摇，继续加热微沸 5min，取下冷却静置 2h。然后加氨缓冲溶液 10mL，铬黑 T 少许，95% 乙醇 5mL，摇匀。再用 EDTA 标准溶液滴定试液，当试液由红色变为天蓝色时，记下用量 V_1。

第三步：取第二个锥形瓶加入适量纯水，投刚果红试纸一片，滴加 1 : 4 盐酸溶液至试纸呈蓝色，再过量 2 ~ 3 滴。由移液管准确加入与第二步等量的钡镁合剂，然后加氨缓冲溶液 10mL，铬黑 T 指示剂少许，95% 乙醇 5mL，摇匀。再用 EDTA 标准溶液滴定试液，当试液由红色变为天蓝色时，记下用量 V_2。

第四步：取第三个锥形瓶加入与第一个锥形瓶中等体积的浸出液，加入氨缓冲溶液 5mL，摇匀后加入铬黑 T 指示剂少许，95% 乙醇 5mL，充分摇匀。用 EDTA 标准溶液滴定试液，当试液由红色变为亮蓝色时为终点，记下 EDTA 标准溶液用量，估读至 0. 05mL。从而测定同体积浸出液中钙镁离子对 EDTA 标准溶液的用量 V_3。

b. 比浊法

第一步：标准曲线的绘制。用移液管分别吸取硫酸根标准溶液 5mL、10mL、20mL、30mL、40mL 注入 100mL 容量瓶中，然后均用纯水稀释至刻度，制成硫酸根含量分别为 0. 5mg/100mL、1. 0mg/100mL、2. 0mg/100mL、3. 0mg/100mL、4. 0mg/100mL 的标准系列。再分别移入烧杯中，各加悬浊液稳定剂 5mL 和一量匙的氯化钡结晶，置于磁力搅拌器上搅拌 1min。以纯水为参比，在光电比色计上用紫色滤光片（如用分光光度计，则用 400 ~ 450 的波长）进行比浊，在 3min 内每隔 30s 测读一次悬浊液吸光值，取稳定后的吸光值。再以硫酸根含量为纵坐标，相对应的吸光值为横坐标，在坐标纸上绘制关系曲线，即得标准曲线。

第二步：硫酸根含量的测定。用移液管吸取试样浸出液 100mL（硫酸根含量大于 4mg/mL 时，应少取浸出液并用纯水稀释至 100mL）置于烧杯中，然后按本试验第一步中的标准系列溶液加悬浊液稳定剂等一系列步骤进行操作，以同一试样浸出液为参比，测定悬浊液的吸光值，取稳定后的读数，由标准曲线查得相应硫酸根的含量（mg/100mL）。

6）钙镁离子的测定

钙镁离子的测定方法主要采用 EDTA 容量法，它具有设备简单，操作方便等优点。钙离子的测定是在浸出液中加入氢氧化钠溶液充分沉淀 Mg^{2+}，然后加入钙指示剂，用 EDTA 标准

溶液滴定溶液中的 Ca^{2+}，计算钙离子的含量。镁离子的测定是以铬黑 T 为指示剂，用 EDTA 标准溶液滴定试液同时测定钙镁离子总量和钙离子含量，然后用钙镁离子总量减去钙离子含量计算镁离子的含量。

a. 钙离子的测定

测定钙离子的试验流程如图 6.42 所示。

第一步：用移液管移入 25mL 浸出液至锥形瓶中，投刚果红试纸一片，滴加 1 ∶ 4 盐酸溶液至试纸变为蓝色为止，煮沸除去二氧化碳后冷却。当浸出液中碳酸根和重碳酸根含量很少时，可省去此步骤。

第二步：取氢氧化钠溶液 2mL 加入锥形瓶中摇匀，以控制 pH≈12。放置 1～2min 后，加钙指示剂少许，滴入 95% 乙醇 5mL，充分摇匀。用 EDTA 标准溶液滴定，记录初始体积，当试液由红色变为浅蓝色时为终点，记录滴定后 EDTA 标准溶液的体积，估读至 0.05mL。

b. 镁离子的测定

测定镁离子的试验流程如图 6.43 所示。

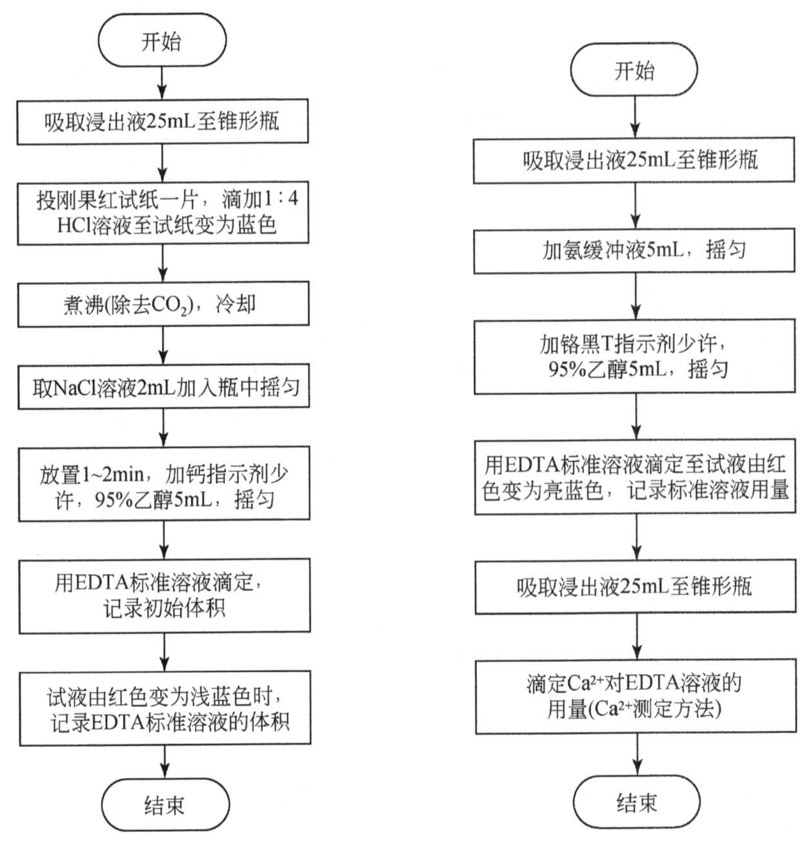

图 6.42　钙离子的测定试验流程　　图 6.43　镁离子的测定试验流程

第一步：用移液管移入 25mL 浸出液至锥形瓶中，加入氨缓冲溶液 5mL，摇匀后加入铬黑 T 指示剂少许，加入 95% 乙醇 5mL，充分摇匀。用 EDTA 标准溶液滴定至试液由红色变为亮蓝色为终点，记下 EDTA 标准溶液用量。

第二步：用移液管移取与第一步等体积的浸出液，按照钙离子测定中的步骤操作，滴定钙离子对 EDTA 标准溶液的用量。

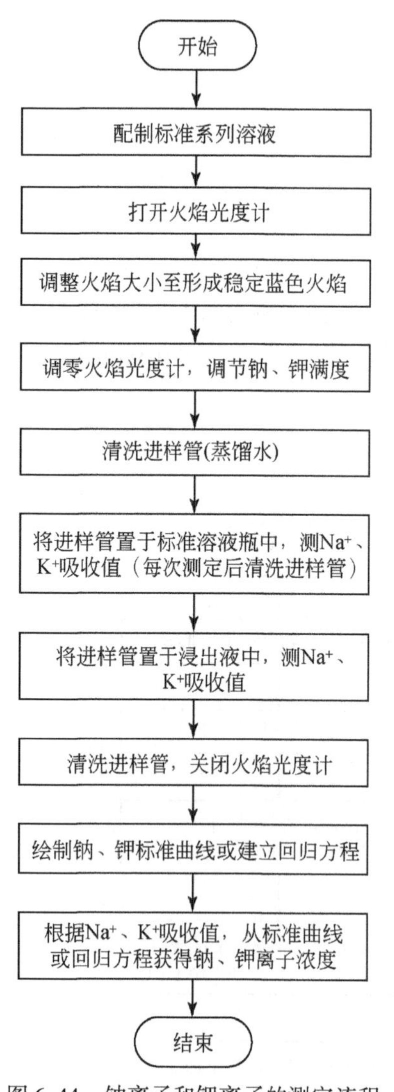

图 6.44　钠离子和钾离子的测定流程

7）钠离子和钾离子的测定

钠离子和钾离子的测定主要方法有差减法和火焰光度计法。差减法只能计算钠、钾离子总量，不能单独计算钠、钾离子含量；而火焰光度计法具有操作简便、快速、灵敏度高等优点，且能分开测定钠、钾离子含量。本试验采用火焰光度计法，试验流程如图 6.44 所示，分别使用钠滤光片和钾滤光片在火电光度计上测定不同浓度的标准溶液，绘制标准关系曲线，然后分别测定试样钠、钾吸收值，通过查取钠、钾关系曲线，计算钠离子和钾离子的含量。

第一步：配制标准系列溶液。取 50mL 容量瓶 6 个，准确加入钠（Na^+）标准溶液和钾（K^+）标准溶液各为 0mL、1mL、5mL、10mL、15mL、20mL、25mL，然后各用纯水稀释至 50mL，此系列相应浓度范围为 $\rho(Na^+)$ 0 ~ 50mg/L，$\rho(K^+)$ 0 ~ 50mg/L。

第二步：打开火焰光度计，待火焰点着后，调整火焰大小，形成稳定的蓝色火焰。

第三步：根据序列浓度调节钠、钾量程。用蒸馏水分别对钠、钾进行零值标定，即调零火焰光度计。移开烧杯，将进样管置于浓度最大的钠钾标准溶液中，分别调节钠、钾满度。移开标准溶液瓶，用蒸馏水清洗进样管。

第四步：将进样管置于第一个标准溶液瓶中，测定钠、钾吸收值，记录数据，用蒸馏水清洗进样管。按标准系列浓度顺序（从小到大），分别测定其余（钠、钾）标准浓度的吸收值，每次测定后都需用蒸馏水清洗进样管。

第五步：将进样管置于试样浸出液中，测定试样的钠、钾吸收值，记录数据。

第六步：取下烧杯，用蒸馏水清洗进样管，关闭火焰光度计。

第七步：绘制标准曲线。以钠离子、钾离子浓度为横坐标，以第四步所测得的吸收值为纵坐标，分别绘制钠、钾标准曲线，根据所测得试样的钠、钾吸收值，从标准曲线查得相应的钠、钾离子浓度。

6.4.3　有机质试验

有机质含量的测定方法有很多，其中包括质量法、容量法、重铬酸钾容量法、比色法、双氧水氧化法等。《土工试验方法标准》(GB/T 50123—1999)认为重铬酸钾容量法具有操作简便、快速、再现性好、不受大量碳酸盐存在的干扰、设备简单等优点。本试验采用重铬酸钾容量法,其试验流程如图6.45所示,在加热条件下,有机质中的碳与过量的重铬酸钾发生氧化还原反应,利用重铬酸钾用量测定有机碳含量,进而确定有机质含量。

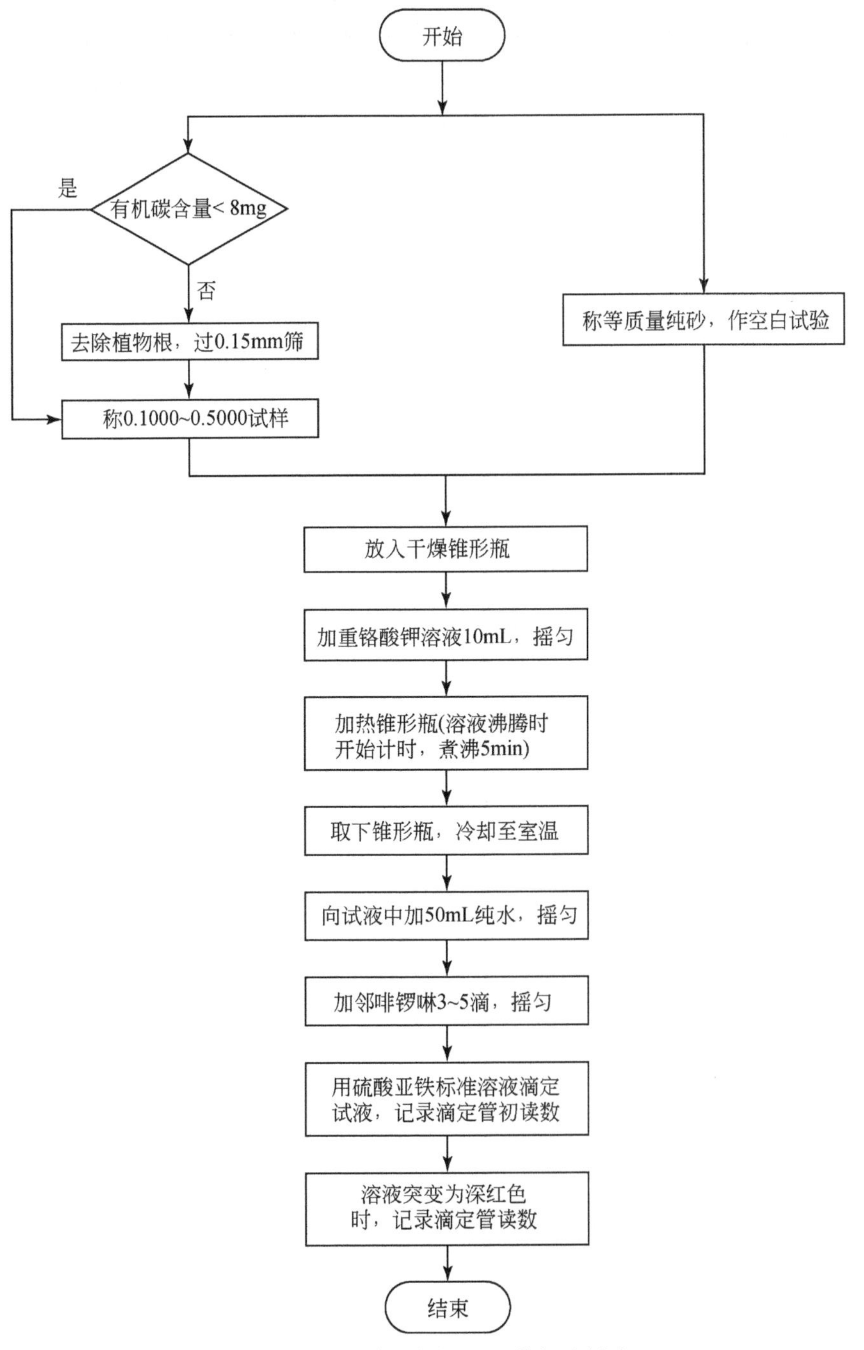

图6.45　有机质试验流程(重铬钾容量法)

第一步：样品制备。试样中有机碳含量小于 8mg 时，去除风干试样中的植物根，过 0.15mm 筛后，取筛下试样 0.1000～0.5000g，放入干燥的锥形瓶底部。用滴定管缓慢滴入重铬酸钾标准溶液 10.00mL，摇匀。同时以纯砂代替试样进行空白试验。

第二步：将锥形瓶放在 190℃左右的（油浴锅里或）电热板上，控制温度在 170～180℃。从锥形瓶内溶液沸腾时开始计时，煮沸 5min。取下锥形瓶，冷却至室温。

第三步：取 50mL 纯水，加入试液中，摇匀。加入邻啡锣啉指示剂 3～5 滴，摇匀。用硫酸亚铁标准溶液滴定试液，记录滴定管初始读数，当溶液由黄色经墨绿色突变为深红色时即为滴定终点。记录滴定后滴定管的读数，估读至 0.05mL。滴定空白试样后，对比二者试验现象。

第7章　岩石试验方法

本章以《工程岩体试验方法标准》(GB/T 50266—2013)为基础,结合公路、水利等相关行业标准对试验具体步骤进行了相应的调整和修正。在进行岩石室内试验之前,统一、规范岩石试样的制备方法与试样要求。试验过程讲解结合了流程图,凸显了要点和重点。

7.1　岩石试验试样要求

1)岩石含水率试验

(1)试样应在现场采取,不得采用爆破法。试样在采取、运输、储存和制备过程中,应保持天然含水率。其他试验需测含水率时,可采用试验完成后的试样制备。

(2)试样最小尺寸应大于组成岩石最大矿物颗粒直径的10倍,质量宜为40~200g,每组试验试样的数量应为5个。

(3)测定结构面充填物含水率时,应符合现行国家标准《土工试验方法标准》(GB/T 50123)的有关规定。

2)岩石颗粒密度试验

(1)将岩石用粉碎机粉碎成岩粉,使之全部通过0.25mm筛孔,用磁铁吸去铁屑。

(2)对于含有磁性矿物的岩石,应采用瓷研钵或玛瑙研钵粉碎,使之全部通过0.25mm筛孔。

3)岩石块体密度试验

量积法要求如下。

(1)试样尺寸应大于岩石最大矿物颗粒直径的10倍,最小尺寸不宜小于50mm。

(2)试样可用圆柱体、方柱体或立方体。

(3)沿试样高度,直径或边长的误差不大于0.3mm。

(4)试样两端面平行度误差不大于0.05mm。

(5)试样端面应垂直于试样轴线,最大偏差不大于0.25°。

(6)方柱体或立方体试样相邻两面应互相垂直,最大偏差不大于0.25°。

蜡封法要求如下。

岩石试样边长宜为40~60mm的浑圆状岩块。

4)岩石吸水性试验

(1)规则试件应符合本节第3)部分中量积法的试样要求。

(2)不规则试样宜为边长40~60mm的浑圆状岩石。

(3)每组试验试样的数量应为3个。

5)岩石膨胀性试验

(1)试样采用干法加工,应在现场采取,保持天然含水状态,不得采用爆破法取样。

(2)圆柱体试样的直径为 48 ~65mm,高度宜等于直径,两端面应平行;正方体试样的边长宜为 48 ~65mm,各相对面应平行。每组试验试样的数量应为 3 个。

(3)侧向约束膨胀率试验和体积不变条件下的膨胀压力试验的试样高度不应小于 20mm,或不大于组成岩石最大矿物粒径的 10 倍,两端面应平行。试样直径宜为 50 ~65mm,试样直径应小于金属套环直径 0.0 ~0.1mm。同一膨胀方向每组试验试样的数量应为 3 个。

6)岩石耐崩解性试验

(1)应在现场采取保持天然含水状态的试样并密封。

(2)试样应制成浑圆状,且每个质量应为 40 ~60g。

(3)每组试验试样的数量应为 10 个。

7)岩石单轴抗压强度试验

试件尺寸要求如下。

(1)圆柱体试样直径宜为 48 ~54mm。

(2)试件的直径应大于岩石中最大颗粒直径的 10 倍。

(3)试件高度与直径之比宜为 2.0 ~2.5。

试件精度要求如下。

(1)试件两端面不平行度误差不得大于 0.05mm。

(2)沿试件高度,直径的误差不得大于 0.7mm。

(3)端面应垂直于试样轴线,偏差不得大于 0.25°。

8)岩石冻融试验

试件应符合本节第 7)部分的要求。

9)岩石单轴压缩变形试验

试件应符合本节第 7)部分的要求。

10)岩石三轴压缩强度试验

(1)圆柱体试样直径应为试验机承压板直径的 0.96 ~1.00 倍。

(2)同一含水状态和同一加载方向下,每组试验试件的数量应为 5 个。

(3)其他应符合本节第 7)部分的要求。

11)岩石巴西劈裂试验

(1)圆柱体试样的直径宜为 48 ~54mm,试样的厚度宜为直径的 0.5 ~1.0 倍,并应大于岩石最大颗粒直径的 10 倍。

(2)其他应符合本节第 7)部分的试件精度要求。

12)岩体结构面直剪试验

(1)立方体试样边长不小于 50mm。

(2)保证结构面平行于所施加的剪应力,且位于试样中部。

(3)每组试样至少 5 个,用于测定不同法向荷载下的抗剪强度。

13)岩石点荷载强度试验

(1)作径向试验的岩心试样,长度与直径之比应大于 1.0;作轴向试验的岩心试样,长度与直径之比宜为 0.3 ~1.0。

(2)方块体或不规则块体试样,其尺寸宜为15～85mm,两加载点间距与加载处平均宽度之比宜为0.3～1.0。

14)岩石声波速度测试

试样尺寸要求如下。

(1)圆柱体试样直径宜为48～54mm。

(2)直径应大于岩石中最大颗粒直径的10倍。

(3)高度与直径之比宜为2.0～2.5。

试样精度要求如下。

(1)试样两端面不平行度误差不得大于0.05mm。

(2)沿试样高度,直径的误差不得大于0.3mm。

(3)端面垂直于试样轴线,偏差不得大于0.25°。

7.2　岩石试验试件描述

1)岩石含水率试验

(1)岩石名称、颜色、矿物成分、结构、构造、风化程度、胶结物性质等。

(2)为保持含水状态所采取的措施。

2)岩石颗粒密度试验

(1)岩石粉碎前的名称、颜色、矿物成分、结构、构造、风化程度、胶结物性质等。

(2)岩石的粉碎方法。

3)岩石块体密度试验

(1)岩石名称、颜色、矿物成分、结构、构造、风化程度、胶结物性质等。

(2)节理裂隙的发育程度及其分布。

(3)试件的形态。

4)岩石吸水性试验

试件描述应符合本节第3)部分的规定。

5)岩石膨胀性试验

(1)岩石名称、颜色、矿物成分、结构、构造、风化程度、胶结物性质等。

(2)膨胀变形和加载方向分别与层理、片理、节理裂隙之间的关系。

(3)试件加工方法。

6)岩石耐崩解性试验

岩石名称、颜色、矿物成分、结构、构造、风化程度、胶结物性质等。

7)岩石单轴抗压强度试验

(1)岩石名称、颜色、矿物成分、结构、构造、风化程度、胶结物性质等。

(2)加载方向与岩石试件层理、节理、裂隙的关系。

(3)含水状态及所使用的方法。

(4)试件加工中出现的现象。

8）岩石冻融试验

试件描述应符合本节第7）部分的要求。

9）岩石单轴压缩变形试验

试件描述应符合本节第7）部分的要求。

10）岩石三轴压缩强度试验

试件描述应符合本节第7）部分的要求。

11）岩石巴西劈裂试验

试件描述应符合本节第7）部分的要求。

12）岩体结构面直剪试验

（1）岩石名称、颜色、矿物成分、结构、构造、风化程度、胶结物性质等。

（2）层理、片理、节理裂隙的发育程度及其与剪切方向的关系。

（3）结构面的充填物性质、充填程度以及试样采取和试件制备过程中受扰动的情况。

13）岩石点荷载强度试验

（1）岩石名称、颜色、矿物成分、结构、构造、风化程度、胶结物性质等。

（2）试件形状及制备方法。

（3）加载方向与层理、片理、节理的关系。

（4）含水状态及所使用的方法。

14）岩石声波速度测试

（1）岩石名称、颜色、矿物成分、结构、构造、风化程度、胶结物性质等。

（2）加载方向与岩石试样层理、节理、裂隙的关系。

（3）含水状态及试样制备采取的方法。

（4）试样加工中出现的现象。

7.3　物理性质测试

7.3.1　岩石含水率试验

岩石含水率是岩石在105～110℃下烘至恒量时失去的水的质量与岩石固体颗粒质量的比值，其可间接地反映岩石中空隙的多少、岩石的致密程度等特性。本试验分为称量试样、烘干试样和称量烘干试样三部分，试验流程如图7.1所示。

第一步：称称量盒的质量。将试样放入称量盒内，称量试样和称量盒的总质量。称量应精确至0.01g。

第二步：打开称量盒，将称量盒与试样置于烘箱内，在105～110℃下烘干，烘干时间一般为24h。

第三步：烘干后将称量盒从烘箱中取出，放入干燥容器中冷却至室温后，称试样和称量盒的总质量，精确至0.01g。

第四步：计算含水率，精确至0.01。

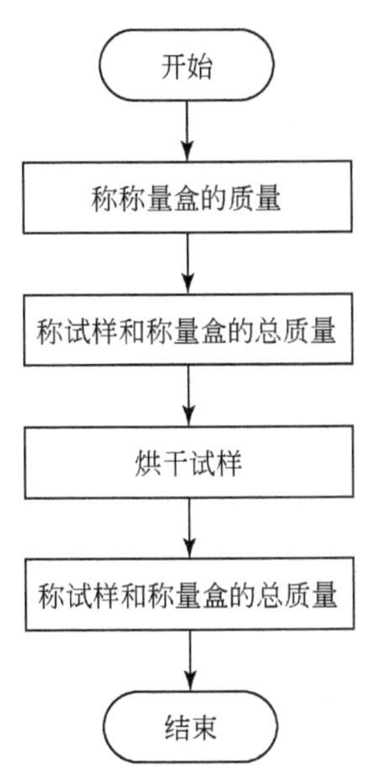

图 7.1　岩石含水率试验流程

7.3.2　岩石颗粒密度试验

岩石的颗粒密度是岩石在 105～110℃下烘至恒量时岩石固相颗粒质量与其体积的比值，其测定方法有比重瓶法和水中称量法，本试验采用比重瓶法，适用于各类岩石，试验流程如图 7.2 所示。

第一步：用四分法取两份岩粉，每份岩粉质量为 15g。

第二步：将岩粉倒入烘干的比重瓶内。注入试液至比重瓶容积的一半处，摇动比重瓶，使岩粉和试液充分混合，塞紧瓶塞。试液选用蒸馏水或煤油。对含水溶性矿物的岩石，应使用煤油作试液。

第三步：当使用蒸馏水作试液时，可采用煮沸法或真空抽气法排除气体。当使用煤油作试液时，应采用真空抽气法排除气体。将比重瓶置于砂浴中，加热煮沸，沸腾以后，调低砂浴温度，保持微沸，微沸时间不应少于 1h。当采用真空抽气法排除气体时，真空压力表读数宜为当地大气压力值。抽气至无气泡逸出时，继续抽气时间不宜少于 1h。

第四步：将经过排除气体的试液注满比重瓶，塞紧瓶塞，使多余试液自瓶塞毛细孔中溢出。打开恒温水槽，将装有试样悬液的比重瓶置于恒温水槽内，直至瓶内温度恒定，且上部悬液澄清。

第五步：将比重瓶外擦干，称量比重瓶、试液和岩粉的总质量，称量应精确至 0.001g。测定瓶内试液的温度，精确至 0.5℃。

第六步：取洗净并烘干的比重瓶，注入经排除气体并与试验同温度的蒸馏水至近满，置于恒温水槽，恒温后称量比重瓶和试液的总质量。

第七步：计算颗粒密度，精确至 0.01g/cm^3。

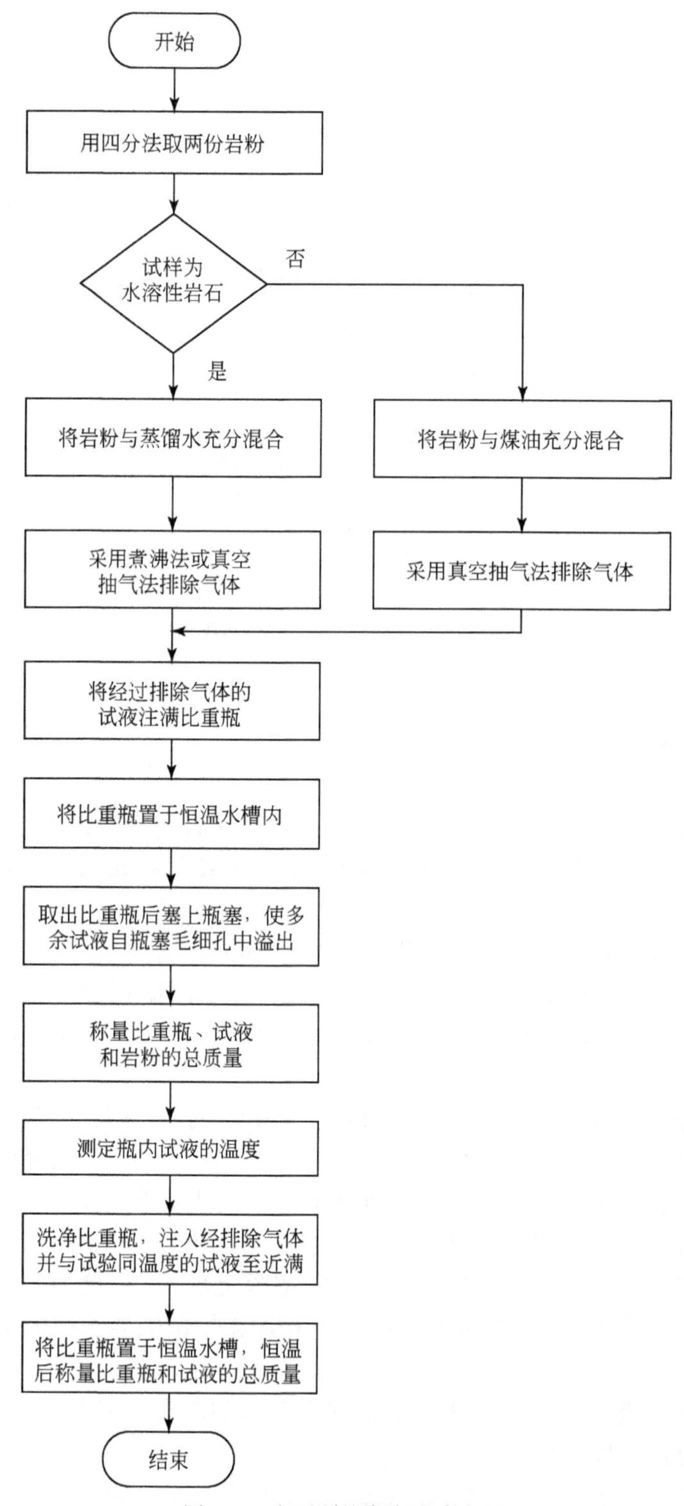

图 7.2　岩石颗粒密度试验流程

7.3.3　岩石块体密度试验

岩石块体密度是指单位体积内的岩石质量。按试样含水状态分为天然密度、饱和密度和干密度。其测定方法有量积法和蜡封法。

1)量积法

量积法是通过直接测定试样的体积和质量来确定岩石块体密度,试验流程如图7.3所示。

第一步:用游标卡尺量测试样两端和中间三个断面上相互垂直的两个直径或边长,精确至0.02mm。

第二步:用游标卡尺量测端面周边对称四点和中心点的五个高度,精确至0.02mm。

第三步:将试样置于烘箱中,在105~110℃的恒温下烘干24h。取出试样,放入干燥容器内冷却至室温,称量试样质量,精确至0.01g。

第四步:分别计算试样截面积和高度的平均值。根据公式,计算岩石块体密度,精确至0.01g/cm³。

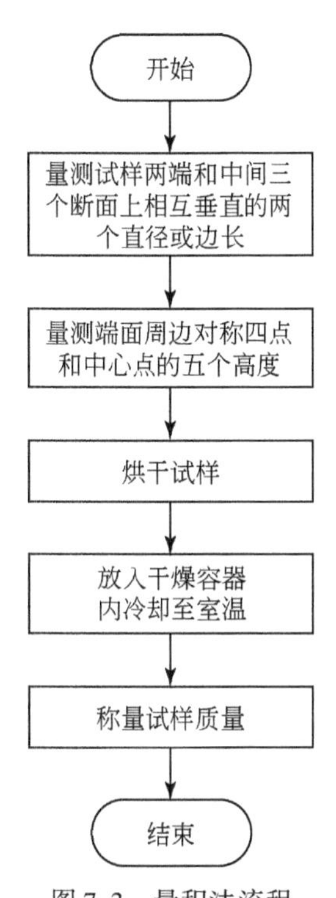

图7.3　量积法流程

2)蜡封法

蜡封法是通过间接确定试样体积,进而计算岩石块体密度。试验步骤可分为称量试样、蜡封试样、称量蜡封试样在蒸馏水中的质量和再次称量蜡封试样质量四部分,试验流程如图7.4所示。

第一步:称量试样质量,精确至0.01g。

第二步:将试样系上细线,并浸没于60℃左右的熔蜡中1~2s,使试样表面均匀涂上一层蜡膜,厚度约1mm。当试样上蜡膜有气泡时,应用热针刺穿并用蜡液涂平。试样冷却后,打开分析天平,放入称量纸,称蜡封试样质量,精确至0.01g。

第三步:把蜡封试样悬挂在电光分析天平中,试样应浸没于盛有蒸馏水的烧杯中,且试样不能接触烧杯壁。调节天平,测读示数。

第四步:取出试样,擦干蜡面上的水分,再次称蜡封试样质量,称量应精确至0.01g,记录数据。当浸水后试样质量增加时,应重做试验。

第五步:测定岩石含水率。

第六步:根据公式计算蜡封法岩石块体湿密度,精确至0.01g/cm³。

若测试岩石块体干密度时,试样应在105~110℃的恒温下烘干24h,取出试样,放入干燥容器内冷却至室温。称量烘干试样质量。其余步骤与湿密度测试相同。计算试样干密度,精确至0.01g/cm³。

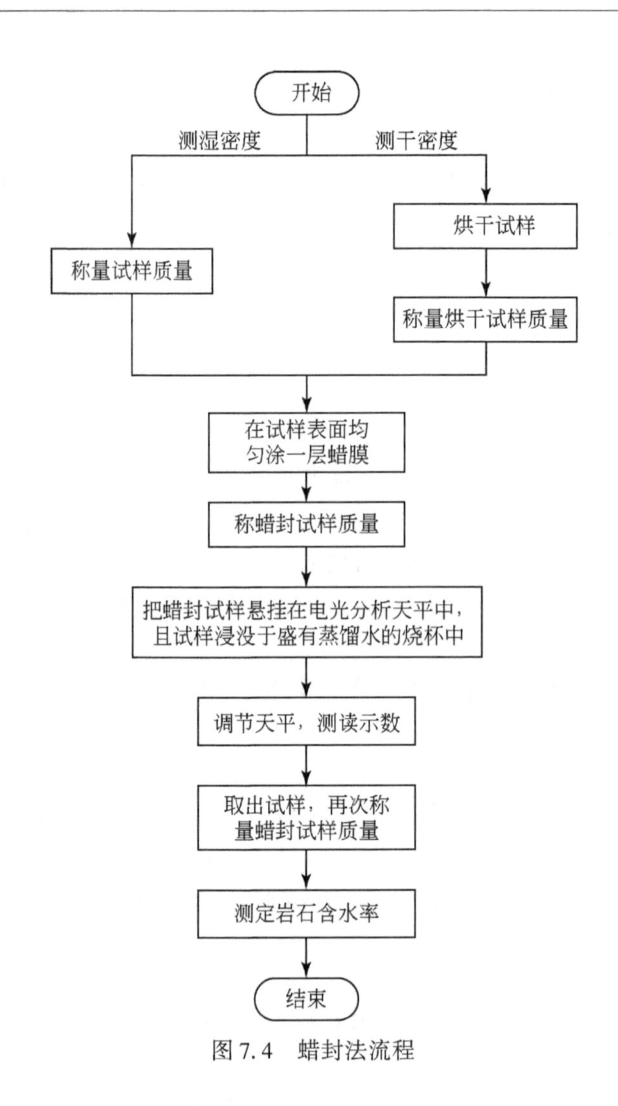

图 7.4　蜡封法流程

7.3.4　岩石吸水性试验

岩石吸水性是岩石吸收水分的性质，岩石吸水性试验包括岩石吸水率试验和岩石饱和吸水率试验。岩石的吸水率是岩石在大气压力和温室条件下吸入水的质量与岩石固体颗粒质量的比值，采用自然浸水法测定。岩石的饱和吸水率是岩石在强制条件下的最大吸水量与岩石固体颗粒质量的比值，采用煮沸法或真空法强制饱和后测定。本试验流程如图 7.5 所示。

第一步：将制备好的试样置于烘箱内，在 105 ~ 110℃ 的恒温下烘干 24h，取出烘干试样，放入干燥容器内冷却至室温，称量试样质量，精确至 0.01g。

第二步：浸湿试验，采用自由浸水法浸湿试样。将试样放入水槽，先注水至试样高度的 1/4 处，2h 后注水至 1/2 处，4h 后注水至 3/4 处，6h 后浸没试样。试样在水中自由吸水 48h 后，取出试样并沾去表面水分称量，精确至 0.01g。

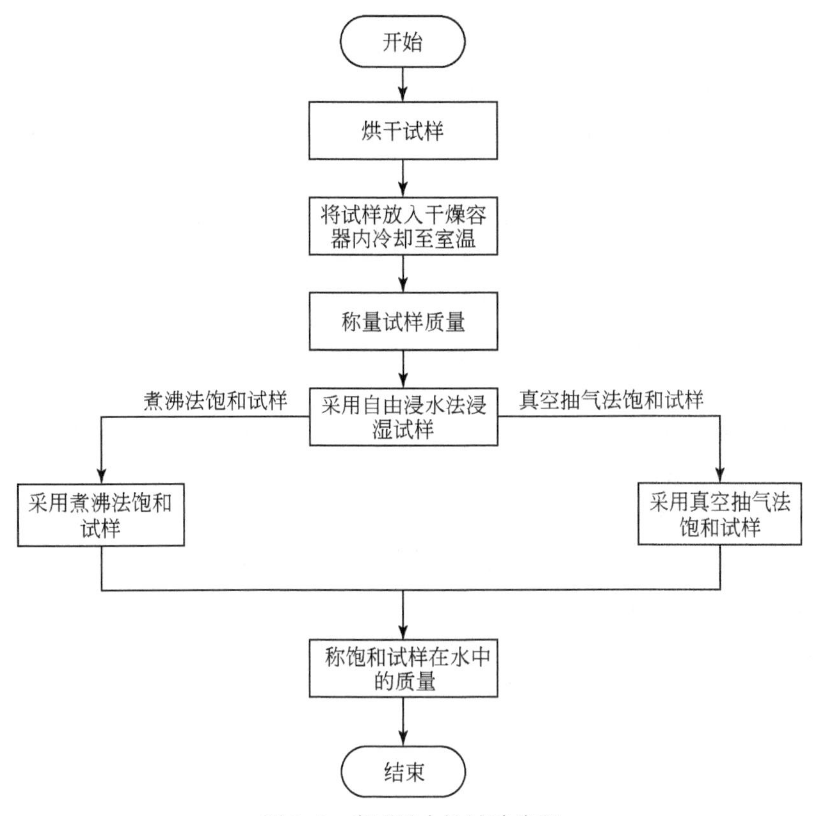

图7.5　岩石吸水性试验流程

第三步:强制饱和试样可采用煮沸法或真空抽气法。

若采用煮沸法强制饱和试样。将经过自由吸水后的试样放入煮沸设备中,煮沸水面应始终高于试样,煮沸时间不得少于6h。煮沸完毕后,待煮沸设备冷却至室温。取出试样,沾去试样表面水分,称量试样质量。

若采用真空抽气法强制饱和试样。将经过自由吸水后的试样放入盛水的饱和容器中,饱和容器内的水面应高于试样。组装抽气设备。开始抽气,真空压力宜接近一个大气压力,直至无气泡逸出。总的抽气时间不得少于4h。抽气完毕,在大气压力下静置4h,取出试样,沾去试样表面水分,称量试样质量。

第四步:称饱和试样在水中的质量。根据公式,计算块体干密度;根据公式计算颗粒密度,精确至0.01g/cm^3。

7.3.5　岩石膨胀性试验

岩石膨胀性是指含亲水易膨胀矿物的岩石在水的作用下吸收无定量的水分子,产生体积膨胀的性质。岩石膨胀性指标有自由膨胀率、侧向约束膨胀率和体积不变条件下的膨胀压力。

1) 自由膨胀率试验

岩石自由膨胀率是不易崩解的岩石试样在浸水后产生的径向和轴向变形与试样的原直径和高度之比,其试验流程如图 7.6 所示。

第一步:组装自由膨胀率试验仪与试样。在盛水容器内依次放置:下透水板、下部滤纸、试样、上部滤纸、上透水板及测板。

第二步:在千分表测杆浸水部分应涂上防水材料。在试样的前、后、左、右四侧对称的中心部位安装千分表,测量试样的径向变形;在试样顶部安装千分表,量测试样的轴向变形。四侧千分表与试样接触位置宜放置薄铜片。

第三步:试验安装完成后,读记千分表读数,每隔 10min 读记 1 次,直至连续 3 次读数不变。

第四步:缓慢地向盛水容器内注入蒸馏水,直至没过上透水板,注水后应立即读数。在第一小时内,每隔 10min 测记千分表读数 1 次;以后每隔 1h 测记 1 次,直至连续 3 次读数差不大于 0.001mm。试样浸水时间不得少于 48h。

第五步:计算岩石的轴向和径向自由膨胀率,取 3 位有效数字。

2) 侧向约束膨胀率试验

岩石侧向约束膨胀率是岩石试样在有侧限条件下,轴向受有限荷载时,浸水后产生的轴向变形与试样原高度之比,试验流程如图 7.7 所示。

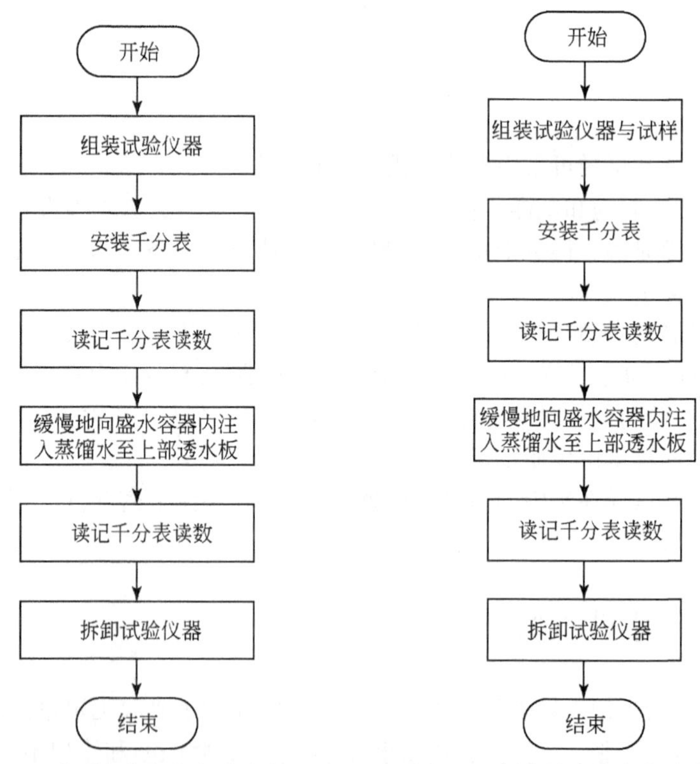

图 7.6　岩石自由膨胀率试验流程　　　图 7.7　侧向约束膨胀率试验流程

第一步:组装试验仪器与试样。在金属套环内壁涂一薄层凡士林,将已知尺寸的试样装入金属套环内,在盛水容器内依次放置下透水板,下部滤纸,装好试样的金属套环,上部滤纸,上透水板,金属荷载块。将组装好的部分置于千分表架,安装千分表,读记千分表初读数。之后每隔 10min 读记 1 次,直至连续 3 次读数不变。

第二步:缓慢地向盛水容器内注入蒸馏水,直至没过上部透水板,注水后应立即读数。在第一小时内,每隔 10min 读记千分表读数 1 次;以后每隔 1h 读记 1 次,直至连续 3 次读数差不大于 0.001mm。试样浸水后试验时间不得少于 48h。

第三步:拆卸千分表,吸去盛水容器中的水,取出试样。

第四步:计算岩石的侧向约束膨胀率,计算值应取 3 位有效数字。

3)体积不变条件下的膨胀压力试验

岩石膨胀压力是岩石试样在浸水后保持原体积不变所需的压力。体积不变条件下的膨胀压力试验流程如图 7.8 所示。

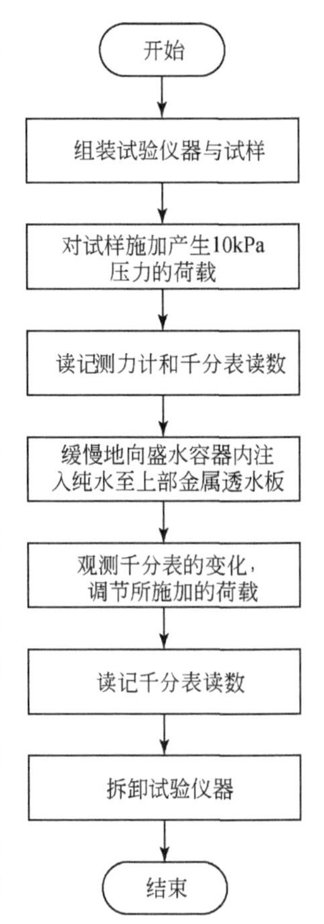

图 7.8　体积不变条件下的膨胀压力试验流程

第一步:组装试验仪器与试样。在金属套环内壁涂一薄层凡士林,将尺寸已知的试样放入金属套环中,在盛水容器内依次放置下透水板、下部滤纸、装好试样的金属套环、上部滤纸、上透水板。

第二步:安装加压系统,在上透水板顶部放置荷载块及千分表,放置传力接头,下降传力杆,传力杆和试样应位于同一轴线上,不应出现偏心荷载。

第三步:对试样施加产生 10kPa 压力的荷载,记录测力计和千分表读数,每隔 10min 读数 1 次,直至连续 3 次读数不变。

第四步:缓慢地向盛水容器内注入纯水,直至没过上部金属透水板。观测千分表的变化,应调节所施加的荷载,以保持试样高度在整个试验过程中始终不变。

开始时每隔 10min 读数 1 次,直至连续 3 次读数差小于 0.001mm;之后每小时读数 1 次,直至连续 3 次读数差小于 0.001mm 时,可认为膨胀稳定,记录轴向荷载。试样浸水后的试验时间不得少于 48h。

第五步:卸除荷载,拆下千分表,吸去容器中的水,取出试样。

第六步:计算体积不变条件下的膨胀压力,取 3 位有效数字。

7.3.6　岩石耐崩解性试验

用人为的机械方式模拟岩石天然的湿润及干燥过程,经过两个标准循环之后,对于硬度较大的岩石也可经三次或多次标准循环,岩石试样表现出的抵抗软化及崩解的能力称为岩石的耐崩解性,试验流程如图 7.9 所示。对于黏土含量较高的岩石,在短期潮湿和风干反复作用下,就容易发生崩解剥落现象。

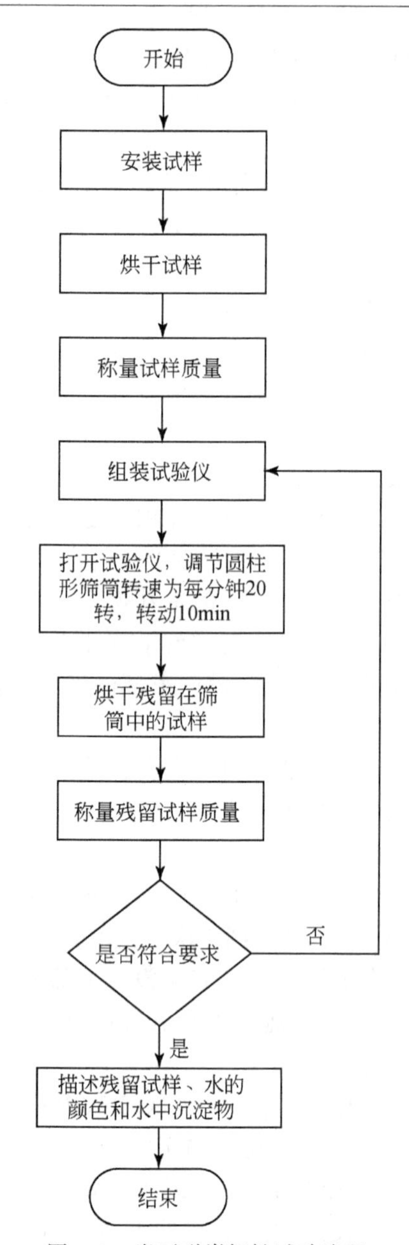

图 7.9　岩石耐崩解性试验流程

第一步:取制备好的试样置于耐崩解试验仪的圆柱形筛筒中。将装有试样的圆柱形筛筒放入烘箱中,在 105 ~ 110℃的恒温下烘 24h。取出圆柱形筛筒,将装有试样的筛筒放入干燥容器内,冷却至室温。取出筛筒,称筛筒和试样的总质量,精确至 0.01g。

第二步:组装耐崩解性试验仪。将装有试样的筛筒安放在试验仪的转动轴上,用螺栓固定。安装另一侧装有试样的筛筒。向水槽内注入蒸馏水,使水位距转动轴约 20mm。打开试验仪,调节圆柱形筛筒转速为每分钟 20 转,10min 后关闭试验仪,取下圆柱形筛筒,将装有残留试样的筛筒在 105 ~ 110℃的恒温下烘 24h。取出筛筒,放入干燥容器内,待残留试样与筛筒冷却至室温,取出筛筒,称第一次循环后筛筒和试样的总质量。

第三步:重复上一步干湿循环操作,得到第二次循环后的筛筒和残留试样质量。若工程需要,可进行 5 次循环。

第四步:描述残留试样、水的颜色和水中沉淀物。根据工程需要,对水中沉积物进行颗粒分析、界限含水率测定和黏土矿物成分分析。

第五步:计算岩石二次循环耐崩解性指数,计算值应取三位有效数字。

7.3.7　岩石声波速度测试

岩石声波速度测试是测定声波的纵、横波在试样中传播的时间,据此计算声波在岩石中的传播速度,试验流程如图 7.10 所示。弹性波在介质中的传播速度与其致密程度有关,一般情况下,完整岩块的纵波速度大于存在各种结构面的岩体纵波速度。

第一步:取已制备完成的试样,选择两端面周边对称 4 点和中心点,用游标卡尺量测 5 个高度。计算平均值,即为两换能器中心距离,精确至 1mm。

第二步:在发射、接收换能器表面涂抹耦合剂(测试纵波速度时,耦合剂宜采用凡士林或黄油;测试横波速度时,耦合剂宜采用铝箔、铜箔或水杨酸苯脂等固体材料),对接发射、接收换能器,多次(一般为 10 次)测读零声时,取出现次数多的声时为零声时。

第三步:安装试样与换能器。

(1)直透法。对非受力状态下的测试,在发射、接收换能器表面涂抹耦合剂,将试样置于测试架上,将发射、接收换能器分别置于试样轴线的两端。手动施加压力,对换能器施加约 50kPa 的压力,使换能器与试样两端面接触良好。

对受力状态下的测试,宜与单轴压缩变形试验同时进行。

(2)平透法。应将一个发射换能器和两个(或两个以上)接收换能器置于试样的同一侧的一条直线上,应量测发射换能器中心至每一接收换能器中心的距离,并应测读纵波或横波在试样中传播时间。

第四步:在岩石超声波参数测定仪界面上新建工程,输入试样编号和换能器间距,开始测试试样。测读纵波或横波在试样中的波速,测试 10 次,取平均值。

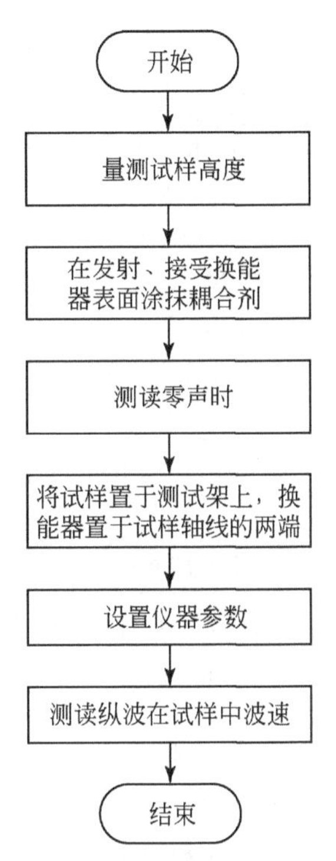

图 7.10　岩石声波速度测试试验流程

7.4　力学特性测试

7.4.1　岩石单轴抗压强度试验

当无侧限岩石试样在纵向压力作用下出现压缩破坏时,单位面积上所承受的荷载称为岩石的单轴抗压强度，即试样破坏时的最大荷载与垂直于加载方向的截面积之比。试验流程如图 7.11 所示。

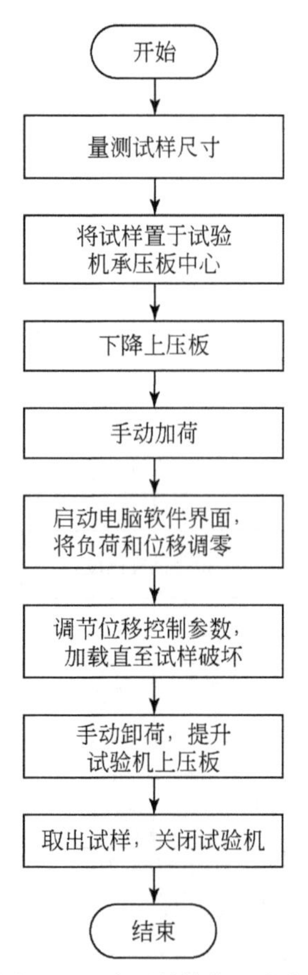

图 7.11　岩石单轴抗压强度试验流程

第一步：取已制备完成的试样。选择试样两端和中间 3 个断面，用游标卡尺量测相互垂直的两个直径。选择两端面周边对称 4 点和中心点，量测 5 个高度。计算直径和高度的平均值。

第二步：启动材料试验机，将试样置于试验机承压板中心，下降上压板，当上压板离试样端面有 2～3mm 时，停止下降上压板。然后手动加荷，使试样两端面与试验机上下压板接触，调整压板，使试样受力均匀。

第三步：将负荷和位移调零。设定加载速率，以 0.002mm/s 的速度加载试样（加载速率也可采用 0.5～1MPa/s），观察负荷位移关系曲线，记录加载过程中出现的开裂、剥离、掉块等现象。随着负荷逐渐增大，试样轴向位移增加。直至达到极限负荷，试样发生破坏。保存试验数据，记录破坏荷载。

第四步：加载完成后，手动卸荷。提升试验机上压板。关闭试验机。取出试样，描述试样的破坏形态。

第五步：根据试样尺寸和破坏荷载，计算岩石单轴抗压强度，取 3 位有效数字。

7.4.2　岩石冻融试验

岩石在±25℃的温度区间内，反复遭受降温、升温、冻结、溶解时，其抗压强度会有所下降，此时岩石冻融前与冻融后的抗压强度比值即为岩石冻融系数，岩石冻融试验流程如图 7.12 所示。岩石抗冻性是用来评估岩石在饱和状态下经受规定次数的冻融循环后抵抗破坏的能力。

第一步：将制备好的试样放入烘箱中烘干，取出后放入干燥容器中冷却至室温。称量烘干试样的质量，精确至 0.01g。强制饱和一组试样，可参考岩石吸水性试验中煮沸法或真空抽气法。饱和完成后，称量饱和试样的质量。取三个饱和试样直接进行单轴抗压强度试验；另取三个饱和试样经冻融循环后再进行单轴抗压强度试验。

第二步：冻融循环。

将试样放入铁皮盒内，将铁皮盒置于-22～-18℃的试验箱中冷冻 4h。

取出铁皮盒，向盒内注水至浸没试样。将注水后的铁皮盒放入试验箱中，在 18～22℃下融解 4h，即为一个冻融循环。

按工程环境不同，冻融循环次数可采用 25 次、50 次或 100 次。每次循环结束，应详细检查各试样有无掉块、裂缝等，观察其破坏特征。取出试样并沾干表面水分，称其质量。

第三步：计算岩石冻融质量损失率；计算岩石冻融单轴抗压强度，计算值应取 3 位有效数字；根据公式，计算岩石冻融系数。计算值应精确至 0.01。

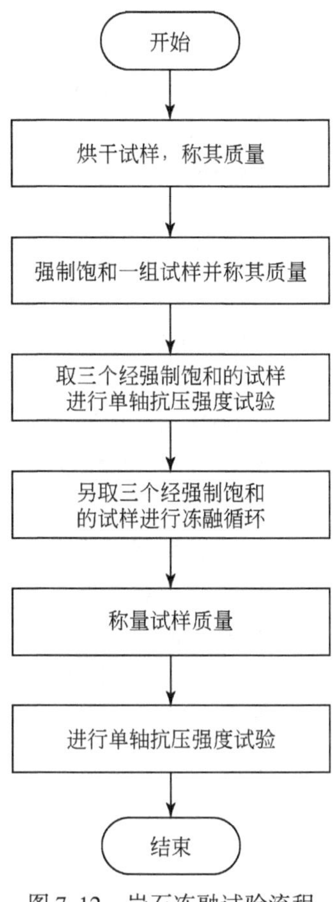

图7.12　岩石冻融试验流程

7.4.3　岩石单轴压缩变形试验

岩石单轴压缩变形试验用于测定岩石试样在轴向应力条件下的轴向应变和径向应变。岩石的变形特性指标主要有弹性模量和泊松比。岩石弹性模量是岩石试样轴向应力和轴向应变的比值;泊松比是指试样在单向受拉或受压时,横向应变与轴向应变的比值。岩石单轴压缩变形测试方法简单,可与单轴抗压强度试验、三轴压缩强度试验同时进行,试验流程如图7.13所示。

第一步:取已制备完成的试样。选择试样两端和中间三个断面,用游标卡尺量测相互垂直的两个直径。选择两端面周边对称四点和中心点,量测五个高度。计算直径和高度的平均值。

第二步:选取电阻应变片。调节万用表量程,连接应变片与万用表,测得应变片阻值。

第三步:在试样的中部粘贴应变片,贴片位置应打磨平整光滑,并用清洗液清洗干净。在贴片位置均匀地涂一层防底潮胶液,厚度不宜大于0.1mm,范围应大于应变片。贴片位置应避开裂隙或斑晶。在相对面沿轴向和径向粘贴应变片,轴向或径向应变片数量可采用2

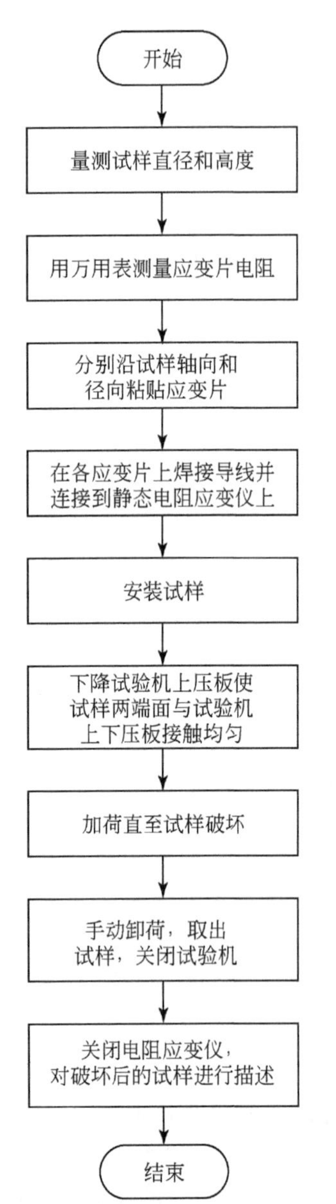

图 7.13　岩石单轴压缩变形试验流程

片或 4 片。应变片绝缘电阻值不应小于 200MΩ，标注需要测量的试样两侧面。

第四步：将各应变片的线头与导线焊接，标记导线，将试样置于试验机承压板中心，将导线连接到静态电阻应变仪上，设置电阻应变仪参数。

第五步：启动试验机，下降上压板，当上压板距离试样上端面 2 ~ 3mm 时，停止下降上压板。开始手动加荷，使试样两端面与试验机上下压板接触，调整压板，使试样受力均匀。

第六步：将负荷和位移调零。设定加载速率，以 0.002mm/s 的速度加载试样，记录加载过程中可能出现的开裂、剥离、掉块等现象。观察荷载与位移关系曲线，轴向与径向变形关系曲线。试样的轴向与径向变形随着荷载的增大而逐渐增大，直至达到极限负荷，试样发生破坏。保存试验数据。记录破坏荷载、轴向变形和径向变形。

第七步：手动卸荷，提升上压板，关闭试验机，拆除导线，关闭电阻应变仪。取出试样，描述破坏后的试样。

第八步：根据所施加的荷载与试样截面积，计算岩石单轴抗压强度和各级应力。绘制应力与轴向应变及径向应变关系曲线。计算岩石平均弹性模量和平均泊松比。弹性模量值取 3 位有效数字，泊松比计算值精确至 0.01。计算岩石割线弹性模量及相应的岩石泊松比。

7.4.4　岩石三轴压缩强度试验

三轴压缩强度是试样在三向压应力状态下能抵抗的最大轴向应力。岩石三轴压缩强度试验是在不同围压条件下测定一组岩石试样的三轴压缩强度，据此计算岩石在三向压应力状态下的抗剪强度参数，试验流程如图 7.14 所示。

第一步：量测试样尺寸。取已制备完成的试样，选择试样两端和中间 3 个断面，用游标卡尺分别量测相互垂直的两个直径，记录数据。选择两端面周边对称 4 点和中心点，量测 5 个高度。计算直径和高度的平均值。

第二步：安装试样。

将试样置于两压头之间，并在压头与试样接触位置缠绕电工胶带，固定试样与两端压头。应采用防油措施，截取 140 ~ 150mm 长的热缩套管，包裹试样及与两端压头接触位置，并用热吹风机上下均匀反复烘吹热缩套管,直至套管与试样间无气泡,用铁丝缠紧热缩套管与两端压头。

提升压力室筒,连接试样与下部试样防护筒,将试样固定于压力室底座,依次安装轴向位移传感器和径向位移传感器,连接传感器导线,安装试样上部护筒及传力铁块,小心安放压力室筒,用卡箍将压力室筒固定于压力室底座。

第三步:压力室排气。

将压力室从滑道缓缓推入试验机工作区,组装位移数据采集系统。连接油桶与压力室底部输油管道,打开排气阀与输油开关。开启气泵向油桶上部加压,输油至压力室,直至顶部排气管道有油溢出。立即关闭顶部排气阀、底部输油开关及其他连接输油管路的阀门。打开数据采集系统。

启动试验机,降低试验机上压板,当上压板距压力室传力活塞2～3mm时,停止下降上压板。手动加荷,使上压板缓慢下降,直至与传力活塞接触良好。

第四步:施加侧压力。

打开侧压力阀门,以每秒0.05MPa的加载速度同步施加侧向压力和轴向压力至预定的侧压力值。各试样侧压力可按等差级数或等比级数进行选择。最大侧压力应根据工程需要、岩石特性及三轴试验机性能确定。将仪器的负荷与位移传感器调零。

第五步:施加轴向压力。以每秒0.5～1MPa的加载速度施加轴向压力,观察加载过程中的荷载位移曲线,加载直至试样破坏,停止加载。

第六步:手动卸荷,关闭试验机,卸除侧压力。将排气管与气泵连接,底部输油管道与油桶连接,打开气泵与排气阀,开始回油。回油结束后,拆除数据采集导线,推出压力室。拆下压力室筒,卸下传力铁块及上部护筒,拆卸径向位移传感器和轴向位移传感器。拆下底部护筒,割开热缩套管,取出破坏后的试样。

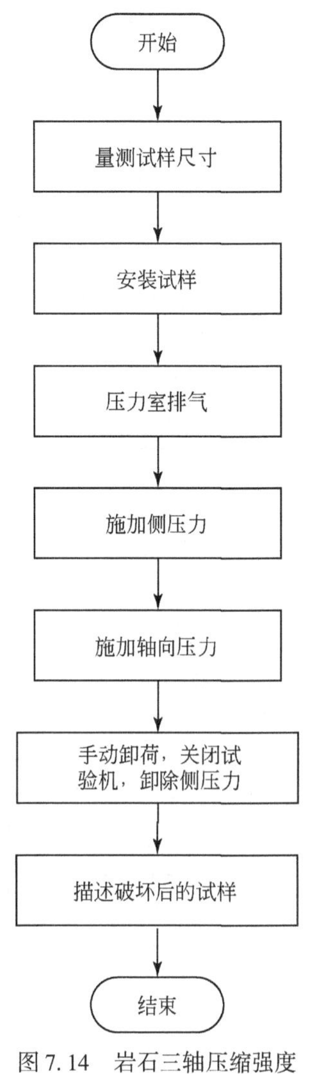

图7.14　岩石三轴压缩强度试验流程

描述破坏后的试样,若试样有完整的破坏面,应测量破坏面与试样轴线方向的夹角。

7.4.5　岩石巴西劈裂试验

岩石单轴抗拉强度是岩石在纵向拉应力作用下出现拉伸破坏时,单位面积上所承受的荷载。巴西劈裂试验是间接测定岩石单轴抗拉强度的方法之一。该法是在圆柱体试样的直径方向上施加相对的线性荷载,使之沿直径方向破坏,进而测定其抗拉强度,试验流程如图7.15所示。

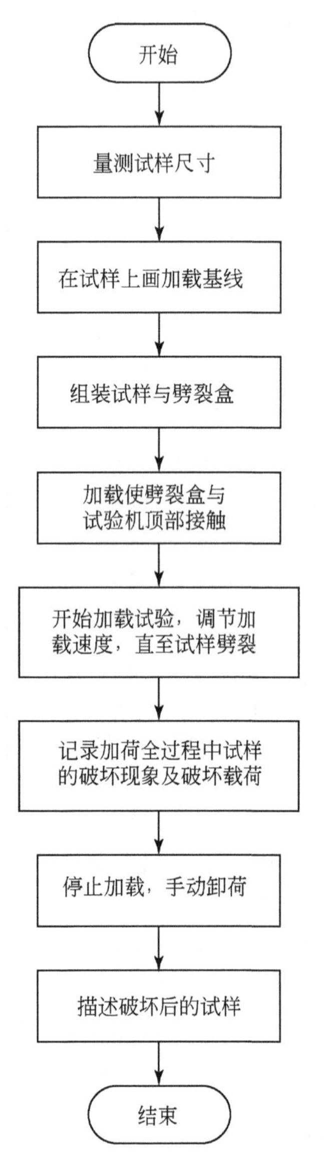

图 7.15　岩石巴西劈裂试验流程

第一步：取已制备完成的试样。选择试样两端和中间3个断面，用游标卡尺量测相互垂直的两个直径。选择两端面周边对称4点和中心点，量测5个高度。计算直径和高度的平均值。根据工程要求的劈裂方向，通过试样直径的两端，沿轴线方向画两条相互平行的加载基线。

第二步：组装试样与劈裂盒。将劈裂盒置于试验机承压板中心，安装下方垫条，放置试样，拧紧两端螺丝，固定试样。安装上方垫条，使得两根垫条接触试样两侧加载基线。安装传力垫块。组装完成后，垫条与试样应在同一加荷轴线上。

第三步：启动材料试验机。手动加荷，使劈裂盒底座上升。当上方垫块离试验机上压板还有2~3mm时，停止手动加荷。切换至电脑控制，当负荷读数明显变化时，停止加载。拧松劈裂盒两端螺丝。设定加荷速度，以每秒0.3~0.5MPa的速度加载，观察加载过程中荷载位移曲线，记录加载过程中出现的现象，加载直至试样破坏。

第四步：停止加载，手动卸荷，使劈裂盒上方垫块与试验机的上压板完全脱离。取下传力垫块，取下上方垫条，取出破坏后的试样，描述试样的破坏形态。

第五步：根据试样尺寸和破坏荷载，计算岩石抗拉强度。计算值取3位有效数字。

7.4.6　岩体结构面直剪试验

结构面抗剪强度是指岩石在一定法向荷载下，沿已有结构面破坏时的最大剪应力。岩石直剪试验应采用平推法，得到剪应力随时间变化曲线及剪应力随水平位移变化曲线。本试验分为安装试样、仪器准备、施加法向荷载和拆卸试验仪器四部分，试验流程如图7.16所示。

第一步：安装试样。将试样置于下金属剪切盒内，放置上剪切盒，将上半部分试样置于上剪切盒内，预定剪切面应位于剪切缝中部，固定上剪切盒盖。

依次放置法向荷载传力铁块和刚性垫片，将剪切盒推至剪切工作位置。法向荷载应能通过结构面几何中心。安装剪切荷载传力装置与应力传感器。安装法向位移传感器，传感器应对称分布，数量不少于两个。

第二步：将剪切位移及法向位移调零。

第三步：开始施加法向荷载，对应的法向应力不宜小于预定的法向应力。各试样的法向荷载，宜根据最大法向荷载等分确定。若结构面中含有充填物，施加的最大法向荷载不宜挤出充填物。

对于不需要固结的试样，可一次施加法向荷载，直至曲线稳定至所设定荷载值。对于需要固结的试样，应分级施加法向荷载。

第四步：施加剪切荷载，根据工程实际，剪切速率一般为0.05～0.2mm/min。试样破坏后应继续剪切，直至剪切荷载趋于稳定。

第五步：卸除荷载，拆下法向位移传感器与剪切荷载传感器，拆下剪切盒，取出试样。量测剪切面，确定有效剪切面积；描述剪切面破坏情况与擦痕的分布、方向和长度；测定剪切面的起伏差，绘制沿剪切方向的断面高度变化曲线。

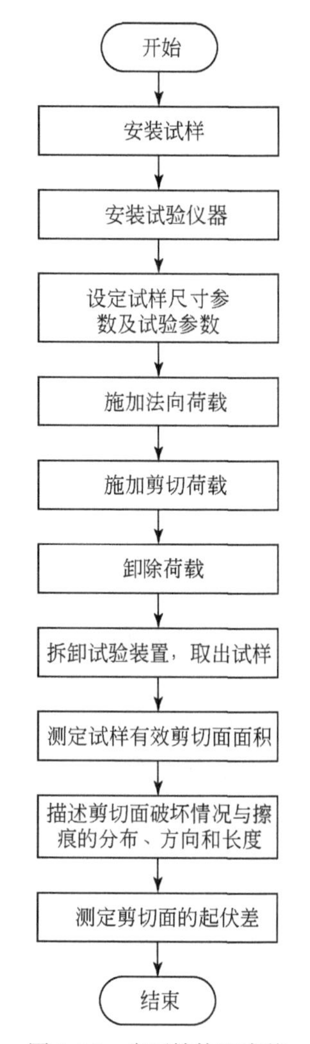

图7.16　岩石结构面直剪试验流程

7.4.7　岩石点荷载强度试验

点荷载试验是指将岩石试样置于两球端圆锥之间，对试样施加集中荷载，直至破坏，获得点荷载强度指数和各向异性指数，试验流程如图7.17所示。岩石点荷载强度试验设备轻巧，便于现场工作，具有成本低、时间短等优点。

第一步：量测试样尺寸。取已制备完成的试样，用游标卡尺测量试样不同位置的高度和直径各三次。

第二步：安装试样。

轴向试验时，将试样放置在点荷载试验仪下端圆锥上，上升下端圆锥，直至试样上端面与上端圆锥紧密接触。加载方向应垂直试样两端面，上下锥端连线应通过试样截面的圆心处。

径向试验时，将试样放入球端圆锥之间，上升下端圆锥，使上下端圆锥与试样直径两端紧密接触，加载点距试样自由端的最小距离不应小于加载点间距的一半。

方块体与不规则块体试验，应选择试件最小尺寸方向为加载方向。应量测加载点间距及通过两加载点最小截面的宽度或平均宽度，加载点距试样自由端的距离不应小于加载点间距的一半。

第三步：稳定地施加荷载，使试样在10～60s破坏，记录破坏荷载。有条件时，量测试样破坏瞬间的加载点间距。描述破坏后试样的形态。破坏面应贯穿整个试样并通过两加载点。

第四步：计算不同试验下的试样等价岩心直径。计算值应取3位有效数字。

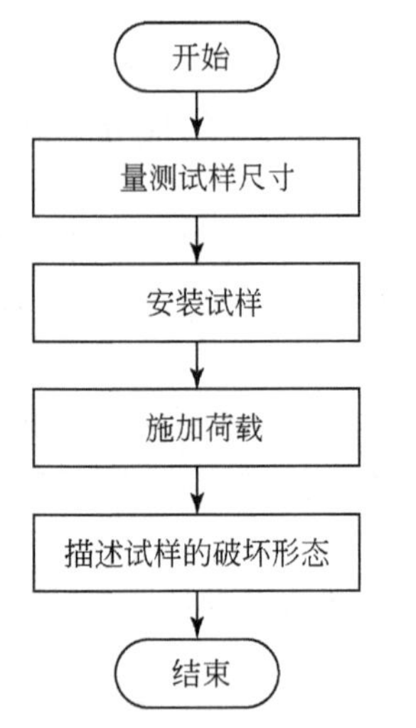

图 7. 17　岩石点荷载强度试验流程

7. 4. 8　岩石回弹硬度试验

通过回弹仪的弹性杆冲击岩石表面,冲击能量的一部分转化为使岩石产生塑性变形的功,另一部分表现为冲击杆的回弹距离,即回弹值,以此反映岩石的表面硬度。试验流程如图 7. 18 所示。

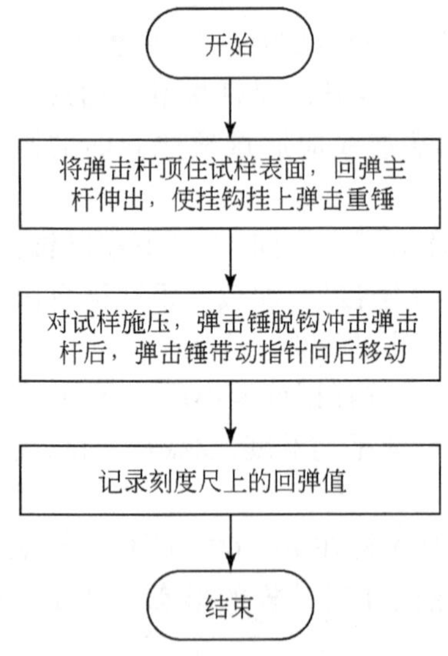

图 7. 18　岩石回弹硬度试验流程

第一步:将回弹仪的弹击杆顶住试样表面,轻压仪器使按钮松开,这时回弹主杆缓缓伸出,并使挂钩挂上弹击重锤。

第二步：握紧回弹仪缓慢均匀施压，待弹击锤脱钩冲击弹击杆后，弹击锤带动指针向后移动，当到达一定位置时，即在刻度尺上指示出某一回弹值，读数并记录回弹值。

第三步：重复上述步骤，在每个测区测得 16 个数据点。

第8章 数据分析及注意事项

8.1 数据分析

土工试验测得的土性指标,可按其在工程设计中的实际作用分为一般特性指标和主要计算指标。用于土分类定名和阐明其物理化学特性的属于一般特性指标,如土的天然密度、天然含水率、土粒比重、颗粒组成、液限、塑限、有机质含量、水溶盐含量等。在设计计算中直接用以确定土体强度、变形和稳定性等力学性质的指标属于计算指标,如土的黏聚力、内摩擦角、压缩系数、变形模量、渗透系数等。

岩石试验测得的岩性指标,可按其工程性质分为物理性质、水理性质以及在荷载作用下表现出来的强度和变形等力学性质指标。工程中常用的岩石物理性质指标有含水率、块体密度、颗粒密度等,它们既反映岩石的物质成分,也反映矿物颗粒的微观结构。水理性质指标(吸水性、膨胀性、耐崩解性和耐冻性等)反映了岩石微裂隙的发育程度。力学性质指标(抗压强度、抗拉强度、点荷载强度等)反映了岩石在不同应力状态下的变形特征和破坏特征。

本节内容将规范和标准中的数据处理部分抽离出来单独成节,归纳整理了岩土室内试验的计算公式,对各项指标计算结果进行了详尽说明,并汇总成表。同时将测试指标、计算结果与实测数据三者进行了对比分析,对有作图需求的试验来用图表结合文字的形式,进行了详细阐述,直观明确地凸显了数据之间的关系,使试验操作人员能方便快捷获取整理数据的方法。

8.1.1 物理性质测试

1)土样含水率试验

含水率试验的数据分析见表8.1。

表8.1 含水率试验数据分析

土类	计算公式	符号
层状和网状冻土	$\omega = \left[\frac{m_1}{m_2}(1 + 0.01\omega_h) - 1\right] \times 100$	ω 为含水率(%); m_1 为冻土试样质量(g); m_2 为糊状试样质量(g); ω_h 为糊状试样的含水率(%)
其他土	$\omega_0 = \left(\frac{m_0}{m_d} - 1\right) \times 100$	m_d 为干土质量(g); m_0 为湿土质量(g)

注:① 含水率用百分数表示,计算应精确至0.1%。② 本试验须进行平行测定,结果取两次测值的平均值。当 $\omega <$ 40% 时,允许平行差值1%;当 $\omega \geqslant 40\%$ 时,允许平行差值2%;层状和网状构造冻土,允许平行差值3%。③ 以上判定条件对于含水率过小的试样未必可靠,公路标准对 $\omega < 5\%$ 的试样另作规定:允许平行差值为0.3%。

2）土样密度试验

密度试验的数据分析见表 8.2。

表 8.2　密度试验数据分析

试验方法	计算公式	符号
湿密度（环刀法）	$\rho_0 = \frac{m_0}{V}$	ω_0 为试样质量（g）； V 为试样体积（cm^3）
湿密度（蜡封法）	$\rho_0 = \frac{m_0}{\frac{m_n - m_{nw}}{\rho_{wT}} - \frac{m_n - m_0}{\rho_n}}$	m_n 为蜡封试样质量（g）； m_{nw} 为蜡封试样在纯水中的质量（g）； ρ_{wT} 为纯水在 T℃时的密度（g/cm^3）； ρ_n 为蜡的密度（g/cm^3）
干密度	$\rho_d = \frac{\rho_0}{1 + 0.01\omega_0}$	ω_0 为试样的含水率

注：密度的计算应精确至 0.01g/cm^3。本试验须进行平行测定，允许平行差值为 0.03g/cm^3，结果取两次测值的平均值。

3）土粒比重试验

土粒比重试验的数据分析见表 8.3。

表 8.3　土粒比重试验数据分析

适用范围	计算公式	符号
土颗粒平均比重	$G_{sm} = \frac{1}{\frac{P_1}{G_{s1}} + \frac{P_2}{G_{s2}}}$	G_{s1} 为粒径大于、等于 5mm 的土颗粒比重； G_{s2} 为粒径小于 5mm 的土颗粒比重； P_1 为粒径大于、等于 5mm 的土颗粒质量占试样总质量的百分比（%）； P_2 为粒径小于 5mm 的土颗粒质量占试样总质量的百分比（%）
比重瓶法	$G_s = \frac{m_d}{m_{bw} + m_d - m_{bws}} \cdot G_{iT}$	m_{bw} 为比重瓶、水总质量（g）； m_{bws} 为比重瓶、水、试样总质量（g）； G_{iT} 为 T℃时纯水或中性液体的比重

注：① 为确保比重瓶法所测结果精确可靠，称量应精确至 0.001g，计算应精确至 0.001。水的比重可查物理手册（中性液体的比重应实测）。② 本试验必须进行平行测定，两次测定的差值不得大于 0.02，取两次测值的平均值。

4）土样颗粒分析试验

颗粒分析试验包括筛析法和密度计法，二者的数据分析分别见表 8.4 和表 8.5。

表 8.4　颗粒分析试验数据分析(筛析法)

计算指标	计算公式	符号
小于某粒径的试样质量占试样总质量的百分比	$X = \dfrac{m_A}{m_B} \cdot d_X$	m_A 为小于某粒径的试样质量(g); m_B 为细筛分析时为所取的试样质量;粗筛分析时为试样总质量(g); d_X 为粒径小于 2mm 的试样质量占试样总质量的百分比(%)
不均匀系数	$C_u = \dfrac{d_{60}}{d_{10}}$	d_{60} 为限制粒径,颗粒大小分布曲线上的某粒径,小于该粒径的土含量占总质量的 60%; d_{10} 为有效粒径,颗粒大小分布曲线上的某粒径,小于该粒径的土含量占总质量的 10%
曲率系数	$C_c = \dfrac{d_{30}^2}{d_{10} \cdot d_{60}}$	d_{60} 为颗粒大小分布曲线上的某粒径,小于该粒径的土含量占总质量的 30%

以小于某粒径的试样质量占试样总质量的百分比为纵坐标,颗粒粒径为横坐标,在单对数坐标上绘制颗粒大小分布曲线(图 8.1)。

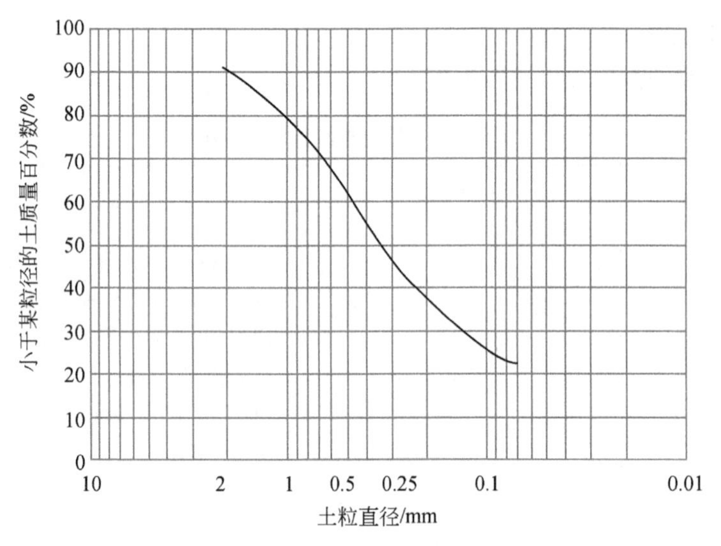

图 8.1　颗粒大小分布曲线(筛析法)

表 8.5　颗粒分析试验数据分析(密度计法)

计算指标	计算公式	符号
小于某粒径的试样质量百分比(甲种密度计)	$X = \dfrac{100}{m_d} C_G(R + m_T + n - C_D)$	m_d 为试样质量(g); C_G 为土粒比重校正值,查表 8.6; m_T 为悬液温度校正值,查表 8.7; n 为弯月面校正值; C_D 为分散剂校正值; R 为甲种密度计读数

续表

计算指标	计算公式	符号
小于某粒径的试样质量百分比（乙种密度计）	$X=\frac{100\ V_X}{m_d}C'_G[(R'-1)+m'_T+n'-C'_D]\cdot\rho_{w20}$	C'_G 为土粒比重校正值，查表 8.6； m'_T 为悬液温度校正值，查表 8.7； n' 为弯月面校正值； C'_D 为分散剂校正值； R' 为乙种密度计读数； V_X 为悬液体积（=1000mL）； ρ_{w20} 为 20℃时纯水的密度（取 0.998232g/cm³）
试样颗粒粒径	$d=\sqrt{\frac{1800\times10^4\cdot\eta}{(G_s-G_{wT})\rho_{wT}g}\cdot\frac{L}{t}}$	d 为试样颗粒粒径（mm）； η 为水的动力黏滞系数（kPa · s×10^{-6}）（参考渗透试验）； G_{wT} 为 T℃时水的比重； ρ_{wT} 为 4℃时纯水的密度（g/cm³）； L 为某一时间内的土粒沉降距离（cm）； t 为沉降时间（s）； g 为重力加速度（cm/s²）

颗粒大小分布曲线，应按筛析法中描述的步骤绘制（图 8.2），当密度计法和筛析法联合分析时，应将试样总质量折算后绘制颗粒大小分布曲线，并将两段曲线连成一条平滑的曲线（图 8.3）。

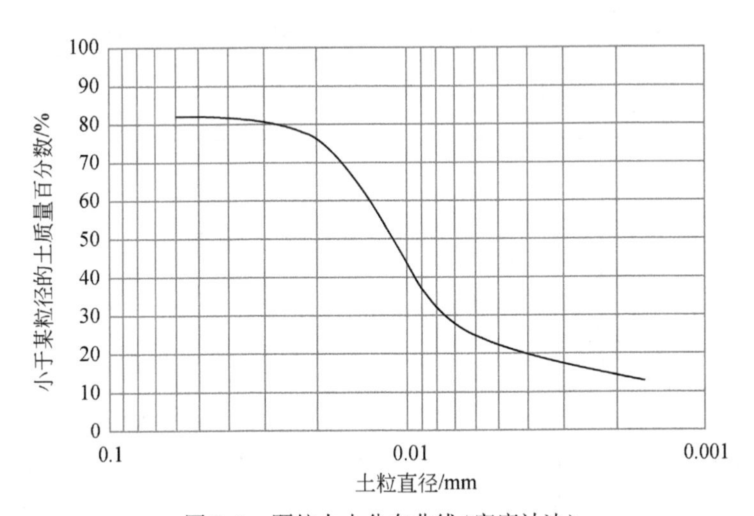

图 8.2　颗粒大小分布曲线（密度计法）

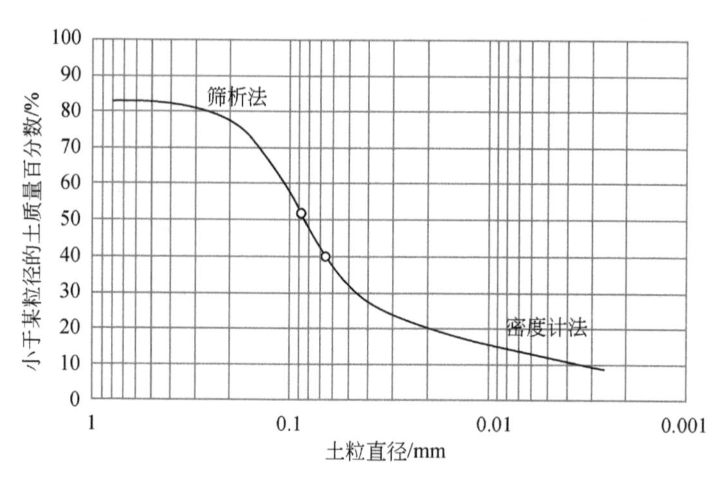

图 8.3　颗粒大小分布曲线(密度计法和筛析法联合分析)

表 8.6　土粒比重校正表

土粒比重	比重校正值		土粒比重	比重校正值	
	甲种密度计 C_G	乙种密度计 C'_G		甲种密度计 C_G	乙种密度计 C'_G
2.50	1.038	1.666	2.70	0.989	1.588
2.52	1.032	1.658	2.72	0.985	1.581
2.54	1.027	1.649	2.74	0.981	1.575
2.56	1.022	1.641	2.76	0.977	1.568
2.58	1.017	1.632	2.78	0.973	1.562
2.60	1.012	1.625	2.80	0.969	1.556
2.62	1.007	1.617	2.82	0.965	1.549
2.64	1.002	1.609	2.84	0.961	1.543
2.66	0.998	1.603	2.86	0.958	1.538
2.68	0.993	1.595	2.88	0.954	1.532

表 8.7　温度校正值表

悬液温度/℃	甲种密度计温度校正值 m_T	乙种密度计温度校正值 m'_T	悬液温度/℃	甲种密度计温度校正值 m_T	乙种密度计温度校正值 m'_T	悬液温度/℃	甲种密度计温度校正值 m_T	乙种密度计温度校正值 m'_T
10	−2	−0.0012	13	−1.6	−0.001	16	−1	−0.0006
10.5	−1.9	−0.0012	13.5	−1.5	−0.0009	16.5	−0.9	−0.0006
11	−1.9	−0.0012	14	−1.4	−0.0009	17	−0.8	−0.0005
11.5	−1.8	−0.0011	14.5	−1.3	−0.0008	17.5	−0.7	−0.0004
12	−1.8	−0.0011	15	−1.2	−0.0008	18	−0.5	−0.0003
12.5	−1.7	−0.001	15.5	−1.1	−0.0007	18.5	−0.4	−0.0003

续表

悬液温度/℃	甲种密度计温度校正值 m_T	乙种密度计温度校正值 m'_T	悬液温度/℃	甲种密度计温度校正值 m_T	乙种密度计温度校正值 m'_T	悬液温度/℃	甲种密度计温度校正值 m_T	乙种密度计温度校正值 m'_T
19	-0.3	-0.0002	23	0.9	0.0006	27	2.5	0.0015
19.5	-0.1	-0.0001	23.5	1.1	0.0007	27.5	2.6	0.0016
20	0	0	24	1.3	0.0008	28	2.9	0.0018
20.5	0.1	0.0001	24.5	1.5	0.0009	28.5	3.1	0.0019
21	0.3	0.0002	25	1.7	0.001	29	3.3	0.0021
21.5	0.5	0.0003	25.5	1.9	0.0011	29.5	3.5	0.0022
22	0.6	0.0004	26	2.1	0.0013	30	3.7	0.0023
22.5	0.8	0.0005	26.5	2.2	0.0014			

5）土样界限含水率试验

以含水率为横坐标，圆锥下沉深度为纵坐标在双对数坐标纸上绘制关系曲线（图 8.4）。根据试验数据描点，三点应在一直线上（如图 8.4 中 *A* 线）。当三点不在一直线上时，通过高含水率的点和其余两点连成两条直线，在下沉为 2mm 处查得相应的 2 个含水率。当两个含水率的差值小于 2% 时，应以两点含水率的平均值与高含水率的点连一直线（如图 8.4 中 *B* 线）；当两个含水率的差值不小于 2% 时，应重做试验。

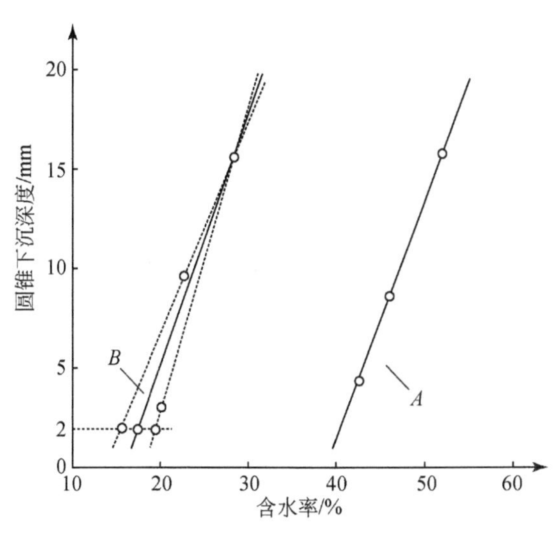

图 8.4　圆锥下沉深度与含水率关系曲线

液塑限值确定：在圆锥下沉深度与含水率关系曲线（图 8.5）上查得下沉深度为 17mm 所对应的含水率为 17mm 液限；下沉深度为 10mm 所对应的含水率为 10mm 液限；下沉深度为 2mm 所对应的含水率为塑限。取值以百分数表示，精确至 0.1%。

界限含水率试验的数据分析见表 8.8。

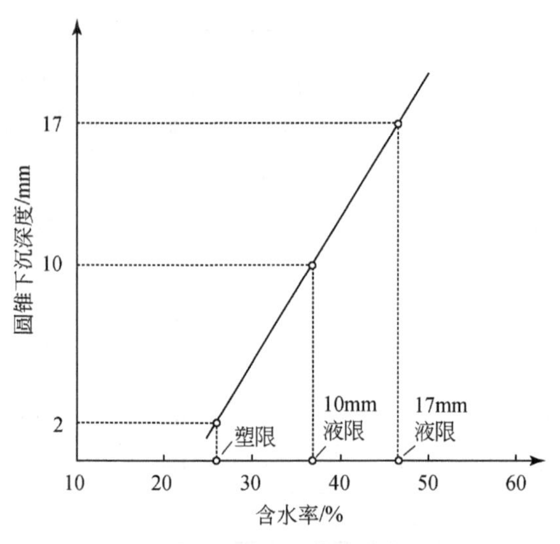

图 8.5　液塑限值的确定

表 8.8　界限含水率试验数据分析

液塑性指数	计算公式	符号
塑性	$I_P = \omega_L - \omega_P$	ω_L 为液限(%)； ω_P 为塑限(%)
液性	$I_L = \dfrac{\omega_0 - \omega_P}{I_P}$	I_P 为塑性指数

注：① 液性指数，计算精确至 0.01。② 滚搓法塑限试验必须进行平行测定，按含水率试验中对平行测定的要求，取两次测值的平均值。

6）砂土的相对密度试验

砂土相对密度试验的数据分析见表 8.9。

表 8.9　砂土相对密度试验数据分析

计算指标	计算公式	符号
最小干密度	$\rho_{dmin} = \dfrac{m_d}{V_d}$	m_d 为试样质量； V_d 为试样体积
最大干密度	$\rho_{dmax} = \dfrac{m_d}{V_d}$	
相对密度	$D_r = \dfrac{\rho_{dmax}(\rho_d - \rho_{dmin})}{\rho_d - (\rho_{dmax} - \rho_{dmin})}$	ρ_d 为要求的干密度(或天然干密度)(g/cm^3)
最大孔隙比	$e_{max} = \dfrac{\rho_w \cdot G_s}{\rho_{dmin}} - 1$	ρ_ω 为水的密度； G_s 为土粒比重
最小孔隙比	$e_{min} = \dfrac{\rho_w \cdot G_s}{\rho_{dmax}} - 1$	

续表

计算指标	计算公式	符号
相对密度	$D_r = \dfrac{e_{max} - e_0}{e_{max} - e_{min}}$	e_0 为试样的初始孔隙比

注:①相对密度可以通过干密度或孔隙比计算得到。②本试验须进行平行测定,两次测定的差值不得大于 0.03g/cm^3,取两次测值的平均值。

7)土样击实试验

击实试验的数据分析见表 8.10。

表 8.10　击实试验数据分析

计算指标	计算公式	符号
干密度	$\rho_d = \dfrac{\rho_0}{1 + 0.01\,\omega_i}$	ω_i 为某点试样的含水率(%)
气体体积等于零(即饱和度为 100%)的等值线	$\omega_{set} = \left(\dfrac{\rho_\omega}{\rho_d} - \dfrac{1}{G_s}\right) \times 100$	ω_{set} 为试样的饱和含水率(%); ρ_ω 为温度 4℃时水的密度(g/cm^3); ρ_d 为试样的干密度(g/cm^3); G_s 为土颗粒比重
轻型击实试验最大干密度	$\rho'_{dmax} = \dfrac{1}{\dfrac{1-P_5}{\rho_{dmax}} + \dfrac{P_5}{\rho_{\omega \cdot G_{s2}}}}$	ρ'_{dmax} 为校正后试样的最大干密度(g/cm^3); P_5 为粒径大于 5mm 土的质量百分数; G_{s2} 为粒径大于 5mm 土粒的饱和面干比重
最优含水率校正	$\omega'_{opt} = \omega_{opt}(1 - P_5) + P_5 \cdot \omega_{ab}$	ω'_{opt} 为校正后试样的最优含水率(%); ω_{opt} 为击实试样的最优含水率(%); ω_{ab} 为粒径大于 5mm 土粒的吸着含水率(%)

注:饱和面干比重指当土粒呈饱和面干状态时的土粒总质量与相当于土粒总体积的纯水 4℃时质量的比值。

绘制干密度和含水率的关系曲线(图 8.6),取曲线峰值点相应的纵坐标为击实试样的最大干密度,相应的横坐标为击实试样的最优含水率。若干密度和含水率的关系曲线不能绘出峰值点时,应进行补点。土样不宜重复使用。

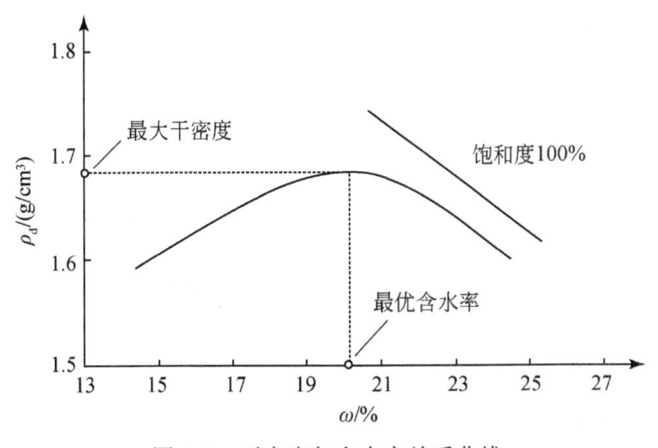

图 8.6　干密度与含水率关系曲线

在干密度和含水率的关系曲线上绘制气体体积等于零(即饱和度为100%)的等值线。

8)黏土的自由膨胀率试验

黏土的自由膨胀率试验的数据分析见表8.11。

表8.11　黏土的自由膨胀率试验数据分析

计算指标	计算公式	符号
自由膨胀率	$\delta_{ef}=\frac{V_{we}-V_0}{V_0}\times 100$	V_{we} 为试样在水中膨胀后的体积(mL); V_0 为试样初始体积,10mL

9)土样膨胀率(固结仪法)试验

膨胀率试验的数据分析见表8.12。

表8.12　膨胀率试验数据分析

试验名称	计算公式	符号
有荷载膨胀率试验	$\delta_{ep}=\frac{z_p+\lambda-z_0}{h_0}\times 100$	δ_{ep} 为某荷载下的膨胀率(%); z_p 为某荷载下膨胀稳定后的位移计读数(mm); z_0 为加荷前位移计读数(mm); λ 为某荷载下的一起压缩变形量(mm); h_0 为试样的初始高度(mm)
无荷载膨胀率试验	$\delta_e=\frac{z_t-z_0}{h_0}\times 100$	δ_e 为时间为 t 时的无荷载膨胀率(%); z_t 为时间为 t 时的位移计读数(mm)

10)土样膨胀力试验

膨胀力试验的数据分析见表8.13。

表8.13　膨胀力试验数据分析

计算指标	计算公式	符号
膨胀力	$P_e=\frac{W}{A}\times 10$	P_e 为膨胀力(kPa); W 为施加在试样上的总平衡荷载(N); A 为试样面积(cm^2)

11)岩石含水率试验

岩石含水率试验的数据分析见表8.14。

表8.14　岩石含水率试验数据分析

计算指标	计算公式	符号
岩石含水率	$\omega=\frac{m_1-m_2}{m_2-m_0}$	ω 为岩石含水率(%); m_0 为称量盒的干燥质量(g); m_1 为烘干前试件与称量盒的总质量(g); m_2 为烘干后试件与称量盒的总质量(g)

注:计算值应精确至0.01%。

12) 岩石颗粒密度试验

岩石颗粒密度试验见表 8. 15。

表 8. 15　岩石颗粒密度试验数据分析

计算指标	计算公式	符号
岩石颗粒密度	$\rho_s = \frac{m_s}{m_1 + m_s - m_2}\rho_{WT}$	m_s 为烘干岩粉的质量(g); m_1 为瓶、试液总质量(g); m_2 为瓶、试液、岩粉总质量(g); ρ_{WT} 为与试验温度同温的试液密度(g/cm^3)

注:计算值精确至 0. 01g/cm^3。

13) 岩石块体密度试验

岩石块体密度试验数据分析包括量积法(表 8. 16)和蜡封法(表 8. 17)。

表 8. 16　量积法

计算指标	计算公式	符号
岩石块体干密度	$\rho_d = \frac{m_s}{AH}$	ρ_d 为岩石块体干密度(g/cm^3); m_s 为烘干试样质量(g); A 为试样截面积(cm^2); H 为试样高度(cm)

注:计算值精确至 0. 01g/cm^3。

表 8. 17　蜡封法

岩石块体密度	计算公式	符号
干密度	$\rho_d = \frac{m_s}{\frac{m_1 - m_2}{\rho_w} - \frac{m_1 - m_2}{\rho_p}}$	m 为湿试样质量(g); m_1 为蜡封试样质量(g); m_2 为蜡封试样在水中的质量(g); ρ_w 为水的密度(g/cm^3); ρ_p 为蜡的密度(g/cm^3)
湿密度	$\rho = \frac{m}{\frac{m_1 - m_2}{\rho_w} - \frac{m_1 - m_2}{\rho_p}}$	

注:计算值精确至 0. 01g/cm^3。

岩石块体湿密度与干密度换算见表 8. 18。

表 8. 18　岩石块体湿密度与干密度换算

计算指标	计算公式	符号
岩石块体干湿密度换算	$\rho_d = \frac{\rho}{1 + 0.01\omega}$	ω 为岩石含水率(%)

注:计算值应精确至 0. 01g/cm^3。

14) 岩石吸水性试验

岩石吸水性试验的数据分析见表 8. 19。

表 8.19　岩石吸水性试验数据分析

吸水性指标	计算公式	符号
吸水率	$\omega_{a} = \dfrac{m_0 - m_s}{m_s} \times 100$	m_0 为试件浸水 48h 后的质量(g); m_s 为烘干试件质量(g); m_p 为试件试件经强制饱和后的质量(g); m_w 为强制饱和试件在水中的称量(g)
饱和吸水率	$\omega_{sa} = \dfrac{m_p - m_s}{m_s} \times 100$	
块体干密度	$\rho_d = \dfrac{m_s}{m_p - m_w}\rho_w$	
颗粒密度	$\rho_s = \dfrac{m_s}{m_s - m_w}\rho_w$	

注:计算值应精确至 0.01% 或 0.01g/cm^3。

15)岩石膨胀性试验

岩石膨胀性试验的数据分析见表 8.20。

表 8.20　岩石膨胀性试验数据分析

膨胀性指标	计算公式	符号
轴向自由膨胀率	$V_H = \dfrac{\Delta H}{H} \times 100$	V_H 为岩石轴向自由膨胀率(%); V_D 为岩石径向自由膨胀率(%); ΔH 为试件轴向变形值(mm); H 为试件高度(mm); ΔD 为试件径向平均变形值(mm); D 为试件直径或边长(mm)
径向自由膨胀率	$V_D = \dfrac{\Delta D}{D} \times 100$	
侧向约束膨胀率	$V_{HP} = \dfrac{\Delta H_1}{H} \times 100$	V_{HP} 为岩石侧向约束膨胀率(%); ΔH_1 为有侧向约束试件的轴向变形值(mm); H 为试样高度(mm)
岩石体积不变条件下的膨胀压力	$p_e = \dfrac{F}{A}$	F 为轴向荷载(N); A 为试样截面积(mm^2)

注:计算值应取 3 位有效数字。

16)岩石耐崩解性试验

岩石耐崩解试验的数据分析见表 8.21。

表 8.21　岩石耐崩解性试验数据分析

耐崩解性指标	计算公式	符号
二次循环耐崩解性指数	$I_{d2} = \dfrac{m_r}{m_s} \times 100$	I_{d2} 为岩石二次循环耐崩解性指数(%); m_s 为原试样烘干质量(g); m_r 为残留试样烘干质量(g)

注:计算值应取 3 位有效数字。

17) 岩石声波速度测试

岩石声波速度试验的数据分析见表 8.22。

表 8.22　岩石声波速度试验数据分析

计算指标	计算公式	符号
换能器发射频率	$f \geqslant \frac{2v_p}{D}$	f 为发射换能器的发射频率(Hz); v_p 为岩石纵波速度(m/s); D 为试样的直径(mm)
岩石纵、横波速度	$v_p = \frac{L}{t_p - t_0}$	v_s 为横波速度(m/s); L 为发射、接受换能器中心间的距离(m); t_p 为直透法纵波的传播时间(s); t_s 为直透法横波的传播时间(s); t_0 为仪器系统的零延时(s); $L_1(L_2)$ 为平透法发射换能器至第一(二)个接收换能器两中心的距离(mm); $t_{p1}(t_{s1})$ 为平透法发射换能器至第一个接收换能器纵(横)波的传播时间(s); $t_{p2}(t_{s2})$ 为平透法发射换能器至第二个接收换能器纵(横)波的传播时间(s)
	$v_s = \frac{L}{t_s - t_0}$	
	$v_p = \frac{L_2 - L_1}{t_{p2} - t_{p1}}$	
	$v_s = \frac{L_2 - L_1}{t_{s2} - t_{s1}}$	
岩石各种动弹性参数	$E_d = \rho v_p^2 \frac{(1-\mu)(1-2\mu)}{1-\mu} \times 10^{-3}$	E_d 为岩石动弹性模量(MPa); μ_d 为岩石动泊松比; G_d 为岩石动刚性模量或动剪切模量(MPa); λ_d 为岩石动拉梅系数(MPa); K_d 为岩石动体积模量(MPa); ρ 为岩石密度(g/cm³)
	$E_d = 2\rho v_s^2(1+\mu) \times 10^{-3}$	
	$\mu_d = \frac{\left(\frac{v_p}{v_s}\right)^2 - 2}{2\left[\left(\frac{v_p}{v_s}\right)^2 - 1\right]}$	
	$G_d = \rho v_s^2 \times 10^{-3}$	
	$\lambda_d = \rho(v_p^2 - 2v_s^2) \times 10^{-3}$	
	$K_d = \rho \frac{3v_p^2 - 4v_s^2}{3} \times 10^{-3}$	

注:计算值应取 3 位有效数字。

8.1.2　力学性质测试

1) 土样承载比试验

承载比试验的数据分析见表 8.23。

表 8.23　承载比试验数据分析

不同贯入量对应的承载比	计算公式	符号
2.5mm	$CBR_{2.5} = \frac{P}{7000} \times 100$	P 为单位压力(kPa); 7000 为贯入量 2.5mm 时所对应的标准压力(kPa)
5.0mm	$CBR_{5.0} = \frac{P}{10500} \times 100$	10500 为贯入量 5.0mm 时所对应的标准压力(kPa)

注:① 当贯入量为5mm 时的承载比大于贯入量 2.5mm 时的承载比时,试验应重做。若数次试验结果仍相同时,则采用 5.0mm 时的承载比。② 本试验须进行 3 个平行试验,3 个试样的干密度差值应小于 0.03g/cm³。

以单位压力为横坐标,贯入量为纵坐标,绘制单位压力与贯入量关系曲线(图 8.7)。图上曲线 1 是合适的,图上曲线 2 的开始段呈凹曲线,应按下列方法进行修正:通过变曲率点引一切线与纵坐标相交于 O'点,O'点即为修正后的原点。

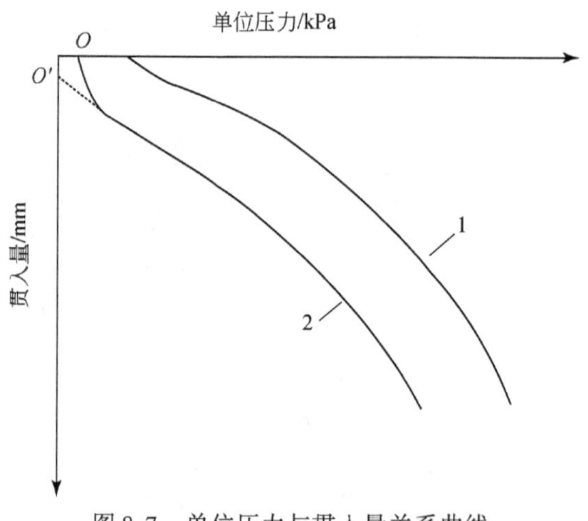

图 8.7　单位压力与贯入量关系曲线

2)土样回弹模量试验

杠杆压力仪法:以单位压力为横坐标,回弹变形为纵坐标,绘制单位压力与回弹变形的关系曲线(图 8.8)。试样的回弹模量取曲线的直线段计算。对较软的土样,如果曲线不通过原点,允许用初始直线段与纵坐标的交点作为原点,修正各级压力下的回弹变形。

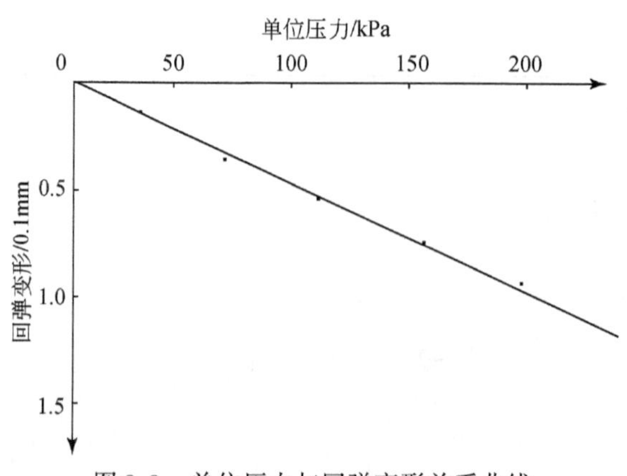

图 8.8　单位压力与回弹变形关系曲线

回弹模量试验的数据分析见表 8.24。

表 8.24　回弹模量试验数据分析

计算指标	计算公式	符号
每级压力下回弹模量/kPa	$E_e = \frac{p\pi D}{4l}(1-\mu^2)$	p 为承压板上的单位压力(kPa)； D 为承压板直径(cm)； l 为某级压力下回弹变形(加压读数-卸压读数)(mm)； μ 为土的泊松比，取 0.35

3）土样渗透试验

渗透试验的数据分析见表 8.25。

表 8.25　渗透试验数据分析

渗透系数	计算公式	符号
常水头	$k_T = \frac{QL}{AHt}$	k_T 为水温为 T℃时试样的渗透系数(cm/s)； Q 为时间 t 秒内的渗出水量(cm^3)； L 为两侧压管中心间的距离(cm)； A 为试样的断面积(cm^2)； H 为平均水位差(cm)； t 为时间(s)
变水头	$k_T = 2.3\frac{aL}{A(t_2-t_1)}\log\frac{H_1}{H_2}$	a 为变水头管的断面积(cm^2)； 2.3 为 ln 和 log 的变换因数； L 为渗径，即试样高度(cm)； t_1，t_2 分别为测读水头的起始和终止时间(s)； H_1，H_2 分别为起始和终止水头
标准温度(20℃)下	$k_{20} = k_T\frac{\eta_T}{\eta_{20}}$	k_{20} 为标准温度时试样的渗透系数(cm/s)； η_T 为 T℃时水的动力黏滞系数(kPa·s)； η_{20} 为 20℃时水的动力黏滞系数(kPa·s)

注：根据计算的渗透系数，应取 3～4 个在允许差值范围内的数据的平均值，作为试样在该孔隙比下的渗透系数(允许差值不大于 2×10^{-n}cm/s)。

4）土样固结试验

标准固结试验的数据分析见表 8.26。

表 8.26　标准固结试验数据分析

计算指标	计算公式	符号
试样的初始孔隙比	$e_0 = \frac{(1+\omega_0)G_s\rho_w}{\rho_0} - 1$	e_0 为试样的初始孔隙比

续表

计算指标		计算公式	符号
各级压力下试样固结稳定后的单位沉降量/(mm/m)		$S_i = \dfrac{\sum \Delta h_i}{h_0} \times 10^3$	h_0 为试样初始高度(mm); $\sum \Delta h_i$ 为某级压力下试样固结稳定后的总变形量(mm)(即该级压力下固结稳定读数减去仪器变形量); 10^3 为单位换算系数
各级压力下试样固结稳定后的孔隙比		$e_i = e_0 - \dfrac{1+e_0}{h_0}\Delta h_i$	e_i 为各级压力下试样固结稳定后的孔隙比
某一压力范围内的压缩系数		$a_v = \dfrac{e_i - e_{i+1}}{p_{i+1} - p_i}$	a_v 为压缩系数(MPa^{-1}); p_i 为某级压力值(MPa)
某一压力范围内的压缩模量		$E_s = \dfrac{1+e_0}{a_v}$	E_s 为某压力范围内的压缩模量(MPa)
某一压力范围内的体积压缩系数		$m_v = \dfrac{a_v}{1+e_0}$	m_v 为某压力范围内的体积压缩系数(MPa^{-1})
压缩指数和回弹指数		C_c 或 $C_s = \dfrac{e_i - e_{i+1}}{\log p_{i+1} - \log p_i}$	C_c 为压缩指数; C_s 为回弹指数
固结系数	时间平方根法	$C_v = \dfrac{0.848\,\bar{h}^2}{t_{90}}$	C_v 为固结系数(cm^2/s); $\bar{h}$ 为最大排水距离,等于某级压力下试样的初始和终了高度的平均值之半(cm)
	时间对数法	$C_v = \dfrac{0.197\,\bar{h}^2}{t_{50}}$	

以孔隙比为纵坐标,压力为横坐标绘制孔隙比与压力的关系曲线(图 8.9)。

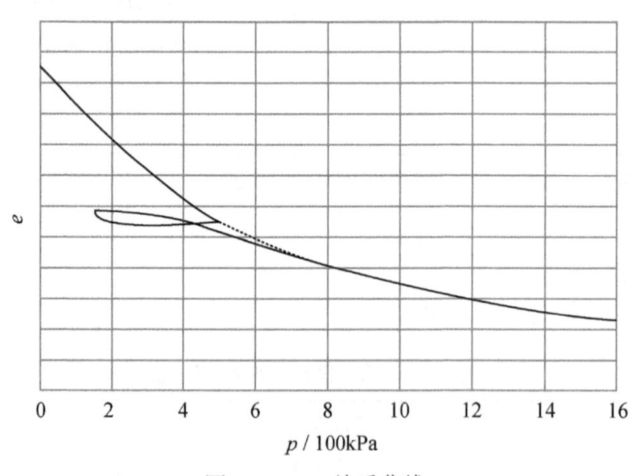

图 8.9　e-p 关系曲线

绘制孔隙比与压力的对数关系曲线(图 8.10)。在 e-$\log p$ 曲线上找出最小曲率半径 R_{min} 的点 O,过 O 点做水平线 OA,切线 OB 及 $\angle AOB$ 的平分线 OD,OD 与曲线下段直线段的延长线交于 E 点,对应于 E 点的压力值即为该原状土试样的确定先期固结压力 p_c。

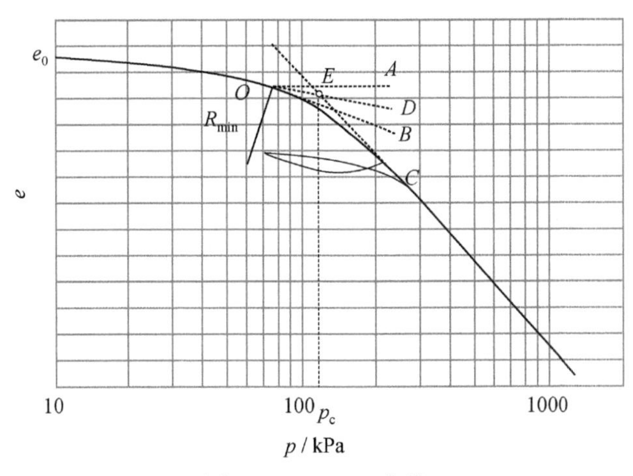

图 8.10　e-log p 曲线

固结系数确定方法如下。

(1)时间平方根法:应绘制某一级压力下变形与时间平方根关系曲线(图 8.11)。延长曲线开始段的直线,交纵坐标与 d_s 为理论零点,过 d_s 作另一直线,令其横坐标为前一直线横坐标的 1.15 倍,则后一直线与 d-$\sqrt{t}$ 曲线交点所对应的时间的平方即为试样固结度达 90% 所需的时间 t_{90},再根据时间平方根法确定固结系数。

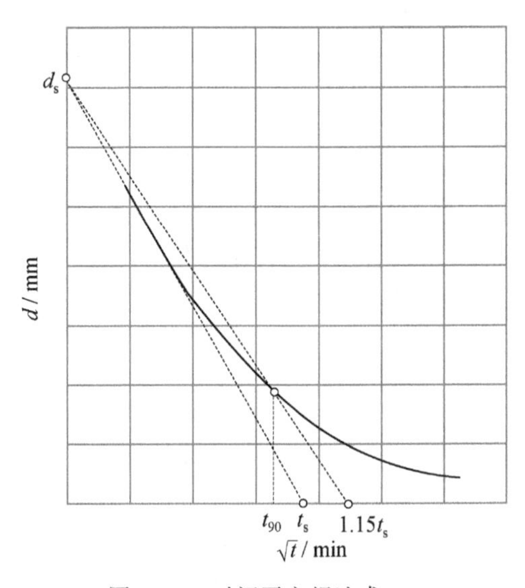

图 8.11　时间平方根法求 t_{90}

(2)时间对数法:应绘制某一级压力下变形与时间对数关系曲线(图 8.12)。在关系曲线的开始段,选任一时间 t_1,查得相对应的变形值 d_1,再取时间 $t_2 = t_1/4$,查得相对应的变形值 d_2,则 $2d_2 - d_1$ 即为 d_{01};另取一时间依同法求得 d_{02},d_{03},d_{04} 等,取其平均值为理论零点 d_s,延长曲线中部的直线段和通过曲线尾部数点切线的交点即为理论终点 d_{100},则 $d_{50} = (d_s + d_{100})/2$,对应于 d_{50} 的时间即为试样固结度达 50% 所需的时间 t_{50},再根据时间对数法确定固结系数。

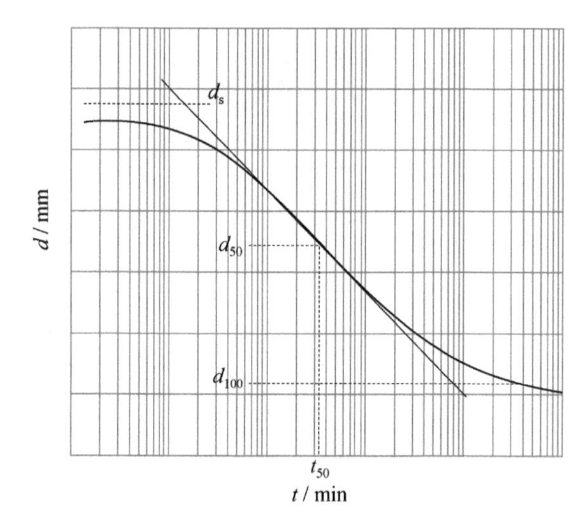

图 8.12　时间对数法求 t_{50}

5）黄土湿陷试验

黄土湿陷试验的数据分析见表 8.27。

表 8.27　黄土湿陷试验数据分析

试验	计算公式	符号
湿陷系数	$\delta_s = \dfrac{h_1 - h_2}{h_0}$	δ_s 为湿陷系数； h_1 为在某级压力下，试样变形稳定后的高度(mm)； h_2 为在某级压力下，试样浸水湿陷变形稳定后的高度(mm)
自重湿陷系数	$\delta_{zs} = \dfrac{h_z - h_z'}{h_0}$	δ_{zs} 为自重湿陷系数； h_z 为在饱和自重压力下，试样变形稳定后的高度(mm)； h_z' 为在饱和自重压力下，试样浸水湿陷变形稳定后的高度(mm)
溶滤变形系数	$\delta_{wt} = \dfrac{h_z - h_s}{h_0}$	δ_{wt} 为溶滤变形系数； h_s 为在某级压力下，长期渗透而引起的溶滤变形稳定后的试样高度(mm)
湿陷起始压力	$\delta_{sp} = \dfrac{h_{pn} - h_{pw}}{h_0}$	δ_{sp} 为各级压力下的湿陷系数； h_{pw} 为在各级压力下试样浸水变形稳定后的高度(mm)； h_{pn} 为在各级压力下试样变形稳定后的高度(mm)

注：进行本试验时，从同一土样中制备的试样，其密度的允许差值为 0.03g/cm^3。

湿陷起始压力试验中：以压力为横坐标、湿陷系数为纵坐标，绘制压力与湿陷系数关系曲线(图 8.13)。湿陷系数为 0.015 所对应的压力即为湿陷起始压力。

6）土样三轴压缩试验

三轴试验的数据分析见表 8.28。

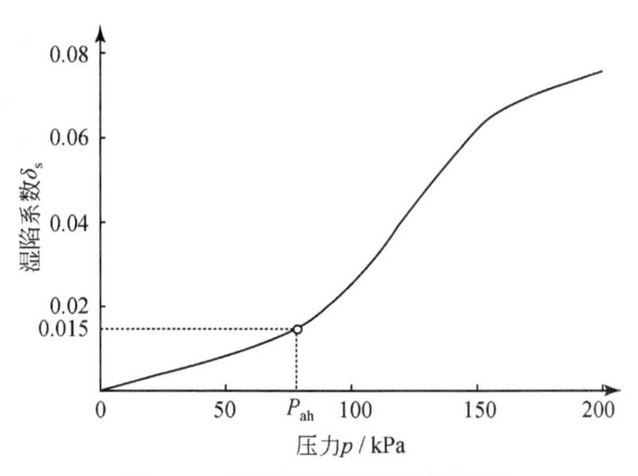

图 8.13　湿陷系数与压力关系曲线

表 8.28　三轴试验数据分析

计算指标	UU	CU	CD	符号
试样固结后的高度		$h_c = h_0 \left(1 - \frac{\Delta V}{V_0}\right)^{1/3}$		ΔV 为试样固结后与固结前的体积变化(cm^3)； h_c 为试样固结后的高度(cm)
试样固结后的断面积		$A_c = A_0 \left(1 - \frac{\Delta V}{V_0}\right)^{2/3}$		A_0 为试样的初始断面积(cm^2)； A_c 为试样固结后的断面积(cm^2)
轴向应变	$\varepsilon_1 = \frac{\Delta h_1}{h_0} \times 100$			Δh_1 为剪切过程中试样高度变化； h_0 为试样初始高度
试样面积的校正	$A_a = \frac{A_0}{1 - \varepsilon_1}$	$\varepsilon_1 = \frac{\Delta h}{h_0}$ $A_a = \frac{A_0}{1 - \varepsilon_1}$	$A_a = \frac{V_c - \Delta V_i}{h_c - \Delta h_i}$	A_a 为试样的校正断面积(cm^2)
主应力差	$\sigma_1 - \sigma_3 = \frac{CR}{A_a} \times 10$			σ_1 为大总主应力(kPa)； σ_3 为小总主应力(kPa)； C 为测力计率定系数(N/0.01mm 或 N/mV)； R 为测力计读数(0.01mm)； 10 为单位换算系数
有效主应力比		$\sigma_1' = \sigma_1 - u$ $\sigma_3' = \sigma_3 - u$ $\frac{\sigma_1'}{\sigma_3'} = 1 + \frac{\sigma_1' - \sigma_3'}{\sigma_3'}$		σ_1' 为有效大主应力(kPa)； σ_3' 为有效小主应力(kPa)； u 为孔隙水压力(kPa)
有效内摩擦角		$\varphi' = \sin^{-1} \mathrm{tg}\alpha$		φ' 为有效内摩擦角(°)； α 为应力路径图上破坏点连线的倾角(°)
有效黏聚力		$c' = \frac{d}{\cos \varphi'}$		c' 为有效黏聚力(kPa)； d 为应力路径图上破坏点连线在纵轴上的截距(kPa)

续表

计算指标	UU	CU	CD	符号
孔隙水压力系数		$B = \frac{u_0}{\sigma_3}$ $A_f = \frac{u_f}{B(\sigma_1 - \sigma_3)}$		B 为初始孔隙水压力系数； u_0 为施加周围压力产生的孔降水压力(kPa)； A_f 为破坏时的孔隙水压力系数； u_f 为试样破坏时，主应力差产生的孔隙水压力(kPa)

(1)UU：绘制主应力差与轴向应变关系曲线，取曲线(图 8.14)上主应力差的峰值作为破坏点；若无峰值点(图 8.15)，以轴向应变 15% 时的主应力差值作为破坏点。

以法向应力(σ)为横坐标，剪应力(τ)为纵坐标，在 σ 轴以破坏时的 $p\left(\frac{\sigma_{1f} + \sigma_{3f}}{2}\right)$ 为圆心，以 $q\left(\frac{\sigma_{1f} - \sigma_{3f}}{2}\right)$ 为半径，在 τ-σ 坐标轴上绘制破损应力圆及不同周围压力下的破损应力圆包线(图 8.16)，并求出不排水强度参数。

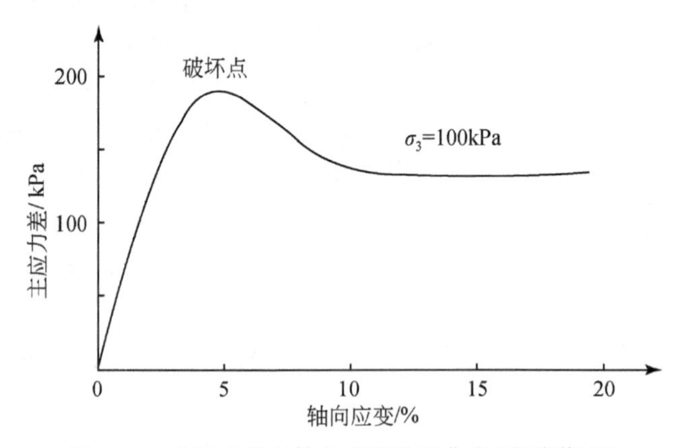

图 8.14　主应力差与轴向应变关系曲线(有峰值点)

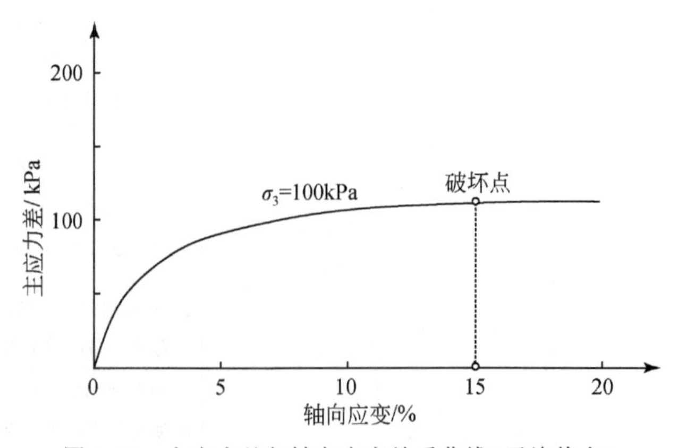

图 8.15　主应力差与轴向应变关系曲线(无峰值点)

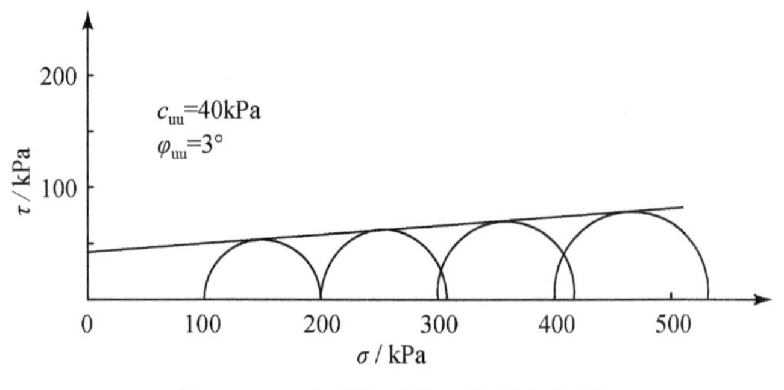

图 8.16　不固结不排水剪强度包线

(2)CU:主应力差与轴向应力关系曲线的绘制参考 UU 试验。绘制有效应力比与轴向应变关系曲线(图 8.17);绘制孔隙水压力与轴向应变关系曲线(图 8.18)。

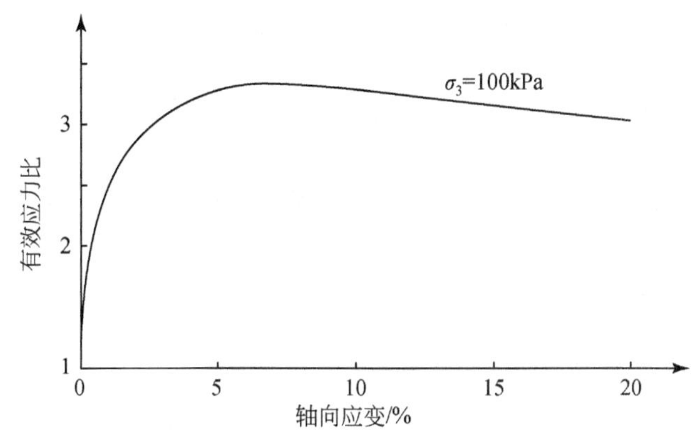

图 8.17　有效应力比与轴向应变关系曲线

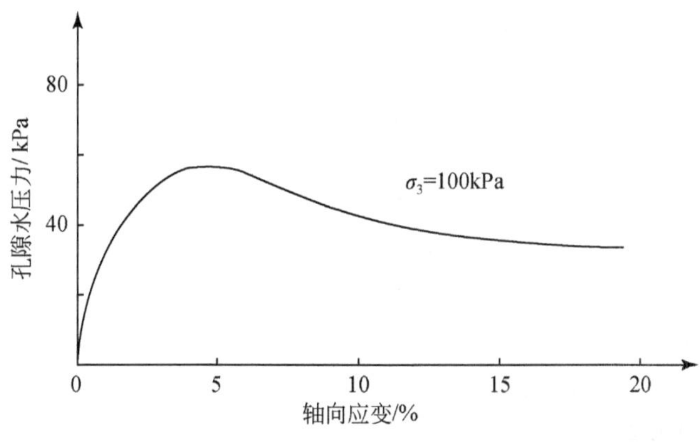

图 8.18　孔隙水压力与轴向应变关系曲线

绘制有效应力路径曲线(图 8.19),并根据应力路径图上破坏点连线的倾角(α)与其在纵轴上的截距(d),计算有效内摩擦角和有效黏聚力。

绘制固结不排水剪强度包线(图 8.20),以主应力差或有效主应力比的峰值作为破坏

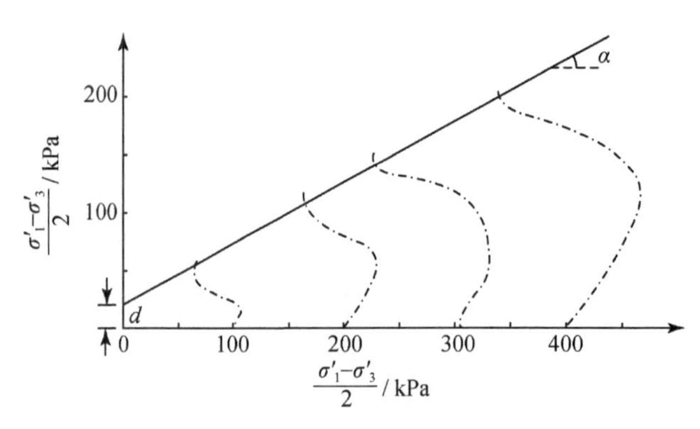

图 8.19　有效应力路径曲线

点,若无峰值点,以有效应力路径的密集点或轴向应变15%时的主应力差值作为破坏点。以法向应力(σ)为横坐标,剪应力(τ)为纵坐标,在 σ 轴以破坏时的 $p\left(\frac{\sigma_{1f}+\sigma_{3f}}{2}\right)$ 为圆心,以 $q\left(\frac{\sigma_{1f}-\sigma_{3f}}{2}\right)$ 为半径,在 τ-σ 坐标轴上绘制破损应力圆及不同周围压力下的破损应力圆包线,并求出总应力强度参数;应以 $p'\left(\frac{\sigma'_1+\sigma'_3}{2}\right)$ 为圆心, $q'\left(\frac{\sigma'_1-\sigma'_3}{2}\right)$ 为半径,绘制有效破损应力圆,并确定有效内摩擦角和有效黏聚力。

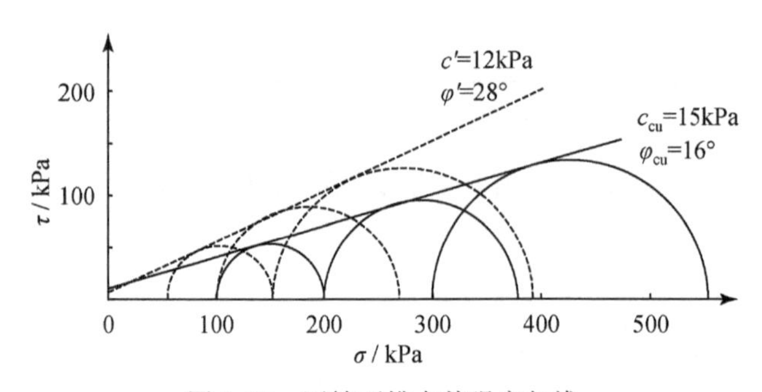

图 8.20　固结不排水剪强度包线

(3)CD:主应力差与轴向应力关系曲线的绘制参考 UU 试验;有效应力比与轴向应力关系曲线的绘制参考 CU 试验;绘制体应变与轴向应变关系曲线(图 8.21);绘制破损应力圆,有效内摩擦角和有效黏聚力的确定参考 CU 试验。

(4)一个试样多级加荷试验。

一个试样多级加荷的 UU 试验:计算及绘图应按 UU 试验的规定进行。试样的轴向应变按累计变形计算(图 8.22)。

一个试样多级加荷的 CU 试验:计算及绘图应按 CU 试验的规定进行。试样的轴向变形,应以前一级剪切终了退去轴向压力后的试样高度作为后一级的起始高度,计算各级周围压力下的轴向应变。

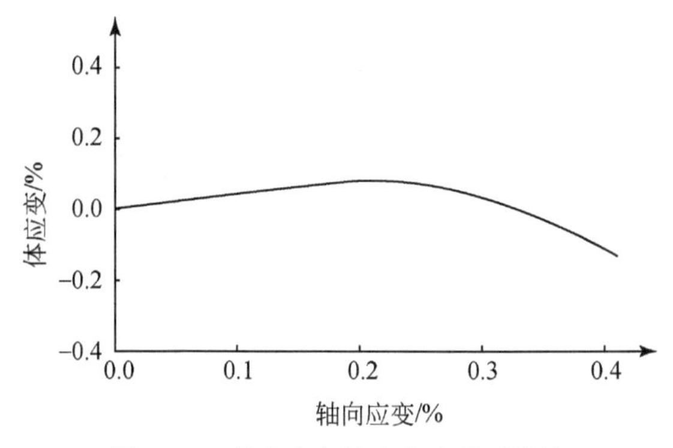

图 8.21　体应变与轴向应变关系曲线

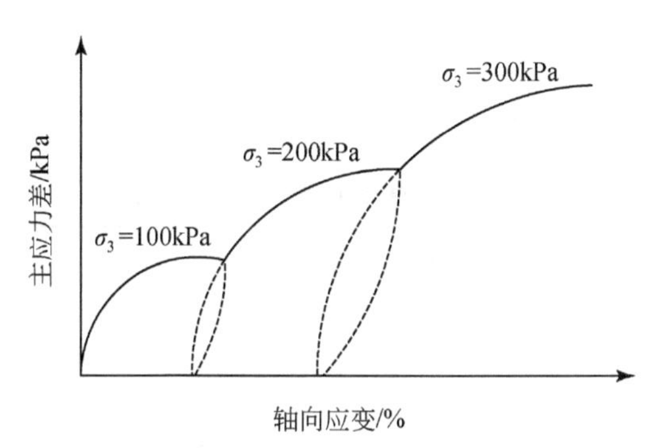

图 8.22　不固结不排水剪的应力−应变关系

7) 土样无侧限抗压强度

无侧限抗压强度试验的数据分析见表 8.29。

表 8.29　无侧限抗压强度试验数据分析

计算指标	计算公式	符号
轴向应变	$\varepsilon_1 = \dfrac{\Delta h}{h_0}$	
试样面积的校正	$A_a = \dfrac{A_0}{1-\varepsilon_1}$	
试样所受的轴向应力	$\sigma = \dfrac{C \cdot R}{A_a} \times 10$	C 为量力环率定系数(N/0.01mm)； R 为量力环百分表读数(0.01mm)； σ 为轴向应力(kPa)； 10 为单位换算系数
灵敏度	$S_t = \dfrac{q_u}{q'_u}$	q_u 为原状土样的无侧限抗压强度(kPa)； q'_u 为重塑土样的无侧限抗压强度(kPa)

绘制轴向应力−应变曲线(图 8.23)，取曲线(图 8.23 中 1 线)上最大轴向应力为无侧限抗压强度；若曲线(图 8.23 中 2 线)上峰值不明显，取轴向应变 15% 对应的轴向应力作为无侧限抗压强度。

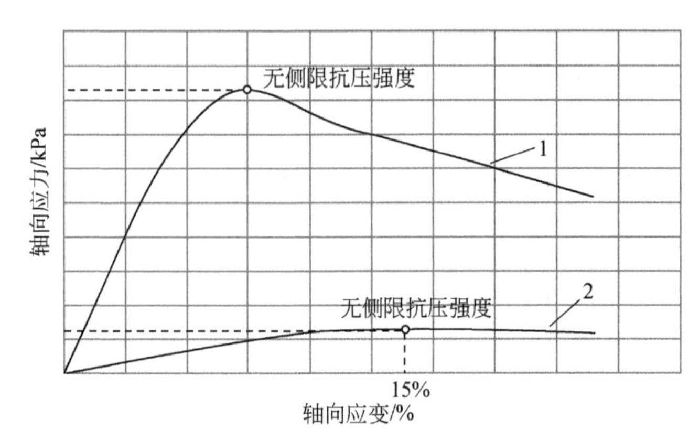

图 8.23　轴向应力与轴向应变关系曲线

8）土样直接剪切试验

直接剪切试验的数据分析见表 8.30。

表 8.30　直接剪切试验数据分析

计算指标	计算公式	符号
试样的剪切破坏时间	$t_f = 50\,t_{50}$	t_f 为达到破坏所经历的时间(min)； t_{50} 为固结度达 50% 所需的时间(min)
剪应力	$\tau = \dfrac{C \cdot R}{A_0} \times 10$	τ 为试样所受的剪应力(kPa)； R 为测力计量表读数(0.01mm)

绘制剪应力与剪切位移关系曲线(图 8.24)，取曲线上剪应力的峰值为抗剪强度，无峰值时，取剪切位移 4mm 所对应的剪应力为抗剪强度。

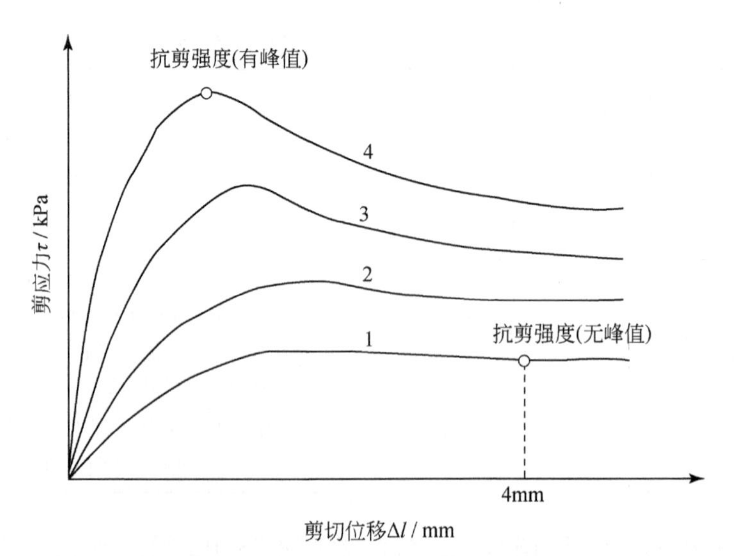

图 8.24　剪应力与剪切位移关系曲线

绘制抗剪强度与垂直压力关系曲线(图 8.25),直线的倾角为内摩擦角(φ),在纵坐标上的截距为黏聚力(c)。

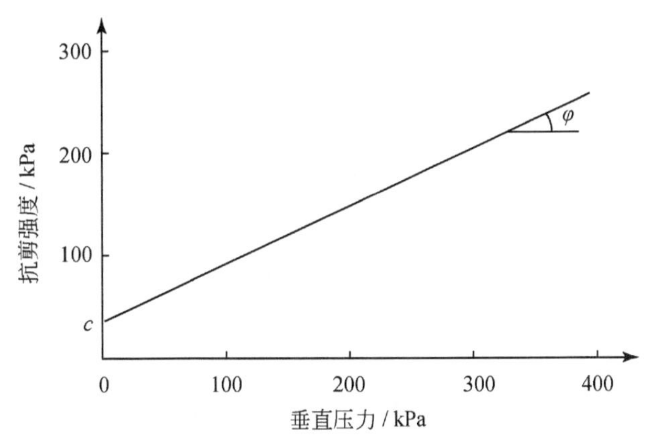

图 8.25　抗剪强度与垂直压力关系曲线

9)土样反复直剪强度试验

反复直剪强度试验的数据分析见表 8.31。

表 8.31　反复直剪强度试验数据分析

计算指标	计算公式	符号
剪应力	$\tau = \dfrac{C \cdot R}{A_0} \times 10$	τ 为试样所受的剪应力(kPa); R 为测力计量表读数(0.01mm)

绘制剪应力与剪切位移关系曲线(图 8.26)。图上第一次的剪应力峰值为慢剪强度,最后剪应力的稳定值为残余强度。

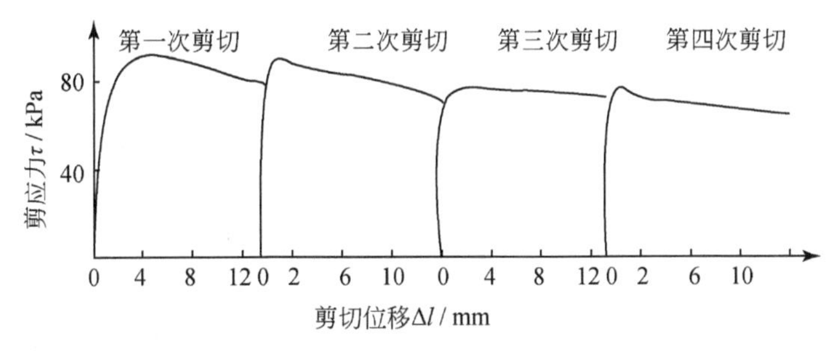

图 8.26　剪应力与剪切位移关系曲线(某黏质土)

峰值强度、残余强度与垂直压力关系曲线(图 8.27)的绘制及二者的内摩擦角(φ_d、φ_r)和黏聚力(c_d、c_r)的确定参考直剪试验。

10)土样抗拉强度试验

土样抗拉强度试验的数据分析见表 8.32。

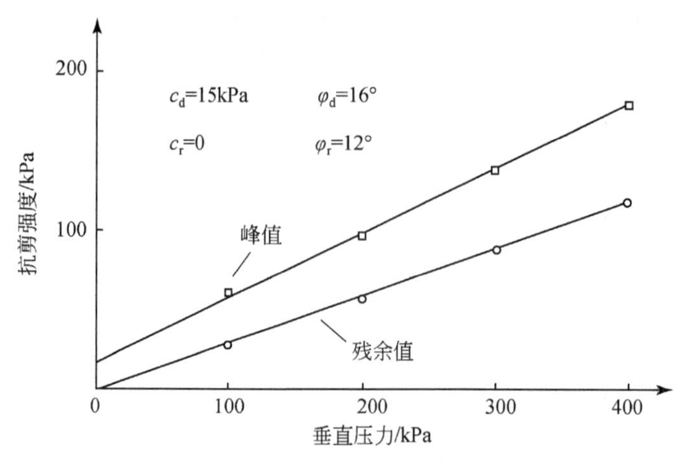

图 8.27　抗剪强度与垂直压力关系曲线

表 8.32　土样抗拉强度试验数据分析

计算指标	计算公式	符号
抗拉强度	$\sigma_t = 4000\dfrac{P_1}{\pi d^2}$	σ_t 为抗拉强度(kPa); P_1 为峰值拉力(N); d 为拉断面直径(mm)

注:本试验需进行三次平行测定,允许偏差不宜大于均值的5%。

11)土样收缩试验

收缩试验的数据分析见表 8.33。

表 8.33　收缩试验数据分析

计算指标	计算公式	符号
试样在不同时间的含水率	$\omega_i = \left(\dfrac{m_i}{m_d} - 1\right) \times 100$	ω_i 为某时刻试样的含水率(%); m_i 为某时刻试样的质量(g); m_d 为试样烘干后的质量(g)
线缩率	$\delta_{si} = \dfrac{z_t - z_0}{h_0} \times 100$	δ_{si} 为试样在某时刻的线缩率(%); z_t 为某时刻的百分表读数(mm)
体缩率	$\delta_V = \dfrac{V_0 - V_d}{V_0} \times 100$	δ_V 为体缩率(%); V_d 为烘干后试样的体积(cm^3)
收缩系数	$\lambda_n = \dfrac{\Delta\delta_{si}}{\Delta\omega}$	λ_n 为竖向收缩系数; $\Delta\omega$ 为收缩曲线上第一阶段两点的含水率之差(%); $\Delta\delta_{si}$ 为与 $\Delta\omega$ 相对应的两点线缩率之差(%)

绘制线缩率与含水率关系曲线(图 8.28),延长第Ⅰ、第Ⅲ阶段的直线段至相交,交点 E 所对应的横坐标 ω_s 即为原状土的缩限。

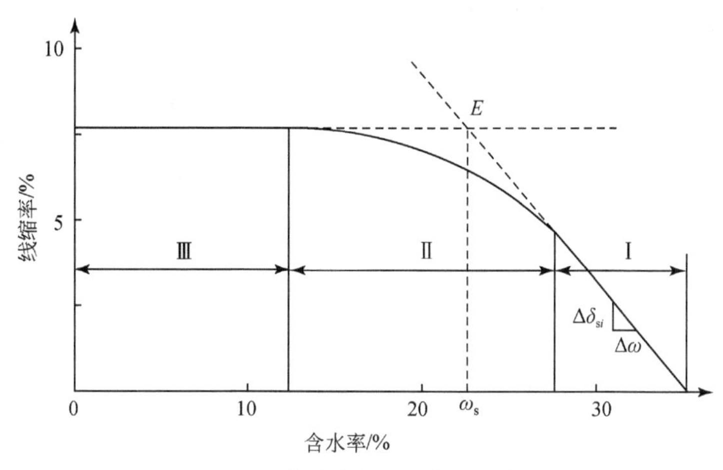

图 8.28　线缩率与含水率关系曲线

12)岩石单轴抗压强度试验

岩石单轴抗压试验的数据分析见表 8.34。

表 8.34　岩石单轴抗压试验数据分析

计算指标	计算公式	符号
单轴抗压强度	$R = \frac{P}{A}$	R 为岩石单轴抗压强度(MPa); P 为破坏荷载(N); A 为试件截面积(mm^2)
软化系数	$\eta = \frac{\overline{R}_w}{\overline{R}_d}$	η 为软化系数; $\overline{R}_w$ 为岩石饱和单轴抗压强度平均值(MPa); $\overline{R}_d$ 为岩石烘干单轴抗压强度平均值(MPa)

注:岩石单轴抗压强度计算值应取 3 位有效数字,岩石软化系数计算值应精确至 0.01。

13)岩石冻融试验

岩石冻融试验的数据分析见表 8.35。

表 8.35　岩石冻融试验数据分析

冻融指标	计算公式	符号
冻融质量损失率	$M = \frac{m_p - m_{fm}}{m_s} \times 100$	m_p 为冻融前饱和试件质量(g); m_{fm} 为冻融后试件质量(g); m_s 为试验前烘干试件质量(g);
冻融系数	$K_{fm} = \frac{\overline{R}_{fm}}{\overline{R}_w}$	$\overline{R}_{fm}$ 为冻融后岩石单轴抗压强度平均值(MPa); $\overline{R}_w$ 为岩石饱和单轴抗压强度平均值(MPa)

注:岩石冻融质量损失率计算值应保留 3 位有效数字,岩石冻融系数计算值应精确至 0.01。

14)岩石单轴压缩变形试验

岩石单轴压缩变形试验的数据分析见表 8.36。

表 8.36　岩石单轴压缩变形试验数据分析

计算指标	计算公式	符号
轴向应变值	$\varepsilon_{l}=\dfrac{\Delta L}{L}$	ε_{l} 为千分表各级应力的轴向应变值； ε_{d} 为与 ε_{l} 同应力的径向应变值； ΔL 为各级荷载下的轴向变形平均值(mm)； ΔD 为与 ΔL 同荷载下径向变形平均值(mm)； L 为轴向测量标距或试件高度(mm)； D 为试件直径(mm)
径向应变值	$\varepsilon_{d}=\dfrac{\Delta D}{D}$	
平均弹性模量	$E_{av}=\dfrac{\sigma_{b}-\sigma_{a}}{\varepsilon_{lb}-\varepsilon_{la}}$	σ_{a} 为应力与轴向应变关系曲线上直线段始点的应力值(MPa)； σ_{b} 为应力与轴向应变关系曲线上直线段终点的应力值(MPa)； ε_{la} 为应力为 σ_{a} 时的径向应变值； ε_{lb} 为应力为 σ_{b} 时的径向应变值； ε_{da} 为应力为 σ_{a} 时的轴向应变值； ε_{db} 为应力为 σ_{b} 时的轴向应变值
平均泊松比	$\mu_{av}=\dfrac{\varepsilon_{db}-\varepsilon_{da}}{\varepsilon_{lb}-\varepsilon_{la}}$	
割线弹性模量	$E_{50}=\dfrac{\sigma_{50}}{\varepsilon_{l50}}$	E_{50} 为岩石割线弹性模量(MPa)； μ_{50} 为岩石泊松比； σ_{50} 为相当于岩石单轴抗压强度 50% 时的应力值(MPa)； ε_{d50} 为应力为 σ_{50} 时的轴向应变值； ε_{l50} 为应力为 σ_{50} 时的径向应变值
割线泊松比	$\mu_{50}=\dfrac{\varepsilon_{d50}}{\varepsilon_{l50}}$	

注：岩石弹性模量计算值应取 3 位有效数字，岩石泊松比计算值应精确至 0.01。

15）岩石三轴压缩强度试验

岩石三轴压缩变形试验的数据分析见表 8.37。

表 8.37　岩石三轴压缩变形试验数据分析

力学参数	计算公式	符号
不同侧压（σ_3）条件下的最大主应力 σ_1	$\sigma_1=\dfrac{P}{A}$	P 为不同侧压条件下的试样轴向破坏荷载(N)； A 为试样截面积(cm^2)
抗剪强度参数	$\sigma_1=F\sigma_3+R$	F 为 $\sigma_1-\sigma_3$ 关系曲线的斜率； R 为 $\sigma_1-\sigma_3$ 关系曲线在 σ_1 轴上的截距，等同于试件的单轴抗压强度(MPa)
莫尔–库仑强度准则参数	$f=\dfrac{F-1}{2\sqrt{F}}$ $c=\dfrac{R}{2\sqrt{F}}$	f 为摩擦系数； c 为黏聚力(MPa)

根据莫尔-库仑强度准则确定岩石在三向应力状态下的抗剪强度参数(图 8.29)。

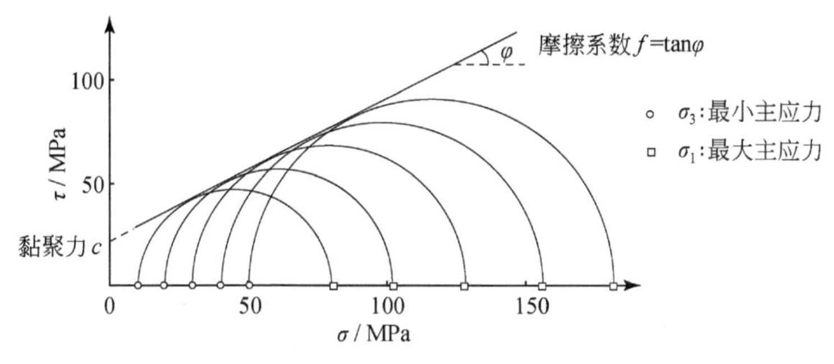

图 8.29　剪应力-正应力关系曲线

抗剪强度参数也可采用下述方法予以确定。应在以 σ_1 为纵坐标和 σ_3 为横坐标的坐标图上,根据各试件的 σ_1 、σ_3 值,点绘出各试件的坐标点(图 8.30)。

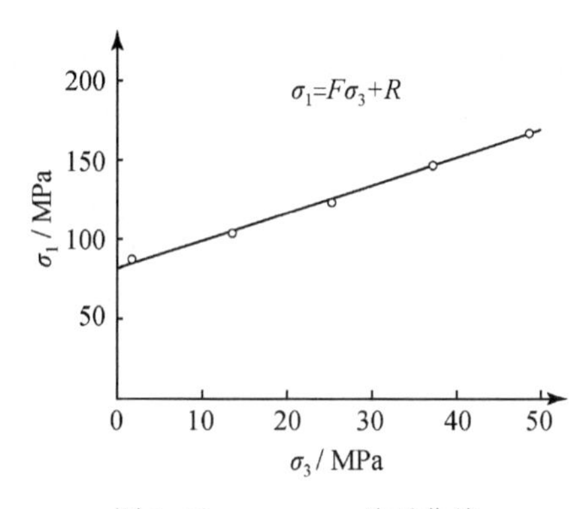

图 8.30　$\sigma_1-\sigma_3$关系曲线

16)岩石巴西劈裂试验

岩石巴西劈裂试验的数据分析见表 8.38。

表 8.38　岩石巴西劈裂试验数据分析

计算指标	计算公式	符号
岩石抗拉强度	$\sigma_t=\dfrac{2P}{\pi Dh}$	σ_t为岩石抗拉强度(MPa); P 为试样破坏荷载(N); D 为试样直径(mm); h 为试样厚度(mm)

注:计算值应取 3 位有效数字。

17)岩石点荷载强度试验

岩石点荷载强度试验的数据分析见表 8.39。

表 8.39　岩石荷载强度试验数据分析

计算指标	计算公式	符号
等价岩心直径 采用径向试验	$D_e^2 = D^2$	D 为加荷点间距(mm); D' 为上下锥端发生贯入后试样破坏瞬间的加荷点间距(mm)
	$D_e^2 = D^2 D'$	
轴向、方块体或不规则块体试验的等价岩心直径	$D_e^2 = \frac{4WD'}{\pi}$	W 为通过两加荷点最小截面的宽度(或平均宽度)(mm)
	$D_e^2 = \frac{4WD}{\pi}$	
未修正的岩石 点荷载强度	$I_s = \frac{P}{D_e^2}$	I_s 为未经修正的岩石点荷载强度(MPa); P 为破坏荷载(N); D_e 为等价岩心直径(mm)
修正的岩石 点荷载强度指数	若试验数据较多,且同一组试样中的 D_e 具有多种尺寸(曲线如图 8.31): $I_{s(50)} = \frac{P_{50}}{2500}$	$I_{s(50)}$ 为经尺寸修正后的岩石点荷载强度(MPa); P_{50} 为根据 $D_e^2 - P$ 关系曲线 D_e^2 为 2500mm^2 时的 P 值(MPa)
	试验数据较少: $F = \left(\frac{D_e}{50}\right)^m$ $I_{s(50)} = F I_s$	F 为修正系数; m 为修正指数,可取 0.4~0.45,或根据同类岩石的经验值确定
岩石点荷载强度 各向异性指数	$I_{a(50)} = \frac{I'_{s(50)}}{I''_{s(50)}}$	$I'_{s(50)}$ 为垂直于弱面的岩石点荷载强度(MPa); $I''_{s(50)}$ 为平行于弱面的岩石点荷载强度(MPa)

注:当 $D_e \neq 50$mm 时,应对计算值进行修正。

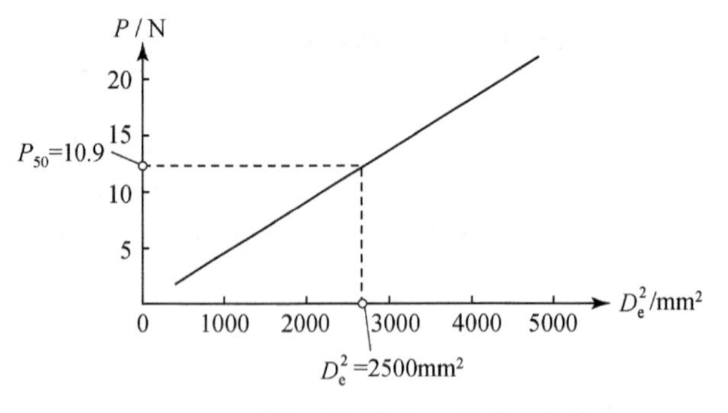

图 8.31　D_e^2 与破坏荷载 P 的关系曲线

18)岩体结构面直剪试验

岩石结构面直剪试验的数据分析见表 8.40。

表 8.40　岩石结构面直剪试验数据分析

试验方法	应力	计算公式	符号
平推法	法向应力	$\sigma = \dfrac{P}{A}$	σ 为作用于剪切面上的法向应力(MPa); τ 为作用于剪切面上的剪应力(MPa); P 为作用于剪切面上的总法向荷载(N); Q 为作用于剪切面上的总剪切荷载(N); A 为剪切面面积(mm^2)
	剪应力	$\tau = \dfrac{Q}{A}$	
斜推法	法向应力	$\sigma = \dfrac{P}{A} + \dfrac{Q}{A}\sin\alpha$	Q 为作用于剪切面上的总剪切荷载(N); α 为斜向荷载施力方向与剪切面的夹角(°)
	剪应力	$\tau = \dfrac{Q}{A}\cos\alpha$	

19)岩石回弹硬度试验

岩石回弹硬度试验的数据分析见表 8.41。

表 8.41　岩石回弹硬度试验数据分析

计算指标	计算公式	符号
回弹仪动能	$E = \dfrac{1}{2}CL^2$	E 为回弹仪的标准能量(J); C 为弹击拉簧的刚度系数(N/m); L 为弹击拉簧的拉伸长度(m)
平均回弹值	$\overline{N}_{测} = \sum_{i=1}^{10} N_{i测}/10$	$\overline{N}_{测}$ 为测试点区平均回弹值; $N_{i测}$ 为测试点区第 i 点回弹值

修正测试值:当回弹仪轴线与水平方向的夹角为 α 时(图 8.32),先计算测试区平均回弹值 $\overline{N}_{测}$,再按表 8.42 查出修正值 ΔN,则回弹硬度 N 为 $N = \overline{N}_{测} + \Delta N$。

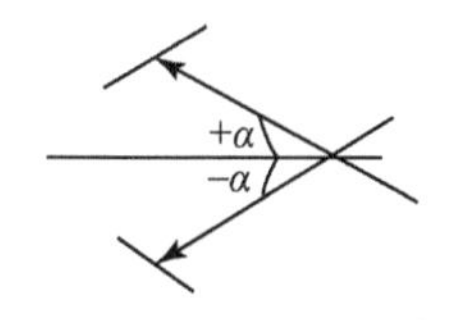

图 8.32　α 的方向示意图

表 8.42　非水平方向检测时的回弹值修正值

$\overline{N}_{测}$	α/(°)							
	+90°	+60°	+45°	+30°	-30°	-45°	-60°	-90°
20	-6.0	-5.0	-4.0	-3.0	+2.5	+3	+3.5	+4
21	-5.9	-4.9	-4.0	-3.0	+2.5	+3	+3.5	+4
22	-5.8	-4.8	-3.9	-2.9	+2.4	+2.9	+3.4	+3.9

续表

$\overline{N}_{测}$	α/(°)							
	+90°	+60°	+45°	+30°	−30°	−45°	−60°	−90°
23	−5.7	−4.7	−3.9	−2.9	+2.4	+2.9	+3.4	+3.9
24	−5.6	−4.6	−3.8	−2.8	+2.3	+2.8	+3.3	+3.8
25	−5.5	−4.5	−3.8	−2.8	+2.3	+2.8	+3.3	+3.8
26	−5.4	−4.4	−3.7	−2.7	+2.2	+2.7	+3.2	+3.7
27	−5.3	−4.3	−3.7	−2.7	+2.2	+2.7	+3.2	+3.7
28	−5.2	−4.2	−3.6	−2.6	+2.1	+2.6	+3.1	+3.6
29	−5.1	−4.1	−3.6	−2.6	+2.1	+2.6	+3.1	+3.6
30	−5.0	−4.0	−3.5	−2.5	+2	+2.5	+3	+3.5
31	−4.9	−4.0	−3.5	−2.5	+2	+2.5	+3	+3.5
32	−4.8	−3.9	−3.4	−2.4	+1.9	+2.4	+2.9	+3.4
33	−4.7	−3.9	−3.4	−2.4	+1.9	+2.4	+2.9	+3.4
34	−4.6	−3.8	−3.3	−2.3	+1.8	+2.3	+2.8	+3.3
35	−4.5	−3.8	−3.3	−2.3	+1.8	+2.3	+2.8	+3.3
36	−4.4	−3.7	−3.2	−2.2	+1.7	+2.2	+2.7	+3.2
37	−4.3	−3.7	−3.2	−2.2	+1.7	+2.2	+2.7	+3.2
38	−4.2	−3.6	−3.1	−2.1	+1.6	+2.1	+2.6	+3.1
39	−4.1	−3.6	−3.1	−2.1	+1.6	+2.1	+2.6	+3.1
40	−4.0	−3.5	−3.0	−2.0	+1.5	+2	+2.5	+3
41	−4.0	−3.5	−3.0	−2.0	+1.5	+2	+2.5	+3
42	−3.9	−3.4	−2.9	−1.9	+1.4	+1.9	+2.4	+2.9
43	−3.9	−3.4	−2.9	−1.9	+1.4	+1.9	+2.4	+2.9
44	−3.8	−3.3	−2.8	−1.8	+1.3	+1.8	+2.3	+2.8
45	−3.8	−3.3	−2.8	−1.8	+1.3	+1.8	+2.3	+2.8
46	−3.7	−3.2	−2.7	−1.7	+1.2	+1.7	+2.2	+2.7
47	−3.7	−3.2	−2.7	−1.7	+1.2	+1.7	+2.2	+2.7
48	−3.6	−3.1	−2.6	−1.6	+1.1	+1.6	+2.1	+2.6
49	−3.6	−3.1	−2.6	−1.6	+1.1	+1.6	+2.1	+2.6
50	−3.5	−3.0	−2.5	−1.5	+1	+1.5	+2	+2.5

8.1.3 化学性质测试

1)土样酸碱度试验

酸碱度试验的测试指标为 pH,准确至 0.01。

2)土样易溶盐试验

易溶盐试验数据的测定主要包括：易溶盐总量(表8.43)、碳酸根和重碳酸根(表8.44)、氯离子(表8.45)、硫酸根(表8.46)、钙镁离子(表8.47、表8.48)和钠钾离子(表8.49)。

表 8.43 易溶盐总量测定

计算指标	计算公式	符号
易溶盐总量	未经2%碳酸钠处理：$$W=\frac{(m_2-m_1)\frac{V_w}{V_s}(1+0.01\omega)}{m_s}\times 100$$	W 为易溶盐总量(%)； V_w 为浸出液用纯水体积(mL)； V_s 为吸取浸出液体积(mL)； m_s 为风干试样质量(g)； ω 为风干试样含水率(%)； m_2 为蒸发皿加烘干残渣质量(g)； m_1 为蒸发皿质量(g)
	经2%碳酸钠处理：$$W=\frac{(m-m_0)\frac{V_w}{V_s}(1+0.01\omega)}{m_s}\times 100$$ $$m_0=m_3-m_1$$ $$m=m_4-m_1$$	m_3 为蒸发皿加碳酸钠蒸干后质量(g)； m_4 为蒸发皿加碳酸钠加试样蒸干后的质量(g)； m_0 为蒸干后碳酸钠质量(g)； m 为蒸干后试样加碳酸钠质量(g)

表 8.44 碳酸根和重碳酸根的测定

计算指标	计算公式	符号
碳酸根含量	$$b(CO_3^{2-})=\frac{2V_1c(H_2SO_4)\frac{V_w}{V_s}(1+0.01\omega)\times 1000}{m_s}$$ $$CO_3^{2-}=b(CO_3^{2-})\times 10^{-3}\times 0.060\times 100$$ $$CO_3^{2-}=b(CO_3^{2-})\times 60$$	$b(CO_3^{2-})$ 为碳酸根的质量摩尔浓度(mmol/kg)； CO_3^{2-} 为碳酸根的含量(%或mg/kg)； V_1 为酚酞为指示剂滴定硫酸标准溶液的用量(mL)； 10^{-3} 为换算因数； 0.060 为重碳酸根的摩尔质量(kg/mol)； 60 为重碳酸根的摩尔质量(g/mol)
重碳酸根含量	$$b(HCO_3^-)=\frac{2(V_2-V_1)c(H_2SO_4)\frac{V_w}{V_s}(1+0.01\omega)\times 1000}{m_s}$$ $$HCO_3^-=b(HCO_3^-)\times 10^{-3}\times 0.061\times 100$$ $$HCO_3^-=b(HCO_3^-)\times 61$$	$b(HCO_3^-)$ 为重碳酸根的质量摩尔浓度(mmol/kg)； HCO_3^- 为重碳酸根的含量(% 或 mg/kg)； 10^{-3} 为换算因数； V_2 为甲基橙为指示剂滴定硫酸标准溶液的用量(mL)； 0.061 为重碳酸根的摩尔质量(kg/mol)； 61 为重碳酸根的摩尔质量(g/mol)

注：计算至0.01mmol/kg和0.001%或1mg/kg。平行滴定误差不大于0.1mL，取算术平均值。

表 8.45　氯离子的测定

计算指标	计算公式	符号
氯离子含量	$b(Cl^-)=\dfrac{(V_1-V_2)c(AgNO_3)\dfrac{V_w}{V_s}(1+0.01\omega)\times 1000}{m_s}$ $Cl^-=b(Cl^-)\times 10^{-3}\times 0.0355\times 100$ $Cl^-=b(Cl^-)\times 10^{-3}\times 35.5$	$b(Cl^-)$为氯离子的质量摩尔浓度(mmol/L); Cl^-为氯离子的含量(%或mg/kg); V_1为浸出液消耗硝酸银标准溶液的体积(mL); V_2为纯水(空白)消耗硝酸银标准溶液的体积(mL); 0.0355为氯离子的摩尔质量(kg/mol)

注:计算准确至0.01mmol/kg和0.001%或1mg/kg,平行滴定偏差不大于0.1mL,取算术平均值。

表 8.46　硫酸根的测定(EDTA络合容量法)

计算指标	计算公式	符号
硫酸根含量	$b(SO_4^{2-})=\dfrac{(V_3+V_2-V_1)c(EDTA)\dfrac{V_w}{V_s}(1+0.01\omega)\times 1000}{m_s}$ $SO_4^{2-}=b(SO_4^{2-})\times 10^{-3}\times 0.096\times 100$ $SO_4^{2-}=b(SO_4^{2-})\times 96$	$b(SO_4^{2-})$为硫酸根的质量摩尔浓度(mmol/kg); SO_4^{2-}为硫酸根含量(%或mg/kg); V_1为浸出液中钙镁与钡镁合剂对EDTA标准溶液的用量(mL); V_2为用同体积钡镁合剂(空白)对EDTA标准溶液的用量(mL); V_3为同体积浸出液中钙镁对EDTA标准溶液的用量(mL); 0.096为硫酸根的摩尔质量(kg/mol); $c(EDTA)$为EDTA标准溶液的浓度(mol/L)

注:计算准确至0.01mmol/kg和0.001%或1mg/kg,需平行滴定,滴定偏差不应大于0.1mL,取算术平均值。

表 8.47　钙离子的测定

计算指标	计算公式	符号
钙离子含量	$b(Ca^{2+})=\dfrac{V(EDTA)c(EDTA)\dfrac{V_w}{V_s}(1+0.01\omega)\times 1000}{m_s}$ $Ca^{2+}=b(Ca^{2+})\times 10^{-3}\times 0.040\times 100$ $Ca^{2+}=b(Ca^{2+})\times 40$	$b(Ca^{2+})$为钙离子的质量摩尔浓度(mmol/kg); Ca^{2+}为钙离子含量(%或mg/kg); $c(EDTA)$为EDTA标准溶液浓度(mol/L); $V(EDTA)$为EDTA标准溶液用量(mL); 0.04为钙离子的摩尔浓度(kg/mol)

注:计算准确至0.01mmol/kg和0.001%或1mg/kg,需平行滴定,滴定偏差不应大于0.1mL,取算术平均值。

表 8.48　镁离子的测定

计算指标	计算公式	符号
镁离子含量	$b(Mg^{2+}) = \dfrac{(V_2 - V_1)c(\mathrm{EDTA})\dfrac{V_w}{V_s}(1 + 0.01\omega) \times 1000}{m_s}$ $Mg^{2+} = b(Mg^{2+}) \times 10^{-3} \times 0.024 \times 100$ $Mg^{2+} = b(Mg^{2+}) \times 24$	$b(Mg^{2+})$ 为镁离子的质量摩尔浓度（mmol/kg）； Mg^{2+} 为镁离子含量（% 或 mg/kg）； V_2 为钙镁离子对 EDTA 标准溶液的用量（mL）； V_1 为钙离子对 EDTA 标准溶液的用量（mL）； $c(\mathrm{EDTA})$ 为 EDTA 标准溶液浓度（mol/L）； 0.024 为镁离子的摩尔质量（kg/mol）

注：计算准确至 0.01mmol/kg 和 0.001% 或 1mg/kg，需平行滴定，滴定偏差不应大于 0.1mL，取算术平均值。

表 8.49　钠离子和钾离子的测定

计算指标	计算公式	符号
钠离子含量	$Na^+ = \dfrac{\rho(Na^+)V_c\dfrac{V_w}{V_s}(1 + 0.01\omega) \times 100}{m_s \times 10^3}$ $Na^+ = (Na^+\%) \times 10^6$ $b(Na^+) = (Na^+\%/0.023) \times 1000$	Na^+、K^+ 分别为试样中钠、钾的含量（% 或 mg/kg）； $b(Na^+)$、$b(K^+)$ 分别为试样中钠、钾的质量摩尔浓度（mmol/kg）； 0.023、0.039 分别为 Na^+、K^+ 的摩尔质量（kg/mol）
钾离子含量	$K^+ = \dfrac{\rho(K^+)V_c\dfrac{V_w}{V_s}(1 + 0.01\omega) \times 100}{m_s \times 10^3}$ $K^+ = (K^+\%) \times 10^6$ $b(K^+) = (K^+\%/0.039) \times 1000$	

3）土样有机质试验

有机质试验的数据分析见表 8.50。

表 8.50　有机质试验数据分析

计算指标	计算公式	符号
有机质含量	$O_m = \dfrac{c(Fe^{2+})\{V'(Fe^{2+}) - V(Fe^{2+})\}}{m_s} \times \dfrac{0.003 \times 1.724 \times (1 + 0.01\omega) \times 100}{m_s}$	O_m 为有机质含量（%）； $c(Fe^{2+})$ 为硫酸亚铁标准溶液浓度（mol/L）； $V'(Fe^{2+})$ 为空白滴定硫酸亚铁用量（mL）； $V(Fe^{2+})$ 为试样测定硫酸亚铁用量（mL）； 0.003 为 1/4 硫酸亚铁标准溶液浓度时的摩尔质量（kg/mol）； 1.724 为有机碳换算成有机质的因数

注：计算精确至 0.01%。

8.2 注意事项

掌握岩土体室内试验过程中的注意事项对处理校核试验成果有重要意义。然而国家标准和规范并没有明确地指出每个试验需要着重注意的问题,这就可能导致操作人员在试验进行过程中易忽视、遗漏重要部分。本节内容归纳总结了岩土体室内试验操作过程中应该注意的主要问题,以及如何改进和完善测试手段,以便为工程设计提供准确、可靠的岩土体试验数据和成果报告。

8.2.1 物理性质测试

1)土样密度试验

蜡封法:

(1)蜡封法密度试验中的蜡液温度,以蜡液达到熔点以后不出现气泡为准。蜡液温度过高,对土样的含水率和结构都会造成一定的影响,而温度过低,蜡溶解不均匀,不易封好蜡皮。

(2)因各种蜡的密度不相同,试验前应测定石蜡的密度。

2)土样含水率试验

(1)试验必须对两个试样进行平行测定。含水率取两个测值的平均值。

当含水率小于40%时,两次测定的差值不大于1%;当含水率大于、等于40%时,差值不大于2%;对层状和网状构造的冻土的含水率试验,因试样均匀程度所取试样数量相差较大,且试验过程中需待冻土融化后进行,所以其含水率平行测定的允许误差放宽至3%。

(2)对含有机质超过干土质量5%的土,规定烘干温度需为65~70℃。因为含有机质土在105~110℃下,经长时间烘干后,有机质特别是腐殖酸会在烘干过程中逐渐分解而不断损失,使测得的含水率比实际的含水率大。因此土中有机质含量越高误差就越大。

(3)试样烘干至恒量所需的时间与土的类别及取土数量有关。

(4)采用环刀中试样测定含水率更具有代表性。

3)土粒比重试验

比重瓶法:

试验用水规定为纯水,要求水质纯度高,不含任何被溶解的固体物质。一般规定有机质含量小于5%时,可以用纯水;超过5%时,用中性液体。土中易溶盐含量等于、大于0.5%时,用中性液体测定。

4)土样颗粒分析试验

筛析法:

(1)筛析法颗粒分析试验在选用分析筛的孔径时,可根据试样颗粒的粗细情况灵活选用。

(2)当大于0.075mm的颗粒超过试样总质量的10%时,应先进行筛析法试验,然后经过洗筛过0.075mm筛,再用密度计法或移液管法进行试验。

密度计法：

读数时，密度计浮泡应在量筒中心，不得贴近量筒内壁，密度计读数以弯液面上缘为准。放入或取出密度计时，应小心轻放，不得扰动悬液。

5）土样界限含水率试验

滚搓法塑限试验：

（1）土条须在数处同时产生裂纹，如仅有一条裂纹，可能是用力不均匀所致，产生的裂纹必须呈螺纹状。

（2）对于某些低液限土，如果始终搓不到 3mm，可认为塑性极低或无塑性。

6）砂土的相对密度试验

砂土的相对密度试验适用于透水性良好的无黏性土，对含细粒较多的试样不宜进行相对密度试验。

砂的最小干密度试验：

测定方法有漏斗法和量筒法两种方法，实际试验时二者可以结合在一起进行。

砂的最大干密度试验：

用振动锤击法测定砂的最大干密度时，需尽量避免由于振击功能不同而产生的人为误差，为此，在振击时，击锤应提高到规定高度，并自由下落，在水平振击时，容器周围均有相等数量的振击点。

7）土样击实试验

（1）重型击实试验最优含水率较轻型的小，所以制备含水率可以向较小方向移。

（2）若干密度和含水率的关系曲线不能绘出峰值点，则应进行补点。土样不宜重复使用。

8）黏土的自由膨胀率试验

自由膨胀率试验中的试样制备非常重要，首先是土样过筛的孔径大小，用不同孔径过筛的试样进行比较试验，其结果是过筛孔径越小，10mL 容积的土越轻，自由膨胀率越小。不同分散程度也会引起黏粒含量的差异，为了取得相对稳定的试验条件，规定采用 0. 5mm 过筛，用四分对角法取样，并要求充分分散。

9）土样膨胀率（固结仪法）试验

有荷载膨胀率试验：

（1）仪器在压力下的变形会影响试验结果，应予校正。

（2）有荷载膨胀率试验会发生沉降或胀升，安装量表时要予以考虑。

（3）一次连续加荷是指将总荷载分几级一次连续加完，也可以根据砝码的具体条件，分级连续加荷，目的是使土体在受压时有个时间间歇，同时避免荷载太大产生冲击力。

无荷载膨胀率试验：

膨胀率与土的自然状态关系非常密切，初始含水率、干密度都直接影响试验成果。为了防止透水石的水分影响初始读数，要求先将透水石烘干，再埋置在切削试样剩余的碎土中 1h，使其大致具备与试样相同的湿度。

10）土样膨胀力试验

（1）在室内测定膨胀力的方法和仪器有多种，国内外采用最多的是以外力平衡内力的方法，即平衡法，因此在现场应尽量接近原位情况。

(2) 试验资料表明，达到最大膨胀力的时间并不长，浸水后在短时间内变化较大，以后则趋于平缓，为此规定加荷平衡后 2h 不再膨胀作为稳定是可行的。

11) 岩石含水率试验

(1) 本试验主要用于测定岩石的天然含水状态或试件在试验前后的含水状态。

(2) 对于含有结晶水易逸出矿物的岩石，在未取得充分论证前，一般采用烘干温度为 55～65℃或在常温下采用真空抽气干燥方法。

12) 岩石颗粒密度试验

(1) 颗粒密度试验的试件一般采用块体密度试验后的试件粉碎成岩粉，其目的是减少岩石不均一性的影响。

(2) 试验应进行两次平行测定，平行测定的差值不应大于 0.02g/cm^3，颗粒密度取两次测值的平均值。

13) 岩石块体密度试验

量积法：

对于有干缩湿胀特性的岩石，试样体积量测必须在烘干前进行，避免试件烘干对计算密度的影响。

蜡封法：

(1) 一般用不规则试件，试件表面有明显棱角或缺陷时，对测试成果有一定影响，因此要求试件加工成浑圆状。

(2) 用蜡封法测定岩石密度时，需掌握好熔蜡温度，温度过高容易使蜡液浸入试件缝隙中；温度低了会使试件封闭不均，不易形成完整蜡膜。因此，本试验规定的熔蜡温度略高于蜡的熔点（约 57℃）。

(3) 蜡的密度变化较大，在进行蜡封法试验时，需测定蜡的密度，其方法与岩石密度试验中水中称量法相同。

14) 岩石吸水性试验

(1) 水中称量法测定岩石颗粒密度方法简单。精度能满足一般使用要求。但对于含较多封闭孔隙的岩石，仍需采用比重瓶法。

(2) 试件形态对岩石吸水率的试验成果有影响，不规则试件的吸水率可以是规则试件的两倍多，这和试件与水的接触面积大小有很大关系。采用单轴抗压强度试验的试件作为吸水性试验的标准试件，能与抗压强度等指标建立良好的相关关系。因此，只有在试件制备困难时，才允许采用不规则试件，但需试件为浑圆形，有一定的尺寸要求（40～60mm），才能确保试验成果的精度。

15) 岩石膨胀性试验

侧向约束膨胀率试验：

侧向约束膨胀率试验仪中的金属套环高度需大于试件高度与两个透水板厚度之和。避免由于金属套环高度不够，试件浸水饱和后出现三向变形。

体积不变条件下的膨胀压力试验：

(1) 在试验加水后，应保持水位不变。水温变化不得大于 2℃。

(2)为使试件体积始终不变,需随时调节所加荷载,并在加压时扣除仪器的系统变形。

16)岩石耐崩解性试验

(1)试验过程中,水温应保持在 18 ~ 22℃。

(2)耐崩解性试验主要适用于在干、湿交替环境中易崩解的岩石,对于坚硬完整岩石一般不需进行此项试验。

17)岩石声波速度测试

对换能器施加一定的压力,挤出多余的耦合剂或压紧耦合剂,是为了使换能器和岩体接触良好,减少对测试成果的影响。

8.2.2　力学特性测试

1)土样承载比试验

(1)进行 CBR 试验时,应模拟试料在使用过程中处于最不利状态,贯入试验前一般将试样浸水饱和 96h 作为设计状态,国内外的标准均以浸水 96h 作为浸水时间,当然也可根据不同地区、地形、排水条件、路面结构等情况适当改变试样的浸水方法和浸水时间,使 CBR 试验更符合实际情况。

(2)在加荷装置上安装好贯入杆后,需使杆端面与试样表面充分接触,所以先要在贯入杆上施加 45N 的预压力,将此荷载作为试验时的零荷载,并将该状态的贯入量为零点。

2)土样回弹模量试验

杠杆压力仪法:在采用杠杆压力仪法时,当压力较大时,加卸载将比较困难,因此主要适用于含水率较大,硬度较小的土。

3)土样渗透试验

渗透试验采用的纯水需脱气,并规定水温高于室温 3 ~ 4℃,目的是避免水进入试样因温度升高而分解出气泡。

常水头渗透试验:

试验过程中,若发现水流过快或出水口有浑浊现象,应立即检查容器有无漏水或试样中是否出现集中渗流,若有,则应重新制样进行试验。

变水头渗透试验:

(1)变水头渗透试验使用的仪器设备除应符合试验结果可靠合理、结构简单外,要求止水严密,易于排气。

(2)为了保证试验准确度,要求试样必须饱和。采用真空抽气饱和法是有效的方法。

4)土样固结试验

标准固结试验:固结仪在使用过程中,各部件在每次试验时是装拆的,透水石也易磨损,为此,应定期率定和校验。

5)黄土湿陷试验

(1)正确使用卡件,确保杠杆调平。

(2)压力等级,在 150kPa 以内,每级增量为 25 ~ 50kPa;150kPa 以上,每级增量为 50 ~ 100kPa。

6）土样三轴压缩试验

（1）试验宜在恒温条件下进行。

（2）试验前对仪器必须进行检查，以保证施加的周围压力能保持恒压。孔隙水压力量测系统应无气泡，保证测量准确度。仪器管路应畅通，但无漏水现象。

（3）一个试样多级加荷试验在试样剪切完后，须退除轴向压力（测力计调零），使试样恢复到等向受力状态，再施加下一级周围压力，这样可消除固结时偏应力的影响，不致产生轴向蠕变变形，以保持试样在等向压力下固结。

7）土样无侧限抗压强度试验

（1）本试验明确规定应变速率和剪切时间，目的是针对不同试样，控制剪切速率，防止试验过程中试样发生排水现象及表面水分蒸发。

（2）需要测定灵敏度时，应立即进行重塑试样无侧限抗压强度试验。

8）土样直接剪切试验

由于应力条件和排水条件受仪器结构的限制，国外仅用直剪仪进行慢剪试验。国标规定慢剪试验是主要方法，并适用于细粒土。

9）土样反复直剪强度试验

测定土的残余强度要求在剪切过程中土中孔隙水压力得到完全消散，因此，必须采用排水剪，且剪切速率要求缓慢。

10）土样抗拉强度试验

（1）万能试验机需在常温常压下运行。

（2）试验前应对万能试验机进行传感器校正，确保试验数据的精准性。

（3）夹具安装时，应以轻缓的速度旋转紧固螺丝，防止用力过猛将试样挤压破坏。

（4）夹具内应预留拉伸杆球头的活动空间，以消除试验中的偏心力。

11）土样收缩试验

扰动土的收缩试验，分层装填试样时，要切实注意不断挤压拍击，以充分排气。否则不符合体积收缩等于水分减小的基本假定，而使计算结果失真。

12）岩石单轴抗压强度试验

（1）试验过程中应远离试验机，注意安全。

（2）鉴于圆形试件具有轴对称特性，应力分布均匀，而且试件可直接取自钻孔岩心，在室内加工程序简单，国标推荐圆柱体作为标准试件的形状。在没有条件加工圆柱体试件时，允许采用方柱体试件，试件高度与边长之比为2.0～2.5，并在成果中说明。

（3）加载速度对岩石抗压强度测试结果有一定影响。本试验所规定的每秒0.5～1.0MPa的加载速度，与当前国内外习惯使用的加载速度一致。在试验中，可根据岩石强度的高低选用上限或下限。对软弱岩石，加载速度视情况再适当降低。

（4）软化系数是统计的结果，要求试验有足够的数量，才能保证软化系数的可靠性。

13）岩石冻融试验

当岩石吸水率小于0.05%时，不必做冻融试验。

14）岩石单轴压缩变形试验

（1）试样含水量较大时，应在贴片位置的表面均匀地涂一薄层防底潮胶液，范围应大于应变片。

(2)试验过程中应远离试验机,注意安全。

15)岩石三轴压缩强度试验

(1)应根据三轴试验机要求安装试件和轴向变形测表。

(2)试件应采取防油措施,以避免油液渗入试件而影响试验成果。

(3)加载应采用一次连续加载法。

(4)各试件侧压力可按等差级数或等比级数进行选择。最大侧压力应根据工程需要和岩石特性及三轴试验机性能确定。

16)岩石巴西劈裂试验

试样最终破坏为沿试样直径贯穿破坏,如未贯穿整个截面,而是局部脱落,属无效试验。

17)岩石结构面直剪试验

若结构面中含有充填物,施加的法向荷载不应将其挤出,应查找剪切面的准确位置,并应记述其组成成分、性质、厚度、结构构造、含水状态。根据需要,可测定填充物的物理性质和黏土矿物成分。

18)岩石点荷载强度试验

方块体与不规则块体试验时,应选择试件最小尺寸方向为加载方向。应将试件放入球端圆锥之间,使上下锥端位于试件中心处并应与试件紧密接触。应量测加载点间距及通过两加载点最小截面的宽度或平均宽度,加载点距试件自由端的距离不应小于加载点间距的一半。

19)岩石回弹硬度试验

需定期将回弹仪送相关机构进行率定。

8.2.3 化学性质测试

1)土样酸碱度试验

(1)酸碱度通常以用 pH 表示。pH 的测定可用比色法、电测法,但比色法不如电测法方便、准确。

(2)试样悬液的制备,土水比例大小对测定结果有一定影响。土水比例究竟用多大适宜,目前尚无一致结论。国内外以 1 : 5 较多。

2)土样易溶盐试验

钙离子的测定:如果浸出液中镁离子(Mg^{2+})含量较高,生成大量氢氧化镁沉淀会影响终点判别。可先滴入不过量的 EDTA 标准溶液,再加入 1mol/L 氢氧化钾(KOH)溶液、0.5%氰化钾、1%盐酸羟胺和指示剂,然后继续滴定至终点。

3)土样有机质试验

在进行有机质试验之前,宜进行 Cl^-、Fe^{2+}、Mn^{2+}检测。若土样中含有上述离子等还原性物质,必须先去除或进行校正。可参考易溶盐试验。

参考文献

[1] 国家质量技术监督局. 中华人民共和国国家标准. 土工试验方法标准:GB/T 50123-1999[M]. 北京:

中国计划出版社,1999.
[2] 中国电力企业联合会．中华人民共和国国家标准．工程岩体试验方法标准 GB/T 50266-2013[M]. 北京:中国计划出版社,2013.
[3] 交通部公路科学研究院．公路土工试验规程(JTG E40-2007)[M]. 北京:人民交通出版社,2007.
[4] 中交第二公路勘察设计研究院．公路工程岩石试验规程:JTG E41-2005[M]. 北京:人民交通出版社,2005.
[5] 中华人民共和国建设部．回弹法检测混凝土抗压强度技术规程:JGJ/T 23-2011[M]. 北京:中国建筑工业出版社,2001.
[6]《工程地质手册》编委会．工程地质手册(第5版)[M]. 北京:中国建筑工业出版社,2018.
[7] Aydin A. ISRM Suggested Method for Determination of the Schmidt Hammer Rebound Hardness: Revised Version[M]// The ISRM Suggested Methods for Rock Characterization, Testing and Monitoring: 2007-2014. Springer International Publishing,2008:25-33.
[8] 白宪臣．土工试验教程[M]. 郑州:河南大学出版社,2008.
[9] 郭亚宇,毛红梅．地基基础土工试验与检测实训指南[M]. 成都:西南交通大学出版社,2009.
[10] 杨子清．室内土工试验过程中应注意的问题及解决方法探讨[J]. 地球,2017(5):96-96.
[11] 付小敏,邓荣贵．室内岩石力学试验[M]. 成都:西南交通大学出版社,2012.
[12] 张东旭．室内岩石试验成果与岩体强度的相关性[J]. 世界有色金属,2017(3):188-188.
[13] 任建喜．岩土工程测试技术[M]. 武汉:武汉理工大学出版社,2015.
[14] 姚直书,蔡海兵．岩土工程测试技术[M]. 武汉:武汉大学出版社,2014.
[15] 袁聚云．岩土体测试技术[M]. 北京:中国水利水电出版社,2011.
[16] 高华东．室内土工试验教程．北京:北京工业大学出版社,2010.
[17] 聂良佐,项伟．土工实验指导书[M]. 武汉:中国地质大学出版社,2009.
[18] 沈扬,张文慧．岩土工程测试技术．北京:冶金工业出版社,2013.
[19] 谢凯军,王永,贾德霞．水工混凝土及土工试验[M]. 北京:中国电力出版社,2010.

第三篇　国内外岩土测试标准对比

工程实践中,岩土试验的开展需严格按照岩土试验标准合理进行。通用的岩土试验标准包含国家标准,如中国标准(GB)、美国标准(ASTM)和英国标准(BS)等;国际组织标准,如国际标准化组织(ISO)标准、国际岩石力学学会(ISRM)标准等,根据不同标准获得的岩土体参数可能不尽不同。

随着国家"一带一路"倡议的推进,越来越多的中国岩土企业走出国门,开拓海外基础设施建设市场,但在项目的实施中,经常出现无法直接利用外方的勘察成果,或依据中国标准提交的成果不被外方认可的情况,以致需要花费大量时间和精力进行不同标准规范之间转换与说明,使得项目工期与成本风险难以控制。

如何响应英美等国外标准,严格执行相应的试验方法,对试验技术人员的操作习惯和技术水平提出了考验。本篇对 GB、ASTM 和 BS 的土工试验标准和岩石试验标准进行了梳理,选取了代表性试验,并详细对比分析了它们之间的差异,以便为我国的岩土工作者开展海外勘察设计项目提供借鉴。土工试验包括土样的酸碱度、易溶盐、有机质、含水率、密度、比重、颗粒分析、渗透、击实、无黏性土的相对密度、黏性土的膨胀率和膨胀力、承载比、固结、直接剪切、反复直剪、无侧限抗压强度和三轴压缩试验。岩石试验包括岩石含水率、吸水性、块体密度、颗粒密度、冻融、膨胀性、耐崩解性、声波测试、巴西劈裂、单轴抗压强度、单轴压缩变形、三轴压缩强度、结构面直剪、点荷载强度和回弹试验。

针对各试验,分别从适用范围、试验仪器、试样要求、试验操作以及数据处理五个方面进行对比,以表格的形式简洁明了地体现标准间的相同点和不同点。详细介绍了:①试验所需采用的主要仪器设备;②试样的制备、形状、尺寸和精度等方面的要求;③标准间差异较大的试验步骤;④数据处理方面的异同,如计算公式和计算精度方面的异同。

第9章　土工试验标准对比

GB承接于苏联标准,虽逐步与国际接轨,但仍与ASTM和BS有部分差异。对于化学试验,ASTM收录较少,主要对比GB和BS的差异,两者对于提取易溶盐的方法和试验原理不同。对于物理试验和力学试验,GB、ASTM和BS应用的试验原理相同,试验细节不同。

9.1　物理性质测试

9.1.1　土样含水率试验

土样含水率是土中水的质量与土颗粒质量的比值,以百分数表示。含水率是土的基本物理指标之一,影响着土的一系列物理力学性质(稠度、饱和状态、强度等)。

土样含水率的测定方法很多,如烘干法和直接加热法等。烘干法是将土样放在一定温度的烘箱中烘至恒重,该法测定结果准确,便于大批量测定,但试验时间较长,用于室内试验。直接加热法为直接加热容器中的试样,直至试样外表烘干,并重复多次至试样恒重,该法为快速测定法,精度低于烘干法,适用于野外操作。烘干法是GB、ASTM和BS要求室内测定含水率的标准方法,仅ASTM收录了直接加热法(ASTM D4959-16)。

GB烘干法的适用范围分类标准不合理,粗粒土与细粒土可包括有机质土与冻土。ASTM中烘干法根据试验精度分为方法A(1%)和方法B(0.1%),两种方法仅在取样、称量精度以及烘干精度方面存在差异,操作步骤相同。BS采用质量控制法烘干试样,可在确保试验准确性的前提下,减少试验时间。各标准烘干法的具体差异见表9.1。推荐根据BS进行试验。

表9.1　土样含水率试验烘干法对比

对比项目	GB	ASTM	BS
标准编号	GB/T 50123—1999[1]	ASTM D2216-10[2]	BS 1377-2:1990[3]
适用范围	粗粒土、细粒土、有机质土和冻土	除含盐量较多土之外的土	各类土
试验仪器	1. 电热烘箱:应能控制温度为105~110℃。 2. 天平:称量200g,最小分度值0.01g;称量1000g,最小分度值0.1g	1. 电热烘箱:最好采用强制通风型烘箱,并能控制温度为105~115℃。 2. 天平:同GB	1. 电热烘箱:同GB。 2. 天平:称量细粒土,最小分度值为0.01g;称量中粒土,最小分度值为0.1g;称量粗粒土,最小分度值为1g

续表

<table>
<tr><th colspan="3">对比项目</th><th>GB</th><th>ASTM</th><th>BS</th></tr>
<tr><td colspan="3">取样质量</td><td>1. 一般取代表性试样 15 ~ 30g。
2. 有机质土、砂类土和整体状构造冻土为 50g。
3. 层状和网状构造的冻土应用四分法切取 200 ~ 500g 试样(冻土取样质量据结构均匀程度而定,结构均匀少取,反之多取)</td><td>1. 根据试样最大粒径与试验方法,对试样质量要求不同,具体见表 9.2。
2. 对于小于 200g 的试样,需剔除相对较大的颗粒</td><td>1. 细粒土:至少取 30g。
2. 中粒土:至少取 300g。
3. 粗粒土:至少取 3kg</td></tr>
<tr><td rowspan="5">试验操作</td><td rowspan="3">烘干温度</td><td>一般规定</td><td>105 ~ 110℃</td><td>110±5℃</td><td>同 GB</td></tr>
<tr><td>含有有机质的土</td><td>对于有机质含量超过干土质量 5% 的土,烘干温度为 65 ~ 70℃</td><td>对于有机质含量较高的土(未说明具体含量界限),烘干温度为 60℃</td><td>—</td></tr>
<tr><td>含有石膏等高温下易脱水物质时</td><td>—</td><td>60℃</td><td>不大于 80℃</td></tr>
<tr><td colspan="2">烘干要求</td><td>1. 黏土、粉土:不少于 8h。
2. 砂土:不少于 6h</td><td>1. 一般为 12 ~ 16h,若试样仍未烘干,至少继续烘 2h,直至连续两次试样质量差值符合试验精度要求。
2. 若采用强制通风烘干砂土,4h 即可</td><td>每烘 4h 称量一次试样质量,直至连续两次试样质量差小于原试样的 0.1%</td></tr>
<tr><td colspan="2">其他要求</td><td>对层状和网状构造冻土,待冻土试样融化后,调成均匀糊状,从糊状土中取样测定含水率</td><td colspan="2">—</td></tr>
<tr><td>数据处理</td><td colspan="2">一般土</td><td>$\omega = \left(\frac{m_0}{m_d} - 1\right) \times 100$
ω 为含水率(%);
m_d 为干土质量(g);
m_0 为湿土质量(g)</td><td>$\omega = \left(\frac{m_2 - m_3}{m_3 - m_1}\right) \times 100\%$
ω 为含水率(%);
m_1 为容器的质量(g);
m_2 为湿样和容器的总质量(g);
m_3 为干样和容器的总质量(g)</td><td></td></tr>
</table>

续表

对比项目		GB	ASTM	BS
数据处理	层状和网状构造的冻土	$\omega = \left[\frac{m_1}{m_2}(1 + 0.01\omega_h) - 1\right] \times 100$ ω 为含水率(%); m_1 为冻土试样质量(g); m_2 为糊状试样质量(g); ω_h 为糊状试样的含水率(%)	—	
	精度要求	0.1%	1%(方法 A); 0.1%(方法 B)	保留两位有效数字

表 9.2　ASTM 中取样量、试样最大尺寸和天平精度的关系

最大颗粒尺寸(100%通过筛孔)	方法 A 含水率准确至±1%		方法 B 含水率准确至±0.1%	
筛孔大小/mm	试样质量	天平准确度/g	试样质量	天平准确度/g
75.0	5kg	10	50kg	10
37.5	1kg	10	10kg	10
19.0	250g	1	2.5kg	1
9.5	50g	0.1	500g	0.1
4.75	20g	0.1	100g	0.1
2.00	20g	0.1	20g	0.01

9.1.2　土样密度试验

测定土样密度可以了解土的疏密和干湿状态,并用于孔隙比、饱和度和干密度等其他物理性质指标的计算。

室内测定土样密度的方法有直接测量法和蜡封法,两者的区别在于计算试样体积的方法。直接测量法用于规则试样,通过测量土样的体积参数计算试样体积。蜡封法用于不规则试样,可分为水中称量法和水置换法,前者通过试样处于空气中和浸没于水中时的质量差计算出试样体积;后者测量蜡封试样浸入水中后的排水体积,由此换算试样体积。GB、ASTM 和 BS 皆收录了直接测量法和水中称量法,GB 中直接测量法又称为环刀法;仅 BS 收录了水置换法。

直接测量法的测定对象分为原状试样和重塑试样。对于原状试样,GB 中直接测量法使用已知参数(尺寸和质量)的环刀切取土样,用环刀尺寸计算土样体积,该法操作简便,但难以切取含水量低的土样;ASTM 和 BS 使用卡尺测量试样的体积参数,计算试样体积,两者测量位置不同。对于重塑试样,GB 与测定原状试样时相同;ASTM、BS 与 GB 类似,区别在于

GB 使用环刀，ASTM 和 BS 使用管体或模具，需测量它们的内径及长度。各标准直接测量法的详细对比见表 9.3。ASTM 与 BS 的方法适用范围较广，测定同一试样时，BS 试验结果的精度较 ASTM 高，推荐按照 BS 的步骤进行试验。

表 9.3　土体密度直接测量法对比

<table>
<tr><td colspan="3">对比项目</td><td>GB</td><td>ASTM</td><td>BS</td></tr>
<tr><td colspan="3">标准编号</td><td>GB/T 50123—1999[1]</td><td>ASTM D7263-09[4]</td><td>BS 1377-2:1990[3]</td></tr>
<tr><td colspan="3">适用范围</td><td>细粒土</td><td>可保持形状的土</td><td>规则形状的黏性土</td></tr>
<tr><td colspan="3">试验仪器</td><td>环刀</td><td colspan="2">卡尺</td></tr>
<tr><td colspan="3">试样形状</td><td>—</td><td colspan="2">直圆柱、长方体</td></tr>
<tr><td rowspan="5">测量要求</td><td rowspan="3">原状试样</td><td>圆柱直径</td><td>无需测量，与环刀内径相同，为 61.8mm 或 79.8mm</td><td>在高度的四分点上进行至少 3 次测量</td><td>在两端及中间处，测量相互垂直的直径，共测 6 次</td></tr>
<tr><td>圆柱高度</td><td>无需测量，与环刀高度相同，为 20mm</td><td>至少 3 次，未具体说明测量位置</td><td>至少 3 次，测量位置沿圆柱侧面间隔为 $360°/n$，n 为测量次数</td></tr>
<tr><td>长方体边长</td><td>—</td><td>长宽高至少各测 3 次，未说明测量位置</td><td>未说明测量次数，测量位置为各面边缘及中心处</td></tr>
<tr><td colspan="2">重塑试样</td><td>同原状试样</td><td>将土体从管中推出后，同圆柱测量，或测量管体内径和长度以代替圆柱直径与长度</td><td>1. 测量模具或管的内径以代替土体直径
2. 测量土面距管端部的距离计算试样高度</td></tr>
<tr><td colspan="2">测量精度</td><td>—</td><td>保留 4 位有效数字</td><td>精确至 0.1mm</td></tr>
<tr><td rowspan="2">数据处理</td><td colspan="2">密度计算公式</td><td>$$\rho_0 = \frac{m_0}{V}$$
ρ_0 为密度（g/cm^3）；
m_0 为试样质量（g）；
V 为试样体积（cm^3）</td><td>长方体试样：
$$\rho = \frac{1000m}{LBH}$$
圆柱体试样：
$$\rho = \frac{4000m}{\pi D^2 L}$$
ρ 为试样密度（g/cm^3）；
m 为试样质量（g）；
L,B,H 分别为长方体试样的长、宽、高（cm）；
D,L 分别为圆柱体试样的直径与高度（cm）</td><td></td></tr>
<tr><td colspan="2">干密度计算公式</td><td colspan="3">$$\rho_d = \frac{100\rho}{100 + \omega}$$
ρ_d 为试样干密度（g/cm^3）；
ρ 为试样密度（g/cm^3）；
ω 为试样含水率（%）</td></tr>
</table>

续表

对比项目			GB	ASTM	BS
数据处理	精度要求	密度	精确至 $0.01g/cm^3$	保留4位有效数字	同GB
		含水率	—	保留4位有效数字	保留2位有效数字
	平行测定		试验应进行两次平行测定，两次测定的差值不得大于 $0.03g/cm^3$，结果取两次测值的平均值	—	—

对于水中称量法，GB、ASTM和BS的主要步骤相同，细节不同。各标准之间的主要差异在于试样尺寸、蜡封操作及浸水后注意事项的不同。BS要求的试样大于ASTM和GB要求的试样，ASTM要求的试样大于GB要求的试样。进行蜡封时，BS要求在裹蜡之前需用不溶于水的材料填补试样孔隙，并用刷子对凹角部位进行涂蜡，试验操作复杂，但所测的试样体积准确；ASTM与GB类似，只需裹蜡即可，不同在于GB要求裹一层蜡，ASTM要求裹两层蜡；浸水时，GB和ASTM皆要求测定水温，以准确换算蜡封试样的体积；BS要求试样底部不得出现气泡，准确测定试样放入水后的质量。浸水取出试样后，GB要求再次测定蜡封试样在空气中的质量以防止试样进水。各标准间蜡封法的详细对比见表9.4。推荐根据BS开展试验，并测定试样浸水时的水温以及蜡封试样浸水后的质量。

表9.4　土样密度蜡封法对比

对比项目		GB	ASTM	BS
标准编号		GB/T 50123—1999[1]	ASTM D7263-09[4]	BS 1377-2:1990[3]
适用范围		易破裂和形状不规则的坚硬土	蜡液不能穿透表面的试样	合适大小的块状试样
试验仪器		融蜡加热器、天平	天平、蜡液熔化容器、钢丝笼	天平、水中称量支架、熔蜡设备
所需材料		硬石蜡	硬石蜡	除GB中要求的材料外，仍需油灰或塑性黏土等不溶于水的材料
试样要求	尺寸	体积不小于 $30cm^3$	1. 最小尺寸为30mm，试样中最大颗粒的粒径应小于试验最小尺寸的1/10。 2. 当试样尺寸大于72mm时，最大粒径应小于试样最小尺寸的1/6	各边大致相等，且至少为100mm
	形状	需清除表面尖锐棱角	同GB，且避免凹角	—

续表

对比项目		GB	ASTM	BS
试验操作	修剪试样时环境的要求	—	可在高湿度环境下修剪试样，以减少对含水率的影响	—
	裹蜡前操作	—		用不溶于水的材料（油灰或塑性黏土）填补试样孔隙，不填充石块留下的孔洞
	熔蜡要求	—	最好在恒温水浴中熔化	使用恒温控制设备熔蜡，若无，可采用木工胶锅
	裹蜡时操作要求	1. 试样缓慢浸入刚过熔点的蜡液，浸后立即提出。 2. 当周围蜡膜有气泡存在时，用针刺破，再用蜡液补平	同 GB，且应裹两层蜡	先用刷子对试样凹陷表面及由石头留下的孔洞部位涂一层蜡，之后过程同 GB
	试样浸水后要求	当蜡封试样在水中时，需测定纯水的温度		当蜡封试样在水中时，底部不得有气泡
	称量参数	1. 湿样质量 m_0。 2. 放入水中之前的蜡封试样质量 m_n。 3. 蜡封试样在纯水中的质量 m_{nw}。 4. 从水中取出后蜡封试样的质量，放入水中前后蜡封试样的质量不同时，需另取试样，重做试验	同 GB(1～3)	1. 湿样质量 m_s。 2. 试样孔隙被填补后质量 m_f。 3. 蜡封试样质量 m_w。 4. 蜡封试样在水中的质量 m_g
	称量精度	精确至 0.01g	保留 4 位有效数字	精确至 1g
数据处理	湿密度计算	$\rho_0 = \dfrac{m_0}{\dfrac{m_n - m_{nw}}{\rho_{wT}} - \dfrac{m_n - m_0}{\rho_n}}$ ρ_{wT} 为纯水在 T℃时的密度(g/cm^3)； ρ_n 为蜡的密度(g/cm^3)		$V_s = (m_w - m_g) - \left(\dfrac{m_w - m_f}{\rho_p}\right)$ $\rho = \dfrac{m_s}{V_s}$ ρ_p 为蜡的密度(g/cm^3)； V_s 为试样体积(cm^3)
	干密度计算	$\rho_d = \dfrac{\rho_0}{1 + \omega_0}$ ρ_d 为干密度(g/cm^3)； ρ_0 为湿密度(g/cm^3)； ω_0 为试样含水率		
	精度要求	精确至 0.01g/cm^3	保留 4 位有效数字	同 GB
	平行测定	试验需进行两组平行试样，差值不得大于 0.03g/cm^3	—	—

9.1.3　土粒比重试验(比重瓶法)

土粒比重又称土粒相对密度,指土粒质量与同体积4℃时纯水质量的比值,可用于其他物理指标的换算。土粒比重取决于土的矿物成分,一般无机矿物颗粒的比重为2.6~2.8,有机质为2.4~2.5,泥炭为1.5~1.8。

测定土粒比重的方法有比重瓶法(一般指小比重瓶)、浮称法、虹吸筒法、气罐法和大比重瓶法。比重瓶法由干土质量、充满水的比重瓶质量以及干土置于比重瓶后充满水的质量计算出与土样同体积水的质量,换算土粒体积,计算土粒比重。浮称法由试样的干质量与在水中的浮质量之差得出土样体积,求得土粒比重。虹吸筒法由土样浸没于水中排出水的质量换算土样体积,计算土粒比重。大比重瓶法和气罐法与比重瓶法原理相同,所用的仪器不同。GB收录了比重瓶法、浮称法和虹吸筒法;ASTM收录了比重瓶法和浮称法,BS收录了比重瓶法、气罐法和大比重瓶法。各方法的适用范围不同,具体见表9.5。

表9.5　各土粒比重试验方法适用范围

对比项目	GB	ASTM	BS
比重瓶法	粒径小于5mm的各类土	粒径小于4.75mm的各类土	粒径小于2mm的各类土
浮称法	粒径大于等于5mm的各类土,且其中粒径大于20mm的土质量小于总土质量的10%	粒径大于等于4.75mm的各类土	—
虹吸筒法	粒径大于等于5mm的各类土,且其中粒径大于20mm的土质量大于等于总土质量的10%	—	—
气罐法	—	—	粒径大于37.5mm的土小于总土质量的10%
大比重瓶法	—	—	粒径小于20mm的无黏性土

比重瓶法为国际通用的方法,各标准对比重瓶法结果影响较大的因素为比重瓶的校准。GB和ASTM要求在试验开始前校准比重瓶,以便求得后续试验温度下的瓶和水总质量。GB通过校准得出温度与瓶水总质量关系曲线,计算比重时从曲线上查得试验温度下的瓶和水总质量;ASTM由校准得出不同温度下的平均比重瓶体积,在计算试验温度下的瓶和水总质量时使用该体积。两者相比,GB中的方法精度更高。BS未要求校准比重瓶,在后续获取瓶水总质量时,也未要求相同的试验温度,易产生较大误差。除校正外,各标准在试样质量、试样处理以及除气方式等方面皆不相同,具体对比见表9.6。由于GB试验结果的准确性最高,推荐按GB进行试验。

表9.6　土粒比重试验(比重瓶法)对比

对比项目	GB	ASTM	BS
标准编号	GB/T 50123—1999[1]	ASTM D854-14[5]	BS 1377-2:1990[3]

续表

<table>
<tr><th colspan="3">对比项目</th><th>GB</th><th>ASTM</th><th>BS</th></tr>
<tr><td colspan="3">适用范围</td><td>粒径小于5mm的各类土</td><td>粒径小于4.75mm的各类土</td><td>粒径小于2mm的各类土</td></tr>
<tr><td colspan="3">试验仪器</td><td>长颈或短颈比重瓶、天平、恒温水槽、砂浴</td><td>比重瓶、天平、烘箱、测温装置、除气装置、绝热容器</td><td>小比重瓶、水浴、真空抽气装置、烘箱、天平</td></tr>
<tr><td colspan="3">试样要求</td><td>烘干试样15g</td><td>干样或湿样。所需试样与采用的比重大小及试样种类有关，见表9.7</td><td>取两个烘干试样，每个试样重量为5～10g</td></tr>
<tr><td rowspan="7">试验操作</td><td rowspan="5">校准比重瓶</td><td>温度范围</td><td>无要求，但温度差宜为5℃</td><td>室温±4℃，15～30℃</td><td rowspan="5">—</td></tr>
<tr><td>数据组数</td><td>—</td><td>5组</td></tr>
<tr><td>测量参数</td><td colspan="2">1. 瓶的质量。
2. 瓶与水的温度。
3. 该温度下的瓶与水总质量</td></tr>
<tr><td>测量要求</td><td>1. 质量精确至0.001g。
2. 温度精确至0.5℃。
3. 瓶的质量测一次。
4. 每个温度下的瓶与水总质量应两次平行测定，差值不得大于0.002g</td><td>1. 质量精确至0.01g。
2. 温度精确至0.1℃。
3. 瓶的质量需测5次，取平均值 M_p，标准偏差不得大于0.02g。
4. 每个温度下的瓶与水总质量 $M_{pw,c}$ 需测一次</td></tr>
<tr><td>校正结果</td><td>绘制温度与瓶、水总质量关系曲线</td><td>由下式计算各个温度下比重瓶的体积 V_p：
$$V_p=\frac{M_{pw,c}-M_p}{\rho_{w,c}}$$
$M_{pw,c}$ 为试验温度下的瓶水总质量(g)；
M_p 为瓶子的质量(g)；
$\rho_{w,c}$ 为试验温度下水的密度(g/mL)；
取平均值为最后结果，且标准偏差不得大于0.05mL</td></tr>
<tr><td rowspan="2">比重瓶试验</td><td>泥浆制作</td><td>不区分湿土与干土，将土倒入比重瓶后加水</td><td>区分湿土与干土：
1. 对于湿土，应先加水制成泥浆，而后将泥浆倒入比重瓶。
2. 对于一般干土，同GB；若烘干土后无法碾碎时，按湿土方式制作</td><td>同GB</td></tr>
<tr><td>添加水量</td><td>注入半瓶纯水</td><td>注水至瓶体高度的1/3～1/2</td><td>注水至覆盖土体</td></tr>
</table>

续表

<table>
<tr><th colspan="4">对比项目</th><th>GB</th><th>ASTM</th><th>BS</th></tr>
<tr><td rowspan="4">试验操作</td><td rowspan="4">比重瓶试验</td><td colspan="2">除气方式</td><td>采用下列两种方法之一：
1. 煮沸，砂土不少于 30min，粉土、黏土不得少于 1h。
2. 真空抽气，不得少于 1h</td><td>采用下列三种方法之一：
1. 仅采用煮沸法，持续时间不得少于 2h。
2. 仅采用真空抽气法，持续时间不得少于 2h。
3. 采用加热与真空抽气混合法，持续时间不得少于 1h</td><td>仅提供一种方法：
真空抽气 1h，然后采用查塔韦铲（chattaway spatula）搅动液体或摇动比重瓶，重复上述步骤直至无气泡产生。总抽气时间应在几个小时，最好为一夜</td></tr>
<tr><td colspan="2">温度平衡要求</td><td>水浴至温度稳定，且瓶内上部悬液澄清</td><td>将比重瓶、温度测量装置以及装水的瓶子放置于一个隔热密闭的容器，维持一夜时间以达到温度平衡</td><td>水浴持续时间至少 1h 或直至瓶内温度稳定</td></tr>
<tr><td rowspan="2">测量要求</td><td>质量</td><td>精确至 0.001g</td><td>精确至 0.01g</td><td>精确至 0.001g</td></tr>
<tr><td>温度</td><td>精确至 0.5℃</td><td>精确至 0.1℃</td><td>—</td></tr>
<tr><td rowspan="4">数据处理</td><td colspan="3">瓶水总质量计算</td><td>查温度与瓶水总质量关系曲线得到试验温度下的瓶水总质量</td><td>由下式求得试验温度下的瓶水总质量 $M_{pw,t}$：
$M_{pw,t} = M_p + V_p \cdot \rho_{w,t}$</td><td>—</td></tr>
<tr><td colspan="3">比重计算</td><td colspan="3">土体的比重由下式求得：
$$G_s = \frac{m_d}{m_{bw} + m_d - m_{bws}} \cdot G_{iT}$$
G_s 为土粒比重；
m_d 为干土质量(g)；
m_{bw} 为瓶水总质量(g)；
m_{bws} 为瓶土水总质量(g)；
G_{iT} 为 T℃时纯水或中性液体的比重</td></tr>
<tr><td colspan="3">精度要求</td><td>—</td><td>精确至 0.01，若需要，可精确至 0.001</td><td>精确至 0.01Mg/m^3</td></tr>
<tr><td colspan="3">平行测定</td><td>试验须进行两次平行测定，两次测定的差值不得大于 0.02，结果取平均值</td><td>—</td><td>两个试样的结果差值不得大于 0.03Mg/m^3，最终结果取平均值</td></tr>
</table>

表 9.7　ASTM 中所需试样质量

土类型	使用 250mL 比重计时，试样干质量/g	使用 500mL 比重计时，试样干质量/g
SP，SP-SM	60±10	100±10
SP-SC，SM，SC	45±10	75±10
粉土或黏土	35±5	50±10

9.1.4　土样颗粒分析试验

土粒的粒径由粗到细逐渐变化时，土的性质相应地也发生变化。粗颗粒土透水性较大，无黏性或黏性较小；细颗粒土透水性很小，具有较大黏性。工程上将粒径处于一定范围内、工程性质相似的土划分为一组，称为粒组。划分粒组的分界尺寸称为界限粒径，GB、ASTM 和 BS 对界限粒径的选取不同，各标准粒组划分见表 9.8。土粒的大小及组成情况，通常以土中各粒组的相对含量（指土样各粒组的质量占土粒总质量的百分数）来表示，称为土的颗粒级配或粒度成分。

表 9.8　各标准粒组划分对比　　（单位：mm）

对比项目		GB	ASTM	BS
黏粒		$d\leq0.005$		$d\leq0.002$
粉粒	细粉	$0.005<d\leq0.075$		$0.002<d\leq0.0063$
	中粉			$0.0063<d\leq0.02$
	粗粉			$0.02<d\leq0.063$
砂粒	细砂	$0.075<d\leq0.25$	$0.075<d\leq0.425$	$0.063<d\leq0.2$
	中砂	$0.25<d\leq0.5$	$0.425<d\leq2$	$0.2<d\leq0.63$
	粗砂	$0.5<d\leq2$	$2<d\leq4.75$	$0.63<d\leq2$
砾粒	细砾	$2<d\leq5$	$4.75<d\leq19$	$2<d\leq6.3$
	中砾	$5<d\leq20$	—	$6.3<d\leq20$
	粗砾	$20<d\leq60$	$19<d\leq75$	$20<d\leq63$
卵石		$60<d\leq200$	$75<d\leq300$	$63<d\leq200$

测定颗粒级配的方法有筛析法、密度计法和移液管法，筛析法测定粗颗粒中各粒组土的相对含量，密度计法和移液管法测定细颗粒中各粒组土的相对含量。筛析法采用一系列孔径不同的分析筛筛分土样，计算保留在各筛上土占总土的百分数，绘制颗粒级配曲线。密度计法使试样于沉降液中自由沉降，根据斯托克斯公式，通过测定土粒下沉速度求得相应的土粒直径。移液管法原理与密度计法相同，使试样于沉降液中自由沉降，在适当的时间，从一定高度处抽吸一定量的悬浊液，烘干悬浊液并称量其中土样质量，根据试样浓度的变化求出粒度分布。GB、ASTM 和 BS 皆收录了筛析法和密度计法，仅 GB 收录了移液管法。

对于筛析法试验，各标准主要差别在于标准筛尺寸、试验流程以及单次筛分的要求。由于各标准对土粒分类的界限粒径不同，因此采用的标准筛尺寸不同。对于试验流程，GB 试验流程简单，分为粗筛分析和细筛分析，当试验中含有细粒土时，需进行洗筛，然后根据试样尺寸选择筛析方式，具体筛分流程参见图 9.1。BS 中试验方法可分为湿筛分析和干筛分析。湿筛方法为规定的标准方法，要求对试样洗筛后进行筛分，试验流程较 ASTM 简单，较 GB 复杂，具体试验流程参见图 9.2。干筛分析仅当试验结果同湿筛分析时才可使用，试样在筛组中筛分即可。ASTM 根据试验精度要求分为方法 A（0.1%）和方法

B(1%),在试验开始前根据试验精度与试样最大粒径选择单筛分析或复筛分析,前者只进行一次筛分即可;后者需进行一次或两次分离,再对分离后的试样进行筛分,具体试验流程参见图9.3。对于单次筛分,GB仅规定筛分前后的总质量差不得超过1%;ASTM和BS同时对筛分后单层筛网上的试样质量做了规定。ASTM针对试样的多次分离,要求检查保留在第一个筛上试样的质量百分比和复合筛析校正因子。各标准之间的详细对比见表9.9。ASTM试验过程过于复杂,多次分离会造成一定的误差。BS与GB相比,单次筛析的精度较高,推荐根据BS进行试验。

对于密度计法试验,影响试验结果的主要因素为试液浓度、土颗粒分散方式。试验浓度小时,土颗粒在水中沉降时的相互影响小,下沉速率大。土颗粒的分散方式可分为物理分散(如煮沸)和化学分散(添加化学试剂使试样颗粒分散)。采用以物理分散为主的方法,试液发生重新絮凝的可能性较大,使所测得的大颗粒相对含量偏高。BS与ASTM要求的试液浓度差别不大,BS为50g土溶于1L水,ASTM为45g或55g土溶于1L水;GB要求为30g土溶于1L水。ASTM与BS皆采用化学分散为主、物理分散为辅的方法,GB采用物理分散为主、化学分散为辅的方法。除此之外,各标准在试样要求、密度计校正以及其他操作细节要求不同,具体见表9.15。由于BS与ASTM所测的试验结果较为精确,可根据BS或ASTM开展试验。

表9.9　颗粒分析筛析法对比

对比项目		GB	ASTM	BS
标准编号		GB/T 50123—1999[1]	ASTMD6913-04(2009)$^{\varepsilon 1}$[6]	BS 1377-2:1990[3]
适用范围		粒径小于、等于60mm,大于0.075mm的土	1. 粒径范围为0.075～75mm的土。 2. 不适用于含有纤维泥炭的土壤、外来物质或胶结物质的土	1. 干法适用于含有微量粉土和黏土的土壤。 2. 湿法适用于无黏性土
试验仪器	分析筛	1. 粗筛:孔径为60mm、40mm、20mm、10mm、5mm、2mm。 2. 细筛:孔径为2.0mm、1.0mm、0.5mm、0.25mm、0.075mm	孔径为75mm、50mm、37.5mm、25.0mm、19.0mm、9.5mm、4.75mm、2.00mm、850μm、425μm、250μm、150μm、106μm、75μm	孔径为75mm、63mm、50mm、37.5mm、28mm、20mm、14mm、10mm、6.3mm、5mm、3.35mm、2mm、1.18mm、600μm、425μm、300μm、212μm、150μm、63μm
	其他	天平、振筛机、烘箱等	洗涤槽、振筛机、天平、烘箱等	天平、分样器、烘箱、振筛机等
试剂要求		—	分散剂(如六偏磷酸钠)	六偏磷酸钠

续表

对比项目		GB	ASTM	BS
试验操作	仪器准备	—	1. 检查分析筛。 2. 检查振筛机和确定标准震动周期	—
	取样要求	见表9.10	见表9.11	见表9.12
	主要筛分流程	见图9.1	见图9.3	见图9.2
	振筛时间	10~15min	10~20min	≥10min
	筛分要求	每次筛分，各个筛上的累积质量与原总试样质量之差不得超过1%	1. 同GB。 2. 单层筛网上所保留试样的质量应不超过表9.13中的要求。 3. 对于复合筛分一次分离及二次分离后的较粗部分试样，筛分过程中的细颗粒(即洗筛损失及干筛后保留在底盘中的质量之和)不得超过分离前总质量的0.5%。 4. 对于复合筛分过程中，第一次分离后的较细部分筛分及第二次分离后的两个部分筛分，第一个筛中保留的颗粒质量不得超过该次筛分总质量的2%	1. 同GB。 2. 单层筛网上所保留试样的质量应不超过表9.14中的要求
	称量精度	0.1g	1. 对于方法A，保留3位有效数字。 2. 对于方法B，保留4位有效数字	0.1%
数据处理		计算小于某粒径的试样质量占试样总质量的百分比，必要时计算级配指标(不均匀系数和曲率系数)	计算保留在第N个筛上的试样干质量，计算第N个筛的过筛百分比、保留在第一个筛上试样的质量百分比、复合筛析校正因子	1. 计算保留在每个测试筛上材料的质量百分比。 2. 计算通过每个筛子的累积百分比(以质量计)
精度要求		—	方法A：1%。 方法B：0.1%	1%

表 9.10　GB 筛析法的取样要求

颗粒尺寸/mm	取样质量/g
<2	100 ~ 300
<10	300 ~ 1000
<20	1000 ~ 2000
<40	2000 ~ 4000
<60	4000 以上

表 9.11　ASTM 筛析法的取样要求

材料最大粒径(99% 或更多通过筛孔)		试样所需最小干质量	
指定替代筛	最大粒径/mm	方法 A（报告结果精确至 1%）	方法 B（报告结果精确至 0.1%）
No. 40	0.425	50g	75g
No. 20	2.00	50g	100g
No. 4	4.75	75g	200g
3/8in	9.5	165g	—
3/4in	19.0	1.3kg	—
1in	25.4	3kg	—
3/2in	38.1	10kg	—
2in	50.8	25kg	—
3in	76.2	70kg	—

表 9.12　BS 筛析法的取样要求

最大尺寸的材料以相当大的比例存在（超过 10%）测试筛/mm	筛分试样的最小质量/kg
63	50
50	35
37.5	15
28	6
20	2
14	1
10	0.5
6.3	0.2
5	0.2
3.35	0.15
2 或更小	0.1

表 9.13　ASTM 筛析法中对各筛上质量要求

指定替代筛	指定标准筛	筛上的颗粒层数	保留在直径为 200mm (8in)筛上材料的最大质量/g	保留在直径为 305mm (12in) 筛上材料的最大质量/g	保留大小为 370mm×580mm (14.6in×22.8in)筛上材料的最大质量/g
3in	75mm	0.8	2700	6100	18000
2in	50mm	0.9	2000	4500	13000
3/2in	37.5mm	0.9	1500	3400	10000
1in	25mm	1	1100	2500	7000
3/4in	19.0mm	1	900	2000	6000
3/8in	9.5mm	1.25	550	1200	3600
No. 4	4.75mm	1.5	325	730	2000
No. 10	2.00mm	2	180	410	1000
No. 20	850μm	3	115	260	900
No. 40	425μm	4	75	170	500
No. 60	250μm	5	60	140	400
No. 100	150μm	6	40	90	300
No. 140	106μm	6	30	70	200
No. 200	75μm	6	20	50	100

表 9.14　BS 筛析法中对各筛上质量要求

筛孔大小	筛上试样的最大质量		
	450mm 筛	300mm 筛	200mm 筛
	kg	kg	g
50mm	10	4.5	—
37.5mm	8	3.5	—
28mm	6	2.5	—
20mm	4	2.0	—
14mm	3	2.0	—
10mm	2	1.0	—
6.3mm	1.5	0.75	—
5mm	1.0	0.5	—
3.35mm	—	—	300
2mm	—	—	200
1.18mm	—	—	100
600μm	—	—	75
425μm	—	—	75
300μm	—	—	50
212μm	—	—	50

续表

筛孔大小	筛上试样的最大质量		
	450mm 筛	300mm 筛	200mm 筛
	kg	kg	g
150μm	—	—	40
63μm	—	—	25

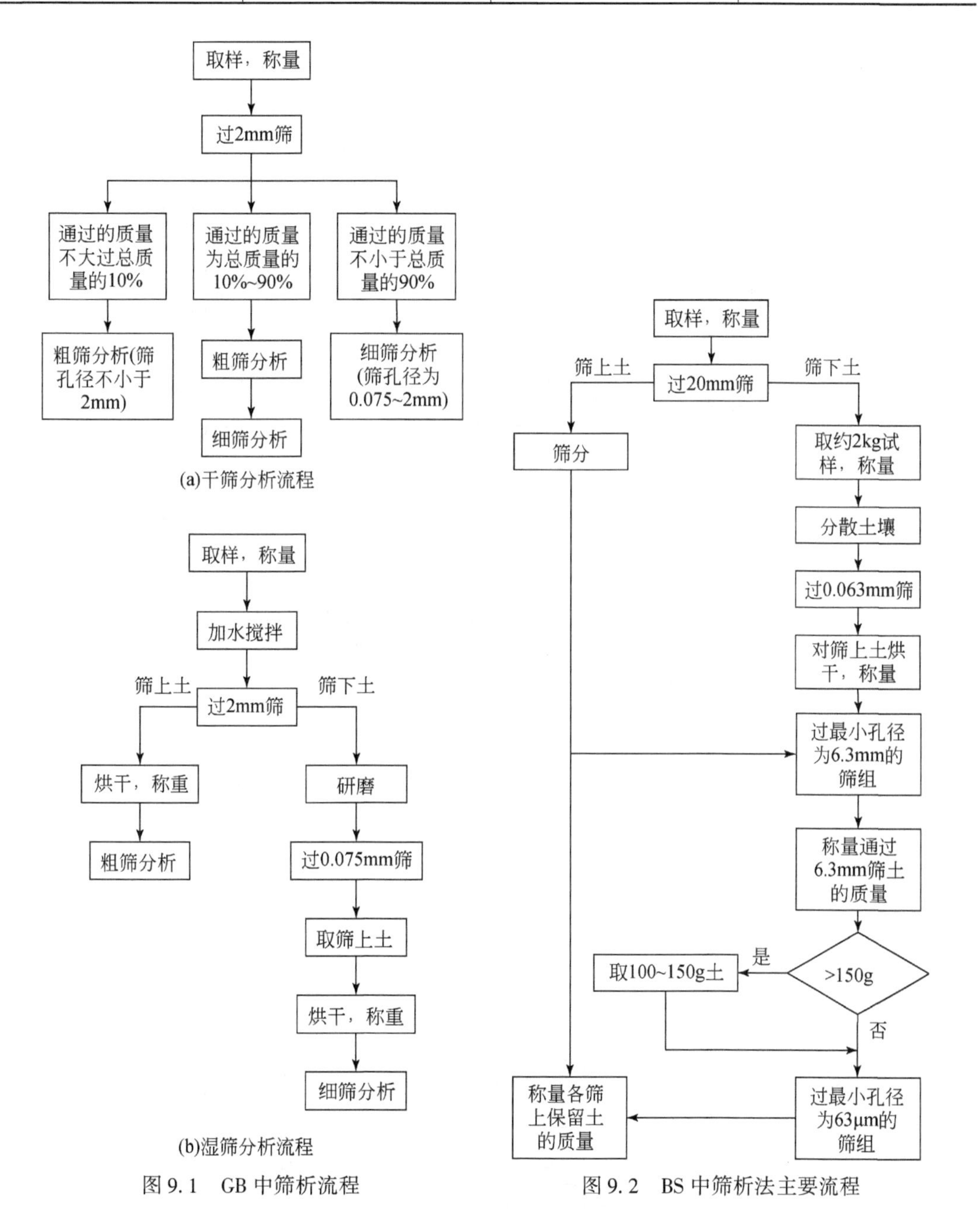

图 9.1　GB 中筛析流程　　图 9.2　BS 中筛析法主要流程

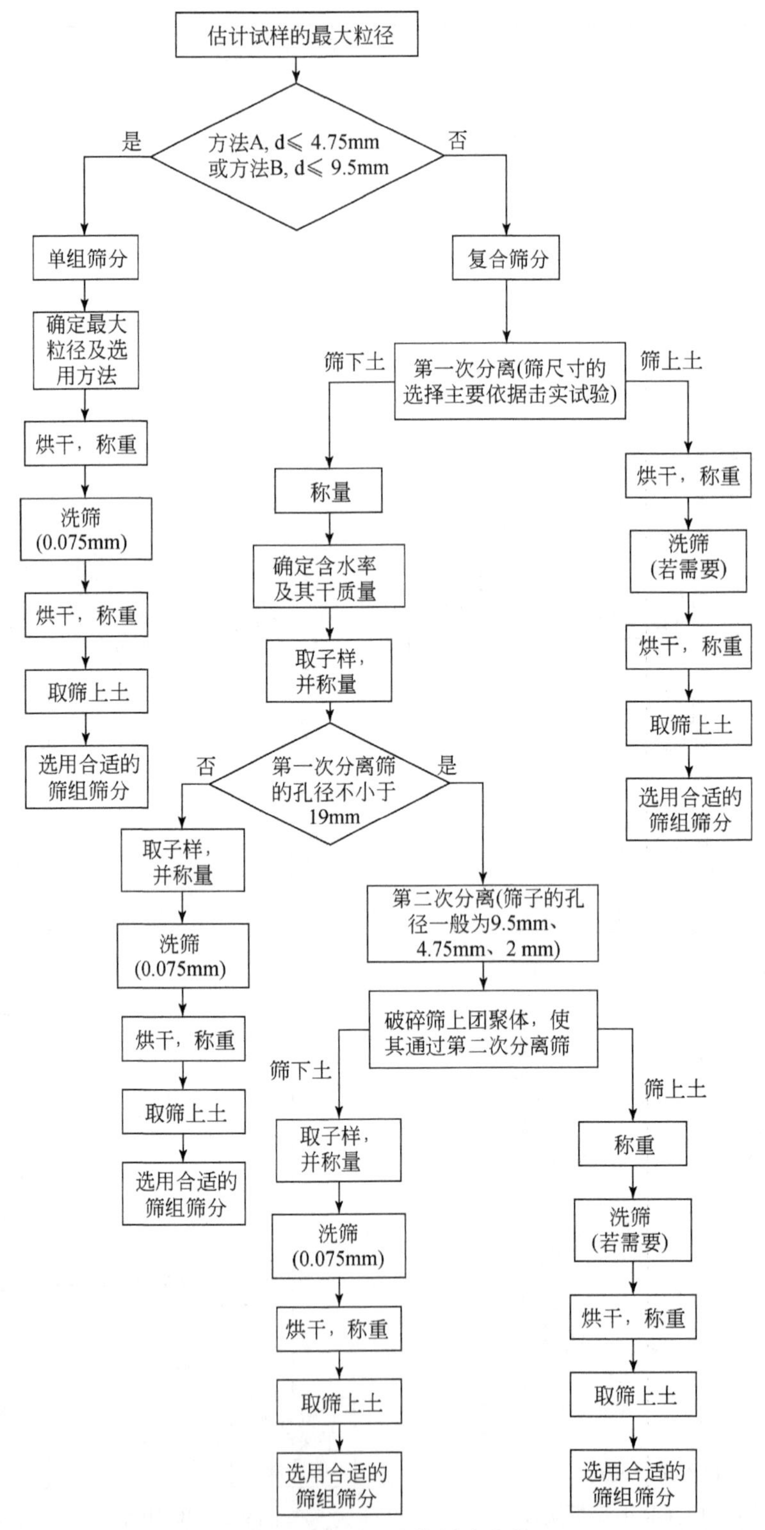

图 9.3　ASTM 中筛析法流程

表 9.15　密度计法试验对比

对比项目	GB	ASTM	BS
标准编号	GB/T 50123—1999[1]	ASTM D7928-16$^{\varepsilon 1}$[7]	BS 1377-2:1990[3]
适用范围	粒径小于0.075mm的土	1. 粒径范围为0.0002～0.075mm的土。 2. 不适用于含有纤维泥炭的土壤、外来物质或胶结物质的土	从粗砂尺寸到黏土尺寸的土壤
使用条件	细粒土所占比重不小于10%	细粒土所占比重不小于5%	同GB
试验仪器	密度计(分为甲种和乙种)、量筒、洗筛、洗筛漏斗、天平、煮沸设备、温度计、秒表、搅拌器、电导率仪等	密度计(分为151H和152H)、沉降筒、分选筛、温度计、天平、烘箱、保温装置、分散装置、土壤悬浮液搅拌装置、定时装置、土壤悬浮液烘干容器、搅拌器(手动)等	密度计、玻璃刻度杯、温度计、分析筛、天平、烘箱、机械振动筛、秒表、干燥器、钢尺、离心机、洗涤瓶、恒温槽、移液管、电热板、布氏漏斗、玻璃真空过滤瓶、真空源、真空管等
试剂要求	4%六偏磷酸钠溶液、5%酸性硝酸银溶液、5%酸性氯化钡溶液	六偏磷酸钠、异丙醇	过氧化氢、六偏磷酸钠、甲基化精油
试样要求	1. 测试试样为过2mm筛的风干试样,干质量为30g。 2. 若易溶盐含量大于0.5%时,应洗盐。 3. 取200～300g试样,过2mm筛。计算筛上土所占比重。取筛下土测定风干含水率。由此计算试验所需风干试样质量	1. 可以为湿样(推荐)或风干试样。 2. 同GB中(2),若土中易溶盐含量较高,应除去盐分,但未说明确定的界限,亦未给出明确的方法。 3. 测试试样为过2mm筛的试样,且需根据选用密度计的容量(151H为45g,152H为55g)、估计含水率以及0.075mm筛的估计通过率计算所需试样质量	1. 取样:砂100g;粉砂50g;黏土50g。 2. 若含有有机物,需使用过氧化氢溶液对试样预处理。若有机物含量超过0.5%,需添加空白对照作为平行试验
仪器校正	给出了土粒比重校正表和温度校正值表	1. 密度计不应有裂缝和碎屑,需干燥、干净。 2. 温度-密度校准:提供了两种方法,测试期间,在填充标准溶液的控制筒中进行伴随测量,或者产生可重复使用的校准关系。 3. 弯液面校正:如图9.4所示,将密度计插入含有分散剂的测试水中,弯液面顶部的读数以及水面与杆相交的读数的差值为弯液面校正值。 4. 有效深度:也称为“真实深度”,用于每次读数时粒子下降距离的计算	1. 体积校准:称量密度计的质量,精确到0.1g。 2. 尺寸校准:绘制有效深度与相应密度计读数的关系曲线图进行校准。 3. 弯液面校正:同ASTM

续表

对比项目		GB	ASTM	BS
试验操作	分散	加水 200mL，浸泡过夜，煮沸 40min，过 0.075mm 筛。将过筛悬液倒入量筒，加入六偏磷酸钠 10mL，注纯水至 1L	加 5.0±0.1g 六偏磷酸钠，100mL 纯水，使用搅拌装置或空气分散装置分散试样。分散完成后，加纯水至 1L	加 100mL 分散剂，摇匀，搅拌或振动，过 63μm 筛，筛下悬液及试样置于 1L 量筒中，加纯水至 1L
	温度平衡	—	置于恒温水槽中静置过夜	置于恒温水槽或恒温箱中至少 1h，或达到温度平衡
	混合浆液	使用搅拌器。沿悬液深度上下搅拌 1min	使用搅拌器或翻转摇匀： 1. 搅拌时间同 GB。 2. 翻转速率为每分钟 60 次，翻转时间不小于 1min	采用翻转摇匀，翻转要求为 2min60 次
	使用密度计前检查	—	1. 检查凝絮，若有凝絮，需重新准备试样。 2. 悬液上方有泡沫时，可加入异丙醇以消散泡沫	悬液上方若有泡沫，可加入两滴甲基化精油分散
	计时器开启时间	取出搅拌器时	1. 若使用搅拌器，同 GB，且明确为搅拌器破出水面时。 2. 若使用翻转摇匀，为翻转结束时	同 ASTM 中(2)，且明确为最后一次翻转放正时
	读数时间	0.5min、1min、2min、5min、15min、30min、60min、120min、1440min 时	1min、2min、4min、5min、30min、60min、240min、1440min 时	0.5min、1min、2min、4min、8min、30min、120min、480min、1440min 时
	密度计使用要求	1. 保持密度计浮泡处在量筒中心，不得贴近量筒内壁。 2. 读数以弯液面上缘为准。 3. 甲种密度计读数精确至 0.5，乙种密度计读数精确至 0.0002。 4. 每次读数后，应取出密度计，放入盛有纯水的量筒中。 5. 放入或取出时，应小心轻放，不得扰动悬液	1. 取数前 15～20s 放入密度计。 2. H151 密度计读数精确至 0.00025，H152 密度计读数精确至 0.25g/L。 3. 应缓慢移除密度计，持续时间为 5～10s。 4. 取出后立即放入试验水中，旋转以清洗密度计	1. 读数前 15s 放入比重计。 2. 一次测记 0.5min、1min、2min、4min 时的读数。然后取出密度计，放入分散剂溶液中，记录读数。将密度计重新插入试样悬浮液中，测记 8min、30min、2h、8h 和 24h 时的密度计读数。 3. 同 GB 中(5)
	温度测读	精确至 0.5℃	1. 同 GB。 2. 不要让温度计在悬架中产生干扰	1. 在第一个 15min 内，然后每次读数后，观察和记录悬浮液的温度。 2. 同 GB。 3. 若温度变化超过±1℃，则重新读数

续表

对比项目		GB	ASTM	BS
试验操作	后续操作	—	在75μm筛上洗涤土壤悬浮液，烘干筛上试样至恒量，称量烘干试样质量	—
数据处理	计算公式	1. 甲种密度计计算： $X=\frac{100}{m}C_G\times(R+m_T+n-C_D)$ m_d 为试样质量(g)； C_G 为土粒比重校正值； m_T 为悬液温度校正值； N 为弯月面校正值； C_D为分散剂校正值； R 为甲种密度计读数。 2. 乙种密度计计算： $X=\frac{100V_X}{m_d}C'_G\times[(R'-1)+m'_T+n'-C'_D]\cdot\rho_{w20}$ C'_G 为土粒比重校正值； m'_T 为悬液温度校正值； n' 为弯月面校正值； C'_D 为分散剂校正值； R' 为乙种密度计读数； V_X 为悬液体积； ρ_{w20} 为20℃时纯水的密度。 3. 颗粒粒径 d： $d=\sqrt{\frac{1800\times10^4\cdot\eta}{(G_s-G_{wT})\rho_{wT}g}\cdot\frac{L}{t}}$ η 为水的动力黏滞系数(kPa·s×10^{-6})； G_{wT} 为T℃时水的比重； ρ_{wT} 为4℃时纯水的密度(g/cm^3)； L 为某一时间内的土粒沉降距离(cm)； t 为沉降时间(s)； g 为重力加速度(cm/s^2)	1. H151 密度计计算： $N_m=\left(\frac{G_s}{G_s-1}\right)\left(\frac{V_{sp}}{M_d}\right)\rho_c\times(r_m-r_{m,d})\times100$ N_m为在读数为m时细颗粒所占的百分比； V_{sp}为悬液体积(cm^3)； ρ_c 为试验温度下水的密度(g/cm^3)； M_d为干土质量(g)； G_s为土的比重； r_m为密度计读数； $r_{m,d}$为密度计读数校正值。 2. H152 密度计计算： $N_m=0.6226\left(\frac{G_s}{G_s-1}\right)\left(\frac{V_{sp}}{M_d}\right)\rho_c\times(r_m-r_{m,d})\times\left(\frac{100}{1000}\right)$ 3. 颗粒直径 D_m： $D_m=10\sqrt{\frac{18\mu}{\rho_w g(G_s-1)}\cdot\frac{H_m}{t_m}}$ H_m为有效下沉深度(cm)； μ 为水的黏度(g/(cm·s))； ρ_w 为20℃时水的密度(g/cm)； G_s为土的比重； t_m为下沉时间(s)	1. 比重计真实读数 R_h： $R_h=R'_h+C_m$ R'_h 为弯月面上缘读数； C_m为弯月面校正值。 2. 颗粒直径 D： $D=0.005531\sqrt{\frac{\eta H_r}{(\rho_s-1)t}}$ η 为水的动力黏滞系数(kPa·s×10^{-6})； H_r为 R_h 对应的有效深度(mm)； ρ_s 为颗粒密度(Mg/m^3)； t 为下沉时间(min)。 3. 校正后读数： $R_d=R'_h-R'_0$ R'_0 为分散剂溶液中弯月面上缘读数。 4. 直径小于 D 的颗粒占比 K： $K=\frac{100\rho_s}{m(\rho_s-1)}R_d$ m 为干土质量(g)
	精度要求	—	颗粒所占比精确至1%	

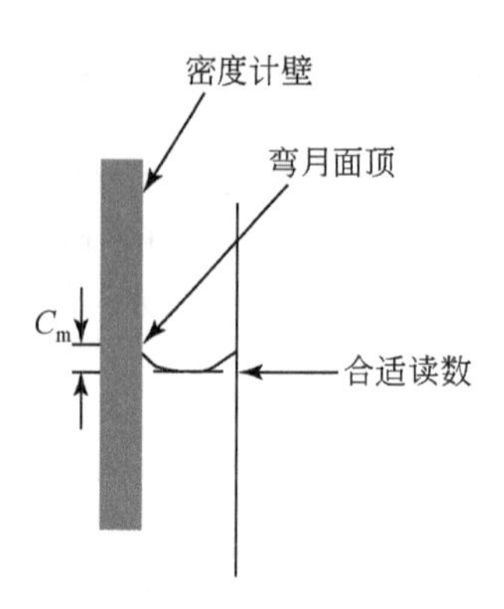

图 9.4　弯月面校正图

9.1.5　土样界限含水率试验

界限含水率指土样从一种稠度状态过渡到另一种稠度状态时的分界含水率，可分为液限、塑限和缩限。液限为土样从流动状态过渡到可塑状态的界限含水率，塑限为土样从可塑状态转变为半固态的界限含水率，缩限为土样从半固态转变为固态的界限含水率。其中，液限与塑限可用于细粒土的分类，计算塑性指数、液性指数和活动度等。常用的界限含水率测定方法有圆锥仪法、碟式仪法、滚搓法和收缩皿法，各标准中收录的方法见表 9.16。

表 9.16　各标准中测定界限含水率的方法

界限含水率	GB	ASTM	BS
液限	圆锥仪法、碟式仪法	碟式仪法	圆锥仪法、碟式仪法
塑限	圆锥仪法、滚搓法	滚搓法	滚搓法
缩限	收缩皿法	—	收缩皿法等

目前国际上测液限的方法有碟式仪法和圆锥仪法，一般情况下碟式仪测得的液限大于圆锥仪测得的液限。圆锥仪法将一定质量的圆锥置于土样上，使其自由下落，测定下沉深度，以圆锥下沉深度为一定值时土的含水率为土的液限。GB 与 BS 中圆锥仪法的主要差别在于锥的质量与判断液限的下沉深度。GB 采用 76g 圆锥，所测液限根据下沉深度分为 10mm 液限和 17mm 液限，当液限值用于了解土的物理性质及塑性图分类时，应采用 17mm 液限；根据现行中国国家标准《建筑地基基础设计规范》（GB 50007-2011）确定黏性土承载力时，按 10mm 液限计算塑性指数和液性指数。BS 采用 80g 圆锥，所测液限对应的下沉深度为 20mm。详细对比见表 9.17 和表 9.18。BS 中要求对同一含水率的土样进行多次测量以保证数据的准确性，试验精度较高。推荐在根据 GB 中圆锥仪法进行操作时，对同一含水率试样所测的数据符合 BS 中的要求。碟式仪法是将试样置于碟式仪上，用开槽器将试样分为两半，以一定速率使碟坠击底板，使两半试样合拢长度为 13mm 的坠击数为 25 击，此时试样对应的含水率为液限。GB、ASTM 和 BS 皆收录了该法，各标准主要差别在于对测定某一含水率土样的坠击数的要求。BS 要求连续两次测得的坠击数相同，ASTM 要求连续两次测得

的坠击数差值小于 2,GB 中未对此做要求。各标准对碟式仪法的详细对比见表 9.19。推荐根据 BS 开展碟式仪法试验。

表 9.17　圆锥仪法对比

对比项目		GB	BS
标准编号		GB/T 50123—1999[1]	BS 1377-2:1990[3]
适用范围		粒径小于 0.5mm 以及有机质含量不大于试样总质量 5% 的土	粒径小于 0.425mm 的土
试验仪器		液、塑限联合测定仪(圆锥质量为 76g,锥角为 30°;试样杯内径为 40mm,高度为 30mm),天平	贯入仪、不锈钢圆锥(质量为 80g,锥角为 30°)、金属杯(内径为 55mm,高度为 40mm)
试样要求		天然土样(推荐)250g 或过 0.5mm 筛的风干土样 200g。加水调成膏状,浸润过夜	1. 天然土:若试样含有粗颗粒较少,取天然土样 500g,剔除粗颗粒,加水调成膏状,浸润过夜。 2. 筛下土:或取足够土样,以确保过 0.425mm 筛下土至少 300g,制成悬液通过洗筛,然后减少水分使试样成膏状
试验操作	试验开始前试样处理	将试样充分搅拌均匀,搅拌时间未说明;对较干试样需充分搓揉	四点法:取调配好的土 300g。 一点法:取调配好的土 100g。 用调色刀混合试样至少 10min,对于高塑性黏土等则需 40min
	圆锥仪使用	1. 锥上涂有凡士林。 2. 锥尖应接触土样表面。 3. 释放圆锥 5s 后,记录圆锥下沉深度。 4. 挖去锥尖入土处的凡士林,取锥体附近的试样,测定含水率。 5. 至少对三个含水率不同的试样进行测读,三次下沉深度宜控制在 3 ~ 4mm,7 ~ 9mm,15 ~ 17mm	1. 一般要求:同 GB 中(2、3)。 2. 四点法: ①首次圆锥仪试测下沉深度宜为 15mm; ②加土整平,再次测读; ③若两次测定深度差值小于 0.5mm,记录平均值。若两次读数小于 1mm 大于 0.5mm,加土整平后,进行第三次测读。若全范围差值小于 1mm,记录三次平均值作为单个试样的下沉深度,否则更换试样重新试验; ④至少对四个试样进行试验,且每次读数控制在 15 ~ 25mm,且均匀分布。 3. 一点法: ①圆锥仪下沉深度宜在 20mm 左右; ②重复整平测试直到两次差值小于 0.5mm; ③确定读数后,取锥尖周围土,测定含水率
	测读精度	—	称量精确至 0.01g,圆锥仪读数精确至 0.1mm

续表

对比项目	GB	BS
数据处理	含水率和下沉深度关系曲线应为直线，如果过于离散，将重新进行试验。 关系曲线上 17mm 对应的含水率为液限；2mm 对应的含水率为塑限	1. 四点法： ①直接要求绘制直线，没有说明三点离散时的处理方法； ②将直线上下沉深度 20mm 对应的含水率作为液限。 2. 一点法：液限为测得含水率乘以对应因数（见表 9.18）
计算精度	含水率精确至 0.1%	

表 9.18　BS 圆锥仪法中下沉深度与液限对应关系

圆锥下沉深度/mm	一定含水率范围内土体的对应因数		
	小于 35%	35% ~50%	大于 50%
15	1.057	1.094	1.098
16	1.052	1.076	1.075
17	1.042	1.058	1.055
18	1.030	1.039	1.036
19	1.015	1.020	1.018
20	1.000	1.000	1.000
21	0.984	0.984	0.984
22	0.971	0.968	0.967
23	0.961	0.954	0.949
24	0.955	0.943	0.929
25	0.954	0.934	0.909
塑性	低	中	高

表 9.19　碟式仪法对比

对比项目	GB	ASTM	BS
标准编号	GB/T 50123—1999[1]	ASTM D4318-10$^{\varepsilon 1}$[8]	BS 1377-2:1990[3]
适用范围	粒径小于 0.5mm 的土	粒径小于 0.425mm 的土	
试验仪器	碟式液限仪、开槽器	碟式液限仪、开槽器、量规	碟式液限仪、开槽工具及量规
试样要求	天然土样（推荐）250g 或过 0.5mm 筛的风干土样 200g。加水调成膏状，浸润过夜	1. 湿法：过 425μm 筛，取过筛土 150 ~200g，直接调节含水率使之满足至合适的稠度，浸润过夜。 2. 干法：室温晾干或低于 60℃ 烘干，粉碎过筛，最后一次筛上土可进行洗筛	1. 天然土：若试样含有粗颗粒较少，取天然土样 500g，剔除粗颗粒，加水调成膏状，浸润过夜。 2. 筛下土：或取足够土样，以确保过 0.425mm 筛下土至少 300g，制成悬液通过洗筛，然后减少水分使试样成膏状

续表

对比项目	GB	ASTM	BS
仪器校准	铜碟提升高度调整到10mm	1. 铜碟提升高度调高到10± 0.2mm。 2. 确保仪器干净且处于正常工作状态	除GB中的要求外，需确保仪器及开槽器干燥、干净
试验前试样处理	将制备好的试样充分调拌均匀		1. 四点法：取调配好的土300g。 2. 一点法：取调配好的土100g。 3. 用调色刀混合试样至少10min，对于高塑性黏土等则需40min。
试验操作	1. 试样中心厚度为10mm。 2. 用开槽器经蜗形轮的中心沿铜碟直径将试样划开，形成V形槽。 3. 以每秒两转的速度转动摇柄，使铜碟反复起落，坠击于底座上，直至槽底两边试样的合拢长度为13mm时，记录击数，并测定含水率。 4. 不同含水率试样宜为4～5个，合拢所需击数宜为15～35击	1. 一般要求： ①同GB中(1、2)； ②同GB中(3)，但转动摇柄速度为每秒1.9～2.1转。 2. 多点法： 至少调节三次含水率分别坠击，击数应分布在三个范围25～35击、20～30击、15～25击。 3. 一点法： 对同一含水率条件下试样进行多次坠击，直至两次坠击数差值不超过两次	1. 一般要求： ①同GB中(2、3)； ②加入少许试样，再次测试，直至连续两次击数相同，如此为一次测试，且测定试样含水率。 2. 四点法： ①首次击数宜为50击； ②至少对4个不同含水率试样进行测试； ③测试击数应在10～50次，且均匀分布。 3. 一点法： 需调整试样含水率到15～35击，最好接近25个坠击数，开始坠击铜碟
数据处理	1. 绘制含水率与击数的关系直线。 2. 取击数为25时的含水率为土的液限	1. 多点法：同GB。 2. 一点法：液限即测得含水率乘以对应因数，对应因数取值见表9.20	同ASTM，一点法中对应因数取值见表9.21
计算精度	含水率精确至1%		

表9.20　ASTM碟式仪法中坠击数与液限对应关系

坠击数	液限对应的因数
20	0.973
21	0.979
22	0.985
23	0.990
24	0.995
25	1.000
26	1.005

续表

坠击数	液限对应的因数
27	1.009
28	1.014
29	1.018
30	1.022

表 9.21　BS 碟式仪法中坠击数与液限对应关系

坠击数	对应因数	坠击数	对应因数	坠击数	对应因数	坠击数	对应因数
15	0.95	21	0.98	27	1.01	33	1.02
16	0.96	22	0.99	28	1.01	34	1.02
17	0.96	23	0.99	29	1.01	35	1.03
18	0.97	24	0.99	30	1.02		
19	0.97	25	1.00	31	1.02		
20	0.98	26	1.00	32	1.02		

测定塑限的方法有联合测定法和滚搓法。联合测定法使用圆锥仪，与液限同时测定，取圆锥下沉深度为 2mm 时对应土的含水率为塑限，所测塑限略低于滚搓法所测塑限。滚搓法为国际通用的方法，GB 和 BS 规定将试样滚搓至 3mm 时刚好断裂，此时试样的含水率为塑限，ASTM 规定使试样直径为 3.2mm 时刚好断裂的含水率为塑限。各标准的滚搓要求各不相同，详细对比见表 9.22。ASTM 与 BS 对滚搓的要求太过死板、严苛，不易掌握，推荐使用 GB 中规定的方法滚搓试样。

表 9.22　滚搓法对比

对比项目	GB	ASTM	BS
标准编号	GB/T 50123—1999[1]	ASTM D4318-10$^{\varepsilon 1}$[8]	BS 1377-2:1990[3]
适用范围	粒径小于 0.5mm 的土	粒径小于 0.425mm 的土	同 ASTM
试验仪器	毛玻璃板、卡尺	量规、毛玻璃板	玻璃板、一段细杆
试样要求	0.5mm 筛下代表性试样 100g，加水拌匀后湿润过夜。制备好的试样在手中揉捏不粘手，捏扁，当出现裂缝时表示接近塑限	称取液限试验土 20g，降低含水率至适宜的稠度，即在玻璃板上滚搓时不粘手	同样选用液限试验土，且要求在试验前土样不得变干
降低土的含水量方法	—	风干	

续表

对比项目		GB	ASTM	BS
试验操作	主要操作	1. 取试样 8 ~ 10g 滚搓至断裂。 2. 取断裂土条 3 ~ 5g 测含水率。 3. 试验需进行平行测定	1. 每次选择 1.5 ~ 2.0g 试样进行滚搓。 2. 破碎后放入同一容器,至少测定 6g 土样的含水率。 3. 同 GB 中(3)	1. 取土样 20g,等分为两个子样,将每个子样等分为 4 份,进行滚搓。 2. 滚搓结束后测定每个子样的含水率
	滚搓要求	1. 滚搓至 3mm 时开始断裂,结束试验。 2. 土条搓到直径为 3mm 时不产生裂缝或大于 3mm 时开始断裂,应重新取样进行试验。 3. 滚搓时手掌的压力要均匀地施加在土条上,不得使土条在毛玻璃板上无力滚动,土条不得空心,土条长度不宜大于手掌宽度	1. 当土条搓到直径为 3.2mm 时不产生裂缝,将土条破碎再揉捏到一起重新滚搓,直到土的破坏直径不小于 3.2mm 时为止。 2. 正常的滚搓速率为每分钟 80 ~ 90 次,滚搓力度根据土的类型而定,且不同土破坏时的性状不同。 3. 滚搓时间应不大于 2min	1. 先将试样滚至 6mm。 2. 前后滚动 5 ~ 10 次后,试样直径将至 3mm;用手揉搓试样,使试样含水率进一步降低,再次滚动至 3mm。 3. 对试样进行重复步骤 2 至试样在纵向和横向都被剪破。 4. 统一测定每个子样的含水率
数据处理	塑限选取	测得含水率即塑限		
	平行测定精度	1. 试验要求平行测定,结果取两个测值的平均值表示。 2. 差值应符合以下要求:当含水率小于 40% 时,差值应不大于 1%;当含水率等于、大于 40% 时,差值应不大于 2%	1. 同 GB 中(1)。 2. 差值不得大于 0.5%	1. 两个试样所测含水率的差值不得大于 0.5%。 2. 结果取两个含水率的平均值

测定缩限的方法为收缩皿法,仅 GB 和 BS 收录了该法,ASTM 对缩限的测定无介绍。该法将湿样置于收缩皿中晾干,测定晾干前的含水率和体积以及晾干后的体积,计算试样缩限。GB 和 BS 的区别主要在于晾干后试样体积的测定。GB 使用蜡封法确定收缩后试样体积,相比于 BS 的水银溢出法,污染性较低,材料易获取,但操作较复杂。各标准详细对比见表 9.23。水银为有毒物质,为保障操作人员的安全,推荐使用 GB 中的方法。

表 9.23 收缩皿法对比

对比项目	GB	BS
标准编号	GB/T 50123—1999[1]	BS 1377-2:1990[3]
适用范围	粒径小于 0.5mm 的土	粒径小于 0.425mm 的土
试验仪器	收缩皿(直径 45 ~ 50mm,高度 20 ~ 30mm)、卡尺等	收缩皿(直径 57mm,高度 12mm)、平板玻璃或透明丙烯酸、瓷器蒸发盘等

续表

<table>
<tr><th colspan="2">对比项目</th><th>GB</th><th>BS</th></tr>
<tr><td rowspan="7">试验操作</td><td>取样</td><td>200g</td><td>50g</td></tr>
<tr><td>试样处理</td><td>搅拌均匀，加纯水制成含水率等于、略大于 10mm 液限的试样</td><td>同 GB，但土体液限应符合 BS 的液限标准</td></tr>
<tr><td>收缩皿处理</td><td colspan="2">在内侧涂一薄层凡士林</td></tr>
<tr><td>装样要求</td><td>1. 将试样分层装入收缩皿。
2. 每次填入后，将收缩皿底拍击试验桌，直至驱尽空气。
3. 填满试样后，刮平表面</td><td>主要要求同 GB，且增添了部分要求：
1. 同 GB 中(1)，但明确说明分三层装入，每次装入收缩皿体积的 1/3。
2. 同 GB 中(2)，并用几层吸墨纸或类似材料填充，使土壤流到盘子的边缘并释放出现的任何气泡。
3. 同 GB 中(3)</td></tr>
<tr><td>晾干要求</td><td colspan="2">置于通风处晾干，直至试样颜色变淡</td></tr>
<tr><td>称量</td><td colspan="2">1. 晾干前试样和收缩皿总质量。
2. 晾干后，将试样和收缩皿烘至恒量，称质量。
3. 称量精确至 0.01g</td></tr>
<tr><td>体积量测</td><td>使用蜡封法测量烘干后试样体积</td><td>先用水银将玻璃杯填满，再将试样放入杯中，测量溢出水银的体积即为试样的体积，精确至 0.1mL</td></tr>
<tr><td rowspan="2">数据处理</td><td>计算公式</td><td colspan="2">$$\omega_n = \omega - \frac{V_0 - V_d}{m_d}\rho_w \times 100$$
ω_n为土的缩限(%)；
ω 为制备时的含水率(%)；
V_0为湿试样的体积(cm^3)；
V_d为干试样的体积(cm^3)；
m_d为干样的质量(g)；
ρ_w为水的密度(g/cm^3)</td></tr>
<tr><td>精度要求</td><td>精确至 0.1%</td><td>精确至 1%</td></tr>
</table>

9.1.6　无黏性土的相对密度试验

相对密度是无黏性土紧密程度的指标，指无黏性土处于最松状态的孔隙比与天然状态孔隙比之差和最松状态的孔隙比与最紧密状态的孔隙比之差的比值，对于建筑物和地基的稳定性，特别是在抗震稳定性方面具有重要的意义。密实的无黏性土，抗剪强度高，压缩性低；而松散的无黏性土，稳定性差，压缩性高。

在计算无黏性土的相对密度(D_r)时需了解土的最大孔隙比(e_{max})、最小孔隙比(e_{min})和天然孔隙比(e_0)，计算公式为

$$D_r = \frac{e_{max} - e_0}{e_{max} - e_{min}} \tag{9.1}$$

但孔隙比一般无法直接测得,需通过其他物理指标进行换算,式(9.1)转变为

$$D_r = \frac{(\rho_d - \rho_{dmin})\rho_{dmax}}{(\rho_{dmax} - \rho_{dmin})\rho_d} \tag{9.2}$$

可测定最大干密度(ρ_{dmin})、最小干密度($\rho_{d\,max}$)和天然干密度(ρ_d),进而计算无黏性土的相对密度。因此,相对密度试验可分为最大干密度试验和最小干密度试验。

对于最小干密度试验,各标准的适用范围和试验方法不同。GB 适用于粒径小于 5mm 的土,采用两种方法同时进行试验,取其中测得的密度最小值为最终值:①使用漏斗将砂土均匀地填充至量筒中,②对量筒内土多次慢速翻转。ASTM 适用于粒径小于 75mm 的土,并提供了三种试验方法测定土样最小干密度,每种方法适用于粒径不同的土:①使用浇注设备或勺子填充已知体积的模具,适用于粒径大于 37.5mm 颗粒的质量占比不大于 30% 的土;②提取充满土的管子将土颗粒填充到已知体积的模具中,适用于粒径小于 19mm 的土;③与 GB 中方法②类似,但翻转速度快,适用于粒径小于 9.5mm 的土。BS 将试验分为砂试验与砾试验:①砂试验与 ASTM 方法③相同,适用于粒径小于 2mm 的土;②砾试验将试样从一定高度倒落填充至模具中,适用于粒径小于 37.5mm 的土。各标准间的详细对比见表 9.24。对于粒径较小的土壤,GB、ASTM 和 BS 皆采用量筒,通过翻转量筒使试样达到疏松状态,GB 要求缓慢翻转易使试样粗细颗粒分离,计算的干密度偏小,推荐根据 ASTM 或 BS 进行试验。

表 9.24　最小干密度试验对比

对比项目	GB	ASTM	BS
标准编号	GB/T 50123—1999[1]	ASTM D4254-16[9]	BS 1377-4:1990[10]
适用范围	粒径不大于 5mm 的土,且粒径 2～5mm 的试样质量不大于试样总质量的 15%	无黏性土,粒径不大于 75μm 土的质量占比不超过 15%。对于粒径不同的土,方法不同。 1. 法 1:粒径不大于 75mm 的土,粒径大于 37.5mm 土的质量占比不大于 30%。 2. 法 2:粒径不大于 19mm 的土。 3. 法 3:粒径不大于 9.5mm 的土,粒径大于 2mm 土的质量占比不大于 10%	1. 砂:粒径小于 2mm,粒径小于 0.063mm 土的质量占比不大于 10%。 2. 砾:粒径小于 37.5mm,粒径小于 0.063mm 土的质量占比不大于 10%
试验仪器	量筒、长颈漏斗、锥形塞、砂面拂平器	烘箱、标准筛。 法 1 及法 2:标准模具、天平、浇注设备、刚性薄壁管(仅法 2)、混合锅、大型金属勺、毛刷和金属直尺。 法 3:玻璃量筒、天平	1. 砂试验:量筒、橡胶塞、天平、烘箱、标准塞。 2. 砾试验:金属模具、金属托盘、勺子、直尺、天平、标准塞、烘箱
取样	烘干试样 700g	取样质量与试样最大粒径有关,具体见表 9.25	1. 砂试验:1000±1g。 2. 砾试验:至少比模具内部体积大 50%

续表

对比项目	GB	ASTM	BS
试验操作	介绍了两种试验试验方法求试样最大体积,结果取两者中最大值。 1. 法1:使用长颈漏斗和锥形塞,将试样均匀地倒入量筒,管口应经常保持高出砂面1~2cm。 2. 法2:量筒倒转并缓慢地转回原位,重复数次,记录试样在量筒内所占体积的最大值	介绍了三种试验方法。 1. 法1:使用浇注设备或勺子填充已知体积的模具,测质量。 2. 法2:通过提取充满土的管子将土颗粒填充到已知体积的模具中。 法1与法2共同要求: ①当使用浇注设备或勺子填充时,喷口应距土面13mm,且螺旋运动; ②填充至模具顶部13~25mm; ③重复填充,直至获取的最小干密度值相差不大于2%。 3. 法3:取1000±1g土放置于2000mL量筒中,与GB中法2同为量筒倒转法,但要求倒转后快速转回原位,重复至3次获取的最小干密度值相差不大于2%	1. 砂试验: 试验操作同ASTM中法3,需重复试验给出至少10个体积读数,取其中最大值进行计算。 2. 砾试验: 在1s左右将桶的试样从大约0.5m的高度稳定地倒入模具中。称量试样质量。重复试验,至少10次测定,取其中最小值进行计算
精度要求	单位为g/cm^3	保留三位或四位有效数字,单位为Mg/m^{3}或g/cm^3	0.01Mg/m^3

表9.25 ASTM要求的取样质量

最大粒径(100%通过)/in(mm)	所需试样质量/kg	土样放置装置	使用模具的尺寸/ft^3(cm^3)
3(75)	34	铲子或超大的勺子	0.500(14200)
3/2(38.1)	34	勺子	0.500(14200)
3/4(19.0)	11	勺子	0.100(2830)
3/8(9.5)	11	喷口尺寸为1in(25mm)的浇注装置	0.100(2830)
No.4(4.75)或更小	11	喷口尺寸为1/2in(13mm)的浇注装置	0.100(2830)

测定最大干密度的方法有振动锤击法、振动台法和振动锤法。振动锤击法是用振动叉敲击试样筒,同时采用击锤分三层击实试样,直至填满模具,称量模具中土的质量,计算试样干密度。振动台法是用振动台以固定的频率和振幅振动试样一段时间,测定振动后试样的高度和质量,计算试样体积和干密度。振动锤法使用振动锤分层锤击试样,直至填满模具,称量模具中土的重量,计算试样干密度。GB采用振动锤击法,ASTM规定振动台法为标准方法,BS介绍了振动锤法。各标准对最大干密度试验的具体要求见表9.26。振动台法操作简便,试验中由操作员导致的主观误差较小,具有良好的可比性,推荐根据ASTM测定砂性土的最大干密度。

表9.26　最大干密度试验对比

对比项目	GB	ASTM	BS
标准编号	GB/T 50123—1999[1]	ASTM D4253-16[11]	BS 1377-4:1990[10]
适用范围	粒径不大于5mm的土,且粒径2~5mm的试样质量不大于试样总质量的15%	粒径不大于75mm的土,且粒径不大于0.075mm土的质量占比不大于15%	1. 砂试验:粒径不大于6.3mm的土,粒径不大于0.063mm土的质量占比不超过10%。 2. 砾试验:粒径不大于37.5mm的土,粒径不大于0.063mm土的质量占比不超过10%
试验仪器	金属圆筒、振动叉、击锤	模具、百分表、天平、升降机、烘箱、标准筛、标定杆、振动台(电磁振动台、偏心或凸轮驱动振动台)、搅拌锅、金属勺、毛刷、秒表、千分尺	金属模具、电动锤、钢制夯锤、水密容器、天平、直尺、金属托盘、勺子、烘箱、秒表、脱模器。 此外,砂试验还需:2mm和6.3mm的标准筛。砾试验还需37.5mm和20mm的标准筛
试样质量	2000g	与试样的最大粒径有关,具体见表9.27	1. 砂试验:两个试样,每个试样重约3kg。 2. 砾试验:两个试样,每个试样重约8kg
试验操作	1. 分3次倒入金属圆筒,每次为圆筒容积的1/3。 2. 振动叉以每分钟150~200次的速度敲打圆周两侧。 3. 振动叉敲打的同时,用击锤锤击试样表面,每分钟30~60次	1. 试验分为干法和湿法,干法采用烘干土样;湿法要求在振动时,试样处于饱和状态。 2. 试样一次性装填至模具中。 3. 振动要求:双振幅垂直振动,①振幅为0.33±0.05mm,频率为60Hz,持续时间为8±0.25min;②振幅为0.48±0.08mm,频率为50Hz,持续时间为10±0.25min。 4. 重复试验,直至获取的最大干密度值相差不大于2%	1. 将水注入模具,高度为50mm,且在周围容器注入相同高度的水。 2. 分三层压实,每层土填充量为模具容积的1/3,且每次压实过程中,确保样品表面始终处于水下。 3. 每层压实时,用振动锤压紧至少3min,或直到试样高度没有进一步的显著下降。在此期间,试样所受的力为300~400N。 4. 第三层压实后,试样表面应至少与模体平齐,但不超过6mm。 5. 重复试验,对于砂试验,两次称量差值不得超过50g;对于砾试验,两次称量差值不得超过150g
数据处理	单位为g/cm³	保留四位有效数字,单位为Mg/m³或g/cm³	0.01Mg/m³

表 9.27　ASTM 最大干密度试验对试样质量的要求

最大粒径(100% 通过)/in(mm)	所需试样质量/kg	使用模具的尺寸/ft^3(cm^3)
3(75)	34	0.500(14200)
3/2(38.1)	34	0.500(14200)
3/4(19.0)	11	0.100(2830)

9.1.7　土样击实试验

击实试验是为了确定扰动土在一定量击实功作用下的最大干密度和最优含水率。在击实功一定的条件下,土样含水率小于最优含水率时,土的干密度随含水率增加而增加;土样含水率大于最优含水率时含水率增加,干密度减小;土样处于最优含水率下,击实后土样干密度可达到最大值,该值为土样最大干密度。

击实试验通过分层击实含水率不同的试样,计算土的干密度,绘制干密度与含水率关系曲线,曲线极值点对应的坐标为试样的最大干密度和最优含水率。击实试验根据击实功的大小分为轻型和重型,试样筒大小、采用的击实仪以及击实层数和每层击数等都是影响击实试验的重要因素,GB、ASTM 和 BS 对此具体要求不同,见表 9.28。GB 和 ASTM 皆要求对多个含水率不同的试样进行击实,且试样不可重复击实。BS 将试样分为易碎土和不易碎土。对于易碎土,同 GB 和 ASTM 要求相同;对于不易碎土,仅要求准备一个试样,击实后调节含水率,再次击实。各标准之间的具体差异见表 9.29。推荐根据 GB 进行试验,击实试样易推出。

表 9.28　各标准的主要击实要求

<table>
<tr><th rowspan="2">标准号</th><th rowspan="2">击锤类型</th><th rowspan="2">适用条件</th><th colspan="2">试样筒</th><th rowspan="2">击锤质量/kg</th><th rowspan="2">落高/mm</th><th rowspan="2">击实层数</th><th rowspan="2">每层击数</th><th rowspan="2">锤击点分布角度/(°)</th></tr>
<tr><th>内径/mm</th><th>高/mm</th></tr>
<tr><td rowspan="3">GB/T 50123—1999</td><td>轻型</td><td>d_{max}<5mm,黏性土</td><td>102</td><td rowspan="3">116</td><td>2.5</td><td>305</td><td>3</td><td>25</td><td>53.5</td></tr>
<tr><td rowspan="2">重型</td><td>d_{max}<20mm</td><td rowspan="2">152</td><td rowspan="2">4.5</td><td rowspan="2">457</td><td>5</td><td>56</td><td rowspan="7">45</td></tr>
<tr><td>d_{max}<40mm</td><td rowspan="4">3</td><td>94</td></tr>
<tr><td rowspan="3">ASTM D698-12</td><td rowspan="3">轻型</td><td>$X(d>4.75mm)\leq25\%$</td><td rowspan="2">101.6</td><td rowspan="6">116.4</td><td rowspan="3">2.495</td><td rowspan="3">305</td><td rowspan="2">25</td></tr>
<tr><td>$X(d>9.5mm)\leq25\%$</td></tr>
<tr><td>$X(d>19mm)\leq30\%$</td><td>152.4</td><td>56</td></tr>
<tr><td rowspan="3">ASTM D1557-12</td><td rowspan="3">重型</td><td>$X(d>4.75mm)\leq25\%$</td><td rowspan="2">101.6</td><td rowspan="3">4.5364</td><td rowspan="3">457.2</td><td rowspan="3">5</td><td rowspan="2">25</td></tr>
<tr><td>$X(d>9.5mm)\leq25\%$</td></tr>
<tr><td>$X(d>19mm)\leq30\%$</td><td>152.4</td><td>56</td></tr>
</table>

续表

标准号	击锤类型	适用条件	试样筒		击锤质量/kg	落高/mm	击实层数	每层击数	锤击点分布角度/(°)
			内径/mm	高/mm					
BS1377-4	轻型	d_{max}≤37.5mm X(d≤20mm)≥95%	105	115.5	2.5	300	3	27	均匀分布即可
		d_{max}≤63mm X(d≤37.5mm)≥90% 95%≥X(d≤20mm)≥70%	152	127				62	
	重型	d_{max}≤37.5mm X(d≤20mm)≥95%	105	115.5	4.5	450	5	27	
		d_{max}≤63mm X(d≤37.5mm)≥90% 95%≥X(d≤20mm)≥70%	152	127				62	

注:X( )指符合括号内条件土的质量占比。

表 9.29　击实试验对比

对比项目		GB	ASTM	BS
标准编号		GB/T 50123—1999[1]	ASTM D698-12[12] ASTM D1557-12[13]	BS 1377-4:1990[10]
试验仪器		击实仪、击实筒、天平、台秤、标准筛、试样推出器	击实筒、夯锤、试样推出器、干燥箱、天平、直尺、标准筛、搅拌工具	标准筛、天平、测定含水率所需仪器、切碎坚硬黏性土的设备、击实筒、夯锤
试样要求	取土	轻型 20kg,重型 50kg	击实筒内径不同,所需土量不同。内径为 101.6mm,需湿土 23kg;内径为 152.4mm,需湿土 45kg	要求为处理后土的质量,见表 9.30
	处理	分为干法制样和湿法制样: 干法制样,先用四分法取样,风干碾碎;湿法制样,取天然含水率土,碾碎。取筛下土进行制备		未分湿法与干法,根据试样的粒径不同,处理方式不同,见表 9.30
	使含水率均匀分布的处理方式	均匀分布即可,未说明处理方式	采用静置的方式使试样内水分均匀分布。对于不同类型的土壤,试样放置的时间不同,具体见表 9.31	同 ASTM 采用静置的方式使试样内水分均匀分布,对于黏性土,需储存在密封容器中至少 24h;对于砂性土,无需静置

续表

对比项目		GB	ASTM	BS
试样要求	试样数量	制备5个子样	至少4个,最好为5个	1. 对于不易碎土,制备一个。 2. 对于易碎土,至少5个
	试样含水率	两个高于、两个低于、一个接近最优含水率(预估为塑限),相邻率的差值宜为2%		1. 对于砂土或砾石土,含水率差值宜为1% ~2%。 2. 对于黏性土,含水率差值宜为2% ~4%
试验操作要求	开始时试样含水率	—		1. 对于砂质和砾质土壤,水分含量为4% ~6%。 2. 对于黏性土壤,水分含量低于土壤塑性极限8% ~10%
	击实筒处理	内壁应涂一薄层润滑油	—	
	锤击点	1. 锤击点应按一定角度均匀分布。 2. 重型击实每圈需在中心点加一击	同GB中(1)	锤击点应均匀分布在试样表面,未要求具体角度间隔
	每层击实要求	1. 每层试样高度宜相等 2. 两层交界处的土面应刨毛	1. 同GB(1) 2. 无需刨毛,每层击实后,未被击实的土应修剪并丢弃	同GB(1)
	击实完成后	超出击实筒顶的试样高度应小于6mm	1. 同GB。 2. 击实结束后切除余土,土面的孔洞应由未用过或切下的余土填满	
	其他要求	—	开始击实时,土样应轻压,避免处于疏松状态	1. 对于不易碎土样,在初始含水率条件下击实后,测定含水率,将试样揉搓过筛,加水调节含水率,再次击实。 2. 对于易碎土样,分别击实含水率不同的试样

续表

<table>
<tr><th colspan="2">对比项目</th><th>GB</th><th>ASTM</th><th>BS</th></tr>
<tr><td rowspan="3">数据处理</td><td>干密度计算</td><td colspan="3">干密度计算：
$$\rho_d = \frac{\rho_0}{1 + 0.01\omega_i}$$
ρ_d为试样干密度（g/cm^3）；
ρ_0为试样密度（g/cm^3）；
ω_i为某点试样的含水率（%）</td></tr>
<tr><td>绘图</td><td colspan="2">根据试验数据，干密度与含水率关系曲线，以及饱和线，饱和线公式：
$$\omega_{sat} = \left(\frac{\rho_w}{\rho_d} - \frac{1}{G_s}\right) \times 100$$
ω_{sat}为试样的饱和含水率（%）；
ρ_w为温度为 4℃时水的密度（g/cm^3）；
ρ_d为试样干密度（g/cm^3）；
G_s为土颗粒比重</td><td>同样需绘制干密度与含水率关系曲线，仍需绘制空气空隙体积 V_a 为 0%（饱和线）、5% 和 10% 时的干密度与含水率关系曲线，计算公式为 $\rho_d = \frac{1 - \frac{V_a}{100}}{\frac{1}{\rho_s} + \frac{W}{100\rho_w}}$</td></tr>
<tr><td>校正</td><td>轻型击实试验中，$d \geq 5mm$ 的土质量不超过总质量 30% 时，由于需要过筛，对最大干密度和最优含水率均有影响，所以要对试验结果进行校正</td><td>如果试样含有 5% 以上的特大部分（粗粒部分），并且材料不包含在试验中，则必须对试样的单位重量和含水率进行校正</td><td>无校正</td></tr>
</table>

表 9.30　BS 对不同土样的处理方式

试样尺寸 d/mm	处理方式	单个试样质量/kg	
		不易碎试样	易碎试样
$d \leq 20mm$	全部用于试验	6	2.5
$d \leq 37.5mm$ $X(d \leq 20mm) \geq 95\%$	过 20mm 筛，取筛下土进行试验	6	2.5
$d \leq 37.5mm$ $95\% \geq X(d \leq 20mm) \geq 70\%$	全部用于试验	15	6
$d \leq 63mm$ $X(d \leq 37.5mm) \geq 95\%$ $X(d \leq 20mm) \geq 70\%$	过 37.5mm 筛，取筛下土进行试验	25	6
$d \leq 63mm$ $95\% \geq X(d \leq 37.5mm) \geq 90\%$ $X(d \leq 20mm) \geq 70\%$	移除保留在 37.5mm 筛上的试样，用等质量保留在 20mm 筛上的试样替换它	15	6

注：$X(\,)$指符合括号内条件土的质量占比。

表 9.31　ASTM 中试样静置时间

分类	最小静置时间/h
GW,GP,SW,SP	无要求
GM,SM	3
其他土	16

9.1.8　黏性土的膨胀率和膨胀力试验

膨胀土是浸水后体积剧烈膨胀,失水后体积显著收缩的黏性土,亦称“胀缩性土”。膨胀率和膨胀力是评价膨胀土的指标。膨胀率指试样在有侧限条件下,浸水膨胀后的膨胀量与试样原高度的比值。膨胀力是黏质土遇水而产生的内应力,数值上等于试样膨胀到最大限度以后,再加荷载直到恢复到初始体积为止所需的压力。GB 和 ASTM 皆含有测定膨胀率和膨胀力的试验,BS 仅包含用于测定膨胀力的试验。

对于膨胀率试验,GB 和 ASTM 皆采用固结仪进行试验。GB 根据有无荷载将膨胀率试验分为有荷载与无荷载两种情况,同时适用于原状土和扰动黏土。ASTM 分为原状土试验与重塑土试验,原状土进行有荷载试验,用于模拟土样实际位置处的膨胀量;重塑土进行不同荷载下的膨胀率试验,绘制膨胀率与荷载关系曲线,曲线上横坐标为 1kPa(该压力为试验预压力)时对应的纵坐标为无荷载膨胀率,曲线与横轴的交点对应的横坐标为膨胀力。此外,ASTM 增加了对试验温度的要求,减小了温度变化对试验结果造成的误差。GB 和 ASTM 对膨胀率试验的具体区别见表 9.32。推荐根据 ASTM 进行膨胀率试验。

表 9.32　膨胀率试验对比

对比项目	GB		ASTM	
	有荷载试验	无荷载试验		
标准编号	GB/T 50123—1999[1]		ASTM D4546-14[14]	
适用范围	原状土或扰动黏土		原状土	重塑土
试验仪器	固结仪(护环、透水板、加压上盖、加载装置)、环刀(直径为 61.8mm 或 79.8mm,高度为 20mm)、位移计(量程 10mm,最小分度值 0.01mm 的百分表或准确度为全量程 0.2% 的位移传感器)		固结仪(附加载装置)适用于向试样施加轴向荷载的装置。该装置能够以所施加的负载的 ±0.5% 的精度长时间保持指定的负载; 环刀、透水板、千分尺或其他合适的设备、变形指示器	
试样要求	试样由环刀切取		1. 最小直径为 50mm。 2. 最小高度为 20mm。 3. 试样高度应不小于试样中最大颗粒尺寸的 6 倍。 4. 长度和直径的变化不得超过 5%	

续表

对比项目		GB		ASTM	
		有荷载试验	无荷载试验		
试验操作	安装要求	由于薄层滤纸吸水后压缩量小,可忽略不计,可在试样和透水板之间加一薄层滤纸		由于滤纸吸水后压缩性较高,最好不要加滤纸	
	预压力	1kPa			
	注水前加压要求	1. 分级或一次连续施加所要求的荷载,直至变形稳定,测记位移计读数。 2. 所加荷载一般指上覆土质量或上覆土加建筑物附加荷载。 3. 变形稳定标准为每小时读数差不超过0.01mm	无需加压	1. 连续两次加压,第一次加压后卸荷,再次加压。 2. 单次加压要求:分级加压(至少3级),总加载时间不超过1h。 3. 在最后一次荷载施加完成后,允许试样稳定30~60min,进行多次读数以验证平衡条件。 4. 同GB中(2)	1. 对四个以上试样施加不同的压力(如1kPa、20kPa、50kPa、100kPa)。 2. 以5~10min的时间间隔对试样逐级施加压力,总加载时间不超过1h。 3. 记录每个试样的压缩量Δh_1
	注水要求	自下而上注水,水面高出试样5mm		淹没试样即可,无详细说明	
	读数时间间隔	2h		0.5min、1min、2min、4min、8min、15min、30min、1h、2h、4h、8h、24h等(通常为24~72h)	
	变形稳定标准	连续两次读数差不超过0.01mm		主膨胀或湿陷体积变化稳定,二次膨胀/湿陷阶段的变形读数变化较小	
	其他测试参数	测定试样膨胀前后的质量及含水率			
	测量精度	膨胀位移精确至0.01mm		1. 对于膨胀位移测量,精度同GB 2. 对于试样直径和高度测量,精度不小于0.025mm	
	温度要求	—		标准试验温度应在22±5℃的范围内。此外,整个测试期间,固结仪、试样和浸入式储存器的温度不得超过±2℃。	

续表

对比项目		GB		ASTM	
		有荷载试验	无荷载试验		
数据处理	计算公式	$\delta_{ep}=\frac{z_p+\lambda-z_0}{h_0}\times 100$ δ_{ep}为某荷载下的膨胀率(%); z_p为某荷载下膨胀稳定后的位移计读数(mm); z_0为加荷前位移计读数(mm); λ为某荷载下的一起压缩变形量(mm); h_0为试样的初始高度(mm)	$\delta_e=\frac{z_t-z_0}{h_0}\times 100$ δ_e为时间为t时的无荷载膨胀率(%); z_t为时间为t时的位移计读数(mm);	$h_1=h-\Delta h_1$ $\varepsilon_s=\frac{100\Delta h_2}{h_1}$ ε_s为膨胀应变(%); Δh_2为由于浸水导致的试样高度变化(mm); h_1为试样在浸水之前的高度(mm); h为试样初始高度(mm); Δh_1为试样由于加荷引起的变形量(mm)	
	绘图	—	宜绘制膨胀率与时间关系曲线	—	应绘制压力与膨胀率曲线
	精度要求	—		膨胀应变精确至0.1%	

对于膨胀力的测定,GB和BS单独进行膨胀力试验,ASTM则在膨胀率试验中测得膨胀力。GB和BS膨胀力试验的主要区别为试样变形稳定要求和温度要求。GB规定试样在某级荷载下间隔2h不再膨胀时变形稳定,BS要求根据荷载与加载时间关系曲线判别试样是否稳定。相比之下,GB的变形稳定要求更加简洁、易判断。温度亦会影响试样的膨胀,使试验结果产生误差,仅BS标准规定了试验温度。两个标准对膨胀力试验的具体要求见表9.33。在GB与BS之间,推荐根据GB标准开展试验,并增添BS中对试验温度的要求。

表9.33 膨胀力试验对比

对比项目		GB	BS
标准编号		GB/T 50123—1999[1]	BS 1377-5:1990[15]
适用范围		原状土和击实黏土	具有膨胀能力的土
试验仪器		固结仪(护环、透水板、加压上盖、加载装置)、环刀、位移计	固结仪(固结环、透水板、固结容器、位移计、加载装置)、金属法兰盘
试验操作	注水要求	自下而上注水,水面高出试样顶面	淹没试样即可,无明确说明
	记录参数	仅记录施加的最大平衡荷载	记录每次施加的荷载及经过的时间
	加荷操作	产生膨胀量时,立即加荷使变形计读数归零	
	允许最大膨胀量	0.01mm	
	膨胀稳定要求	试样在某级荷载下间隔2h不再膨胀	通过绘制累计荷载与每次调整所经过时间的平方根的关系曲线图来看出

续表

<table>
<tr><th colspan="2">对比项目</th><th>GB</th><th>BS</th></tr>
<tr><td>试验操作</td><td>温度要求</td><td>—</td><td>标准试验温度应在22±5℃的范围内。此外，整个测试期间，固结仪、试样和浸入式储存器的温度不得超过±2℃</td></tr>
<tr><td rowspan="2">数据处理</td><td>计算公式</td><td colspan="2">$P_e = W/A$
P_e 为膨胀力(kPa)；
W 为施加在试样上的总平衡荷载(N)；
A 为试样面积(cm^3)</td></tr>
<tr><td>精度要求</td><td>—</td><td>保留两位有效数字</td></tr>
</table>

9.2　力学特性测试

9.2.1　土样承载比试验

土样承载比是当贯入柱贯入路面基层和底层材料以及各种土料达到2.5mm(或5mm)时的单位压力，从而得出与标准荷载强度的比值。它是路基和路面材料的强度指标，是柔性路面设计的主要参数之一。GB、ASTM和BS皆收录了承载比试验。

由于GB中的承载比试验是根据ASTM编制的，因此两者的差异较小，主要区别为试样的制备；相对于GB和ASTM，BS在制备试样的方法和浸水方式方面有所不同。GB要求仅可采用重型击实土；ASTM要求既可采用重型击实土，也可采用轻型击实土，且不同密实度土样的击实要求较为详细；BS规定试样制备时有六种方法，分别为压缩与捣固、分层压缩、强夯、振动压实、以固定的功夯实和以固定的功振动压实。在浸泡试样时，GB和ASTM皆要求试样上下同时浸水；BS要求开始时为从下至上渗水，后续为上下同时浸水。在进行贯入试验时，各标准亦有细微差异，详细见表9.34。GB直接采用重型击实土，且浸水饱和要求明确，推荐根据GB进行试验。

表9.34　承载比试验对比

对比项目	GB	ASTM	BS
标准编号	GB/T 50123—1999[1]	ASTM D1833-16[16]	BS 1377-4:1990[10]
适用范围	1. 最大粒径不大于20mm的扰动土。 2. 分三层击实时，最大粒径不大于40mm的土	粒径小于19mm的土，当土中含有大颗粒时，应对土的粒径进行修正	粒径大于20mm的颗粒含量不超过25%

续表

对比项目		GB	ASTM	BS
试验仪器		试验筒、击锤、导筒、膨胀量测定装置、带调节杆的多孔顶板、贯入仪（贯入杆直径为50mm，长度为100mm）、水槽、台秤、脱模器等	加载设备、渗透测量设备、模具、垫片、夯锤、膨胀测量仪、附加荷载、穿透活塞（直径为49.63±0.13mm，长度不小于101.6mm）、天平、烘箱、标准筛等	标准筛、CBR模具、击实所用仪器、穿孔底板、穿孔膨胀板、千分表、环形荷载盘、圆柱形金属柱塞（标称横截面积为1935mm²，直径为49.65±0.10mm，长度为250mm）、加载设备、测力装置、变形量测设备、秒表等
试样制备		1. 过20mm或40mm筛，取筛下土进行制备。 2. 按重型击实试验进行备样，并测定最大干密度和最优含水率，按最优含水率击实三个承载比试样。 3. 若要制备三种干密度试样，则需制备九个试样；试样的干密度应为最大干密度的95%～100%	1. 过19mm筛，将保留在筛上土以等质量的4.75～19mm土替换。 2. 既可采用重型击实，也可采用轻型击实。 3. 若试样需要完全达到最大干密度，用按击实试验中的步骤进行。若试样需要达到最大干密度的一定百分比，每层的击数是根据重度大于或小于所需值而定，通常如果所需试样为最大干密度的95%，每个试样的单层击数宜为56击、25击和10击	1. 过20mm筛，取筛下土进行试样制备。 2. 可用6种方法制备试样，包括压缩与捣固、分层压缩、强夯、振动压实、以固定的功夯实和以固定的功振动压实
试验操作	浸水要求	1. 水面应高出试样顶面25mm。 2. 上下同时浸水。 3. 浸水4昼夜。 4. 浸水后，测量试样高度变化，计算膨胀量；将试样取出，吸去试样表面水分，静置15min后拆除装置。 5. 荷载块重5kg	1. 同GB中(2、3、4)。 2. 施加与基础材料和路面重量相等的附加重量，使用的总重量不得低于4.54kg。如果没有指定附加重量，则使用4.54kg	1. 水槽内加水至模具延伸环的顶部下方。 2. 从下向上渗水。 3. 记录水渗上试样表面的时间。若浸水3天后仍未渗出，在顶部加水再渗透1天。一般浸泡天数为4天。 4. 同GB中(4)。 5. 荷载块重量未说明
	荷载块加载顺序	1. 使贯入杆与试样顶面接触。 2. 试样顶面放置荷载块。 3. 贯入杆上施加预荷载	1. 放置2.27kg荷载块。 2. 放置贯入杆。 3. 放置其他荷载块。 4. 贯入杆上施加预荷载	1. 放置适当的环形荷载盘。 2. 使试样与柱塞接触。 3. 柱塞上施加预荷载
	贯入杆上预荷载大小	45N	尽可能小，不得小于44N	贯入前需要根据承载比的预测大小（小于5%，5%～30%，大于30%）分别施加相应的预压力（10N，50N，250N）

续表

<table>
<tr><th colspan="2">对比项目</th><th>GB</th><th>ASTM</th><th>BS</th></tr>
<tr><td rowspan="3">试验操作</td><td>贯入速度</td><td>1～1.25mm/min</td><td>1.27mm/min</td><td>1±0.2mm/min</td></tr>
<tr><td>贯入深度</td><td>10～12.5mm</td><td>13mm</td><td><7.5mm</td></tr>
<tr><td>记录数据</td><td>记录测力计内百分表为整数（如 20,40,60 等）时的贯入量</td><td>每贯入一定深度记录一次荷载，深度顺序为 0.64mm、1.3mm、1.9mm、2.5mm、3.18mm、3.8mm、4.45mm、5.1mm、7.6mm、10mm、13mm</td><td>每贯入 0.25mm 记录一次测力计读数</td></tr>
<tr><td rowspan="5">数据处理</td><td>单位压力与贯入量关系曲线绘制</td><td colspan="2">1. 以单位压力为横坐标，贯入量为纵坐标，绘制单位压力与贯入量关系曲线。
2. 若曲线开始段呈凹形，应通过变曲率点引一切线，与纵坐标相交于一点，该点便为修正后的原点</td><td>1. 以测力计读数为纵坐标，贯入量为横坐标，绘制力与贯入量关系曲线。
2. 同 GB</td></tr>
<tr><td>承载比计算</td><td>1. 从上述曲线中得到贯入深度为 2.5mm 和 5mm 时的单位压力。
2. 单位压力与标准压力的比值（以百分数表示）为承载比</td><td>1. 从上述曲线中得到贯入深度为 2.54mm 和 5.08mm 时的单位压力。
2. 同 GB</td><td>1. 从曲线中得出贯入深度为 2.5mm 和 5mm 时的测力计读数。
2. 测力计读数与标准压力的比值（以百分数表示）为承载比</td></tr>
<tr><td>标准压力取值</td><td>1. 2.5mm 时为 7000kPa。
2. 5mm 时为 10500kPa</td><td>1. 2.54mm 时为 6.9MPa。
2. 5.08mm 时为 10MPa</td><td>1. 2.5mm 时为 13.2kN。
2. 5mm 时为 20kN</td></tr>
<tr><td>承载比选用</td><td colspan="2">当贯入量为 5mm 时的承载比大于贯入量为 2.5mm 时的承载比，试验应重做。若数次试验结果仍相同时，则采用 5mm 时的承载比</td><td>取 2.5mm 和 5mm 对应的承载比较大者作为最终结果</td></tr>
</table>

9.2.2　土样渗透试验

土能被水透过的性能称为土的渗透性。它是土体的重要工程性质，决定土体的强度和固结变形特性。渗透试验主要测定土体的渗透系数，即单位水力坡降时的渗透流速。

渗透试验分为常水头试验与变水头试验，两者皆为水流渗过土样，根据达西定律，由水在土样中的流速计算土体的渗透系数，不同的是，前者土样两端的水位差为固定水位差，后者为变化的水位差。GB 介绍了两种方法；BS 只收录了常水头试验；ASTM 曾收录常水头试验用于测定颗粒土的渗透系数[ASTM D2434-68(2006)]，但已于 2015 年撤销，未介绍变水头试验。

对于常水头试验，GB 和 BS 的主要差别在于适用范围与水位差调节的方式。GB 常水头试验用于测定粗粒土的渗透系数，进水口水位不变，通过改变排水管的高度调节渗流水位差；BS 适用于渗透系数为 10^{-5}～10^{-2}m/s 的土，排水口水位不变，通过调节进水处水箱的高度调节水位差。GB 和 BS 间的详细差别见表 9.35。由于 BS 要求某一水力坡降下至少重复测量 4 次给定时间间隔内的渗出水量或直至渗出水量获得一致的读数，且测压管读数应为等梯度变化，使得测试结果较准确，推荐根据 BS 开展渗透试验。

表 9.35　渗透试验对比

对比项目		GB	BS
标准编号		GB/T 50123—1999[1]	BS 1377-5:1990[15]
适用范围		粗粒土	渗透系数 10^{-2} ~ 10^{-5}m/s 的土
试验仪器		常水头渗透仪装置：金属封底圆筒（一般，内径 10cm，高 40cm）、金属孔板、滤网、测压管和供水瓶、排水管（可调节）	常水头渗透装置：渗透室（内径为 75 ~ 100mm）、储水池（可调节高度）、排水池（不可移动）、金属孔板、滤网、测压管
试样要求		1. 取代表性风干土样 3 ~ 4kg。 2. 试样最大颗粒粒径应小于渗透室内径的 1/10	1. 取代表性风干试样，通过 63μm 筛的土壤的含量应小于 10%，如果需要，对试样进行筛析。 2. 试样最大颗粒粒径应小于渗透室内径的 1/12
试样操作	土样填充要求	1. 分层装入，每层 2 ~ 3cm。 2. 当试样中含有黏粒时，在滤网上铺 2cm 后粗砂作为过滤层。 3. 每层试样装完后，从渗水孔向圆筒充水至试样顶面。 4. 最后一层试样应高出测压管 3 ~ 4cm，在试样顶面铺 2cm 砾石作为缓冲层	1. 试样两端皆应放置多孔板、滤网及过渡材料层。 2. 分为手夯和水下填充。 手夯：分层装入，至少放置 4 层，每层厚度约为直径的一半。对每层土壤采用固定击数夯实，夯实后刨毛，添加下一层。整体装入后，使脱气水从渗水口由下向上渗入，直至充满试样。 水下填充：先将准备好的试样与水混合，置于连结软管的漏斗中，软管末端可达多孔盘上方约 15mm。渗透仪底部进水至多孔盘上方 15mm。使土水混合物流入渗透室中，同时提起漏斗，使管的末端恰好在水面。直至填充至所需的级别
	准备工作	注水，使测压管水位与溢水孔齐平	注水，使得测压管水位与上部储水器水位相同
	渗流时要求	1. 在溢水孔处，浸入圆筒内的水量应多于溢出的水量，溢水孔始终有水溢出。 2. 在接水处，调节管口不得浸入水中	1. 初始渗流梯度宜为 0.2。 2. 由三个侧压管的水位高度反映出水力坡降不均匀时，移除并替换试样
	记录数据	1. 侧压管水位稳定后，测记水位。 2. 按规定时间记录渗出水量。 3. 测量进水和出水处的水温，取平均值	1. 记录侧压管水位。 2. 记录给定时间间隔内的渗出水量，或记录量筒内水到一定位置时的时间。 3. 记录排、放水箱的水温

续表

对比项目		GB	BS
试样操作	主要试验步骤	1. 分别降低调节管至试样的上1/3处、1/2处、下1/3处，进行渗流试验。当不同水力坡降下测定的数据接近时，结束试验。 2. 可根据工程需要，改变试样孔隙比，继续试验	1. 某一水力坡降下的渗流试验，重复至少4次或直至获得一致的读数。 2. 可在不同水力坡降下进行试验，试验水力梯度应在层流范围内。 3. 同GB中(2)
数据处理	单一水力坡降下的计算公式	1. 试验温度下试样的渗透系数： $$k_T = \frac{QL}{AHt}$$ k_T为水温为T℃时试样的渗透系数(cm/s)； Q为时间t秒内的渗出水量(cm^3)； L为两端测压管中心间的距离(cm)； A为试样断面积(cm^2)； H为平均水位差(cm)； t为时间(s)。 2. 标准温度下的渗透系数k_{20}： $$k_{20} = k_T \frac{\eta_T}{\eta_{20}}$$ η_T为T℃时水的动力黏滞系数(kPa·s)； η_{20}为20℃时水的动力黏滞系数(kPa·s)	1. 某一水力坡降时土中水的流量q_1，q_2等： $$q_1 = \frac{Q_1}{t}, q_2 = \frac{Q_2}{t}, \cdots$$ Q_1，Q_2等指每个时间段t(s)内从排水池流出水的体积。计算一个水力坡降下读数集合的平均流量q。 2. 水力坡降i： $$i=h/y$$ h为两个测压管示数间的差值(mm)； y为两个测压管中心间的距离(mm)。 3. 标准温度下的渗透系数k： $$k = \left(\frac{q}{i}\right)\left(\frac{R_t}{A}\right)$$ R_t为温度校正系数； A为试样截面积(mm^2)
	不同水力坡降下的计算方式	—	由不同水力坡降计算渗透系数：以流量q为纵坐标，水力坡降i为横坐标，将各组数据描点，获得拟合直线，求得直线的斜率$\frac{\Delta q}{\Delta i}$，按下式计算标准温度下的渗透系数： $$k = \left(\frac{\Delta q}{\Delta i}\right)\left(\frac{R_t}{A}\right)$$
	不同孔隙比下的渗透试验	应以孔隙比为纵坐标，渗透系数的对数为横坐标，绘制关系曲线	
	计算精度	—	渗透系数保留两位有效数字

9.2.3　土样固结试验

土的压缩指在外力作用下，土颗粒重新排列，土体体积缩小的现象。压缩试验主要采用侧限压缩仪(固结仪)进行试验，测定压缩系数、压缩指数等压缩性指标，计算土体的沉降量。土的固结属于压缩的一种特殊情况，指饱和土体在压力作用下，内部水排出、孔隙水压力消散的过程。土的固结试验采用固结仪,通过测定土样在固定压力作用下不同时刻的高度,绘制高度与时间关系曲线,计算土样的固结系数。各标准所录的固结试验通过对饱和试样加压,由某级压力下的时间-变形关系曲线计算固结系数,也可由压力-孔隙比关系曲线计算压缩性指标。

固结试验可分为应力控制式和应变控制式。应力控制式试验为逐级增加压力,记录每级压力下时间与变形关系曲线,计算每级压力下的固结系数,并由每级压力下试样变形稳定后的高度计算土体孔隙比,确定压缩性指标。应变控制式试验通过对饱和试样连续加压至预定压力,记录不同时间下的试样底部孔隙水压力、轴向压力和变形量,由轴向压力和试样底部的孔隙水压力计算试样所受的有效应力,确定土的压缩性指标以及任一时刻的固结系数。GB、ASTM 和 BS 对两种方法皆有收录,由于应力控制式为常用的方法,所以本章主要对比应力控制式固结试验。

各标准应力控制式固结试验的主要差别在于仪器校准、是否考虑试样的膨胀以及试验温度要求。各标准皆要求对仪器进行校准,GB 仅校准仪器的变形,ASTM 和 BS 还包括对仪器参数的测量。GB 与 BS 要求预压力保证仪器各部件接触即可,施加第一级荷载后加水。GB 未考虑试样的膨胀;BS 考虑了试样的浸水膨胀,要求第一级压力大于试样的溶胀压力。ASTM 规定在施加预荷载后立即加水,考虑了试样的膨胀,要求试样发生膨胀时预荷载应适当增大,并记录试样的膨胀量。试验环境的温度变化亦会导致试样发生变形,各标准中,GB 未要求试验的温度,BS 仅要求测定每日的最高温度与最低温度,ASTM 规定试验温度在一定的范围之内(22±5℃)。各标准之间的详细差别见表 9.36。推荐根据 BS 开展试验,试验温度应符合 ASTM 的要求。

表 9.36　固结试验对比

对比项目	GB	ASTM	BS
标准编号	GB/T 50123—1999[1]	ASTM D2435/D2435 M-11[17]	BS 1377-5:1990[15]
适用范围	1. 适用于饱和黏土。 2. 当只进行压缩时,允许适用于非饱和土。 3. 测定固结系数时,只适用于饱和黏土	1. 通常适用于水中自然沉积的饱和原状细粒土,但也适用于击实土和因其他原因(如风化或化学蚀变)形成的原状土。 2. 对其他不饱和土如击实和残积土(风化或化学蚀变)进行的试验可能需要特殊的评价方法。 3. 同 GB 中(3)	适用于饱和或近饱和土壤试样和以岩心或块体的形式从地面采到的未受到干扰的天然沉积土壤
试验仪器	固结容器(环刀、护环、透水板、水槽、加压上盖)、加压设备、变形量测设备	加压设备、固结容器、透水板、滤网、切样装置、位移计、天平	固结仪(固结环、透水板、固结容器、位移计、加载装置)

续表

<table>
<tr><th colspan="3">对比项目</th><th>GB</th><th>ASTM</th><th>BS</th></tr>
<tr><td colspan="3">仪器校准</td><td>固结仪及加压设备应定期校准,并作仪器变形校正曲线</td><td>1. 当设备变形超过初始试样高度的 0.1% 或使用滤纸过滤网时一般要对仪器变形校正。
2. 测量透水板等其他作用于试样的荷载(精确到 0.001kg)。
3. 测量仪器参数(尺寸精确到 0.01mm,质量精确到 0.01g)</td><td>1. 确定固结环的高度(精确至 0.05mm)、内径(精确至 0.1mm)和质量(精确至 0.1g)。
2. 确定仪器的变形特性,在测试硬土时,不能忽略仪器的变形;但对于软土,仪器的变形可忽略不计。
3. 可用金属盘代替土样对试验仪器进行校正</td></tr>
<tr><td rowspan="5">试验操作</td><td rowspan="3">压力等级选择</td><td>压力等级</td><td>压力等级宜为 12.5kPa、25kPa、50kPa、100kPa、200kPa、400kPa、800kPa、1600kPa、3200kPa</td><td>压力应成倍增加,如 12kPa、25kPa、50kPa、100kPa、200kPa</td><td>加载序列宜为 6kPa、12kPa、25kPa、50kPa、100kPa、200kPa、400kPa、800kPa、1600kPa、3200kPa</td></tr>
<tr><td>初始压力</td><td>应视土的软硬程度决定,宜为 12.5kPa、25kPa 或 50kPa</td><td>—</td><td>取决于土壤的类型,应大于溶胀压力</td></tr>
<tr><td>最大压力</td><td>1. 应大于土的自重压力与附加压力之和。
2. 只需测定压缩系数时,最大压力不小于 400kPa</td><td>应根据实际情况选定</td><td>同 GB(1)</td></tr>
<tr><td colspan="2">预压力</td><td>1kPa</td><td>1. 一般为 5kPa。
2. 若试样膨胀,可适当增大,并记录试样膨胀稳定的变形量。
3. 若预压力会使试样产生显著固结,可减小至 3kPa 以下</td><td>适当的重量添加到梁架上而不会出现颠簸</td></tr>
<tr><td colspan="2">浸水</td><td>1. 对于饱和试样,施加第一级压力后应立即向水槽中注水浸没试样。
2. 非饱和试样进行压缩试验时,须用湿棉纱围住加压板周围</td><td>在施加预压力后,立即淹没试样</td><td>同 GB(1)</td></tr>
</table>

续表

对比项目		GB	ASTM	BS
试验操作	加荷要求	选择下列两种方法之一。 1. 需要测定沉降速率、固结系数时，施加每一级压力后宜按下列时间顺序测记试样的高度变化。时间为 6s、15s、1min、2min15s、4min、6min15s、9min、12min15s、16min、20min15s、25min、30min15s、36min、42min15s、49min、64min、100min、200min、400min、23h、24h，至稳定为止。 2. 不需要测定沉降速率时，则施加每级压力后 24h 测定试样高度变化作为稳定标准，只需测定压缩系数的试样，施加每级压力后，每小时变形达 0.01mm 时，测定试样高度变化作为稳定标准	选择下列两种方法之一。 1. 标准荷载增量持续时间为 24h。对于至少两个荷载增量（超过预固结压力后，施加至少一级压力），按下列时间顺序记录变形量，时间顺序为 0.1min、0.25min、0.5min、1min、2min、4min、8min、15min、30min、1h、2h、4h、8h 和 24h。 2. 每级压力都按 0.1min、0.25min、0.5min、1min、2min、4min、8min、15min、30min、1h、2h、4h、8h、24h 时间顺序记录变形	提供了一种加载方式。 1. 典型测试应包括 4 ~ 6 个压力等级。 2. 每级压力保持 24h。 3. 每级压力下，以规定的时间间隔记录压缩计读数，时间间隔为 0s、10s、20s、30s、40s、50s、1min、2min、4min、8min、15min、30min、1h、2h、4h、8h、24h。绘制压缩计读数与时间对数的关系曲线，直至主固结完成后，施加下一级压力
	卸荷要求	1. 需要进行回弹试验时，可在某级压力下固结稳定后退压，直至退到要求的压力。 2. 每次退压至 24h 后测定试样的回弹量	1. 卸荷至 5kPa。 2. 卸荷过程与加荷过程相反，也可跳级卸荷，即下一级压力为上一级压力的 1/4。 3. 每小时变形量低于 0.2%时（通常为过夜），则记录最终变形 d_{et}，并拆下试样，擦除表面水分	1. 该部分为可选操作。 2. 卸荷过程应不少于 2 级。 3. 卸荷时，每级应卸荷至不低于上一加载序列的大小。 4. 按照加荷时的时间要求记录膨胀量，绘制膨胀量与时间对数的关系曲线，以确定膨胀完成，试验结束时的压力应等于膨胀压力或最初施加的压力
	温度要求	—	1. 标准试验温度应在 22±5℃的范围内。 2. 整个测试期间，压实仪、试样和浸入式储层的温度变化不得超过±2℃	记录测试仪附近的日最高和最低温度（精确至 1℃）
	结束试验后	测定含水率	1. 测量试样高度： 在试样顶部和底部四周至少进行四次等间距的测量，取平均值，精确到 0.01mm。 2. 确定含水率	称量试样和试样环的质量，确定含水率

续表

对比项目	GB	ASTM	BS
数据处理	1. 计算参数：初始孔隙比、各级压力下试样固结稳定后的单位沉降量、各级压力下试样固结稳定后的孔隙比、某一压力范围内的压缩系数、某一压力范围内的压缩模量、某一压力范围内的体积压缩系数、压缩指数和回弹指数。 2. 曲线图：以孔隙比为纵坐标，压力为横坐标，绘制孔隙比与压力的关系曲线；以孔隙比为纵坐标，以压力的对数为横坐标，绘制孔隙比与压力的对数关系曲线。确定先期固结压力	1. 试样物理特性：试样干质量、干密度、试样中固体体积、试样的固体部分等效高度、初始及最终孔隙比、初始及最终饱和度。 2. 变形计算：高度变化（减去仪器变形校正）、变形值用其他方式表示（高度变化、试样高度、孔隙比、轴向应变）。 3. 确定主固结完成和固结速率：固结系数（时间对数法；时间平方根法）。确定先期固结压力	1. 基本参数：初始含水率、天然密度、初始干密度、初始孔隙率。 2. 压缩特性：以试样的压缩量（通常用孔隙率、实际高度、高度变化表示）为横坐标，以压力对数为纵坐标，绘制两者的关系曲线图。计算固体颗粒的等效高度，在每个加压或退压阶段结束时计算试样高度、孔隙率，计算试样体积压缩系数，固结系数，二次压缩系数

9.2.4　土样三轴压缩试验

土样在受到三向应力作用下所能抵抗的最大轴向压应力称为三轴压缩强度。三轴压缩试验为圆柱试样受到围压的条件（$\sigma_2=\sigma_3$）下，施加轴向应力 σ_1，直至试样破坏，破坏时的轴向应力即为三轴压缩强度。三轴压缩试验也可根据不同围压下土样的三轴压缩强度画出多个反映土体破坏时应力状态的莫尔圆，从而得出抗剪强度包络线和抗剪强度参数。

根据排水条件的不同，三轴压缩试验可分为不固结不排水试验（UU）、固结不排水试验（CU）和固结排水试验（CD）。不固结不排水试验在施加围压和增加轴向压力直至试样破坏的过程中不允许排水，可由不同围压下的试验测得总抗剪强度参数；固结不排水试验指试样先在某一围压作用下排水固结，然后在不排水条件下增加轴向压力直至试样破坏，可由不同围压下的试验测得总抗剪强度参数、有效抗剪强度参数和孔隙压力系数；固结排水试验为试样先在某一围压下排水固结，然后在充分排水的条件下增加轴向压力直至试样破坏，可由不同围压下的试验测得有效抗剪强度参数。GB、ASTM 和 BS 皆收录了这三类试验。

对于不固结不排水试验，各标准皆以峰值应力或15%应变对应的应力为三轴压缩强度，主要差异在于停止试验的标准以及数据处理。GB 要求在可以判断试样破坏后继续加载一定的应变，数据处理时未计算橡胶膜对试样强度的影响，同时要求画出抗剪强度包络线。ASTM 要求在可以判断试样破坏后立即停止试验，计算三轴压缩强度时需考虑橡胶膜的影响，但未说明抗剪强度参数的计算。BS 同样要求在可以判断试样破坏后立即停止试验，虽提供了抗剪强度的计算公式，但未要求画出抗剪强度包络线。各标准之间的详细对比见表 9.37。推荐根据 GB 开展试验，在计算三轴压缩强度时考虑橡皮膜影响，按 ASTM 提供的公式计算橡皮膜导致的强度误差。

表 9.37　不固结不排水试验对比

对比项目		GB	ASTM	BS
标准编号		GB/T 50123—1999[1]	ASTM D2850-15[18]	BS 1377-7:1990[19]
适用范围		细粒土和粒径小于 20mm 的粗粒土	各类土	各类土
试验仪器		应变控制式三轴仪(由压力室、轴向加压设备、周围压力系统、反压力系统、孔隙水压力量测系统、轴向变形和体积变化量测系统组成)、承膜筒和对开圆膜、橡皮膜、透水板等	轴向装载装置、轴向荷载测量装置、三轴压缩室、轴向负载活塞、保压和测量装置、试样盖和基座、变形指示器、橡胶膜、样品尺寸测量设备等	三轴压缩室、围压施加装置、轴向压缩装置、轴向应变测量装置、压力测量装置、橡胶膜、O 形橡胶圈、测定含水率的装置
试样要求	形状	圆柱体		
	直径	1. 试样直径为 35 ~ 101mm。对于有裂缝、软弱面和构造面的试样,直径大于 60mm。 2. 试样直径小于 100mm 时,最大颗粒直径不大于试样直径的 1/10。 3. 试样直径大于 100mm 时,最大颗粒直径不大于试样直径的 1/5	试样直径应不小于 33mm,且不小于最大颗粒直径的 6 倍	试样直径为 38 ~ 110mm,且不小于最大颗粒直径的 5 倍
	高径比	2 ~ 2.5		2
安装要求		1. 在压力室底座上,依次放上不透水板、试样及不透水试样帽。 2. 放置试样,向压力室内注满纯水。 3. 使试样与测力计接触,安装变形指示计,调零。 4. 关排水阀,开周围压力阀,施加周围压力	1. 将样品封装在橡胶膜中。 2. 组装仪器。开始时,将活塞与试样对齐接触,不要对试样施加超过估计抗压强度的约 0.5% 的轴向应力。 3. 充填压缩室,施加所需的围压,等待约 10min,使得变形稳定	1. 样品应位于压缩室基座的中心位置,确保垂直对齐。 2. 注水,确保所有空气都排出。 3. 施加围压。 4. 调整装载机,使装载活塞位于样品顶盖上几毫米的位置。 5. 使装载活塞刚好与顶盖上的阀座接触
剪切速率		每分钟应变 0.5% ~1.0%	每分钟应变 0.3% ~1%,使破坏时间不超过 15min	使破坏时间为 5 ~ 15min

续表

<table>
<tr><th colspan="2">对比项目</th><th>GB</th><th>ASTM</th><th>BS</th></tr>
<tr><td colspan="2">数据记录</td><td>1. 记录测力计读数和轴向变形。
2. 每产生 0.3% ~0.4% 的轴向应变(或 0.2mm 变形值),测记一次测力计读数和轴向变形值。当轴向应变大于 3% 时,试样每产生 0.7% ~0.8% 的轴向应变(或 0.5mm 变形值),测记一次</td><td>1. 同 GB 中(1)。
2. 开始时,记录 0.1%, 0.2%, 0.3%, 0.4% 和 0.5% 应变的读数;然后每隔 0.5% 应变记录一次,直至 3% 应变;之后每隔 1% 应变记录一次</td><td>1. 同 GB 中(1)。
2. 对于中等压缩性土,应变小于 1% 时,每隔 0.25% 应变记录一次;应变大于 1% 时,每隔 0.5% 应变记录一次。
3. 对于非常坚硬土壤,以频繁的应力间隔记录数据</td></tr>
<tr><td colspan="2">停止试验</td><td>测力计出现峰值后,继续至轴向应变为 15% ~20%</td><td>达到以下条件之一,停止试验:
1. 15% 应变。
2. 达到峰值应力后,继续至少 5% 应变。
3. 达到峰值应力后,主偏差应力下降超过 20%</td><td>达到以下条件之一,停止试验:
1. 轴向应力达到最大值,且明确显示峰值。
2. 轴向应变达到 20%</td></tr>
<tr><td colspan="2">拆除仪器</td><td>1. 卸压。
2. 拆除仪器,取出试样,描述破坏形状。
3. 称重试样,并计算含水率</td><td>同 GB,通过拍照或草图记录失效模式</td><td>1. 迅速地拆除仪器,取出试样,避免试样水分损失。
2. 对试样进行描述。
3. 测定试样含水率;若有失效表面,取附近土样测定含水率</td></tr>
<tr><td rowspan="3">数据处理</td><td>轴向应变</td><td colspan="3">$$\varepsilon_1 = \frac{\Delta h_1}{h_0} \times 100$$
ε_1 为轴向应变(%);
Δh_1 为剪切过程中试样高度变化(mm);
h_0 为试样初始高度(mm)</td></tr>
<tr><td>试样面积的校正</td><td colspan="3">$$A_a = \frac{A_0}{1 - \varepsilon_1}$$
A_a 为校正后试样面积(cm^2);
A_0 为试样的初始断面积(cm^2)</td></tr>
<tr><td>主应力差</td><td>$$\sigma_1 - \sigma_3 = \frac{CR}{A_a} \times 10$$
σ_1 为大总主应力(kPa);
σ_3 为小总主应力(kPa);
C 为测力计率定系数(N/0.01mm 或 N/mV);
R 为测力计读数(0.01mm)</td><td colspan="2">$$\sigma_1 - \sigma_3 = \frac{P}{A_a}$$
$\sigma_1 - \sigma_3$ 为测得的主应力差(偏应力)(kPa);
P 为测量的施加的轴向荷载(kN)</td></tr>
</table>

续表

对比项目		GB	ASTM	BS
数据处理	橡皮膜的校正	—	如果由膜的强度导致的主应力差(偏压应力)的误差超过5%,则按下式修正: $\Delta(\sigma_1-\sigma_3)_m=\frac{4E_m t_m \varepsilon_1}{D}$ $\Delta(\sigma_1-\sigma_3)_m$为从测量的主应力差中减去的膜校正; D为试样直径(m); E_m为膜材料的杨氏模量(kPa); t_m为膜的厚度(m); ε_1为轴向应变	当试样主要发生桶状的变形时,对于具有0.2mm厚橡胶膜、38mm直径的样品,可根据失效时的应变,直接从图9.5获得校正。对于任何其他直径的D(mm)和任何其他厚度t(mm)(可由多个膜组成)橡胶膜的样品,将来自图9.5的校正乘以因子,因子等于$\frac{38}{D}\times\frac{t}{0.2}$
	膜材料的杨氏模量	—	通过将15.0mm长的圆周条带悬挂在细棒上,测量穿过悬挂膜的底部的力F以及膜的变形。膜材料的杨氏模量E_m: $E_m=(F/A_m)/(\Delta L/L)$ L为膜的未拉伸长度(m); ΔL为施加力F时膜的长度变化(m); A_m为膜面积,等于$2t_m W_s$, W_s为膜周向条的宽度	—
	不固结不排水强度	—	不固结不排水强度如下: $\sigma_{1C}-\sigma_3$ $\sigma_{1C}=(\sigma_1-\sigma_3)_f-\Delta(\sigma_1-\sigma_3)_m+\sigma_3$ $(\sigma_1-\sigma_3)_f$为破坏时的主应力差(kPa); σ_{1C}为校正后的主应力差(kPa)	由峰值偏差应力减去膜校正系数
	绘图	1. 以主应力差为纵坐标,轴向应变为横坐标,绘制主应力差与轴向应变关系曲线。 2. 以剪应力为纵坐标,法向应力为横坐标,在横坐标轴以破坏时的$\frac{\sigma_{1f}+\sigma_{3f}}{2}$为圆心,以$\frac{\sigma_{1f}-\sigma_{3f}}{2}$为半径,绘制破损应力圆,并绘制不同周围压力下破损应力圆的包线,计算抗剪强度参数	同GB中(1)	同GB中(1),未绘制破损应力圆及包线,抗剪强度直接由下式得出: $c_u=1/2(\sigma_1-\sigma_3)_f$

续表

对比项目		GB	ASTM	BS
数据处理	不固结不排水强度选取	1. 有峰值时，取曲线上主应力差的峰值作为破坏点。 2. 无峰值时，取15%轴向应变时的主应力差值作为破坏点	同GB	同GB中(1)

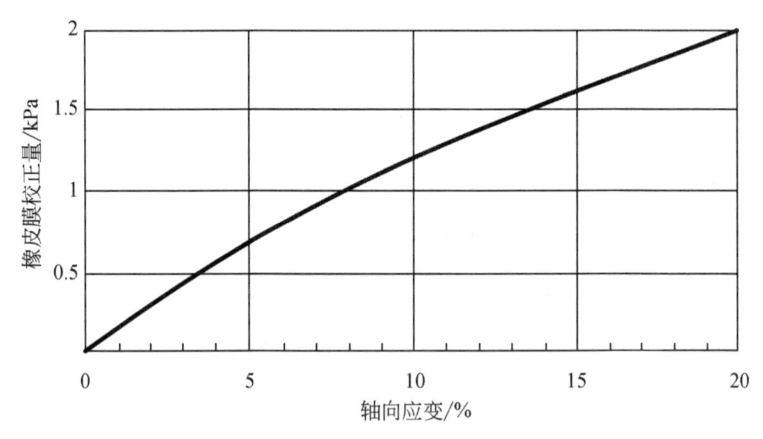

图9.5　BS中橡胶膜校正量

各标准固结不排水试验间的主要差异在于试样饱和、试样剪切、数据处理以及三轴压缩强度的选取。试样饱和方式有真空抽气饱和法、水头饱和法以及反压力饱和法。真空抽气饱和法将试样中的空气抽去，在保持真空压力不变的作用下注水，使试样饱和；水头饱和法调高试样底部水头，使水由底部入渗至顶部，当渗出水量等于渗入水量时表明试样饱和；反压力饱和通过对试样内部施加压力，使内部空气溶于水中，从而达到饱和的效果。GB对三种饱和方式皆有说明，ASTM和BS仅介绍了反压力饱和。试样剪切时，GB要求的剪切速率为固定范围值；ASTM和BS需计算试样的最大剪切速率，但计算公式不同。数据处理时，GB未考虑试验过程中橡皮膜和试样侧排水对试验结果的影响；ASTM要求计算橡皮膜和试样周围所覆滤纸条对三轴压缩强度的影响；BS要求计算橡皮膜和试样侧排水导致的偏差值。各标准的详细对比见表9.38。BS试验过程叙述详细，推荐根据BS进行试验。

固结排水试验与固结不排水试验过程类似，区别在于试样剪切过程中的排水与否、剪切速率大小。固结排水允许试验剪切过程中排水，GB规定的固结排水剪切速率值为每分钟应变0.003%～0.012%，ASTM和BS需计算试样的最大剪切速率，但计算公式不同。固结排水试验各标准间的对比可参考固结不排水试验标准对比。

表9.38　固结不排水试验对比

对比项目	GB	ASTM	BS
准备编号	GB/T 50123—1999[1]	ASTM D4767-11[20]	BS 1377-8:1990[21]

续表

对比项目		GB	ASTM	BS
适用范围		细粒土和粒径小于20mm的粗粒土	各类土	各类土
试验仪器		应变控制式三轴仪(由压力室、轴向加压设备、周围压力系统、反压力系统、孔隙水压力量测系统、轴向变形和体积变化量测系统组成)、三轴仪附属设备(击样器、饱和器、切土器、原状土分样器、切土盘、承膜筒和对开圆膜)、天平、橡皮膜、透水板	轴向装载装置、轴向荷载测量装置、三轴压缩室、轴向负载活塞、保压和测量装置、试样盖和基座、变形指示器、橡胶膜、样品挤出机、样品尺寸测量设备、压力和真空控制装置、压力和真空测量装置、孔隙水压力测量装置、体积变化测量装置	三轴压缩室、围压施加装置、轴向压缩装置、轴向应变测量装置、压力测量装置、橡胶膜、O形橡胶圈、测定含水率的装置
试样要求	形状	圆柱体		
	直径	1. 试样直径为35~101mm。对于有裂缝、软弱面和构造面的试样,直径大于60mm。 2. 试样直径小于100mm时,最大颗粒直径不大于试样直径的1/10。 3. 试样直径大于100mm时,最大颗粒直径不大于试样直径的1/5	试样直径应不小于33mm,且不小于最大颗粒直径的6倍	试样直径为38~110mm,且不小于最大颗粒直径的5倍
	高径比	2~2.5		2
安装试样		1. 依次放上透水板、湿滤纸、试样、湿滤纸、透水板。 2. 调节排水管水面,使其位于试样中心以下20~40cm。 3. 使试样与测力计接触,安装变形指示计,调零。 4. 调节排水管使管内水面与试样高度的中心齐平,测记排水管水面读数。 5. 打开孔隙水压力阀,使孔隙水压力等于大气压力,关孔隙水压力阀,此刻可开始反压饱和	1. 安装试样之前,检查橡胶膜、多孔盘。 2. 试样安装可分为湿式和干式,区别在于系统内的水分。湿式安装不要求仪器内干燥,将试样安装好即可。干式要求系统内无水分,安装完成后,通过顶部排水管线向样品施加大约35kPa的部分真空。 3. 当使用滤纸条或滤纸笼时,湿式安装要求不得使垂直条状的滤纸覆盖试样周边的50%以上,滤纸应延伸至试样顶部和底部的多孔圆盘;干式安装可用小胶带将滤纸条固定。 4. 将负载活塞与盖体正确对齐。 5. 注水至三轴压缩室	1. 安装试样,并用橡皮膜将试样、基座、顶盖封在一起。在封装顶盖前要求打开反压阀,使试样内部充水。 2. 注水至三轴压缩室,使内部压力等于大气压力。 3. 施加围压至反压饱和需要的压力

续表

对比项目		GB	ASTM	BS
反压饱和	围压与反压力的每级增量	宜为30kPa	35～140kPa,取决于固结时所需的有效固结应力大小和所需的饱和度	不超过固结时所需的有效固结应力或50kPa
	围压与反压力之差	—	低于35kPa	不超过固结时所需的有效固结应力或20kPa,且不低于5kPa
	饱和停止要求	孔隙水压力系数 B 大于98%	孔隙水压力系数 B 大于95%;或在反压继续增加的情况下,B 不再增加	孔隙水压力系数 B 大于95%
固结		1. 将孔隙水压力调至接近围压值,施加围压后,再打开孔隙水压力阀,待孔隙水压力稳定测定孔隙水压力。 2. 使活塞与试样接触,开始固结	1. 轴向负载活塞与试样盖接触,预压力不超过预计破坏时荷载的0.5%。记录变形指示器读数。将活塞提升一小段距离,将其锁定。 2. 保持最大反压恒定,增加围压至目标值。围压增量比不得超过2	1. 增加围压至目标有效围压值,必要时可增加反压。 2. 开启反压阀,开始固结
固结数据记录		1. 记录排水管水面高度及孔隙水压力读数。 2. 时间为6s、15s、1min、2min15s、4min、6min15s、9min、12min15s、16min、20min15s、25min、30min15s、36min、42min15s、49min、64min、100min、200min、400min、23h、24h	1. 记录体积变化读数。 2. 记录时间为0.1min、0.2min、1min、2min、4min、8min、15min、30min、1h、2h、4h、8h等。 3. 在15min后,小心地将活塞与试样帽接触	1. 同ASTM(1)。 2. 记录时间为0min、1/2min、1min、9/4min、4min、9min、49/4min、16min、25min、36min、64min、2h、4h、8h、16h、24h等,以绘制时间平方根-压缩曲线
固结完成		孔隙水压力消散95%以上表示固结完成	1. 绘制体积变化与时间关系曲线和变形指示器读数与时间关系曲线。由曲线指示试样固结是否完成。 2. 当两条曲线在固结即将完成时的切线斜率有着明显偏差时,说明水分从压力室流入试样,应重做试验。 3. 固结完成后,允许继续持续一个周期或一昼夜	继续固结至体积无显著变化。且孔隙水压力消散95%以上

续表

对比项目	GB	ASTM	BS
剪切速率	粉土：每分钟应变 0.1% ~0.5%。 黏土：每分钟应变 0.05% ~0.1%	确定试样固结度为 50% 时的时间 t_{50}，计算剪切时应变速率： $\varepsilon = \varepsilon_f/(10\ t_{50})$ 式中，ε_f 为预计试样破坏时的轴向应变，如果该应变大于 4%，则取 4%	1. 确定固结度为 100 时的时间 t_{100}，计算试验时间： $t_f = F\times t_{100}$ 2. 估计试样的显著应变 ε_f：①试样破坏时的应变；②若体积变形读数大致为均匀增加，该增量代表的应变增量。 3. 计算最大剪切速率 d_r： $d_r = \frac{\varepsilon_f \times L_c}{t_f}$，$L_c$ 为固结试样的长度
压缩数据记录	1. 记录测力计读数、轴向变形、孔隙水压力。 2. 每产生 0.3% ~0.4% 的轴向应变（或 0.2mm 变形值），测记一次测力计读数和轴向变形值。当轴向应变大于 3% 时，试样每产生 0.7% ~0.8% 的轴向应变（或 0.5mm 变形值），测记一次	1. 同 GB(1)。 2. 当轴向应变小于 1% 时，每隔 0.1% 应变记录一次读数；当轴向应变大于 1% 时，每隔 1% 记录一次读数	1. 同 GB(1)。 2. 记录至少 20 组读数，以确定破坏时的应力-应变关系曲线。 3. 对于刚度较大的土壤，应以应力间隔记录读数
剪切时注意事项	—	1. 将轴向负载活塞与试样盖接触，但不得施加超过预计破坏时荷载的 0.5%。 2. 当轴向负载装置处于压力室外部时，需校正测量的轴向荷载。 3. 当压力室内部的负载测量装置结合外部的变形指示器时，可能需校正变形读数。 4. 查孔隙水压力稳定性	1. 调整机器压板，直至加载活塞位于试样顶盖上部的一小段距离内。 2. 测试过程中定时检查围压，以保证围压不变
停止试验	测力计出现峰值后，继续至轴向应变为 15% ~20%	达到以下条件之一，停止试验： 1. 15% 应变。 2. 达到峰值应力后，继续至少 5% 应变。 3. 达到峰值应力后，主偏差应力下降超过 20%	1. 可以识别以下条件之一时，停止试验： ①最大偏应力； ②最大有效主应力比； ③固定的剪应力与孔隙压力。 2. 若无明显的破坏条件，达到 20% 应变时停止试验

续表

<table>
<tr><th colspan="2">对比项目</th><th>GB</th><th>ASTM</th><th>BS</th></tr>
<tr><td colspan="2">拆除试样</td><td>1. 卸压。
2. 拆除仪器，取出试样，描述破坏形状。
3. 称重试样，并计算含水率</td><td>1. 卸压。
2. 在样品排出阀关闭的情况下，快速取出试样，对试样进行拍摄或用草图记录，描述试样破坏模式
3. 测定试样含水率</td><td>1. 同ASTM中(1)。
2. 同ASTM中(2)，只需描述试样破坏模式，无需用照片或草图记录。
3. 同GB中(3)，并计算最终密度</td></tr>
<tr><td rowspan="4">数据处理</td><td>试样固结后的高度</td><td>$$h_c = h_0\left(1 - \frac{\Delta V}{V_0}\right)^{2/3}$$
h_c为试样固结后的高度(mm)；
h_0为试样初始高度(mm)；
ΔV为试样固结后与固结前的体积变化(cm^3)；
V_0为试样固结前体积(cm^3)</td><td>$$h_c = h_0 - \Delta h_0$$
h_0为试样的初始高度(mm)；
Δh_0为固结结束时样品的高度变化量(mm)</td><td>—</td></tr>
<tr><td>试样固结后的断面积</td><td>$$A_c = A_0\left(1 - \frac{\Delta V}{V_0}\right)^{2/3}$$
A_c为试样固结后的断面积(cm^2)；
A_0为试样的初始断面积(cm^2)</td><td>$$\Delta V_{sat} = 3V_0\left[\frac{\Delta h_s}{h_0}\right]$$
$$A_c = \frac{V_0 - \Delta V_{sat} - \Delta V_c}{h_c}$$
ΔV_{sat}为饱和时样品体积变化(mm^3)；
ΔV_c为固结期间试样的体积变化(mm^3)；
V_0为试样的初始体积(mm^3)；
Δh_s为饱和时样品的高度变化(mm)</td><td>—</td></tr>
<tr><td>轴向应变</td><td colspan="3">$$\varepsilon_1 = \frac{\Delta h_1}{h_0} \times 100$$
ε_1为轴向应变(%)；
Δh_1为剪切过程中试样高度变化(mm)；
h_0为试样初始高度(mm)</td></tr>
<tr><td>试样面积的校正</td><td colspan="3">$$A_a = \frac{A_0}{1 - \varepsilon_1}$$
A_a为试样的校正断面积(cm^2)；
A_0为试样的初始断面积(cm^2)</td></tr>
</table>

续表

对比项目		GB	ASTM	BS
数据处理	主应力差	$\sigma_1 - \sigma_3 = \frac{CR}{A_a} \times 10$ $\sigma_1 - \sigma_3$ 为主应力差(kPa)； σ_1 为大总主应力(kPa)； σ_3 为小总主应力(kPa)； C 为测力计率定系数(N/0.01mm 或 N/mV)； R 为测力计读数(0.01mm)	$\sigma_1 - \sigma_3 = \frac{P}{A_a}$ $\sigma_1-\sigma_3$为测得的主应力差(偏应力)(kPa)； P 为测量的施加的轴向荷载(kN)	
	橡皮膜的校正	—	如果由膜的强度导致的主应力差(偏压应力)的误差超过5%，则按下式修正： $\Delta(\sigma_1 - \sigma_3)_m = \frac{4E_m t_m \varepsilon_1}{D}$ $\Delta(\sigma_1-\sigma_3)_m$为从测量的主应力差中减去的膜校正； D 为试样直径(m)； E_m 为膜材料的杨氏模量(kPa)； t_m为膜的厚度(m)； ε_1为轴向应变	当试样主要发生桶状的变形时，对于具有 0.2mm 厚橡胶膜、38mm 直径的样品，可根据失效时的应变，直接从图 9.5 获得校正。对于任何其他直径的 D(mm)和任何其他厚度 t(mm)(可由多个膜组成)橡胶膜的样品，将来自图 9.5 的校正乘以因子，因子等于 $\frac{38}{D} \times \frac{t}{0.2}$
	膜材料的杨氏模量	—	通过将 15.0mm 长的圆周条带悬挂在细棒上，测量穿过悬挂膜的底部的力 F 以及膜的变形。膜材料的杨氏模量 E_m： $E_m = (F/A_m)/(\Delta L/L)$ L 为膜的未拉伸长度(m)； ΔL 为施加力 F 时膜的长度变化(m)； A_m为膜面积，等于 $2t_m W_s$，W_s为膜周向条的宽度(mm)	—

续表

<table>
<tr><th colspan="2">对比项目</th><th>GB</th><th>ASTM</th><th>BS</th></tr>
<tr><td rowspan="8">数据处理</td><td>过滤纸条的校正</td><td>—</td><td>如果由滤纸强度引起的主要应力差(偏差应力)的误差超过5%,校正值 $\Delta(\sigma_1-\sigma_3)_{fp}$ 计算如下。
1. 对于2%以上的轴向应变值:
$\Delta(\sigma_1-\sigma_3)_{fp}=\frac{K_{fp}P_{fp}}{A_c}$
2. 对于2%以下的轴向应变值:
$\Delta(\sigma_1-\sigma_3)_{fp}=\frac{50\varepsilon_1 K_{fp}P_{fp}}{A_c}$
K_{fp} 为覆盖的每单位长度的滤纸带造成的荷载(N);
P_{fp} 为纸覆盖的周长(mm)</td><td>—</td></tr>
<tr><td>排水校正</td><td>—</td><td>—</td><td>当安装垂直侧排水管时,应对超过2%的应变应用额外的校正值 σ_{dr},具体见表9.39</td></tr>
<tr><td>校正后强度</td><td>—</td><td>$(\sigma_1-\sigma_3)_C=(\sigma_1-\sigma_3)-\Delta(\sigma_1-\sigma_3)_m-\Delta(\sigma_1-\sigma_3)_{fp}$
$(\sigma_1-\sigma_3)_C$ 为校正后的主应力差(kPa)</td><td>由峰值偏差应力减去膜校正值和排水校正值</td></tr>
<tr><td>有效大主应力</td><td colspan="3">$\sigma_1'=\sigma_1-u$
σ_1' 为有效大主应力(kPa);
u 为孔隙水压力(kPa)</td></tr>
<tr><td>有效小主应力</td><td colspan="3">$\sigma_3'=\sigma_3-u$
σ_3' 为有效小主应力(kPa)</td></tr>
<tr><td>有效主应力比</td><td>$\frac{\sigma_1'}{\sigma_3'}=1+\frac{\sigma_1'-\sigma_3'}{\sigma_3'}$</td><td>—</td><td>同GB</td></tr>
<tr><td>初始孔隙水压力系数</td><td colspan="3">$B=\frac{u_0}{\sigma_3}$
B 为初始孔隙水压力系数;
u_0 为施加围压产生的孔降水压力(kPa)</td></tr>
</table>

续表

对比项目		GB	ASTM	BS
数据处理	破坏时的孔隙水力系数	$A_f=\dfrac{u_f}{B(\sigma_1-\sigma_3)}$ A_f为破坏时的孔隙水压力系数； u_f为试样破坏时，主应力差产生的孔隙水压力(kPa)	—	$A=\dfrac{u-u_0}{(\sigma_1-\sigma_3)}$ A为孔隙水压力系数； u_0为是压缩开始时样品中的孔隙压力(kPa)
	绘制曲线	1. 主应力差与轴向应变关系曲线。 2. 有效应力比与轴向应变关系曲线。 3. 孔隙水压力与轴向应变关系曲线。 4. 应力路径曲线及强度曲线。 5. 代表破坏时应力状态的应力圆及强度包线	同GB(1、3)，且同样画出应力路径曲线和代表破坏时应力状态的应力圆	同GB
	破坏标准	主应力差或有效主应力比的峰值作为破坏点；无峰值时，以有效应力路径的密集点或轴向应变15%时的主应力差值作为破坏点	峰值主应力差，或15%应变，以先达到的为准	1. 最大主应力差。 2. 最大有效主应力比。 3. 当剪切在恒定的孔隙压力下持续时
	有效内摩擦角	$\varphi'=\sin^{-1}\mathrm{tg}\alpha$ φ'为有效内摩擦角(°)； α为应力路径图上破坏点连线的倾角(°)	—	同GB
	有效黏聚力	$c'=\dfrac{d}{\cos\varphi'}$ c'为有效黏聚力(kPa)； d为应力路径上破坏点连线在纵轴上的截距(kPa)	—	同GB

表 9.39　BS 排水校正值

试样直径/mm	排水校正值/kPa
38	10
50	7
70	5
100	3.5
150	2.5

注：中间直径的试样可通过插值得到校正。

9.2.5　土样无侧限抗压强度试验

无侧限抗压强度为饱和土体在无侧向限制压缩条件下所能抵抗的最大轴向应力。原状土与重塑土的无侧限抗压强度之比称为灵敏度。工程上常用灵敏度来衡量黏性土结构性对强度的影响,土的灵敏度越高,结构性越强,受扰动后土的强度降低越多。

GB、ASTM 和 BS 皆收录了该试验。各标准之间的差异在于试验停止标准和无侧限抗压强度值的选取。GB 规定试验出现峰值后仍需进行 3% ~5% 应变,能够准确判断峰值;ASTM 和 BS 要求试验出现峰值后即停止,可能发生峰值误判的情况。对于可测得应力峰值的试样,GB、ASTM 和 BS 以峰值应力为无侧限抗压强度;对于无法判断峰值的试样,GB 以 20% 应变对应的应力为无侧限抗压强度,ASTM 和 BS 以 15% 应变对应的应力为无侧限抗压强度。各标准之间的详细对比见表 9.40。推荐按照 GB 开展试验。

表 9.40　无侧限抗压强度试验对比

<table>
<tr><th colspan="2">对比项目</th><th>GB</th><th>ASTM</th><th>BS</th></tr>
<tr><td colspan="2">标准编号</td><td>GB/T 50123—1999[1]</td><td>ASTM D2166/D2166 M-16[22]</td><td>BS 1377-7:1990[19]</td></tr>
<tr><td colspan="2">适用范围</td><td>饱和黏土</td><td>只适用于在压缩过程中不会排除水分的黏土,且存在黏聚力</td><td>饱和、无裂缝的黏性土</td></tr>
<tr><td colspan="2">试验仪器</td><td>应变控制式无侧限压缩仪(由测力计、加压框架、升降设备组成)、轴向位移计、天平</td><td>压缩设备、变形指示器、秒表、天平</td><td>压缩设备、变形测量装置、测力装置、秒表</td></tr>
<tr><td rowspan="2">试样要求</td><td>直径</td><td>直径宜为 35 ~50mm</td><td>1. 直径不小于 30mm,且不小于最大组成颗粒粒径的 10 倍。
2. 若直径不小于 72mm,最大组成颗粒粒径不大于试样直径的 1/6</td><td>直径宜为 38 ~100mm</td></tr>
<tr><td>高径比</td><td colspan="2">2.0 ~2.5</td><td>2.0</td></tr>
<tr><td rowspan="2">试验操作</td><td>试样处理</td><td>试样两端抹一薄层凡士林;在气候干燥时,试样周围亦需抹一薄层凡士林,防止水分蒸发</td><td>—</td><td>—</td></tr>
<tr><td>轴向应变速率</td><td>每分钟应变 1% ~3%</td><td>每分钟应变 0.5% ~2%</td><td>规定不超过每分钟 2%,且提示合适的应变速率应为每分钟应变 0.5% ~2%</td></tr>
</table>

续表

<table>
<tr><th colspan="2">对比项目</th><th>GB</th><th>ASTM</th><th>BS</th></tr>
<tr><td rowspan="5">试验操作</td><td>读数要求</td><td>1. 轴向应变小于3%时，每隔0.5%应变(或0.4mm)读数一次。
2. 轴向应变等于、大于3%时，每隔1%应变(或0.8mm)读数一次</td><td>记录时间、变形和荷载，在足够的时间间隔内记录10～15组数据以画出应力-应变关系曲线</td><td>以合适的时间间隔记录轴向荷载及轴向变形，获取至少12组数据</td></tr>
<tr><td>试验时间</td><td>宜为8～10min</td><td>不超过15min</td><td>—</td></tr>
<tr><td>停止试验</td><td>1. 当测力计读数出现峰值时，继续进行3%～5%的应变后停止试验。
2. 当读数无峰值时，应变达20%时停止试验</td><td>1. 当峰值强度出现时，停止试验。
2. 若无峰值强度出现，应变达到15%时，停止试验</td><td>1. 同ASTM中(1)。
2. 同GB中(2)</td></tr>
<tr><td>试验结束后</td><td>描述试样破坏后的形状</td><td>对试样拍照或画草图以表明破裂角</td><td>1. 卸下试样后，记录测力计最终读数，以检查初始读数。
2. 画出试样草图以表明试样破坏模式</td></tr>
<tr><td>重塑试样试验</td><td>除去试验后的原状土表面的凡士林，加少量余土，包于塑料薄膜内用手搓捏，破坏其结构，将其重塑成与原状试样尺寸、密度相同的圆柱形试样，再继续试验</td><td>同GB，但试样表层并无凡士林，因此可直接破坏其结构后重塑</td><td>—</td></tr>
<tr><td>数据处理</td><td>应力计算</td><td colspan="3">1. 应变 ε_1：
$$\varepsilon_1 = \frac{\Delta h}{h_0}$$
Δh 为试样高度变化(cm)；
h_0 为试样初始高度(cm)。
2. 校正后的试样面积 A_a：
$$A_a = \frac{A_0}{1-\varepsilon_1}$$
A_0 为试样初始截面积(cm^2)。
3. 轴向应力 σ：
$$\sigma = \frac{P}{A_a}$$
P 为试样所受的轴向压力(N)</td></tr>
</table>

续表

对比项目		GB	ASTM	BS
数据处理	精度要求	—	1. 应变精确至0.1%。 2. 应力保留三位有效数字或精确至1kPa	应变和应力皆保留两位有效数字
	绘图	绘制轴向应变与轴向应力关系曲线		
	无侧限抗压强度值选取	1. 若有峰值应力,取峰值应力为无侧限抗压强度。 2. 若无峰值应力,取轴向应变15%时对应的轴向应力为无侧限抗压强度		1. 同GB中(1)。 2. 若无峰值应力,取轴向应变为20%对应的轴向应力为无侧限抗压强度
	灵敏度计算	$S_t = \frac{q_u}{q'_u}$ S_t为黏土的灵敏度; q_u为原状土的无侧限抗压强度(kPa); q'_u为重塑土的无侧限抗压强度(kPa)		—

9.2.6　土样直接剪切试验

土体抗剪强度指土体抵抗剪切破坏的极限强度,该值大小与试样所受的法向压力具有一定的函数关系。土样直接剪切试验根据库仑定律,由不同法向压力下试样的抗剪强度绘制抗剪强度与法向压力关系直线,计算试样抗剪强度参数(c和φ)。土的抗剪强度可用于土压力计算、边坡稳定性验证和工程设计等。

GB、ASTM和BS皆收录了该试验。GB将直剪试验分为快剪、固结快剪、慢剪和砂类土直剪四种。快剪试验是对试样施加垂直压力后,立即施加水平推力剪切,试样无需固结稳定;固结快剪试验先使土样在某级荷载下排水固结至稳定状态,再以较大速率施加水平推力剪切;慢剪试验为土样在某级荷载下排水固结至稳定状态,再以较小速率施加水平推力剪切;砂类土直剪试验无需固结试样,以较大剪切速率剪切试样,试样须在3~5min破坏。ASTM未将直剪试验分类,统一采用一种试验方法,先对试样施加垂直压力使其固结稳定,计算试样的最大剪切速率,施加水平推力使试样剪切,直至试样破坏,计算抗剪强度。BS将试样分为细粒土与砂土,细粒土要求试样皆需固结,试验过程与ASTM类似,但计算试样最大剪切速率时的公式不同;砂土试验过程同GB,但要求的破坏时间不同(5~10min)。三个标准中,仅BS规定了试验温度。各标准的详细对比见表9.41。推荐根据GB进行试验,试验温度符合BS的要求。

表9.41　直接剪切试验对比

对比项目	GB	ASTM	BS
标准编号	GB/T 50123—1999[1]	ASTM D3080/D3080 M-11[23]	BS 1377-7:1990[19]

续表

对比项目		GB	ASTM	BS
适用范围		1. 慢剪适用于细粒土。 2. 固结快剪与快剪适用于渗透系数小于 10^{-6} cm/s 的细粒土。 3. 砂类土直剪试验适用于砂类土	各类土	
试验仪器		应变控制式直剪仪、位移量测设备等	剪切装置、剪切盒、加载设备、力量测设备、位移量测设备、储水盒等	剪切盒、加载设备、位移量测设备、游标卡尺、秒表、天平等
试样要求	形状	圆柱体试样	圆柱体或长方体试样	长方体试样，底面为正方形
	数量	至少四个原状土或扰动土试样	至少准备三个	应准备三个
	尺寸	试样尺寸由环刀确定，直径为 61.8mm，厚度为 20mm	1. 试样直径或边长应不小于 50mm，且不小于最大颗粒直径的 10 倍。 2. 试样厚度应不小于 13mm，且不小于最大颗粒直径的 6 倍。 3. 最小直径与厚度或宽厚比应为 2∶1	试样厚度应不小于最大颗粒的直径的 10 倍
	砂土	对于砂类土，取过 2mm 筛的风干砂样 1200g	—	对于饱和砂试验，需将砂土在水中煮沸 10min，或用真空法将土中空气排尽
环境要求		—	—	实验室温度应保持在±4℃，所有设备应避免阳光直射，避免局部热源和通风
试样操作	预压力	—	5kPa	—
	固结压力施加	根据工程实际和土的软硬程度，施加各级垂直压力。对松软试样，垂直压力应分级施加	同 GB。并规定应以 ASTM 中固结试验的要求施加各级压力	施加垂直压力，使所需的法向应力平稳地施加于土样上
	固结稳定标准	1. 对于慢剪与固结快剪，每 1h 测读一次垂直变形，每小时变形不大于 0.005mm 时表明固结稳定。 2. 对于快剪试验和砂类土直剪试验，无需固结稳定	1. 对于中间压力，可由以下方法来判断固结稳定：①时间与法向变形关系曲线；②对材料的经验；③24h。 2. 对于最大压力，根据 ASTM 中固结试验的要求，绘制变形与时间关系曲线，确定固结稳定	1. 对于干砂或自由排水的饱和砂，无需固结读数。 2. 对于其他土壤，应以合适的时间间隔记录垂直变形以及经过时间，由时间与变形关系曲线表明试样主固结完成

续表

对比项目		GB	ASTM	BS
试样操作	开始剪切前操作	拔去固定销	同GB,对于细粒土,还需使用间隙螺钉将剪切盒分离0.64mm或组成材料最大颗粒直径的大小。创建间隙后,退出间隙螺钉	同ASTM,但与ASTM中分离高度不同,对于细粒土,拧半圈螺丝即可;对于粗粒土,可略大于细粒土,不得超过1mm
	剪切速率	1. 慢剪时,剪切速率小于0.02mm/min。 2. 固结快剪、快剪以及砂类土直剪,剪切速率为0.8mm/min,使试样在3~5min破坏	根据试样在最大压力下的固结曲线等,计算试样破坏时间 t_f。估计试样破坏时的相对剪切位移 d_f。计算最大位移速率 R_d, $R_d = d_f / t_f$。以不大于 R_d 的速率进行剪切	1. 对于快速固结土的试验,以固定的速率剪切,使剪切破坏时间为5~10min。 2. 对于慢速试验,同ASTM,但试样破坏时间的计算公式不同
	破坏时间计算	仅慢剪试验可计算该指标,但并未要求强制计算,公式为 $t_f = 50t_{50}$ t_{50} 为固结度达50%所需的时间(min)	时间对数法: $t_f = 50t_{50}$。 时间平方根法: $t_f = 11.6t_{90}$。 t_{50}、t_{90} 为在最大压力下固结度分别达到50%和90%所需的时间(min)	使用平方根时间图: $t_f = 50t_{100}$ t_{100} 为固结度达100%所需的时间(min)
	剪切数据记录	每产生0.2~0.4mm剪切位移时,记录一次测力计和位移计读数	至少应记录以下剪切位移的数据:0.1mm,0.2mm,0.3mm,0.4mm,0.5mm,1mm,1.5mm,2mm,2.5mm,3mm,之后按每隔试样长度的2%记录一次,直到剪切结束	每隔一定的剪切位移(一般为0.1mm),记录一次读数。峰值前至少有20组读数
	停止试验	1. 测力计读数出现峰值后,剪切位移达到4mm。 2. 若没有出现峰值,则应在剪切位移达到6mm	剪切至试样长度的10%	1. 剪切至超出峰值。 2. 若无峰值,剪切至仪器最大允许剪切位移
	拆除试样要求	—	对于黏性试样,将剪切盒上半部分沿着破坏面和剪切方向滑动,不要将其垂直于破坏面分开	—

续表

对比项目	GB	ASTM	BS
数据处理	计算出剪应力,并绘出剪应力与剪切位移关系曲线,取剪应力的峰值为抗剪强度,若无峰值取剪切位移 4mm 处的抗剪强度。然后绘制抗剪强度与垂直压力关系曲线	1. 根据每个读数需要计算剪应力、正应力、平均剪切速率 R_d 和剪切位移百分比 P_d。 2. 根据测得的试样比重、初始湿密度、最终干密度和初始体积来计算初始孔隙比、初始干密度、初始含水率及初始饱和度,然后根据这些参数以及垂直形变计算剪切前的孔隙比、干密度和含水率。 3. 并未说明抗剪强度值的选用	需要计算的参数同 ASTM。另外需要绘制剪应力-剪切位移曲线,将峰值作为抗剪强度,另外还要绘制垂直位移-剪切位移关系曲线(选择性),以及剪切强度和垂直应力关系曲线

9.2.7　土样反复直剪强度试验

反复直剪试验用于测定土样的残余强度。密实砂土或黏性土在剪应力达到峰值后,如果继续增大位移,强度将逐渐下降,最后达到某一稳定值,该值便为土样的残余强度。该值常作为土样发生大变形时的破坏指标,可用于滑坡稳定性分析。

反复直剪试验,即反复剪切试样,试验开始时向前推进剪切盒至仪器能够移动的最大值,然后推回剪切盒至原位,如此多次剪切试样,直至剪应力达到一稳定值。GB 和 BS 皆收录了该试验,ASTM 未收录该试验,但可进行环剪试验(D6467-13)测得土的残余强度。

GB 和 BS 对反复直剪试验的要求存在较大差异。GB 要求的试样与直剪试样不同,为有软弱面的原状土、泥化夹层或滑坡层面,试验每次向前推进时的速率(黏土为 0.02mm/s,粉土为 0.06mm/s)和向后推回的最大速率(0.6mm/s)为固定值。BS 试样要求同直剪试验,试验开始时的第一次推进同 BS 直剪试验,需计算试验的最大剪切速率,对于后续的推回并剪切试样介绍了三种方式,分别为机器推回和机器剪切、手动推回和机器剪切以及手动推回和手动剪切。GB 和 BS 对反复直剪试验的详细对比见表 9.42。GB 要求严格,人为误差小,推荐根据 GB 开展试验。

表 9.42　反复直剪试验对比

对比项目	GB	BS
标准编号	GB/T 50123—1999[1]	BS 1377-7:1990[19]
适用范围	黏土和泥化夹层	具有残余强度的土

续表

<table>
<tr><th colspan="2">对比项目</th><th>GB</th><th>BS</th></tr>
<tr><td colspan="2">试验仪器</td><td>应变控制式反复直剪仪、环刀、位移量测设备等</td><td>剪切盒、加载设备、位移量测设备、游标卡尺、秒表、天平等</td></tr>
<tr><td colspan="2">试样要求</td><td>1. 对于有软弱面的原状土,土的顶面、底面应平行于土体软弱面,软弱面位于试样高度的中部。
2. 对于泥化夹层或滑坡层面,无法取得原状土样时可刮取夹层或层面上的土样制备成10mm液限状态的土膏,同组试样填入密度的允许差值为0.03g/cm³</td><td>同直剪制样</td></tr>
<tr><td rowspan="9">试验操作</td><td>固结压力施加</td><td>根据工程实际和土的软硬程度,施加各级垂直压力。对松软试样,垂直压力应分级施加</td><td>施加垂直压力,使所需的法向应力平稳地施加于土样上</td></tr>
<tr><td>固结稳定标准</td><td>每1h测读一次垂直变形,每小时变形不大于0.005mm时表明固结稳定</td><td>以合适的时间间隔记录垂直变形以及经过时间,由变形-时间关系曲线判断试样主固结是否完成</td></tr>
<tr><td>开始剪切前操作</td><td>拔去固定销</td><td>要求更加详细,拔去固定销后,分离剪切盒,对于细粒土,拧半圈螺丝即可;对于粗粒土,可略大于细粒土,不得超过1mm</td></tr>
<tr><td>剪切速率</td><td>0.02mm/min(粉土采用0.06mm/min)</td><td>1. 根据试样在最大压力下的固结曲线等,计算试样破坏时间 t_f。
2. 估计试样破坏时的相对剪切位移 d_f。
3. 计算最大位移速率 R_d,$R_d=d_f/t_f$。
4. 以不大于 R_d 的速率进行剪切</td></tr>
<tr><td>数据记录</td><td>每产生剪切位移0.2~0.4mm测记测力计和位移读数,当剪应力超过峰值后,每产生0.5mm剪切位移记录一次</td><td>每隔一定的剪切位移(一般为0.1mm),记录一次读数。峰值前至少有20组读数</td></tr>
<tr><td>剪切最大位移</td><td>8~10mm</td><td>仪器的最大容许剪切位移</td></tr>
<tr><td>反推要求</td><td>提供了一种方法:
1. 速率小于0.6mm/min。
2. 在下一次剪切前,应等待0.5h</td><td>有三种方法:
1. 机器驱动反转和重新剪切,反推时间为剪切开始到达峰值力的时间。
2. 用手翻转和重新剪切,在几分钟完成反推动作,允许静置至少12h,以使孔隙压力平衡重新建立。
3. 手动快速多次反转,在几分钟的时间内使剪切盒前后移动五到十次,建立一个剪切平面,按照原来的方向完成。允许按照至少保持12h,以使孔隙压力平衡重新建立</td></tr>
<tr><td>停止试验</td><td>两次剪切时测力计读数接近时,停止试验</td><td>同GB,且最后一次剪切方向应向前</td></tr>
<tr><td>结束试验后</td><td>取出试样,描述剪切面破坏情况</td><td>以剪切方向推动剪切盒使得试样分开</td></tr>
</table>

续表

对比项目		GB	BS
数据处理	计算参数	1. 计算出剪应力，并绘制剪应力与剪切位移关系曲线。图中第一次的剪应力峰值为剪切强度，最后剪应力的稳定值为残余强度。 2. 绘制残余强度与垂直压力关系曲线，确定残余内摩擦角和残余黏聚力	1. 计算试样初始含水率、初始干密度、初始孔隙率、初始饱和度、固结阶段结束时和剪切结束时的孔隙率以及试验过程中的法向应力与剪切应力。 2. 绘制剪应力与累积剪切位移关系图。剪切强度与残余强度的确定同 GB。 3. 绘制试样垂直高度与累积剪切位移关系图。 4. 将峰值强度与法向应力关系直线和残余强度与法向应力关系直线绘制于同一坐标系下，确定峰值内摩擦角、峰值黏聚力、残余内摩擦角以及残余黏聚力

9.3 化学性质测试

9.3.1 土壤酸碱度试验

土壤 pH 是衡量土壤酸碱度的指标。测定土壤 pH 时，通常用某种试剂与土壤混合，提取出土壤中 H^+，测定混合后悬清液的 pH。根据混合试剂的不同，土壤 pH 分为水浸 pH 和盐浸 pH。前者是将蒸馏水与土壤混合后测定的 pH，后者是将某种盐溶液与土壤混合后测定的 pH。测定盐浸 pH 常用的试剂为氯化钾溶液和氯化钙溶液。盐溶液与土壤混合时，K^+ 或 Ca^{2+} 与土壤胶体表面吸附的 Al^{3+} 和 H^+ 发生交换，会使部分 H^+ 进入溶液，导致同一土样的盐浸 pH 通常较水浸 pH 低。GB 和 BS 只规定了水浸 pH 的测定方法；ASTM 要求同时测定水浸 pH 和盐浸 pH，规定盐浸试剂采用氯化钙溶液。

pH 的确定方法有比色法和电位法。比色法为野外速测法，精度较低；电位法为室内测定法，精度较高。GB 和 BS 均只收录了电位法，ASTM 对两种方法皆有介绍。

影响所测得 pH 的主要因素有试剂与土壤混合时的土水比和测定 pH 时的试液（悬清液）温度。土水比越小，试液的浓度越低，对于酸性溶液，测得的 pH 偏高；对于碱性溶液，测得的 pH 偏低。温度升高，水的离子积常数变大，水中物质的电离反应增强，会影响试液的氢离子浓度。各标准要求的土水比不同，GB 为 1 ∶ 5，ASTM 为 1 ∶ 1，BS 为 2 ∶ 5。三个标准中，仅 ASTM 对试液温度做出了明确要求（15 ~ 25℃）。此外，各标准对试验过程的细节要求也有所不同，GB 对试验操作要求明确，根据 BS 读数可减小人为误差和仪器误差，各标准间的详细对比见表 9.43。建议在进行试验时，可根据 GB 进行读数前的操作，在 ASTM 要求的试液温度下按 BS 要求测读。

表 9.43　酸碱度试验对比

对比项目			GB	ASTM		BS
标准编号			GB/T 50123—1999[1]	ASTM D4972-13[24]		BS 1377-3:1990[25]
适用范围			各类土			
测定方法			电位法	电位法	比色法	电位法
试验仪器			酸度计、电动振荡器和电动磁力搅拌器等	酸度计	pH 试纸	酸度计
试剂要求	混合试剂		纯水，未要求水质优劣	1. 水：ASTM TYPE III 或水质更好的水。 2. 氯化钙溶液（c=0.01mol/L）：溶液 pH 为 5～7		同 GB
试剂要求	缓冲溶液（用于校准酸度计）		pH 不同的三种溶液： 1. 1000mL 由邻苯二甲酸氢钾制成的 pH=4.01 的溶液。 2. 1000mL 由磷酸氢二钠与磷酸二氢钾制成的 pH=6.87 的溶液。 3. 1000mL 由硼砂制成的 pH=9.18 的溶液，宜储于干燥密闭的塑料瓶中保存，保存时间最多为两个月	pH 不同的三种溶液： 1. 1L 由邻苯二甲酸氢钾制成的缓冲溶液。溶液的 pH 在 5～37℃ 保持 4.0 不变。 2. 1L 由磷酸二氢钾和磷酸氢二钾配制而成的溶液，在 20℃ 时 pH 为 6.9。 3. 1L 由碳酸钠与碳酸氢钠配制而成的溶液，在 20℃ 时 pH 为 10.1	—	pH 不同的两种溶液： 1. 500mL 由邻苯二甲酸氢钾制成的 pH=4.0 的溶液，或 pH=4.0 的专用缓冲溶液。 2. 500mL 由硼砂制成的 pH=9.2 的溶液，或 pH=9.2 的专用缓冲溶液
试剂要求	用于保护甘汞电极的溶液		饱和氯化钾溶液，标准中未说明该溶液的用途	—		同 GB 一样要求饱和氯化钾溶液，标准中明确说明用于保护甘汞电极
试验步骤	土壤悬液配制	配制试液	由过 2mm 筛的风干试样 10g，加 50mL 纯水制成	1. 土壤水溶液：称取过 2mm 筛的风干试样 10g，加入 10mL 纯水制成。 2. 土壤氯化钙溶液：称取过 2mm 筛的风干试样 10g，加入 10mL 氯化钙溶液制成		称取过 2mm 筛的风干试样 30g，置于烧杯中，加入 75mL 蒸馏水制成
试验步骤	土壤悬液配制	土水比	1∶5	1∶1		2∶5
试验步骤	土壤悬液配制	混合方式	振荡 3min	充分混合即可，未说明处理方式		搅拌几分钟，未要求固定的搅拌时间
试验步骤	土壤悬液配制	静置时间	30min	1h		至少 8h
试验步骤		pH 计校准	测定试样悬液之前，需按照酸度计使用说明，用标准缓冲溶液进行标定			

续表

对比项目		GB	ASTM	BS
试验步骤	试验准备	1. 于烧杯中倒入试样悬清液至杯容积的2/3处,杯中投入搅拌棒一只,然后将杯置于电动磁力搅拌器上。 2. 将测试电极置于悬液中,确保电极被悬液全部浸没,且不接触烧杯底部	—	仅规定将电极置于悬液前,需用蒸馏水清洗,后续未有其他步骤
	土壤悬液的搅拌	用磁力搅拌器搅拌约1min	—	需搅拌,未说明搅拌方式与搅拌时间
	测读要求	—	测读pH时,悬液温度应处于室温(15~25℃)	测读后对pH计进行二次校准,若校准读数与标准读数差超过0.05,需校准后重新测读悬液的pH
	读数次数	单次		1min内连续3次读数,读数差小于0.05,表明读数稳定
	读数精度	精确至0.01	精确至0.1	最终读数精确至0.1
	测定完毕后,电极处理方式	用纯水洗净电极,并用滤纸吸干,或将电极浸泡于纯水中	—	同GB

9.3.2 土样易溶盐试验

易溶盐试验包含浸出液的提取、易溶盐总量测定、氯离子测定和硫酸盐测定等试验。易溶盐的测定是用水或酸溶液浸提土中易溶盐,通过测定浸出液中易溶盐的含量来计算土样中易溶盐的含量。土中盐类的溶解和结晶会影响土的工程性质,如温度降低,土中硫酸盐吸水结晶,体积增大,使土体膨胀;温度升高,硫酸盐脱水,体积变小,导致土体疏松。故工程上对土样中易溶盐的含量有一定限制,如铁路路堤用土易溶盐总量不得超过5%,其中硫酸盐不应超过2%。

对于土壤浸出液的提取,GB和BS的主要差别在于浸提溶液的选取。GB统一采用纯水浸提易溶盐。BS列出了水提取和酸提取两种方法,但各试验的适用范围不同:氯离子测定试验中，水提取法适用于与盐水的接触或被盐水浸没的土，酸提取法适用于氯离子来源不明的土；硫酸根测定试验两种方法均适用于各类土。

对于易溶盐总量测定试验，常用的试验方法为烘干法，在一定温度下将土壤浸出液烘干，剩余残渣的质量为易溶盐质量。GB 和 BS 皆采用烘干法测定，GB 与 BS 的主要区别在于烘干温度以及对钙镁硫酸盐和有机质的处理。GB 烘干温度为 105℃，BS 烘干温度为 180℃。同时，GB 考虑了浸出液中钙镁硫酸盐的影响，处理方法为加入碳酸钠实际处于 180℃下烘干，并加一碳酸钠空白对照试验以消除碳酸钠试剂对试验结果的影响；BS 未考虑浸出液中钙镁氯盐的影响。对于有机质的处理，GB 要求试验残渣出现淡黄色时，表明浸出液中含有有机质，需加入过氧化氢再次烘干；BS 未考虑有机质对试验结果的影响。各标准易溶盐总量测定试验的详细对比见表 9.44。推荐于试验开始前根据 BS 测定蒸发皿的质量，按 GB 测定易溶盐总量。

表 9.44　易溶盐总量试验对比

<table>
<tr><th colspan="3">对比项目</th><th>GB</th><th>BS</th></tr>
<tr><td colspan="3">标准编号</td><td>GB/T 50123—1999[1]</td><td>BS 1377-3:1990[25]</td></tr>
<tr><td colspan="3">适用范围</td><td>各类土</td><td>测定水体(如地下水)中可溶性固体含量</td></tr>
<tr><td colspan="3">试验仪器</td><td>分析天平、水浴锅、电子万用炉、蒸发皿、烘箱、干燥容器等</td><td>布氏漏斗、真空过滤瓶、真空源和真空管、天平、烘箱、蒸发皿、干燥容器、电热板等</td></tr>
<tr><td colspan="3">试剂要求</td><td>15%过氧化氢溶液，2%碳酸钠溶液</td><td>—</td></tr>
<tr><td colspan="3">试液要求</td><td>土样浸出液</td><td>地下水</td></tr>
<tr><td rowspan="9">试验操作</td><td colspan="2">试液用量</td><td>50～100mL</td><td>试液足以产生 2.5～1000mg 的固体</td></tr>
<tr><td colspan="2">确定蒸发皿的质量</td><td>—</td><td>将蒸发皿在 180±10℃下烘 30min，冷却后称其质量</td></tr>
<tr><td colspan="2">试液加热方法</td><td>将试液全部倒入蒸发皿中，盖上表面皿，在水浴锅上蒸干。当残渣中呈现黄褐色时，加入过氧化氢 1～2mL，继续蒸干，直至黄褐色消失</td><td>先将一部分试液倒入蒸发皿，在沸水浴中蒸发。随着蒸发的进行，将另一部分水样倒入蒸发皿中，直至全部蒸干</td></tr>
<tr><td rowspan="4">残渣烘干</td><td>温度</td><td>105～110℃</td><td>180±10℃</td></tr>
<tr><td>初始烘干时间</td><td>4～8h</td><td>1h</td></tr>
<tr><td>后续称量间隔</td><td>2～4h</td><td>30min</td></tr>
<tr><td>停止标准</td><td>直至连续两次差值不大于 0.1mg</td><td>直至连续两次差值不大于 1mg</td></tr>
<tr><td colspan="2">其他要求</td><td>当蒸干残渣中含有大量结晶水时，可取蒸发皿两个，各加入浸出液 50mL 与纯水 50mL，在加入等量碳酸钠溶液，蒸干试液，在 180℃条件下烘干残渣</td><td>—</td></tr>
<tr><td colspan="2">称量精度</td><td>0.0001g</td><td>0.0005g</td></tr>
</table>

续表

对比项目		GB	BS
数据处理	计算公式	未经2%碳酸钠处理： $W=\dfrac{(m_2-m_1)\dfrac{V_w}{V_s}(1+0.01\omega)}{m_s}\times 100$ 经2%碳酸钠处理： $W=\dfrac{(m-m_0)\dfrac{V_w}{V_s}(1+0.01\omega)}{m_s}\times 100$ W 为易溶盐总量(%)； V_w为浸出液用纯水体积(mL)； V_s为吸取浸出液体积(mL)； m_s为风干试样质量(g)； ω 为风干试样含水率(%)； m_0为蒸干后碳酸钠质量(g)； m_1为蒸发皿质量(g)； m_2为蒸发皿加烘干残渣质量(g)	$\mathrm{TDS}=\dfrac{m_2-m_1}{V}\times 10^6$ TDS 为溶解固体总量(mg/L)； m_1为干蒸发皿的质量(g)； m_2为在180℃下烘干后第二次或随后阶段内蒸发皿加溶解固体的总质量(g)； V 为样品所用水的体积(mL)
	计算精度	—	保留两位有效数字。测试多个试样时，需计算平均值，若差值超过平均值的10%，则重新进行试验

对于氯离子测定试验，GB 和 BS 试验原理不同。GB 使用硝酸银溶液滴定浸出液中的氯离子，待氯离子反应完全后，以铬酸钾溶液为指示剂，浸出液与硝酸银溶液反应生成砖红色沉淀表示试验结束，由硝酸银溶液的用量计算氯离子含量。BS 使用过量的硝酸银溶液与浸出液中的氯离子反应，生成氯化银沉淀，收集溶液中剩余的硝酸银，使用硫氰酸盐溶液滴定，当硝酸银溶液反应完全后，过量的硫氰酸盐与铁明矾发生反应使溶液变为红色，由此计算硝酸银用量以及氯离子含量。相比 BS，GB 的试验方法简单，以有无沉淀判断试验是否结束，若沉淀少，明显性较差，则无法准确判断试验结束时间。BS 以溶液颜色变化为判断条件，变化明显，易于准确判断，试验结果准确度高。各标准对氯离子含量测定的具体对比见表 9.45，推荐根据 BS 测定氯离子含量。

表 9.45　氯离子测定方法对比

对比项目	GB	BS-1	BS-2
标准编号	GB/T 50123—1999[1]	BS 1377-3:1990[25]	BS 1377-3:1990[25]
适用范围	各类土	氯离子来源于盐水的接触或浸没的土	沙漠地区土，或氯化物来源不明的土

续表

<table>
<tr><th colspan="3">对比项目</th><th>GB</th><th>BS-1</th><th>BS-2</th></tr>
<tr><td colspan="3">试验仪器</td><td>分析筛、天平、电动振荡器、过滤设备、离心机、分析天平、酸式滴定管、移液管、烘箱等</td><td>天平、量筒、移液管、滴定管、锥形瓶、漏斗、洗涤瓶、琥珀色玻璃试剂瓶、带有广口螺旋盖的塑料瓶或金属瓶、机械摇动装置、烘箱、干燥器、过滤漏斗等</td><td>天平、量筒、移液管、滴定管、封闭的锥形瓶、过滤漏斗、筛网等</td></tr>
<tr><td colspan="3">试剂要求</td><td>1. 铬酸钾指示剂：质量比为5%。
2. 硝酸银标准溶液：$c=0.02$mol/L。
3. 碳酸氢钠溶液：$c=0.02$mol/L。
4. 甲基橙指示剂：质量比为0.1%</td><td colspan="2">1. 硝酸银溶液：$c=0.1$mol/L。
2. 硫氰酸盐溶液：$c=0.1$mol/L。
3. 硝酸溶液：$c=6$mol/L。
4. 3,5,5-三甲基-1-乙醇。
5. 铁明矾指示剂</td></tr>
<tr><td rowspan="6">试验操作</td><td rowspan="4">浸出液制取</td><td>制样</td><td>过2mm筛的风干土</td><td>过2mm筛，通过分流器的烘干试样</td><td>过0.15mm筛，通过分流器的烘干试样</td></tr>
<tr><td>取样</td><td>50～100g土（视土中含盐量和分析项目而定），土水比为1∶5</td><td>500g土，土水比为1∶2或1∶1</td><td>5g土，加入30mL蒸馏水和15mL硝酸</td></tr>
<tr><td>处理</td><td>振荡3min后，抽气过滤。若滤液浑浊则需用离心机分离</td><td>在振动装置上，摇动至少16h，也可摇动过夜</td><td>加热至接近沸点，保温10～15min</td></tr>
<tr><td>收集</td><td>25mL经过滤的澄清液</td><td>100mL经过滤的澄清液</td><td>全部用于试验</td></tr>
<tr><td colspan="2">氯化物定性检查</td><td>—</td><td>取50g土，加入等量蒸馏水，间歇搅拌4h，取悬浊液沉淀后上层悬清液。用硝酸酸化液体，加入硝酸银溶液，静置10min。若无明显浑浊，则无需进行定量分析试验</td><td>—</td></tr>
<tr><td colspan="2">试剂标定</td><td>—</td><td colspan="2">硫氰酸盐溶液的标定：
取25mL硝酸银溶液，加入5mL硝酸溶液和1mL铁明矾指示剂，用硫氰酸盐溶液滴定，直至颜色由无色变为粉红色，记录硫氰酸盐溶液用量，计算硫氰酸盐溶液的浓度</td></tr>
</table>

续表

对比项目		GB	BS-1	BS-2
试验操作	浸出液分析	1. 于浸出液中加入甲基橙指示剂1～2滴，逐滴加入碳酸氢钠溶液，直至溶液显纯黄色。 2. 加入铬酸钾指示剂5～6滴，用硝酸银标准溶液滴定至生成砖红色沉淀，记录硝酸银标准溶液用量。 3. 取纯水25mL，重复上述步骤，记录硝酸银标准溶液用量	1. 于浸出液中加入5mL硝酸溶液。 2. 用硝酸银溶液滴定，直至不产生白色沉淀，然后加入少量硝酸银，记录硝酸银溶液用量。 3. 加入2mL 3,5,5-三甲基-1-己醇，剧烈摇动，使沉淀凝结。 4. 用蒸馏水冲洗，并将溶液与洗液收集在一起。加入5mL铁明矾指示剂，用标定后硫氰酸盐溶液对试液滴定，直至溶液由无色变为砖红色，且颜色深度与试剂标定时相同，记录硫氰酸盐溶液用量	同BS-1，但试液为酸溶液，已处于酸性条件下，因此可除去第一步，执行后续步骤
数据处理	计算公式	$b(Cl^-) = \frac{(V_1 - V_2)c(AgNO_3)}{m_S} \times \frac{V_W}{V_S}(1 + 0.01\omega) \times 1000$ $Cl^- = b(Cl^-) \times 10^{-3} \times 0.0355 \times 100$ $b(Cl^-)$为氯离子的质量摩尔浓度(mmol/kg)； Cl^-为氯离子的含量(%)； V_1为浸出液消耗硝酸银标准溶液的体积(mL)； V_2为纯水(空白)消耗硝酸银标准溶液的体积(mL)	1. 硫氰酸盐溶液浓度(C)=$25/V_1$ V_1为试剂标定时加入的硫氰酸溶液(mL)。 2. 氯离子含量=$K(V_2-10CV_3)$ V_2为浸出液分析时加入的硝酸银溶液的体积(mL)； V_3为浸出液分析时加入标准硫氰酸盐溶液的体积(mL)。 土水比为1:1时，K=0.003546； 土水比为1:2时，K=0.007092	1. 硫氰酸盐溶液浓度计算同BS-1 2. 氯离子含量=0.07092(V_2-10CV_3)
	计算精度	精确至0.01mmol/kg和0.001%。平行滴定差值不得大于0.1mL，结果取算术平均值	氯离子含量计算精确至0.01%。若对多个试样进行试验，结果差值不得超过0.1%，取平均值为最终结果；若结果差值超过0.1%，需重新进行试验	

表 9.46 硫酸根离子测定方法对比

对比项目		GB		BS	
标准编号		GB/T 50123—1999[1]	GB/T 50123—1999[1]	BS 1377-3:1990[25]	BS 1377-3:1990[25]
试验方法		EDTA 络合容量法	比浊法	重量分析法	离子交换法
适用范围		硫酸盐含量不小于 0.025% 的土	硫酸盐含量小于 0.025% 的土	各类土	不适用于含有其他强酸的阴离子的土
试验仪器	浸出液制取	分析筛、电动振荡器、过滤设备、离心机、广口瓶、容量瓶、玻璃棒		1. 土壤制备：烘箱、天平、干燥器、测试筛、分流盒、杵和砂浆、玻璃称重瓶、红色石蕊纸。 2. 酸溶性硫酸盐提取：锥型烧杯、电热板、布氏漏斗、真空过滤器、真空源、橡胶真空管、玻璃棒、洗涤瓶、玻璃过滤漏斗、滴管、琥珀色玻璃容器。 3. 水溶性硫酸盐提取：除了酸溶性硫酸盐提取中列出的装置外，还需要机械振动筛或搅拌器、萃取瓶、移液管和表面皿	
	浸出液分析	天平、酸式滴定管、移液管、锥形瓶、容量瓶、量杯、角匙、烘箱、量筒、研钵和杵	光电比色计或分光光度计、电动磁力搅拌器、量匙、移液管、容量瓶、筛子、烘箱、分析天平	重量分析法：除上述仪器外，还需烧结硅石过滤坩埚或点火坩埚、电马弗炉、蓝色石蕊纸	离子交换法：除上述仪器外，还需玻璃离子交换柱和储水器
试验试剂		1∶4 盐酸溶液、钡镁混合剂、铬黑 T 指示剂、锌基准溶液（锌离子浓度为 0.01mol/L）、EDTA 标准溶液、95% 乙醇、1∶1 盐酸溶液、5% 氯化钡溶液	悬浊液稳定剂、结晶氯化钡、硫酸银标准溶液（硫酸根浓度为 0.1mg/L）	1. 水溶性硫酸盐提取： 蒸馏水。 2. 酸溶性硫酸盐提取： 盐酸（体积比为 10%）、稀释氨溶液、硝酸银溶液（质量比为 0.5%）、浓硝酸溶液（浓度为 1.42g/mL）、蒸馏水。 3. 分析：氯化钡溶液（质量比为 5%）	盐酸溶液（$c = 4mol/L$）、氢氧化钠溶液（$c = 0.1mol/L$）、邻苯二甲酸氢钾溶液（$c = 0.1mol/L$）、甲基橙指示剂、硝酸银溶液（质量比为 0.5%）、硝酸溶液（体积比为 5%）、蒸馏水

续表

<table>
<tr><th colspan="3">对比项目</th><th>GB</th><th colspan="2">BS</th></tr>
<tr><td rowspan="4">试验操作</td><td rowspan="3">浸出液制取</td><td rowspan="2">水溶液提取</td><td rowspan="2">将风干土过 2mm 筛。取 50～100g 土(视土中含盐量和分析项目而定),土水比为 1 : 5,振荡 3min 后,抽气过滤。若滤液浑浊则需用离心机分离。收集 25mL 经过滤的澄清液</td><td colspan="2">过 2mm 筛,通过 15mm 分流器,产生约 60g 烘干试样,再过 0.425mm 筛,烘干。取 50g 土样,加入 100mL 蒸馏水,将其置于振荡器上,搅拌 16h,过滤</td></tr>
<tr><td>取澄清液 50mL,加水至 100mL</td><td>取澄清液 50mL,加水至 300mL</td></tr>
<tr><td>酸溶液提取</td><td>—</td><td>过 2mm 筛,通过 15mm 分流器,产生约 100g 烘干试样。再过 0.425mm 筛,通过 7mm 分流器,产生每个重约 10g 的烘干试样。取约 2g 试样,加入 100mL 盐酸,盖上玻璃片,煮沸,保温 15min,过滤试液。用蒸馏水彻底清洗烧杯和残留物,直至洗涤液中不含氯化物,倒入滤液中</td><td>—</td></tr>
<tr><td colspan="2">硫酸根含量估测</td><td>取浸出液 5mL,于试管中加入 1 : 1 盐酸 2 滴,再加 5% 氯化钡溶液 5 滴,摇匀,按表 9.47 估测硫酸根含量。当硫酸盐含量小于 50mg/L 时采用比浊法,反之采用 EDTA 络合容量法</td><td colspan="2">—</td></tr>
</table>

续表

对比项目		GB		BS	
试验操作	浸出液分析	1. 吸取一定量试样浸出液于锥形瓶中，用适量纯水稀释后，投入刚果红试纸一片，滴加(1∶4)盐酸溶液至试纸呈蓝色，再过量2～3滴，加热煮沸，趁热由滴定管准确滴加过量钡镁合剂，边滴边摇，直到预计的需要量（注意滴入量至少应过量50%），继续加热微沸5min，取下冷却静置2h。然后加氨缓冲溶液10mL，铬黑T少许，95%乙醇5mL，摇匀，再用EDTA标准溶液滴定至试液由红色变为天蓝色为终点，记下用量V_1(mL)。 2. 另取一个锥形瓶加入适量纯水，投刚果红试纸一片，滴加(1∶4)盐酸溶液至试纸呈蓝色，再过量2～3滴。由滴定管准确加入与第2步等量的钡镁合剂，然后加氨缓冲溶液10mL，铬黑T指示剂少许。乙醇5mL，摇匀。再用EDTA标准溶液滴定至由红色变为天蓝色为终点，记下用量V_2(mL)。 3. 再取一个锥形瓶加入与第1步等体积的试样浸出液，加入氨缓冲溶液5mL，摇匀后加入铬黑T指示剂少许，95%乙醇5mL，充分摇匀。用EDTA标准溶液滴定试液，当试液由红色变为亮蓝色时为终点，记下EDTA标准溶液用量，估读至0.05mL。从而测定同体积浸出液中钙镁对EDTA标准溶液的用量V_3(mL)	1. 标准曲线的绘制：取5份适量硫酸根标准溶液，稀释至100mL，使其浓度分别为0.5mg/100mL、1.0mg/100mL、2.0mg/100mL、3.0mg/100mL、4.0mg/100mL。各加入悬浊液稳定剂5mL和一量匙的氯化钡结晶，在磁力搅拌器上搅拌1min。以蒸馏水为空白对照，在光电比色计上用紫色滤光片进行比浊，在3min内每隔30s测读一次悬浊液吸光值，取稳定后的吸光值。再以硫酸根含量为纵坐标，相对应的吸光值为横坐标，绘制关系曲线，即得标准曲线。 2. 硫酸根含量的测定：用移液管吸取试样浸出液100mL(硫酸根含量大于4mg/mL时，应少取浸出液并用纯水稀释至100mL)置于烧杯中，然后按上述中的标准系列溶液加悬浊液稳定剂等一系列步骤进行操作，以同一试样浸出液为参比，测定悬浊液的吸光值，取稳定后的读数，由标准曲线查得相应硫酸根的含量(mg/100mL)	用石蕊纸测试溶液，稀释至300mL(若需要)，煮沸，持续搅拌并逐滴加入10mL氯化钡溶液，直至沉淀物生成。保持溶液温度低于沸点至少30min，冷却，过滤并洗涤，使其洗涤液中不含氯化物。若采用烧结二氧化硅过滤坩埚，将试液及沉淀物转移到点燃称重过后的烧结二氧化硅过滤坩埚中，取出，使用电马弗炉加热至800℃至质量不再减小。若使用点火坩埚，将过滤后的滤纸与沉淀物转移至点火坩埚上，加热坩埚使滤纸焦化。称量坩埚质量，计算沉淀物质量，精确至0.001g	将制备好的浸出液通过离子交换柱，取150mL蒸馏水分两次冲洗柱子，每次冲洗量为75mL。加入指示剂，用标准氢氧化钠溶液对试液进行滴定，记录氢氧化钠溶液用量，精确至0.05mL

续表

对比项目		GB		BS	
数据处理	计算公式	$b(SO_4^{2-})=\frac{(V_3+V_2-V_1)c(EDTA)}{m_S}\frac{V_W}{V_S}(1+0.01\omega)\times 1000$ $SO_4^{2-}=b(SO_4^{2-})\times 10^{-3}\times 0.096\times 100(\%)$ 或 $SO_4^{2-}=b(SO_4^{2-})\times 96mg/kg$ $b(SO_4^{2-})$为硫酸根的质量摩尔浓度(mmol/kg)； SO_4^{2-}为硫酸根含量(%或mg/kg)； V_1为浸出液中钙镁与钡镁合剂对EDTA标准溶液的用量(mL)； V_2为用同体积钡镁合剂(空白)对标准溶液的用量(mL)； V_3为同体积浸出液中钙镁对标准溶液的用量(mL)； $c(EDTA)$为EDTA标准溶液的浓度(mol/L)	$SO_4^{2-}=\frac{m(SO_4^{2-})\frac{V_W}{V_S}(1+0.01\omega)\times 100}{m_S 10^3}(\%)$ 或 $SO_4^{2-}=(SO_4^{2-}\%)\times 10^6 mg/kg$ $b(SO_4^{2-})=(SO_4^{2-}\%/0.096)\times 1000$ SO_4^{2-}为硫酸根含量(%或mg/kg)； $b(SO_4^{2-})$为硫酸根的质量摩尔浓度(mmol/kg)； $m(SO_4^{2-})$为由标准曲线查得SO_4^{2-}含量(mg)	通过2mm测试筛的原始土壤样品的百分比$=\frac{m_2}{m_1}\times 100$ m_1为样品的初始干质量(g)； m_2为通过2mm筛的质量(g)。 酸溶性硫酸盐含量： $SO_3=\frac{34.3m_4}{m_3}(\%)$ m_3为使用的每个试样的质量(g)； m_4为烧干后沉淀的质量(g)； 水溶性硫酸盐含量：$SO_3=6.86m_4$(g/L) 或 $SO_3=1.372m_4(\%)$ 传统上，硫酸盐含量用SO_3表示。如果希望以SO_4表示硫酸盐，则对上式算出的结果乘以1.2	水溶性硫酸盐含量： $SO_3=0.8BV g/L$ 或 $SO_3=0.16BV(\%)$ 地下水样品中硫酸盐含量： $SO_3=0.4BV$ B为氢氧化钠溶液的浓度(mol/L)； V为氢氧化钠溶液的体积(L)
	计算精度	1. 硫酸根的质量摩尔浓度准确至0.01mmol/kg，硫酸根含量精确至0.001%或1mg/kg 2. 需平行滴定，滴定偏差不应大于0.1mL，取算术平均值	同EDTA络合容量法(1)	1. 通过2mm测试筛的原始土壤样品的百分比精确至1%。 2. 硫酸盐含量精确至0.01%或0.01g/L，且应进行平行试样，两组试验结果差超过0.2%或0.2g/L，应重做；试验结果差未超过0.2%或0.2g/L，以平均值作为最终结果	同重量分析法(2)

常用的硫酸根含量测定方法有EDTA络合容量法、比浊法、重量分析法和离子交换法等。EDTA络合容量法通过测定与试液中硫酸根反应的过量的氯化钡，间接测定硫酸根含量。比浊法采用分光计测定试液与氯化钡溶液生成硫酸钡沉淀悬浊液的吸光度，在吸光度与硫酸根离子浓度关系曲线上获得试液硫酸根含量。重量分析法通过测定试液与氯化钡反应生成的硫酸钡沉淀重量，计算硫酸根含量。离子交换法采用树脂离子交换柱将试液中的阳离子置换为氢离子，通过测定与试液中氢离子反应的标准氢氧化钠溶液用量确定硫酸根离子含量。GB根据硫酸根含量不同选用不同的试验方法，硫酸根含量小于50mg/L的试液采用比浊法，硫酸根含量大于50mg/L的试液采用EDTA络合容量法。BS则根据浸提溶液的不同采用不同的方法，酸溶液浸提采用重量分析法，水溶液浸提采用重量分析法或离子交换法。各标准间的详细介绍见表9.46。重量分析法和EDTA络合容量法皆用于测定硫酸根含量较高的试液，后者较前者操作简便，推荐采用EDTA络合容量法。离子交换法使用限制较大，如果土壤含有其他强酸阴离子，如氯化物、硝酸盐和磷酸盐，则不能采用该法。比浊法仅用于测定硫酸根含量较小的试液，但该法操作简单，试验仪器成本低。BS测定方法的约束较多，推荐根据GB测定土中硫酸根含量。

表9.47　GB硫酸根估测方法选择与试剂用量表

加氯化钡后溶液浑浊情况	SO_4^{2-} 含量/(mg/L)	测定方法	吸取土浸出液/mL	钡镁混合剂用量/mL
数分钟后微混浊	<10	比浊法	—	—
立即呈生混浊	25～50	比浊法	—	—
立即混浊	50～100	EDTA	25	4～5
立即沉淀	100～200	EDTA	25	8
立即大量沉淀	>200	EDTA	10	10～12

9.3.3　土样有机质试验

土中的有机质是指以碳、氮、氢、氧为主，以硫、磷和金属元素为辅组成的有机化合物。一般来说，随着有机质含量的增加，土的分散性加大，含水率增高（可达50%～200%），干密度减小（<1g/cm³），涨缩性增加（>50%），压缩性增大，强度减小，承载力降低，对工程不利。

测定土样有机质含量的常用方法有重铬酸钾容量法、水合热法和灼烧法等。重铬酸钾容量法采用油浴加热（170～180℃）的方式使过量的酸性重铬酸钾标准溶液氧化有机碳，剩余的重铬酸钾用硫酸亚铁溶液滴定，根据重铬酸钾的消耗量计算有机碳含量，再由有机碳含量换算有机质含量。水合热法的基本原理、主要步骤与重铬酸钾容量法类似，不同的是利用浓硫酸和重铬酸钾溶液迅速混合时所产生的热来加速氧化有机质，代替重铬酸钾容量法中的油浴加热。灼烧法以固定高温（350～1000℃）灼烧干土，损失的质量同干土质量的比值为有机质含量。

GB采用重铬酸钾容量法，该法不受土样中碳酸盐的干扰，有机质氧化程度高，试验结果准确，但易受活性离子的影响，且采用油浴加热，危险性高。BS采用水合热法，试验操作较重铬酸钾容量法简单，但有机质氧化程度低，同样易受活性离子的影响。ASTM采用灼烧法

(440/750℃)(ASTM D2974-14),操作简便,无需磨碎试样,灼烧过程中无需添加化学试剂,减少了对试样的污染,但测得的有机质含量准确性差。ASTM 与 GB、BS 相比,在试验原理、试验步骤等方面存在较大差异,不具有可比性,主要对比 GB 与 BS 间的差异。除测定方法的差异外,相比于 GB,BS 增加了对试液中硫化物和氯化物的检测与处理,具体对比见表 9.48。考虑到试验的安全与环保,推荐根据 BS 开展试验。

表 9.48　土样有机质试验对比

对比项目			GB	BS
标准编号			GB/T 50123—1999[1]	BS 1377-3:1990[25]
适用范围			有机质含量不大于 15% 的土	各类土
试验仪器			1. 分析天平:称量 200g,最小分度值 0.0001g。 2. 油浴锅:带铁丝笼,植物油。 3. 加热设备:烘箱、电炉。 4. 其他设备:温度计(0 ~ 200℃,刻度 0.5℃)、0.15mm 标准筛等	1. 烘箱:可保持温度为 50±2.5℃。 2. 天平:2 个,精度分别为 1g 和 0.001g,未说明量程。 3. 标准筛:两个,孔径分别为 2mm 和 2μm,带有接收器。 4. 分流盒:开口宽度为 7mm 和 15mm。 5. 其他设备:玻璃沸腾管、蓝色石蕊纸等
试剂要求			1. 重铬酸钾标准溶液:c=0.075mol/L。 2. 硫酸亚铁标准溶液:称硫酸亚铁 56g,溶于纯水,加 3mol/L 硫酸 30mL,然后稀释至 1L。 3. 邻啡锣啉指示剂:取邻啡锣啉 1.845g 和硫酸亚铁 0.695g 溶于 100mL 纯水中,储于棕色瓶中	1. 重铬酸钾溶液 1L:c=0.167mol/L。 2. 硫酸亚铁溶液:将约 140g 硫酸亚铁溶于硫酸溶液(c=0.25mol/L)中,得到 1L 溶液。 3. 浓硫酸:密度为 1.84g/mL。 4. 磷酸溶液:体积浓度为 85%,质量浓度为 1.70 ~ 1.75g/mL。 5. 指示剂:取二苯胺磺酸钠 0.25g 溶于 100mL 蒸馏水中制成。 6. 稀盐酸:用蒸馏水稀释 250mL 浓盐酸(ρ=1.18g/mL)至 1L。 7. 醋酸铅试纸:在 10% 醋酸铅溶液中浸泡过的滤纸。 8. 硫酸 1L:c≈1mol/L
试验操作	硫酸亚铁溶液的标定	氧化剂	取 3 份 10mL 的重铬酸钾标准溶液,分别滴定	先取 10mL 重铬酸钾标准溶液,并加入 20mL 浓硫酸酸化溶液,加入 200mL 蒸馏水稀释,然后滴定。待反应完全后,再滴入 0.5mL 重铬酸钾溶液,继续滴定
		指示剂	邻啡锣啉指示剂 3 ~5 滴	10mL 硫酸和 1mL 指示剂
		反应完全特征	溶液由黄色经绿色突变至橙红色	溶液颜色由蓝色变为绿色
		测量结果	3 份平行误差不得超过 0.05mL,取平均值,计算硫酸亚铁标准溶液浓度	记录硫酸亚铁溶液用量,精确至 0.05mL

续表

对比项目			GB	BS
试验操作	试样制备		取风干土样，当土样中有机碳含量小于8mg时，除去植物根，过0.15mm筛	取初始试样，在50±2.5℃下烘干，称试样质量，精确至0.1%。粉碎除石块以外的大颗粒，过2mm筛，去除石块，称试样质量，精确至0.1%。用15mm分流盒获取100g样品，粉碎，过0.425mm筛，过7mm分流盒获得试验试样
	硫化物检测与处理		—	1. 硫化物的检测：取5g试样，置于试液管中，加入20mL稀盐酸，加热，使蒸汽通过醋酸铅试纸检测是否有硫化氢生成，若试纸变黑则说明试样含有硫化物，需处理。 2. 硫化物的处理：取50g试样，置于锥形瓶中，加1mol/L硫酸溶液，直至无硫化氢生成。过滤试液，用热蒸馏水清洗滤渣，直至洗涤液无酸性(蓝色石蕊试纸不变色)。烘干并称量试样质量，称量结果精确至0.01g
	氯化物检测与处理		—	1. 氯化物的检测：取试样50g，置于锥形瓶中，加等质量蒸馏水，间歇搅拌4h。过滤试样悬液，取25mL悬清液，加入硝酸溶液和硝酸银溶液，静置10分钟，悬清液变浑浊则说明试样含有氯化物，需处理。 2. 氯化物的处理：取试样50g，用蒸馏水洗涤，直至硝酸银溶液滴入洗涤液时不出现浑浊。烘干并称量试样质量，精确至0.01g
	有机碳测定	试样	取一份土样(0.1～0.5g)与一份纯砂试样，分别进行氧化	取处理后适量试样(0.2～5.0g)
		重铬酸钾用量	10mL	
		试样氧化条件	在170～180℃的油浴高温下5min	加入20mL浓硫酸(浓硫酸溶于水时放热)，在绝热表面放置30min
		重铬酸钾的滴定	将溶液稀释至60mL，加入邻啡锣啉指示剂，用硫酸亚铁溶液对其进行滴定，当溶液由黄色经绿色突变至橙红色时结束，记录硫酸亚铁溶液用量，估读至0.05mL	加入200mL蒸馏水、10mL磷酸和1mL指示剂，彻底摇匀，用硫酸亚铁溶液滴定，旋转烧杯，直至溶液从蓝色变为绿色。再加入0.5mL重铬酸钾溶液，将溶液颜色变回蓝色，继续用硫酸亚铁溶液滴定至溶液从蓝色变为绿色。记录硫酸亚铁溶液用量，精确至0.05mL

续表

对比项目		GB	BS
数据处理	计算公式	$c(\mathrm{Fe\,SO_4}) = \frac{c(\mathrm{K_2\,Cr_2\,O_7})V(\mathrm{K_2\,Cr_2\,O_7})}{V(\mathrm{Fe\,SO_4})}$ $O_{\mathrm{m}} = \frac{c(\mathrm{Fe^{2+}})\{V'(\mathrm{Fe^{2+}}) - V(\mathrm{Fe^{2+}})\}}{m_{\mathrm{s}}}$ $\times 0.003 \times 1.724 \times (1 + 0.01\omega) \times 100$ O_{m} 为有机质含量(%)； $c(\mathrm{Fe^{2+}})$ 为硫酸亚铁标准溶液浓度(mol/L)； $V'(\mathrm{Fe^{2+}})$ 为空白滴定硫酸亚铁用量(mL)； $V(\mathrm{Fe^{2+}})$ 为试样测定硫酸亚铁用量(mL)	1. 用于氧化有机物所用的重铬酸钾溶液体积 V： $V = 10.5\left(1 - \frac{y}{x}\right)$ y 为滴定试样悬液时硫酸亚铁溶液用量(mL)； x 为滴定重铬酸钾溶液时硫酸亚铁溶液用量(mL)。 2. 原始土样通过 2mm 测试筛的百分比 = $\frac{m_2}{m_1} \times 100(\%)$ m_1 为初始所取试样质量(g)； m_2 为过 2mm 筛下试样质量(g)。 3. 有机质含量 = $\frac{0.67V}{m_3}$ m_3 为有机质测定所用试样质量(g)
	精度要求	精确至 0.01%	精确至 0.1%
	平行试验	—	应进行平行试样，两组试验结果差超过 2%，应重做；试验结果差未超过 2%，以平均值作为最终结果

参考文献

[1] 中华人民共和国水利部．土工试验方法标准：GB/T 50123—1999[S]．北京：中国计划出版社，1999.

[2] ASTM International. Standard Test Methods for Laboratory Determination of Water(Moisture) Content of Soil and Rock by Mass: ASTM D2216-10[S]. Philadelphia: ASTM, 2010.

[3] British Standards Institution. Methods of Test for Soils for Civil Engineering Purposes: Classification Tests: BS 1377-2:1990[S]. London, UK: BSI, 1990.

[4] ASTM International. Standard Test Methods for Laboratory Determination of Density (Unit Weight) of Soil Specimens: ASTM D7263-09[S]. Philadelphia: ASTM, 2009.

[5] ASTM International. Standard Test Methods for Specific Gravity of Soil Solids by Water Pycnometer: ASTM D854-14[S]. Philadelphia: ASTM, 2014.

[6] ASTM International. Standard Test Methods for Particle-Size Distribution (Gradation) of Soils Using Sieve Analysis: ASTM D6913-04 (Reapproved 2009)$^{\varepsilon 1}$[S]. Philadelphia: ASTM, 2014.

[7] ASTM International. Standard Test Method for Particle-Size Distribution (Gradation) of Fine-Grained Soils Using the Sedimentation (Hydrometer) Analysis: ASTM D7928-16$^{\varepsilon 1}$[S]. Philadelphia: ASTM, 2017.

[8] ASTM International. Standard Test Methods for Liquid Limit, Plastic Limit, and Plasticity Index of Soils: ASTM D4318-10$^{\varepsilon 1}$[S]. Philadelphia: ASTM, 2014.

[9] ASTM International. Standard Test Methods for Minimum Index Density and Unit Weight of Soils and

Calculation of Relative Density: ASTM D4254-16[S]. Philadelphia: ASTM, 2016.

[10] British Standards Institution. Methods of Test for Soils for Civil Engineering Purposes: Compaction-Related Tests: BS 1377-4: 1990[S]. London: BSI, 1990

[11] ASTM International. Standard Test Methods for Maximum Index Density and Unit Weight of Soils Using a Vibratory Table: ASTM D4253-16[S]. Philadelphia: ASTM, 2016.

[12] ASTM International. Standard Test Methods for Laboratory Compaction Characteristics of Soil Using Standard Effort(12400 ft-lbf/ft^3(600kN-m/m^3)): ASTM D698-12$^{\varepsilon 2}$[S]. Philadelphia: ASTM, 2015.

[13] ASTM International. Standard Test Methods for Laboratory Compaction Characteristics of Soil Using Modified Effort(56000 ft-lbf/ft^3(2700kN-m/m^3)): ASTM D1557-12$^{\varepsilon 1}$[S]. Philadelphia: ASTM, 2015.

[14] ASTM International. Standard Test Methods for One-Dimensional Swell or Collapse of Soils: ASTM D4546-14 [S]. Philadelphia: ASTM, 2014.

[15] British Standards Institution. Methods of Test for Soils for Civil Engineering Purposes: Compressibility, Permeability and Durability Tests: BS 1377-5: 1990[S]. London: BSI, 1990.

[16] ASTM International. Standard Test Method for California Bearing Ratio (CBR) of Laboratory-Compacted Soils: ASTM D1833-16[S]. Philadelphia: ASTM, 2016.

[17] ASTM International. Standard Test Methods for One-Dimensional Consolidation Properties of Soils Using Incremental Loading: ASTM D2435/D2435M-11[S]. Philadelphia: ASTM, 2011.

[18] ASTM International. Standard Test Method for Unconsolidated-Undrained Triaxial Compression Test on Cohesive Soils: ASTM D2850-15[S]. Philadelphia: ASTM, 2015.

[19] British Standards Institution. Methods of Test for Soils for Civil Engineering Purposes: Shear Strength Tests (Total Stress): BS 1377-7: 1990[S]. London: BSI, 1990.

[20] ASTM International. Standard Test Method for Consolidated Undrained Triaxial Compression Test for Cohesive Soils: ASTM D4767-16[S]. Philadelphia: ASTM, 2016.

[21] British Standards Institution. Methods of Test for Soils for Civil Engineering Purposes: Shear Strength Tests (Effective Stress): BS 1377-8: 1990[S]. London: BSI, 1990.

[22] ASTM International. Standard Test Method for Unconfined Compressive Strength of Cohesive Soil: ASTM D2166/D2166 M-16[S]. Philadelphia: ASTM, 2016.

[23] ASTM International. Standard Test Method for Direct Shear Test of Soils Under Consolidated Drained Conditions: ASTM D3080/D3080 M-11[S]. Philadelphia: ASTM, 2011.

[24] ASTM International. Standard Test Method for pH of Soils: ASTM D4972-13[S]. Philadelphia: ASTM, 2013.

[25] British Standards Institution. Methods of test for Soils for civil engineering purposes: Chemical and electro-chemical tests: BS 1377-3: 1990[S]. London: BSI, 1990.

第 10 章　岩石试验标准对比

本章主要对中国标准(GB)、美国标准(ASTM)和国际岩石力学学会(ISRM)标准中的岩石试验进行对比分析。对于物理试验,各标准间的试验原理相同,但试验的具体要求不同。对于力学试验,各标准的要求类似,且 ISRM 和 ASTM 的要求相似度更高。

10.1　物理性质测试

10.1.1　岩石含水率试验

岩石含水率指岩石中水的质量与岩石固体颗粒质量的比值,该值可以间接反映岩石中空隙的多少、岩石的致密程度等特性。岩石遇水后强度会降低,特别是含黏土矿物较多的岩石,遇水软化,直接影响岩石的变形和强度性质。

常用的岩石含水率测定方法为烘干法,该法是将试样置于烘箱中烘至恒量,试样减少的质量同干试样质量的比值即为岩石含水率。GB、ASTM 和 ISRM 皆采用该方法。GB 要求的试验仪器缺少称量盒,操作过程中没有盛放试样的容器,导致试验结果误差较大;采用时间控制法烘干试样,无法准确判断试样是否烘干。ASTM 采用时间控制为主、质量控制为辅的方法烘干试样,大块试样可粉碎为小颗粒烘干,在不降低试验精度的条件下有效地减少了试验时间。ISRM 要求的试验数量较多,对烘至恒量的判断采用了质量控制为主、时间控制为辅的方法,试验结果精确度高,但操作烦琐、耗时较长。各标准间的具体对比见表 10.1。推荐根据 GB 制样,按照 ASTM 进行岩石含水率测定,可使试样在试验前的含水率扰动最小,试验时间较短,试验结果准确度较高。

表 10.1　岩石含水率试验对比

对比项目	GB	ASTM	ISRM
标准编号/名称	GB/T 50266—2013[1]	ASTM D2216-10[2]	Suggested Methods for Determining Water Content, Porosity, Density, Absorption and Related Properties and Swelling and Slake- Durability Index Properties[3]
适用范围	各类岩石	土、岩石及固体骨料	同 GB
试验仪器	烘箱、干燥容器、天平	除 GB 要求的仪器外,另有称量盒	

续表

<table>
<tr><th colspan="2">对比项目</th><th>GB</th><th>ASTM</th><th>ISRM</th></tr>
<tr><td rowspan="5">试样要求</td><td>采样方法</td><td>不能使用爆破法,在地下水丰富的地区可采用湿钻法</td><td>—</td><td>—</td></tr>
<tr><td>保存</td><td>应保持试样含水率为天然含水率</td><td>同 GB,且另外表明保存环境为 3 ~ 30℃ 的密闭容器,避免阳光直射</td><td>没有明确的规定,另外要求含水量变化值不得超过 1%</td></tr>
<tr><td>尺寸</td><td>最小尺寸应大于组成岩石最大矿物颗粒直径的 10 倍</td><td>—</td><td>同 GB</td></tr>
<tr><td>质量</td><td>40 ~ 200g</td><td>≥500g</td><td>≥50g</td></tr>
<tr><td>数量</td><td>5 个</td><td>—</td><td>10 个</td></tr>
<tr><td rowspan="3">试验操作</td><td>烘干温度</td><td>105 ~ 110℃</td><td>110±5℃</td><td>105±3℃</td></tr>
<tr><td>烘至恒量的判断</td><td>烘 24h</td><td>12 ~ 16h(将试样打碎成小颗粒并置于较大表面积容器中),若对结果表示怀疑,至少继续烘 2h。继续烘干后,质量损失小于 1%(试验精度为 1%)或 0.1%(试验精度为 0.1%)</td><td>至少烘 24h,相隔 4h 的连续两次称量差小于试样质量的 0.1%</td></tr>
<tr><td>称量精度</td><td>0.01g</td><td>0.1g</td><td>试样质量的 0.01%</td></tr>
<tr><td rowspan="2">数据处理</td><td>计算公式</td><td>$$\omega = \frac{m_0 - m_s}{m_s} \times 100$$
ω 为含水率(%);
m_0 为湿样质量(g);
m_s 为干样质量(g)</td><td colspan="2">$$\omega = \left[\frac{M_{cms} - M_{cds}}{M_{cds} - M_c}\right] \times 100$$
ω 为含水率(%);
M_{cms} 为称量盒和湿样总质量(g);
M_{cds} 为称量盒和干样总质量(g);
M_c 为称量盒质量(g)</td></tr>
<tr><td>精度要求</td><td>0.01%</td><td>1% 或 0.1%</td><td>0.1%</td></tr>
</table>

10.1.2　岩石颗粒密度试验

岩石颗粒密度是指岩石固体颗粒的质量与体积的比值,大小取决于组成岩石的矿物密度及含量。

岩石颗粒密度测定常用的方法有比重瓶法和水中称量法。比重瓶法要求试样为小颗粒,即试样为岩石固体颗粒,通过一系列质量参数计算试样的体积,计算颗粒密度。水中称量法要求试样为块状,通过干试样质量与强制饱和试样于水中的质量之差计算试样固体颗粒体积，该法未考虑岩石内部的闭空隙，使固体颗粒体积偏大，颗粒密度偏小，精确度较比重瓶法低。GB 介绍了比重瓶法和水中称量法；ISRM 的汞置换比重法可测得岩石的颗粒密度，试验原理与比重瓶法类似。

比重瓶法和汞置换比重法均利用比重瓶来测量颗粒密度，两者精度相同。当采用 GB 试验采用的试液不为水时，GB 和 ISRM 的试验仪器和适用范围完全相同，但两者所测参数和计算公式不同。GB 要求先计算与试样同体积试液的质量，再根据试液密度计算出体积；ISRM 则由加入试样前后试液的质量比与比重瓶体积得出试样体积。ISRM 无需测定试液密度；而 GB 试验要求，若试液密度未知，则仍需要测量试液密度，试验复杂程度上升。两者之间具体对比见表 10.2。推荐将汞置换比重法中的比重瓶法分离出来，据其测量颗粒密度。

表 10.2　岩石颗粒密度试验对比

<table>
<tr><th colspan="2">对比项目</th><th>GB</th><th>ISRM</th></tr>
<tr><td colspan="2">标准编号/名称</td><td>GB/T 50266—2013[1]</td><td>Suggested Methods for Determining Water Content, Porosity, Density, Absorption and Related Properties and Swelling and Slake-Durability Index Properties[3]</td></tr>
<tr><td colspan="2">适用范围</td><td>各类岩石</td><td>浸入水中时易于溶胀或分解的岩石</td></tr>
<tr><td colspan="2">试验仪器</td><td>粉碎机、瓷研钵（或玛瑙研钵）、筛子、天平、烘箱、干燥器、煮沸装置或真空抽气设备、恒温水槽、短颈比重瓶（容积 100mL）、温度计</td><td>水银位移体积测定装置（体积测定精度为 0.5%）、研磨设备、恒温水浴、软刷、容量瓶（$50cm^3$）</td></tr>
<tr><td colspan="2">试样制备</td><td>用粉碎机将岩石粉碎成岩粉并过 0.25mm 筛，用磁铁吸去铁屑。若试样含磁性矿物，研钵材质应为陶瓷或玛瑙</td><td>将样品粉碎并研磨至粒径小于 150μm</td></tr>
<tr><td rowspan="6">试验操作</td><td>烘干温度</td><td>105～110℃</td><td>105℃</td></tr>
<tr><td>烘干时间</td><td>至少 6h</td><td>烘至恒量</td></tr>
<tr><td>冷却时间</td><td>无明确要求</td><td>30min</td></tr>
<tr><td>抽取真空时间</td><td>试液中无气泡时，继续抽气不少于 1h</td><td>20min</td></tr>
<tr><td>测量参数</td><td>T 为试液温度（℃）；
m_s 为烘干岩粉质量（g）；
m_1 为瓶、试液总质量（g）；
m_2 为瓶、试液、岩粉总质量（g）</td><td>D 为容量瓶质量（g）；
E 为瓶和试液总质量（g）；
F 为瓶和样品总质量（g）；
G 为样品、瓶和试液总质量（g）</td></tr>
<tr><td>测量精度</td><td>质量精确至 0.001g，温度精确至 0.5℃</td><td>质量精度同 GB</td></tr>
<tr><td rowspan="2">数据处理</td><td>颗粒密度计算</td><td>$$\rho_s = \frac{m_s}{m_1 + m_s - m_2}\rho_{WT}$$
ρ_s 为岩石颗粒密度（g/cm^3）；
ρ_{WT} 为试验温度下的试液密度（g/cm^3）</td><td>$$\rho_s = \frac{F - D}{V_f\left(1 - \frac{G - F}{E - D}\right)}$$
ρ_s 为岩石颗粒密度（g/cm^3）；
V_f 为容量瓶体积，通常为 $50cm^3$</td></tr>
<tr><td>精度要求</td><td colspan="2">$0.01g/cm^3$</td></tr>
</table>

10.1.3　岩石块体密度试验

岩石的块体密度是指岩石单位体积内的质量,反映了岩石致密程度、空隙发育程度,可用于评价工程岩体稳定性和计算围岩压力等。岩石块体密度可由多种方法测量,GB 介绍了量积法、蜡封法和水中称量法;ISRM 介绍了饱和卡尺法、饱和浮力法、汞置换比重法和汞置换玻意耳定律法;ASTM 没有收录岩石块体密度试验。GB 中的量积法和蜡封法收录于岩石块体密度试验中,而水中称量法包含于吸水性试验中;ISRM 的 4 种方法皆为将干密度和空隙率一起测量的试验方法。这些方法的主要区别为如何测定试样体积。量积法和饱和卡尺法类似,采用游标卡尺量测规则试样的体积参数,从而计算试样的体积。蜡封法通过测定蜡封试样在空气中和在水中的质量差计算试样体积。水中称量法和饱和浮力法类似,皆将试样饱和后,测定饱和试样在水和在空气中的质量差,从而计算试样的体积。汞置换比重法和汞置换玻意耳定律法通过将试样浸没于水银中,排出水银的体积即为试样体积。各方法具体对比见表 10.3。

由于水银对人体有毒,不推荐使用汞置换比重法和汞置换玻意耳定律法。ISRM 的方法可同时测定块体密度和空隙率,若不测定岩石的空隙率,推荐采用 GB 要求的方法。

10.1.4　岩石吸水性试验

岩石吸水性是岩石吸收水分的性能,表征岩石吸水性的定量指标有吸水率和饱和吸水率等。吸水率是指岩石在正常大气压、室温条件下吸收水分的质量与岩石固体质量的比值。饱和吸水率是指岩石在高压或真空条件下吸收水分的质量与岩石固体质量的比值。

岩石吸水率一般采用自由吸水法测定。该法通过测定岩石吸水后的质量和烘干质量,计算岩石吸水率。岩石饱和吸水率通常采用煮沸法或真空法进行测定,即采用煮沸法或真空降压法强制饱和岩石试样,测定饱和试样的质量和烘干质量,计算饱和吸水率。GB、ASTM 和 ISRM 皆收录了吸水率试验,但 ISRM 中吸水率试验用于计算空隙指数(岩石试样浸泡 1h 后,其中水的质量与初始干重的比值,计算公式同吸水率计算),而非用于计算吸水率。仅 GB 收录了饱和吸水率试验。

由于 ISRM 测定的指标与 GB 和 ASTM 不同,因此主要对比 GB 和 ASTM 吸水率试验的差异,主要为试验流程、试样形状和尺寸、烘干操作以及吸水要求。试验时,GB 要求试样先烘干后浸水,ASTM 要求试样先浸水后烘干。在试样的形状与尺寸方面,GB 要求为圆柱体,同单轴抗压强度试验的试样要求相同,易于建立单轴抗压强度与吸水性指标间的关系;ASTM 对试样形状和尺寸无特殊要求。烘干时,GB 缺少称量容器,在烘干试样时无法保证完整性,且采用时间控制法烘干试样,无法准确判断试样是否烘干,导致试验结果准确度较低;BS 试验仪器完整,采用质量控制为主、时间控制为辅的方法烘干试样,能够准确测量烘干质量。吸水时,GB 采用分阶段加水的方法,吸水时间较长,使得试样吸水后饱和度较高;ASTM 采用一次性加水的方法,吸水时间较短,使得试样吸水后饱和度较低。GB 和 ASTM 对吸水性试验的具体对比见表 10.4。推荐主要按 GB 规定进行试验,但烘干试样时,烘干温度不变,烘干过程应符合 ASTM 的要求。

表 10.3 岩石块体密度试验对比

对比项目		GB			ISRM			
标准编号/名称		GB/T 50266—2013[1]			Suggested Methods for Determining Water Content, Porosity, Density, Absorption and Related Properties and Swelling and Slake-Durability Index Properties[3]			
试验方法		量积法	蜡封法	水中称量法	饱和卡尺法	饱和浮力法	汞置换与比重法	汞置换与玻意耳定律法
适用范围		可制成规则块体的岩石	所有岩石	遇水不崩解、溶解或膨胀的岩石	可加工成规则块状，且在干燥或浸水时不会发生显著膨胀或分解的岩石	烘干并浸入水中时不发生明显膨胀或解离的岩石	浸水时易于溶胀或分解的岩石	具有特定尺寸和形状，且在烘箱干燥时不明显收缩的岩石
试验仪器	烘干所需	烘箱、干燥器和天平						
	其他	游标卡尺	蜡和水中称量装置	水中称量装置、真空抽气装置或煮沸设备	测量仪器（千分尺或游标卡尺）真空饱和设备	真空饱和设备、浸没装置和线筐	汞置换体积测定装置、研磨设备、恒温水浴设备、校准后的容量瓶、真空抽气装置	玻意耳定律孔隙度计
试样要求	形状和尺寸	1. 最小尺寸不宜小于50mm。 2. 沿试样高度、直径或边长的误差不应大于0.3mm。 3. 试样两端面不平行度误差不应大于0.05mm。 4. 试样端面应垂直于试样轴线，最大偏差不得大于0.25°。 5. 方柱体或正方体试样相邻两面的垂直偏差不得大于0.25°	边长为40～60mm的浑圆状岩块	规则试样同量积法，不规则试样同蜡封法	每个试样的最小尺寸应使得试样质量至少为50g（对于平均密度的岩石，边长为27mm的立方体便足够）且试样最小尺寸至少为最大颗粒直径的10倍 圆柱体或棱柱	在水中洗涤样品以除去灰尘	样品的形状和尺寸要适合体积测量装置。如果试样为膨胀或裂变岩，在取样和储存过程中应保持含水量变化在原位值的1%以内	样品的尺寸和形状应与玻意耳定律孔隙度计样品室尽量贴合以确保结果准确
	数量	求湿密度为5个，求干密度为3个		3个	至少3个	至少10个	至少10个	至少3个

续表

对比项目		GB			ISRM			
试验操作		用游标卡尺量测试样尺寸以确定试样体积，烘干试样得到干质量	先将试样打磨至浑圆状，再将试样浸入熔蜡中蜡封，称量蜡封试样浸入水中前后的质量	参见吸水性试验	用游标卡尺量测试样尺寸，然后将试样在小于 800 Pa 的真空下浸入水中至少 1h 使其达到饱和，确定试样表面饱和干质量和烘干后质量	先将样品饱和，然后将试样在水中转移到浸浴中的线筐中，确定试样饱和浸没质量、容器质量、表面饱和样品加容器的质量和烘干样品加容器的质量	去除样品的松散部分，通过汞位移来测定块体体积。在初始含水量时，将每个样品烘干，并确定容器质量、烘干前后样品加容器的质量。选择大约 15g 粉碎材料的多个代表性的子样品放入烘箱干燥，再利用比重瓶测出颗粒密度	确定烘干样品的质量，然后使用玻意耳定律孔隙度计。玻意耳定律孔隙度计中一个压力循环下，开始压力 P_1 为大气压，终止压力 P_2 为仪器规定压力。P_1 下加入试样前后的汞位移差为试样体积，P_2 下加入试样前后的汞位移差可得出试样的固体体积
数据处理	干密度计算公式	$\rho_d = \frac{m_s}{AH}$ A 为试样截面积(cm^2)； H 为试样高度(cm)； m_s 为烘干试样质量(g)	$\rho_d = \frac{m_s}{\frac{m_1 - m_2}{\rho_w} - \frac{m_1 - m_s}{\rho_p}}$ $\rho = \frac{m}{\frac{m_1 - m_2}{\rho_w} - \frac{m_1 - m}{\rho_p}}$ ρ 为岩石块体湿密度(g/cm^3)； m 为湿试样质量(g)； m_1 为蜡封试样质量(g)； m_2 为蜡封试样在水中的称量(g)； ρ_w 为水的密度(g/cm^3)； ρ_p 为蜡的密度(g/cm^3)； ω 为试样含水率(%)	$\rho_d = \frac{m_s}{m_p - m_w}\rho_w$ m_s 为烘干试样质量(g)； m_p 为试样经强制饱和后的质量(g)； m_w 为强制饱和试样在水中的称量(g)	同 GB 中量积法	同 GB 中水中称量法	$\rho_d = \frac{M_s}{V}$ M_s 为烘干试样质量(g)； V 为试样体积(cm^3)，由前后汞位移确定	
	精度要求	密度要求皆为 $0.01g/cm^3$，ISRM 中空隙率计算要求为 0.1%						

表 10.4　岩石吸水性试验对比

<table>
<tr><th colspan="3">对比项目</th><th>GB</th><th>ASTM</th><th>ISRM</th></tr>
<tr><td colspan="3">标准编号</td><td>GB/T 50266—2013[1]</td><td>ASTM D6473-15[4]</td><td>Suggested Methods for Determining Water Content, Porosity, Density, Absorption and Related Properties and Swelling and Slake-Durability Index Properties[3]</td></tr>
<tr><td colspan="3">适用范围/名称</td><td>遇水不崩解、不溶解和不干缩膨胀的岩石</td><td>防波堤石、护面块石、抛石和石笼大小的岩石材料</td><td>遇水不崩解的岩石</td></tr>
<tr><td colspan="3">试验仪器</td><td>烘箱、干燥器、天平、水槽、水中称量装置以及真空抽气装置或煮沸设备</td><td>天平、样品容器、水中称量装置、水箱、烘箱和干燥器</td><td>天平、样品容器、脱水硅胶</td></tr>
<tr><td rowspan="3">试样要求</td><td colspan="2">形状</td><td>一般为规则状，制备困难时可采用浑圆状不规则试样</td><td>无特殊要求</td><td>无特殊要求</td></tr>
<tr><td colspan="2">尺寸和质量</td><td>1. 规则试样：最小尺寸不宜小于 50mm；沿试样高度、直径或边长的误差不应大于 0.3mm；试样两端面不平行度误差不应大于 0.05mm；试样端面应垂直于试样轴线，最大偏差不得大于 0.25°；方柱体或正方体试样相邻两面的垂直偏差不得大于 0.25°。
2. 不规则试样：40 ~ 60mm。
3. 对质量无明确要求</td><td>尺寸无特殊要求，质量至少 1kg</td><td>每块的大小应该使试样质量超过 50g 或最小尺寸至少是最大颗粒尺寸的 10 倍，以较大者为准</td></tr>
<tr><td colspan="2">数量</td><td>3 块</td><td>1. 均匀试样至少 5 块。
2. 不均匀试样至少 8 块</td><td>至少 10 块</td></tr>
<tr><td rowspan="4">试验操作</td><td rowspan="4">吸水率试验</td><td>主要过程</td><td>先烘干试样，再浸水</td><td>先浸水，再烘干试样</td><td>先干燥，再浸水</td></tr>
<tr><td>干燥方式</td><td>在 105 ~ 110℃温度下烘 24h</td><td>在 110 ± 5℃ 温度下至少烘 24h。间隔为 4h 测定的两次质量差小于原试样质量的 0.1% 时表明烘干</td><td>常温下将试样置于充满脱水硅胶的容器中，放置 24h</td></tr>
<tr><td>注水要求</td><td>依次注水至试样高度的1/4、1/2、3/4 处，最后浸没试样，时间间隔为 2h</td><td colspan="2">一次性将试样完全浸没，并摇动容器使水中无气泡残留</td></tr>
<tr><td>浸水要求</td><td>自由吸水 48h</td><td>在 20 ~ 30℃ 水中 24±4h</td><td>自由吸水 1h</td></tr>
</table>

续表

对比项目			GB	ASTM	ISRM
试验操作	吸水率试验	沾去试样表面水分方式	—	提供了两种方法: 1. 用湿布沾去。 2. 用吹风机(常温风流)吹干	同 ASTM 中(1)
	饱和吸水率试验		采用煮沸法或真空抽气法饱和试样	—	—
	称量精度		0.01g	5g或试样质量的0.1%(以最精确的为准)	0.5g
数据处理	吸水率计算		$\omega_s = \frac{m_0 - m_s}{m_s} \times 100$ ω_s 为岩石吸水率(%); m_0 为试样表面饱和干质量(g); m_s 为烘干试样质量(g)		$I_v = (B-A)/A \times 100\%$ I_v为岩石的空隙指数; A 为干燥后岩石质量(g); B 为试样吸水后质量(g)
	其他计算		$\omega_{sa} = \frac{m_p - m_s}{m_s} \times 100$ $\rho_d = \frac{m_s}{m_p - m_w}\rho_w$ $\rho_s = \frac{m_s}{m_s - m_w}\rho_w$ ω_{sa} 为岩石饱和吸水率(%); ρ_d 为岩石块体密度(g/cm^3); ρ_s 为岩石颗粒密度(g/cm^3); m_p 为试样经强制饱和后的质量(g); m_s 为烘干试样质量(g); m_w 为强制饱和试样在水中的称量(g); ρ_w 为水的密度(g/cm^3)	试样表面不含水时的体积比重$=A/(B-C)$; 试样表面含水时的体积比重$=B/(B-C)$; 表观比重$=A/(A-C)$; A 为烘干试样质量(g); B 为试样表面饱和干质量(g); C 为试样在水中称量时的浮质量(g)	—
	计算精度		各计算皆精确至0.01	比重精确至0.01,吸水率精确至0.1%	—

10.1.5　岩石膨胀性试验

岩石膨胀性是指含亲水易膨胀的矿物(蒙脱石类)的岩石在水的作用下,吸收无定量的水分子,产生体积膨胀的性质。GB 用自由膨胀率、侧向约束膨胀率以及体积不变条件下的膨胀压力描述岩石膨胀性。ISRM 描述膨胀性的指标有无侧限膨胀应变、膨胀应变指数和膨胀压力指数，尽管这三个指标名称与 GB 中的指标名称不同，但分别与 GB 的自由膨胀率、侧向约束膨胀率以及体积不变条件下的膨胀压力对应。

岩石膨胀性试验由自由膨胀率试验、侧向约束膨胀率试验和体积不变条件下的膨胀压力试验组成。自由膨胀率试验为试样处于自由状态浸水膨胀，测定各边膨胀量，计算自由膨胀率；侧向约束膨胀率试验为试样处于侧向约束状态浸水膨胀，测定轴向膨胀量，计算侧向约束膨胀率；体积不变条件下的膨胀压力试验是将试样处于侧限状态浸没于水中，不断施加压力使试样的轴向膨胀量维持在极小的数值范围内，确定试样的膨胀压力。

对于这三个试验，GB 对试验前的仪器校准、试验环境、试验时间及试验中的岩石膨胀稳定都有明确的规定，提高了试验精度。ISRM 则对整个试验过程未有明确的要求，仅要求测量尺寸精度，精度较低。各个试验详细对比见表 10.5 ~ 表 10.7。因此在进行试验时，可根据 GB 试验要求，要求试样的测量精度至少为原长的 0.1% 。

表 10.5　自由膨胀率试验对比

对比项目		GB	ISRM
标准编号/名称		GB/T 50266—2013[1]	Suggested Methods for Determining Water Content, Porosity, Density, Absorption and Related Properties and Swelling and Slake-Durability Index Properties[3]
适用范围		遇水不易崩解的岩石	浸水不会改变形态的岩石试样
试验仪器	自由膨胀率试验仪	千分表、透水板、薄铜片、试验容器	同 GB，但无透水板
	其他仪器	温度计	量规
试样要求	含水率要求	—	应在天然含水率下开始试验，试样在开始试验前应处于恒湿环境下
	形状	圆柱体或正方体	圆柱体或长方体
	尺寸	圆柱体试样的直径宜为 48 ~ 65mm，高度与直径宜相等，两端面应平行；正方体自由膨胀率试验的试样的边长宜为 48 ~ 65mm，各对面应平行	样品最小尺寸应大于 15mm 和颗粒最大粒径的 10 倍
	数量	3 个	2 个（一个用于膨胀试验，一个用于测量含水率）
试验操作	注水前要求	百分表每 10min 读数一次，3 次读数不变	—
	注水高度	没过透水板	淹没试样
	膨胀稳定的判定	第 1h 内，每 10min 读数一次，之后每隔 1h 读数一次，所有千分表 3 次读数差不大于 0.001mm	—
	浸水时间	不少于 48h	—
	试验温度	水温变化不得大于 2℃	—
	尺寸测量精度要求	—	至少为原长的 0.1%

续表

对比项目		GB	ISRM
数据处理	计算公式	$V_H=\frac{\Delta H}{H}\times 100$ $V_D=\frac{\Delta D}{D}\times 100$ V_H 为岩石轴向自由膨胀率(%)； V_D 为岩石径向自由膨胀率(%)； ΔH 为试样轴向变形值(mm)； H 为试样高度(mm)； ΔD 为试样径向平均变形值(mm)； D 为试样直径或边长(mm)	在 X 方向上的无侧限膨胀应变 $=\frac{d}{L}\times 100\%$ X 为相对于层理或片理的方向； d 为方向 X 上的最大膨胀位移； L 为方向 X 的测量点之间的初始距离
	精度要求	保留 3 位有效数字	—

表 10.6　侧向约束膨胀率试验对比

对比项目		GB	ISRM
标准编号/名称		GB/T 50266—2013[1]	Suggested Methods for Determining Water Content, Porosity, Density, Absorption and Related Properties and Swelling and Slake-Durability Index Properties[3]
适用范围		各类岩石	
试验仪器		侧向约束膨胀率试验仪、温度计	土壤固结装置(包含金属环、多孔板、样品容器、千分表、能施加 5kPa 静载的刚性加载装置)
试样要求	含水率要求	—	应在天然含水率下开始试验，试样在开始试验前应处于恒湿环境下
	形状	圆柱体	
	尺寸	试样高度应大于 20mm，或大于组成岩石最大矿物粒径的 10 倍，两端面应平行，试样直径宜为 50 ~ 65mm，且应小于金属套环直径 0.0 ~ 0.1mm	直径应不小于厚度的 4 倍。厚度应大于 15mm 和颗粒最大粒径的 10 倍。样品应紧密贴合在环中
	数量	同一加载方向上应为 3 个	2 个(一个用于膨胀试验，一个用于测量含水率)
试验操作	注水前要求	百分表每 10min 读数一次，3 次读数不变	—
	注水高度	没过透水板	没过多孔板
	附加压力	5kPa	3kPa
	膨胀稳定的判定	第 1h 内，每 10min 读数一次，之后每隔 1h 读数一次，所有千分表 3 次读数差不大于 0.001mm	—
	浸水时间	不少于 48h	—
	试验温度	水温变化不得大于 2℃	—
	尺寸测量精度要求	—	至少为原长的 0.1%

续表

对比项目		GB	ISRM
数据处理	计算公式	$V_{HP}=\frac{\Delta H_1}{H}\times 100$ V_{HP} 为岩石侧向约束膨胀率(%)； ΔH_1 为有侧向约束试样的轴向变形值(mm)； H 为试样高度(mm)	膨胀应变指数 $=d/L\times100\%$ d 为最大膨胀位移； L 为试样的初始厚度
	精度要求	保留 3 位有效数字	—

表 10.7　体积不变条件下的膨胀压力试验对比

对比项目		GB	ISRM
标准编号/名称		GB/T 50266—2013[1]	Suggested Methods for Determining Water Content, Porosity, Density, Absorption and Related Properties and Swelling and Slake-Durability Index Properties[3]
适用范围		各类岩石	
试验仪器		膨胀压力试验仪、温度计	土壤固结装置(包含金属环、多孔板、样品容器、千分表、精度为 1% 的负载测量装置、类似千斤顶的加载装置)
试样要求	含水率要求	—	应在天然含水率下开始试验，试样在开始试验前应处于恒湿环境下
	形状	圆柱体	
	尺寸	试样高度应大于 20mm，或大于组成岩石最大矿物粒径的 10 倍，两端面应平行，试样直径宜为 50～65mm，且应小于金属套环直径 0.0～0.1mm	直径应不小于厚度的 2.5 倍。厚度应大于 15mm 和颗粒最大粒径的 10 倍。样品应紧密贴合在环中
	数量	同一加载方向上应为 3 个	2 个(一个用于膨胀试验，一个用于测量含水率)
试验操作	附加压力	10kPa	
	注水前要求	百分表每 10min 读数一次，3 次读数不变	—
	注水高度	注水至上部金属透水板	没过顶部多孔板
	变形保持范围	0.001mm 以内	0.01mm 以内
	膨胀稳定的判定	开始时以 10min 的间隔读取千分表读数，连续 3 次读数差小于 0.001mm 时，改为以 1h 的间隔读取千分表读数，连续 3 次读数差小于 0.001mm	—
	浸水时间	不少于 48h	—
	试验温度	水温变化不得大于 2℃	—

续表

对比项目		GB	ISRM
数据处理	计算公式	$P_e = \frac{F}{A}$ P_e为体积不变条件下的岩石膨胀压力(MPa); F为轴向荷载(N); A为试样截面积(mm^2)	膨胀压力指数=F/A F为最大轴向膨胀力; A为试样的截面面积
	精度要求	保留3位有效数字	—

10.1.6 岩石耐崩解性试验

岩石耐崩解性是指岩石在干湿交替作用下抵抗崩解的能力。GB、ASTM和ISRM皆用两次干湿循环后的耐崩解指数来衡量岩石耐崩解性。

岩石耐崩解性试验采用耐崩解性试验仪,对试样进行两次干湿循环。三个标准对试样和试验过程的要求大部分相同,但仍有部分差别,主要体现在试验温度、试验后试样和试液的描述。试验过程中,GB及ISRM对整个试验过程中的温度控制为20℃,使试验过程标准化;ASTM未要求试验温度,仅要求测定试验前后的温度。试验结束后,GB规定对残留试样以及水的颜色变化进行描述;而ASTM和ISRM仅要求对残留试样进行描述,试验结果描述不全面。各标准详细对比见表10.8。推荐根据GB进行试验。

表10.8 岩石耐崩解性试验对比

对比项目		GB	ASTM	ISRM
标准编号/名称		GB/T 50266—2013[1]	ASTM D4644-16[5]	Suggested Methods for Determining Water Content, Porosity, Density, Absorption and Related Properties and Swelling and Slake-Durability Index Properties[3]
适用范围		遇水易崩解的岩石	页岩或其他弱岩	—
试验仪器		烘箱、干燥器、天平、耐崩解性试验仪	除GB中所需仪器外,还需照相机	同GB
试样要求	储存条件	—	储存在不可腐蚀的气密容器中,温度为3~30℃,避免阳光直射	—
	形状	应为浑圆状		同GB,且试样最大直径应不超过3mm
	数量	10块		
	单个试样质量	40~60g		
	每组试样总质量	—	450~550g	

续表

<table>
<tr><th colspan="2">对比项目</th><th>GB</th><th>ASTM</th><th>ISRM</th></tr>
<tr><td rowspan="7">试验操作</td><td>注水高度</td><td colspan="3">至转动轴下约2cm处</td></tr>
<tr><td>转速</td><td colspan="3">20r/min</td></tr>
<tr><td>转动时间</td><td colspan="3">10min</td></tr>
<tr><td>温度要求</td><td>20±2℃</td><td>无明确要求，但每次循环前后需测量水温</td><td>20℃</td></tr>
<tr><td>循环次数</td><td>2次；可根据需要，进行5次</td><td colspan="2">2次</td></tr>
<tr><td>试验结束后操作</td><td>不仅对试样进行描述，同时试验后水的颜色以及水中残留物进行描述</td><td>仅对试样进行描述。对试验前后的照片进行保存，或对试样进行标准化描述</td><td>同ASTM仅对残留试样进行描述</td></tr>
<tr><td>称量精度</td><td>0.01g</td><td>0.1g</td><td>0.5g</td></tr>
<tr><td rowspan="2">数据处理</td><td>计算公式</td><td>$$I_{d2} = \frac{m_r}{m_s} \times 100$$
I_{d2}为岩石两次循环耐崩解性指数(%)；
m_s为原试样烘干质量(g)；
m_r为2次干湿循环后残留试样烘干质量(g)</td><td colspan="2">$$I_{d1} = \left[\frac{W_{f1} - C}{W_i - C}\right] \times 100$$
$$I_{d2} = \left[\frac{W_{f2} - C}{W_i - C}\right] \times 100$$
I_{d1}，I_{d2}为岩石第一次和第二次循环后的耐崩解性指数(%)；
W_i为滚筒和原试样总烘干质量(g)；
W_{f1}，W_{f2}为第一次和第二次干湿循环后滚筒加残留试样烘干质量(g)；
C为滚筒质量(g)</td></tr>
<tr><td>精度要求</td><td>保留3位有效数字</td><td colspan="2">0.1%</td></tr>
</table>

10.1.7　岩石声波测试试验

岩石声波测试试验主要用于测量纵、横波在岩石试样中的传播速度。纵、横波波速可用于计算岩石的动弹性参数、岩体完整性指数等。

岩石声波测试试验采用超声波参数测定仪，使用换能器发射和接收声波，测量声波的传播距离，记录传播时间，计算声波波速。常用的测试方法有直透法和平透法，前者将换能器布置于试样的两平行端面，换能器之间的连线垂直于端面；后者将换能器布置于同一平面。GB介绍了直透法和平透法，ISRM只介绍了直透法。

GB和ISRM所描述的试验方法适用于能制成规则试样的岩石，主要对比直透法试验。GB要求每次使用时测定零延时以校准仪器。ISRM对测试过程中防治产生误差的要求较多，试验结果的准确性更高，但只有在更换换能器时才进行仪器校准，无法保证试验的准确性。各标准间的详细对比见表10.9。推荐根据ISRM进行试验，但在试验之前应对换能器进行校正，记录零延时，根据GB进行数据处理。

表 10.9　岩石声波测试试验对比

对比项目	GB	ISRM
标准编号/名称	GB/T 50266—2013[1]	Upgraded ISRM Suggested Method for Determining Sound Velocity by Ultrasonic Pulse Transmission Technique[6]
适用范围	能制成规则试样的岩石	能制成规则试样的岩石
试验仪器	超声波参数测定仪,纵、横波换能器,测试架	超声波参数采集系统(信号发生器、示波器、信号放大器和滤波器、数据采集单元接口与设备)
试样要求 — 样品制备	避免产生裂缝	尽量保持原位微结构
试样要求 — 尺寸	1. 圆柱体试样直径宜为 48 ~ 54mm。 2. 试样高度与直径的比值宜为 2.0 ~ 2.5	可参考表 10.10
试样要求 — 精度	1. 试样两端面平行度误差小于 0.05mm。 2. 沿试样高度,直径的误差小于 0.3mm。 3. 端面与试样轴线的垂直偏差小于 0.25°	1. 试样表面光滑、平坦,即试样表面和标准直尺之间的最大间隙小于 0.025mm。 2. 各端面平行度误差小于 1mm/100mm
试剂要求 — 测纵波	凡士林或黄油	水杨酸苯酯,高真空油脂,甘油,油灰,凡士林,油
试剂要求 — 测横波	铝箔、铜箔或水杨酸苯脂等固体材料	高黏度介质,如环氧树脂
试验操作 — 直透法测试 — 换能器要求	对发射频率要求为 $f \geqslant \dfrac{2v_p}{D}$ f 为发射换能器的发射频率(Hz); v_p 为岩石纵波速度(m/s); D 为试样直径(m)	波长 λ 与试样尺寸有关,见表 10.10
试验操作 — 直透法测试 — 对换能器施加的压力	0.05MPa	给定为 10kPa,最小耦合应力可能随岩石类型和微观结构损伤程度而发生显著变化
试验操作 — 直透法测试 — 何时需对换能器校正	每次试验结束后以确定仪器系统的零延时	当使用新的换能器时,需对换能器进行校正
试验操作 — 直透法测试 — 换能器校正方式	1. 通过将发射和接收换能器彼此直接接触并测量零长度的行进时间。 2. 测定声波在不同长度的有机玻璃棒中的传播时间,绘制时距曲线	1. 通过将发射和接收换能器彼此直接接触并测量零长度的行进时间。 2. 测定声波在不同长度的有机玻璃棒中的传播时间,绘制时距曲线
试验操作 — 直透法测试 — 其他要求	使用切变振动模式的横波换能器时,收、发换能器的振动方向应一致	1. 应使用具有已知传播时间的具有已知速度的参考杆或参考间隔件来定期监测测量值中的任何漂移。 2. 当换能器手动连接时,运行时间应至少测量三次,施加不同的压力,如有可能,接收波形应该记录约 10 个脉冲间隔
试验操作 — 平透法测试	将一个发射换能器和两个(或两个以上)接收换能器置于试样同一侧的一条直线上,量测发射换能器中心至每一接收换能器中心的距离,测读纵波或横波在试样中的传播时间	—
试验操作 — 测量精度 — 距离	1mm	0.01mm
试验操作 — 测量精度 — 时间	0.1μs	—

续表

对比项目		GB	ISRM
数据处理	计算公式	$V_p = \dfrac{L}{t_p - t_0}$　$V_s = \dfrac{L}{t_s - t_0}$ $V_p = \dfrac{L_2 - L_1}{t_{p2} - t_{p1}}$　$V_s = \dfrac{L_2 - L_1}{t_{s2} - t_{s1}}$ V_p为纵波速度(m/s); V_s为横波速度(m/s); L为发射、接收换能器中心间的距离(m); t_p为直透法纵波的传播时间(s); t_s为直透法纵波的传播时间(s); t_0为直透法纵波的传播时间(s); $L_1(L_2)$为平透法发射换能器至第一(二)个接收换能器两中心的距离(m); $t_{p1}(t_{s1})$为平透法发射换能器至第一个接收换能器纵(横)波的传播时间(s); $t_{p2}(t_{s2})$为平透法发射换能器至第二个接收换能器纵(横)波的传播时间(s)	$V_p = L/t_p$ $V_s = L/t_s$ V_p为纵波速度(m/s); V_s为横波速度(m/s); L为传播路径长度(m); t_p为纵波行进时间; t_s为横波行进时间
	精度要求	保留3位有效数字	—

表 10.10　ISRM 对不同形状试样的要求

板	块	柱
	D, L	
$L/D \leqslant 0.1$	$L/D \approx 1$	$L/D \geqslant 10$
$\lambda \leqslant 0.1\ D$	$\lambda \leqslant 0.1\ D$	$\lambda \geqslant 5\ D$
$L \geqslant 10\ d_g$		

注:d_g为平均颗粒粒径(等效球体粒径)。

10.2　力学特性测试

10.2.1　岩石单轴抗压强度试验

岩石单轴抗压强度是指岩石试样在无侧限条件下单向受压至破坏时所能承受的最大轴

向应力。根据岩石的含水状态,岩石单轴抗压强度有干燥抗压强度、天然抗压强度与饱和抗压强度之分。

岩石单轴抗压强度试验在圆柱体试样两端加压使试样破坏,测定试样尺寸和试验过程中的最大轴向荷载,计算试样单轴抗压强度。影响试验结果的因素有试样尺寸、精度及加载速率。试验具有尺寸效应,试样的高径比越大,岩石的单轴抗压强度越小,最后趋于一个稳定的值。当试样的高径比大于 2 时,尺寸效应对试验结果的影响可忽略。试样直径应大于岩石中最大矿物粒径的 10 倍,以减小应力梯度的影响。试样精度越高,试验的准确度越高。试验的加载速率越大,所测的强度越高。

GB、ASTM 和 ISRM 皆收录了该试验。各标准的主要试验过程相同,试验的加载速率皆为 0.5 ~ 1.0MPa/s;试样尺寸要求不同,但均可忽略尺寸效应和减小应力梯度的影响。此外,各标准间的差异还体现在试样精度和数据记录方面。对于试样精度,IRSM 要求的试样精度较 GB 高,ASTM 未要求试样精度。在测量和记录数据时,仅 ISRM 要求了试样尺寸的测量精度,ASTM 和 ISRM 规定了试验荷载的记录精度。各标准之间的详细对比见表 10.11。推荐按照 ISRM 开展试验。

表 10.11　岩石单轴抗压强度试验对比

<table>
<tr><th colspan="2">对比项目</th><th>GB</th><th>ASTM</th><th>ISRM</th></tr>
<tr><td colspan="2">标准编号/名称</td><td>GB/T 50266—2013[1]</td><td>ASTM D7012-14[7]</td><td>Suggested Methods for Determining the Uniaxial Compressive Strength and Deformability of Rock Materials[8]</td></tr>
<tr><td colspan="2">适用范围</td><td>可制成圆柱体的各类岩石</td><td>完整岩心</td><td>同 GB</td></tr>
<tr><td colspan="2">试验仪器</td><td>材料试验机</td><td>压缩装置、压板(一个为平坦的,一个为球形的)、定时装置</td><td>轴向荷载测量装置、圆盘形钢板、球形加压上盖</td></tr>
<tr><td rowspan="8">试样要求</td><td>形状</td><td colspan="3">圆柱体</td></tr>
<tr><td>直径</td><td>应为 48 ~ 54mm,不小于岩石中最大矿物粒径的 10 倍</td><td>不小于 47mm。对于一般岩石,不小于岩石中最大矿物粒径的 10 倍;对于较弱岩石,不小于岩石中最大矿物粒径的 6 倍</td><td>不小于 54mm,且不小于岩石中最大矿物粒径的 10 倍</td></tr>
<tr><td>高径比</td><td colspan="2">2.0 ~ 2.5</td><td>2.5 ~ 3.0</td></tr>
<tr><td>两端面平行度</td><td><0.05mm</td><td>—</td><td><0.02mm</td></tr>
<tr><td>沿试样高度,直径的误差</td><td><0.3mm</td><td>—</td><td>同 GB</td></tr>
<tr><td>端面与试样轴线的垂直偏差</td><td><0.25°</td><td>—</td><td><3.5′</td></tr>
<tr><td>含水率要求</td><td>可根据实际要求,选择对应的含水率状态</td><td colspan="2">应为原位含水率</td></tr>
<tr><td>数量</td><td>3 个</td><td>根据测试方法 ASTM E122 确定</td><td>至少 5 个</td></tr>
</table>

续表

对比项目		GB	ASTM	ISRM
试验操作	加载速率	0.5～1.0MPa/s	应力速率同GB，或恒定的应变速率	同GB
	加载时间	—	2～15min	5～10min
	测量精度	—	荷载以kN为单位，保留两位小数；应力计读数精确至小数点后一位	高度精确至1.0mm，直径精确至0.1mm，最大荷载精确至1%
数据处理	计算公式	$\sigma_u=P/A$ σ_u为单轴抗压强度(MPa)； P为破坏荷载(kN)； A为横截面积(mm^2)		
	精度要求	保留3位有效数字	保留整数	同GB

10.2.2　岩石冻融试验

岩石的抗冻性反映了岩石抵抗冻融破坏的能力，该值大小取决于造岩矿物的热物理性质和强度、粒间联结、开空隙的发育情况以及含水率等因素。由坚硬矿物组成，且具强结晶联结的致密状岩石，抗冻性高；反之，抗冻性低。岩石冻融试验主要测定岩石的抗冻性指标，包含冻融质量损失率和冻融系数，前者为冻融前后饱和试样质量之差与试样干质量的比值，后者为岩石试样经过反复冻融后的干抗压强度与冻融前干抗压强度的比值。GB用冻融质量损失率和冻融系数表征岩石抗冻性，ASTM用质量损失率来描述岩石冻融性质。

冻融试验通常先将试样饱和，然后将饱和试样经过多次冻融循环，计算抗冻性指标。GB为使冻融循环后的试样用于抗压试验，要求试样为圆柱形，且试验时间短，大大节约了时间成本。ASTM仅进行冻融循环试验，要求试样为板状，在试验过程中要求冻融循环时间最好为24h，更好地模拟了实际情况，且根据每个地区实际情况确定冻融循环次数。GB与ASTM详细对比见表10.12。结合上述GB与ASTM的对比，可根据GB进行试验。

表10.12　岩石冻融试验对比

对比项目	GB	ASTM
标准编号	GB/T 50266—2013[1]	ASTM D5312/D5312 M-12(Reapproved 2013)[9]
适用范围	能制成圆柱体试样的各类岩石	防波堤石、护面块石、抛石和石笼大小的岩石材料
试验仪器	天平、冷冻装置、白铁皮盒和铁丝架、测量平台、材料试验机	最小刀片直径为36cm的圆形刀片金刚石锯、冻融室、解冻炉、干燥炉、吸收垫、天平、相机、显微镜

续表

对比项目		GB	ASTM
试样要求	形状	圆柱体	板状
	制备材料	钻孔岩心或岩块	在矿山、采石场或野外露头采取的岩块
	尺寸	圆柱体试样直径宜为 48 ~ 54mm，试样直径应大于岩石中最大矿物颗粒直径的 10 倍，高度与直径之比为 2.0 ~ 2.5，两端面平行度误差不得大于 0.05mm。沿试样高度，直径的误差不得大于 0.3mm，端面应垂直于试样轴线，偏差不得大于 0.25°	厚度为 65±5mm，板面的任一侧边长度不得小于 125mm，试样最大尺寸受试验室及设备的容量限制
	特殊要求	—	每个试样中都应包括弱面，各个弱面的每个方向都应有试样
	数量	6 个	1. 岩石源为均匀，至少 5 个。 2. 岩石源为不均匀，至少 8 个
试剂要求		—	0.5% 异丙醇溶液
试验操作	主要操作	取烘干试样经强制饱和后，分两组试验，每组 3 个试样，一组进行单轴抗压强度试验，另一组经冻融循环过后进行单轴抗压强度试验	试样全部进行冻融循环
	试验前试样描述	1. 岩石名称、颜色、矿物成分、结构、构造、风化程度、胶结物性质等。 2. 加载方向与岩石试样层理、节理、裂隙的关系。 3. 含水状态及所使用的方法。 4. 试样加工中出现的现象	在宏观和显微镜下(×20 倍)检查每个试样，注意层理面、微裂缝等，描述、标记并拍摄每个试样
	试样饱和方式	采用 GB 吸水性试验中强制饱和操作饱和试样	将试样置于容器中吸收垫上(锯切面向下)，注入异丙醇/水溶液至淹没试样，放置至少 12h
	冷冻时试样放置方式	直接置于铁皮盒中	将试样饱和后的试液倒出部分，使试液刚好浸没吸收垫
	冷冻温度	−20±2℃	−18±2.5℃
	冷冻时间	4h	至少 12h
	冷冻方式	将试样放置于冷冻柜或冷冻箱，调节温度	
	解冻温度	20±2℃	32±2.5℃
	解冻时间	4h	8 ~ 12h
	解冻方式	注水浸没试样，保持水温	将试样放置于冻融室或解冻炉中，调节至解冻温度

续表

对比项目		GB	ASTM
试验操作	冻融循环次数	一般为25次,可根据工程实际需求调整为50次或100次	循环次数为5的倍数,具体数值参考图10.1
	单次冻融循环后操作	每进行一次冻融循环,应仔细检查各试样有无掉块、裂缝等,应观察试样破坏过程。冻融循环结束后应作一次总的检查,并应作详细记录	1. 每次冻融循环后,若试液面低于吸收垫,需补充试液至刚好浸没吸收垫。 2. 每5次冻融循环后,需对试样进行定性描述,拍摄试样的彩色照片,并对特殊特征进行特写
	冻融循环结束后所测质量	沾干试样表面水分后的质量	最大碎片的烘干质量
	称量精度	0.01g	试样总质量的0.1%
数据处理	计算公式	$M=\frac{m_p-m_{fm}}{m_s}\times 100$ $R_{fm}=\frac{P}{A}$ $K_{fm}=\frac{\bar{R}_{fm}}{\bar{R}_w}$ M为岩石冻融质量损失率(%); R_{fm}为岩石冻融单轴抗压强度(MPa); K_{fm}为岩石冻融系数; m_p为冻融前饱和试样质量(g); m_{fm}为冻融后试样质量(g); m_s为试验前烘干试样质量(g); $\bar{R}_{fm}$为冻融后岩石单轴抗压强度平均值(MPa); $\bar{R}_w$为岩石饱和单轴抗压强度平均值(MPa)	质量损失率$=(A-B)/A\times 100$ A为测试前的样品干质量(g); B为试验后每个石板的最大剩余部分的干质量(g)
	精度要求	冻融质量损失率和冻融单轴抗压强度计算值取3位有效数字,冻融系数计算值精确至0.01	0.1%

10.2.3　岩石单轴压缩变形试验

岩石单轴压缩变形试验主要用于测定岩石试样在轴向应力条件下的轴向应变和径向应变,计算岩石的变形指标。岩石的变形特性指标包括岩石的弹性模量和泊松比。岩石在弹性极限内的单轴压力作用下,应力和应变之比称为弹性模量;岩石在单轴压缩作用下,横向应变与纵向应变的比值称为泊松比。

试验通过测量岩石在压缩过程中所受的荷载与变形,计算应力与对应的应变,绘制应力

图 10.1　美国部分地区冻融严重程度指数等值线图[9]

与应变关系曲线，计算岩石的变形参数。岩石的变形模量受试验尺寸、精度及加载条件等因素的影响较小，且试验结果并不具有规律性。GB、ASTM 和 ISRM 皆收录了该试验。各标准对该试验要求几乎相同，主要为试样尺寸和精度以及应变片粘贴的区别。试样尺寸和精度的区别与单轴抗压强度试验相同。在应变片粘贴时，GB 介绍了详细的注意事项，ASTM 和 ISRM 皆未说明。各标准的岩石单轴压缩试验对比见表 10.13。由于 ISRM 对数据处理的说明最为详细，推荐根据 GB 开展试验，按 ISRM 进行数据处理。

表 10.13　岩石单轴压缩变形试验对比

对比项目	GB	ASTM	ISRM
标准编号/名称	GB/T 50266—2013[1]	ASTM D7012-14[7]	Suggested Methods for Determining the Uniaxial Compressive Strength and Deformability of Rock Materials[8]
适用范围	可制成圆柱体的各类岩石	完整岩心	可制成规则试样的岩石
试验仪器	材料试验机、静态电阻应变仪、万用电表、电阻应变片	压缩装置、压板（一个为平坦的，一个为球形的）、应变测量装置、定时装置	轴向荷载测量装置、圆盘形钢板、球形加压上盖、变形量测装置（如电阻应变片等）、记录荷载和变形的装置

续表

对比项目		GB	ASTM	ISRM
试样要求	形状	圆柱体		
	直径	1. 应为48～54mm。 2. 不小于岩石中最大矿物粒径的10倍	1. 应不小于47mm。 2. 对于一般岩石，不小于岩石中最大矿物粒径的10倍；对于较弱岩石，不小于岩石中最大矿物粒径的6倍	1. 不小于54mm。 2. 不小于岩石中最大矿物粒径的10倍
	高径比	2.0～2.5		2.5～3.0
	两端面平行度	<0.05mm	—	<0.02mm
	沿试样高度，直径的误差	<0.3mm	—	同GB
	端面与试样轴线的垂直偏差	<0.25°	—	<3.5′
	含水率要求	可根据实际要求，选择对应的含水率状态	应为原位含水率	
试验操作	应变片粘贴注意事项	1. 贴片位置应选择在试样中部相互垂直的两对称部位，应以相对面为一组，分别粘贴轴向、径向应变片，并应避开裂隙或斑晶。 2. 贴片位置应打磨平整光滑，并应用清洗液清洗干净。各种含水状态的试样，应在贴片位置的表面均匀地涂一层防底潮胶液，厚度不宜大于0.1mm，范围应大于应变片	—	—
	加载速率	0.5～1.0MPa/s	应力速率同GB，或恒定的应变速率	同GB
	加载时间	—	2～15min	5～10min
	读数记录	记录压缩过程中的试样变形和所受荷载，测值不少于10组		
	测量精度	—	荷载以kN为单位，保留两位小数；应力计读数精确至小数点后一位。尺寸记录未说明精度	高度精确至1.0mm，直径精确至0.1mm，最大荷载精确至1%

续表

对比项目		GB	ASTM	ISRM
数据处理	计算方式	$E_{av}=\frac{\sigma_b-\sigma_a}{\varepsilon_{lb}-\varepsilon_{la}}$ $\mu_{av}=\frac{\sigma_{db}-\sigma_{da}}{\varepsilon_{lb}-\varepsilon_{la}}$ $E_{50}=\frac{\sigma_{50}}{\varepsilon_{l50}}$ $\mu_{50}=\frac{\varepsilon_{d50}}{\varepsilon_{l50}}$ E_{av} 和 μ_{av} 分别为试样的平均弹性模量和平均泊松比； E_{50} 和 μ_{50} 分别为试样的割线弹性模量和对应的泊松比； ε_d 和 ε_l 分别为轴向应变和径向应变； 下标 a、b、50 对应各自的应力状态	根据所记录数据画出应力-应变关系图，计算弹性模量 E 和泊松比 ν： 1. 切线弹性模量 E_t 为在强度 50% 处测得的切线斜率。 2. 平均弹性模量 E_{av} 为曲线直线段的平均斜率。 3. 正割弹性模量 E_s 为从零到强度值 50% 处的割线斜率。 4. 泊松比 ν=-轴向应力-应变曲线的斜率/径向应力-应变曲线的斜率=-E/径向应力-应变曲线的斜率	1. 弹性模量和泊松比计算方式同 ASTM。 2. 给定应力水平下的体积应变 $\varepsilon_\nu=\varepsilon_a+2\varepsilon_d$，$\varepsilon_a$ 为轴向应变，ε_d 为径向应变
	精度要求	弹性模量取 3 位有效数字，泊松比精确至 0.01	—	弹性模量和泊松比皆保留 3 位有效数字

10.2.4　岩石三轴压缩强度试验

岩石三轴压缩强度试验先使圆柱体试样处于一定围压（$\sigma_2=\sigma_3$）下，施加轴向压力 σ_1 至试样破坏，此时的轴向应力值即为试样的三轴压缩强度。也可根据不同围压下的三轴压缩强度绘制试样的强度曲线，计算试验的抗剪强度指标。

获得抗剪强度指标的三轴压缩强度试验方法主要有三种。第一种方法取多个试样，使试样在不同围压下破坏，得到多个围压下对应的破坏荷载，由此得到岩石的破坏准则。第二种方法对单个试样施加多级围压，当第一次试样破坏时，停止施加轴向压力，增加围压至下一级水平后，再次施加轴向压力至试样破坏，多次重复该步骤从而得到多组数据，以获得强度曲线。第三种方法在施加预压力后，以恒定的轴向应变速率缓慢加载至峰值点，然后同时增加围压和轴向压力，使应力-应变曲线上升方式为直线，斜率为初始加载阶段直线的斜率，由此得到的正应力-剪应力曲线即为强度曲线。GB、ASTM 和 ISRM 皆收录了三轴压缩试验，GB 仅介绍了第一种方法，ASTM 介绍了前两种方法，ISRM 对三种方法皆有说明。

由于第一种方法为通用的方法，以下主要对比该方法。各标准的主要差异体现在试样要求、试验环境和传感器校准方面。GB 和 ASTM 要求的试样大小类似，但 ASTM 未要求试样的精度；ISRM 要求的试样较大，精度较 GB 高。三个标准中，仅 ASTM 对试验的温度做出规定，且要求试验开始前需对传感器校准，提高了试验精度。各标准之间的详细对比见表 10.14。推荐根据 ASTM 开展试验，试样精度符合 ISRM 的要求。

表 10.14　岩石三轴压缩强度试验对比

对比项目		GB	ASTM	ISRM
标准编号/名称		GB/T 50266—2013[1]	ASTM D7012-14[7]	Suggested Methods for Determining the Strength of Rock Materials in Triaxial Compression[10]
适用范围		可制成圆柱体的各类岩石	完整岩心	同 GB
试验仪器		三轴试验机	压缩装置、压板(一个为平坦的,一个为球形的)、限制系统(约束装置、压力维持装置、封闭压力流体、温度室、温度测量装置)、定时装置	加载装置,三轴容器,施加围压的装置,测量荷载、压力和位移的设备
试样要求	形状	圆柱体		
	直径	试样直径为 48 ~ 54mm,且为试样承压板直径的 0.96 ~ 1.00 倍,大于岩石中最大颗粒直径的 10 倍	对于一般岩石,不小于岩石中最大矿物粒径的 10 倍;对于较弱岩石,不小于岩石中最大矿物粒径的 6 倍。最小直径为 47mm	最小直径为 54mm,且不小于岩石中最大矿物粒径的 10 倍
	高径比	2.0 ~ 2.5		2.0 ~ 3.0
	两端面平行度	<0.05mm	—	<0.02mm
	沿试样高度,直径的误差	<0.3mm	—	同 GB
	端面与试样轴线的垂直偏差	<0.25°	—	<3.5′
	含水率要求	可根据实际要求,选择对应的含水率状态	应为原位含水率	
	数量	5 个	根据测试方法 ASTM E122 确定,至少 9 个	至少 5 个
试验操作	围压的选择	按等差级数或等比级数选取	—	—
	预压力加载	以 0.05MPa/s 的加载速度,同步施加侧向压力和轴向压力至预定值	约束应力在 5min 内均匀提升至预定水平	同时施加围压和轴向荷载至预定值,未规定加载速率
	温度要求	—	以不超过 2℃/min 的速度升高至所需温度	—
	传感器校准	—	以不少于 30min(常温下试验为 3min)的时间间隔,连续 3 次读数相同,以此作为初始读数	—

续表

对比项目		GB	ASTM	ISRM
试验操作	轴向荷载加载速率	0.5 ~ 1.0MPa/s	应力速率同 GB,或恒定的应变速率	同 GB
	轴向荷载加载时间	—	2 ~ 15min	5 ~ 15min
	测量精度	—	荷载以 kN 为单位,保留两位小数;应力计读数精确至小数点后一位	高度精确至 1.0mm,直径精确至 0.1mm,最大荷载精确至 1%
数据处理	莫尔包络线参数计算方式	1. 在 τ-σ 坐标图上绘制莫尔应力圆。根据莫尔-库仑强度准则确定岩石在三向应力状态下的抗剪强度参数(f,c)。 2. 在 $\sigma_1-\sigma_3$ 坐标图上根据试验点,建立以下线性方程式:$\sigma_1 = F\sigma_3 + R$。莫尔-库仑强度准则参数按下式计算:$f = \frac{F-1}{2\sqrt{F}}, c = \frac{R}{2\sqrt{F}}$	根据试验结果画出莫尔包络线,最佳拟合线为直线时,与 y 轴的截距为黏聚力 c,斜率为 $\tan\varphi$	1. 同 GB 中(1)。 2. 轴向应力 σ 和围压 p 可建立如下关系: $\sigma = mp + b$ 3. 莫尔-库仑准则参数计算公式: $\varphi = \arcsin\frac{m-1}{m+1}$ $c = b\frac{1-\sin\varphi}{2\cos\varphi}$

10.2.5　岩石巴西劈裂试验

岩石在单轴拉伸作用下达到破坏时所能承受的最大拉应力称为岩石的单轴抗拉强度。测定岩石抗拉强度的常用方法有直接拉伸法和劈裂法。直接拉伸法使用夹具对试样直接拉伸,测定抗拉强度。劈裂法通过径向压缩圆柱形试样,测定试样破坏时的强度,间接计算抗拉强度。直接拉伸法测试结果符合抗拉强度的定义,但试验成功率低,成本较高。劈裂法试验成功率高,试验操作简便,能够快速测定抗拉强度。GB、ASTM 皆只收录了劈裂法,仅 ISRM 同时收录了两种方法。

GB、ASTM 及 ISRM 介绍的试验标准皆适用于能制成规则圆柱形试样的岩石。各标准之间的差异主要在于加载方式和加载速率。对试样加压时,GB 采用平面状承压板,要求承压板与试样接触处应放置垫条,使试样受到线荷载。ASTM 列出了两种承压板,分别为平面型和弧面型,加载时无需垫条,两者的抗拉强度计算公式不同。ISRM 采用弧面型承压板,直接对试样加压,计算公式同 GB。加载时的加载速率越大,试验结果越大,而各标准的加载速率皆不相同。各标准之间的详细对比见表 10.15。由于试样的尺寸和精度会对试验结果产生较大的影响,在同一直径条件下,试样的高径比越大,抗拉强度越低。推荐选用直径为 54mm、高径比为 0.5 的试样,同时符合三个标准的要求,根据 GB 进行试验。

表 10.15　岩石巴西劈裂试验对比

对比项目		GB	ASTM	ISRM
标准编号/名称		GB/T 50266—2013[1]	ASTM D3967-16[11]	Suggested Methods for Determining Tensile Strength of Rock Materials[12]
适用范围		能制成规则圆盘试样的岩石		
试验仪器		材料试验机	试样加工装置，加载设备。加载设备要求具有加载装置（轴承压板、球形底座、刚性底座）、弯曲的轴承压板、假平面压板、弯曲辅助轴承压板	两个弧形曲面加载装置、双厚度的胶带纸、加压与测量装置、球形座
试样要求	形状	圆柱体		
	直径	直径为 48 ~ 54mm，大于岩石中最大颗粒直径的 10 倍	直径大于岩石中最大颗粒直径的 10 倍	直径不小于 54mm
	高径比	0.5 ~ 1.0	0.2 ~ 0.75	0.5
	两端面平行度	<0.05mm	—	<0.025mm
	沿试样高度，直径的误差	<0.3mm	≤0.5mm	≤0.25mm
	端面与试样轴线的垂直偏差	<0.25°	≤0.5°	同 GB
	数量	应为 3 个	至少 10 个样品	以实际情况确定，一般为 10 个
试验操作	试样标记	通过试样直径的两端，沿轴线方向相互平行的两条加载基线	试样端面内两条平行的直径线	—
	安装	将试样置于承压板中心，使试样均匀受力，垫条与试样在同一加载轴线上	将试样放置在装载压板之间，使标记在样品端部的两条线的直径面与球形轴承表面的推力中心线对齐，误差在 1.25mm 以内	试样轴线与加载装置中心应在同一竖直面内
	加载速率	0.3 ~ 0.5MPa/s	0.05 ~ 0.35MPa/s	应以一恒定速率，建议为 200N/s
	破坏时间	—	1 ~ 10min	对于强度极低的弱岩，应在 15 ~ 30s 破坏

续表

对比项目		GB	ASTM	ISRM
数据处理	计算公式	$\sigma_t = \frac{2P}{\pi Dh}$ σ_t 为岩石抗拉强度(MPa); P 为试样破坏荷载(N); D 为试样直径(mm); h 为试样高度(mm)	平面型承压板: $\sigma_t = \frac{2P}{\pi Dh}$ 弧面形承压板: $\sigma_t = \frac{1.272P}{\pi tD}$ σ_t 为岩石抗拉强度(MPa); P 为试验机指示的最大施加荷载(N); t 为试样的厚度(mm); D 为样品直径(mm)	$\sigma_t = \frac{0.636P}{\pi Dt} \approx \frac{2P}{\pi Dt}$ σ_t 为岩石抗拉强度(MPa); P 为试验机指示的最大施加荷载(N); t 为试样的厚度(mm); D 为样品直径(mm)
	精度要求	保留 3 位有效数字		

10.2.6　岩石结构面直剪试验

岩石结构面直剪试验主要通过测定不同法向荷载下试样的抗剪强度,求得抗剪强度参数。对于一定法向压力下的直剪试验,首先对试样进行封装,测定试样的结构面参数,然后施加一定的法向荷载,使试样在该荷载下变形稳定,最后在法向荷载的作用下施加水平推力,使试样剪切至破坏。GB、ASTM 和 ISRM 皆收录了该试验。

三个标准中,ASTM 和 ISRM 大部分要求相同,它们对整个试验的描述详细,但缺少对试验仪器的校准。ISRM 对试样的制取和存储要求严于 ASTM,在试样尺寸以及试样封装时亦与 ASTM 略有不同。GB 与其他两个标准差异较大,该标准未详细说明试样的制取和储存要求以及测量试样结构面参数的具体方法和精度,法向加载时的稳定要求和剪切时的步骤也与其他两个标准不同。此外,各标准对封装试样的共性缺点为:试样封装时间较长;结构面之间的贴合度误差较大;施加荷载受限于封装材料强度或岩石与封装材料的握裹力;封装材料的变形也会计入试样变形中,增加了误差。各标准之间的详细对比见表 10.16。在进行试验时,可参考 ASTM 和 ISRM,并在施加法向荷载前按 GB 的方式对仪器进行校准。

10.2.7　岩石点荷载强度试验

岩石点荷载强度试验采用点荷载试验仪在径向和轴向对试样施加点荷载至破裂,由试样所测得的荷载最大值计算点荷载强度。相对于单轴压缩强度试验,点荷载强度试验操作更方便、简洁,试样易制备,因此常用于现场测定,以换算试样的单轴抗压强度,进行岩石分级。GB、ASTM 和 ISRM 皆收录了该试验。

表 10.16　岩石结构面直剪试验对比

对比项目		GB	ASTM	ISRM
标准编号/名称		GB/T 50266—2013[1]	ASTM D5607-16[13]	ISRM Suggested Method for Laboratory Determination of the Shear Strength of Rock Joints: Revised Version[14]
适用范围		各种岩石结构面	各种岩石、混凝土	不连续面几乎没有抗拉强度的岩石
试验仪器		试样制备设备、试样饱和与养护设备、应力控制式平推法直剪试验仪、位移测表	试样机、剪切盒、负载监控设备、压力维持设备、试样固定环、分隔板、位移量测装置、数据收集装置、计算机	试验机(通常为直接剪切试验机)、加载装置、测量装置
试样要求	取样与储存要求	试样在采取、运输、储存和制备过程中,应防止产生裂隙和扰动	1. 在收集和运输样品中,尽量避免扰动。 2. 使用胶带、塑料等包装以保持试样原位含水率。 3. 使用塑料半圆、心盒等来桥接结构面,防止试样上下结构发生差异运动。 4. 除水之外,其他任何岩体都不应与试样接触。 5. 试样应储存于不受风化影响的地方	除 ASTM 中所述外,试样应于原位含水率下进行试验,在储存过程中应置于防潮容器中
	形状	—	可以确定横截面积的任何形状	横截面最好为规则形状(矩形、椭圆形)
	试验平面尺寸要求	直径或边长不小于 50mm	1. 最小尺寸应不小于试样最大粒径或最大粗糙度的 10 倍。 2. 最小面积为 $1900mm^2$。 3. 宽度沿剪切方向不应有显著变化,最小宽度应大于最大宽度的 75%。 4. 在剪切期间应保持固定部位的长度大于悬空部位的长度	1. 长度(沿剪切方向)不小于最大粗糙度的 10 倍。 2. 宽度(垂直于剪切方向)至少为 48mm。 3. 同 ASTM(3、4)
	试样高度	应与直径或边长相等	应大于剪切区域的厚度,足以将试样嵌入固定环中	
	数量	5 个	至少 3 个	3~5 个

续表

<table>
<tr><th colspan="3">对比项目</th><th>GB</th><th>ASTM</th><th>ISRM</th></tr>
<tr><td rowspan="8">试验操作</td><td rowspan="5">试样量测</td><td>量测时间</td><td>于试验结束后测量</td><td colspan="2">于试验开始前测量</td></tr>
<tr><td>规则横截面面积</td><td>—</td><td>测量方法：使用卡尺或千分尺记录相关尺寸。
尺寸精度：精确至0. 025mm</td><td>测量方法同 ASTM，并未要求尺寸测量精度，且面积精确至2. 5mm²</td></tr>
<tr><td>不规则横截面面积</td><td>—</td><td>测量方法：在纸上跟踪端面轮廓线，用测面器测量端面面积。
测量精度：精确至0. 1mm</td><td>测量方法同 ASTM，测量精度为2. 5mm²</td></tr>
<tr><td>干净结构面的粗糙度</td><td>—</td><td colspan="2">可使用轮廓仪将一条直线上的粗糙剖面追踪下来，与标准粗糙度系数图对比以确定端面粗糙度；也可使用3D 非接触式量测设备进行数字化</td></tr>
<tr><td>部分未破裂结构面的粗糙度</td><td>—</td><td>在试样破裂后进行测量</td><td>—</td></tr>
<tr><td rowspan="3">试样封装</td><td>封装化合物</td><td>—</td><td>超强度石膏水泥</td><td>水泥、树脂等</td></tr>
<tr><td>封装时尺寸要求</td><td>1. 试样未封装高度应为试样长度的5%，或为结构面填充物的厚度。
2. 剪切平面应位于剪切缝中部</td><td>1. 剪切平面两侧至少保留5mm 的区域保持不含密封材料。
2. 结构面与剪切平面对齐。
3. 试样封装高度最小为试样长度的0. 2倍</td><td>同 ASTM 中（1、2）</td></tr>
<tr><td>其他要求</td><td>—</td><td>若需饱和试样的剪切强度，封装试样的浸水时间不少于48h</td><td>需测定试样剪切平面与平均平面的角度</td></tr>
<tr><td colspan="2">位移测量装置安装</td><td>法向位移测表和剪切位移测表都应对称布置，各测表数量不得少于2只</td><td colspan="2">法向位移测量装置：4个，检测试样的俯仰和滚动。
剪切位移测量装置：1个</td></tr>
</table>

续表

对比项目			GB	ASTM	ISRM
试验操作	法向荷载的施加	开始施加前的仪器校准	每10min读一次法向位移测表，各个测表的三次读数差值不超过0.02mm时	—	—
		加载速率	—	以恒等速率，具体大小未要求	≤0.01MPa/s
		施加方式	1. 对于不需要固结的试样，一次施加完毕。 2. 对于需固结的试样，按填充物的性质和厚度分1～3级加压	以恒定速率一次连续施加	
		加载或卸载时间	—	5min	
		最大法向荷载	对于岩石结构面中含有填充物的试样，最大法向荷载不应挤出充填物	—	—
	剪切荷载的施加	开始加载时间	1. 对于不需固结的试样，法向荷载施加后，测读法向位移，5min后再测读一次，然后开始施加剪切荷载。 2. 对于需要固结的试样，固结稳定后，即可施加剪切载荷	待法向位移稳定后即可	
		加载方式	根据最大荷载，分8～12级加压。每级荷载施加后，测读法向位移和剪切位移，5min后再测读一次，然后开始施加下一级压力	以选定的剪切位移速率，一次连续加压	
		加载速率	—	1. 一般为0.1～0.2mm/min。 2. 在确定残余强度时，可增加至0.5mm/min。 3. 特殊情况下，如结构面为黏土填充，为0.05mm/min	
		剪切位移	—	结构面长度的5%～10%	
		试样破坏后	继续剪切，直至测出趋于稳定的剪切荷载值		

续表

对比项目		GB	ASTM	ISRM
试验操作	其他	在试验结束后： 1. 测定有效剪切面积。 2. 描述剪切面的破坏情况，擦痕的分布、方向和长度。 3. 测定剪切面的起伏差，绘制沿剪切方向断面高度变化曲线	在试验开始前和试样结束后，对试样的两面进行拍照记录	
数据处理	应力计算公式	$\sigma = \frac{P}{A}, \quad \tau = \frac{Q}{A}$ P 为作用于剪切面上的法向载荷(N)； Q 为作用于剪切面上的剪切载荷(N)； A 为有效剪切面面积(mm^2)	$\sigma = \frac{P_n}{A}, \quad \tau = \frac{P_s}{A}$ P_n为法向载荷(N)； P_s为剪切载荷(N)； A 为初始横截面积(mm^2)	
	所需图示及应用	1. 各法向应力下，剪应力与剪切位移及法向位移关系图，以确定峰值强度和残余强度。 2. 剪应力与法向应力关系图，并由此得出库仑-奈维表达式的相应参数(f,c)	1. 剪应力与剪切位移关系图。 2. 峰值剪切强度与法向应力关系图。 3. 法向位移与剪切位移关系图。 4. 对于剪切强度与法向应力关系图中超出试验结果的范围，尤其是较低的法向应力值，不可应用于实际	1. 由剪应力与剪切位移图和法向位移与剪切位移关系图确定试样的剪切强度。 2. 法向应力施加阶段的法向应力与法向位移图。 3. 由剪切应力与剪切位移图，在左侧另加一横坐标，画出剪切应力与法向应力关系图。 4. 由法向位移与剪切位移关系图确定峰值摩擦角和残余摩擦角。 5. 同 ASTM 中(4)。 6. 强度包络线若为直线，确定莫尔-库仑准则参数；若为非线性，考虑其他破坏准则，并确定强度参数

各标准对点荷载强度试验的主要操作要求相同，但 ASTM 与 ISRM 还对各向异性岩石的试验操作进行了描述，且对加载方式、试样要求、试验结果等采用图示说明，增强了标准的可读性。此外，各标准对适用范围和数据处理方面略有不同，详细对比见表 10.17。推荐根据 ASTM 或 ISRM 进行试验。

表 10.17　岩石点荷载强度试验对比

<table>
<tr><th colspan="2">对比项目</th><th>GB</th><th>ASTM</th><th>ISRM</th></tr>
<tr><td colspan="2">标准编号/名称</td><td>GB/T 50266—2013[1]</td><td>ASTM D5731-16[15]</td><td>Suggested Method for Determining Point Load Strength[16]</td></tr>
<tr><td colspan="2">适用范围</td><td>各类岩石</td><td>中强度岩石(抗压强度超过 15MPa)</td><td>同 GB</td></tr>
<tr><td colspan="2">试验仪器</td><td colspan="3">点荷载试验仪</td></tr>
<tr><td rowspan="4">试样要求</td><td>一般要求</td><td>—</td><td>试样直径应为 30 ~ 85mm，最好为 50mm</td><td>—</td></tr>
<tr><td>岩心</td><td>1. 径向试验：长径比>1。
2. 轴向试验：长径比为 0.3 ~ 1</td><td>除 GB 中的要求外，直径不小于组成岩石最大矿物颗粒粒径的 4 倍</td><td>同 GB</td></tr>
<tr><td>方块体块和不规则试样</td><td>1. 两加载点间距与加载处平均宽度之比宜为 0.3 ~ 1.0。
2. 试样在加载方向的长度应为 30 ~ 85mm，最好为 50mm</td><td>同 GB 中(1)</td><td>同 GB</td></tr>
<tr><td>数量</td><td>1. 岩心：5 ~ 10 个。
2. 块体和不规则试样：15 ~ 20 个</td><td>1. 岩心或块体：至少 10 个。
2. 不规则试样：至少 20 个。
3. 若岩石试样为各向异性时，每组试样数量需增加</td><td>至少 10 个，若岩石试样为各向异性时，每组试样数量需增加</td></tr>
<tr><td rowspan="6">试验操作</td><td>各向同性岩石试验</td><td colspan="3">1. 加载点距试样自由端的最小距离不小于加载两点间距的 0.5 倍。
2. 径向试验加载点为直径两端。
3. 轴向试验加载点为上下端面圆心。
4. 方块体和不规则块体加载方向应沿最小尺寸方向</td></tr>
<tr><td>各向异性岩石试验</td><td>—</td><td colspan="2">1. 加载方向应平行和垂直于各向异性平面(若含有结构面，则为结构面)，如图 10.2 所示。
2. 岩心轴线与弱面法线夹角应小于 30°。
3. 对于岩心，可先进行径向试验，以产生用以轴向试验的碎片。
4. 对于岩块，可用两个子样进行分别加载</td></tr>
<tr><td>破坏时间</td><td colspan="3">10 ~ 60s</td></tr>
<tr><td>有效破坏</td><td>破坏面贯穿试样，并通过两加载点</td><td colspan="2">同 GB，如图 10.3 所示</td></tr>
<tr><td>注意事项</td><td colspan="3">当发生严重的压板穿透时，需测量破坏时两加载点的距离</td></tr>
<tr><td>测量要求</td><td>—</td><td colspan="2">直径精确至±2%，平均宽度精确至±5%</td></tr>
</table>

续表

<table>
<tr><th colspan="3">对比项目</th><th>GB</th><th>ASTM</th><th>ISRM</th></tr>
<tr><td rowspan="8">数据处理</td><td rowspan="3">等价岩心直径</td><td>径向试验</td><td colspan="3">$$D_{e}^{2} = D^{2}$$
D_{e}为等价岩心直径(mm)；
D为岩心直径(mm)</td></tr>
<tr><td>其他试验</td><td colspan="3">$$D_{e}^{2} = \frac{4WD}{\pi}$$
W为通过两加荷点最小截面的宽度(或平均宽度)(mm)</td></tr>
<tr><td>严重压板穿透时</td><td colspan="3">$$D_{e}^{2} = DD' = \frac{4WD'}{\pi}$$
D'为上下锥端发生贯入后试样破坏瞬间的加荷点间距(mm)</td></tr>
<tr><td colspan="2">未校正的岩石点荷载强度</td><td colspan="3">$$I_{s} = \frac{P}{D_{e}^{2}}$$
I_{s}为未校正的岩石点荷载强度(MPa)；
P为破坏荷载(N)</td></tr>
<tr><td rowspan="2">岩石点荷载强度尺寸校正</td><td>数据点较多时</td><td>根据试验结果，绘制$D_{e}^{2}-P$曲线，在曲线上查找D_{e}^{2}为2500mm^{2}时对应的P_{50}值，按下式计算岩石点荷载强度指数：
$$I_{s(50)} = \frac{P_{50}}{2500}$$
$I_{s(50)}$为经尺寸修正后的岩石点荷载强度(MPa)</td><td colspan="2">同GB，但指出$D_{e}^{2}-P$曲线在双对数坐标轴上绘制</td></tr>
<tr><td>数据较少时</td><td>$$I_{s(50)} = F I_{s}$$
F为尺寸校正系数，计算公式：
$$F = \left(\frac{D_{e}}{50}\right)^{m}$$
m取值为0.4～0.45，由经验确定</td><td colspan="2">计算公式同GB，但尺寸校正系数中的m取值为0.45，当D_{e}接近50时，m可取0.5</td></tr>
<tr><td colspan="2">点荷载强度各向异性指数</td><td colspan="3">$$I_{a(50)} = \frac{I'_{s(50)}}{I''_{s(50)}}$$
$I_{a(50)}$为点荷载强度各向异性指数；
$I''_{s(50)}$为垂直于弱面的岩石点荷载强度指数(MPa)；
$I''_{s(50)}$为平行于弱面的岩石点荷载强度指数(MPa)</td></tr>
<tr><td colspan="2">平均值计算</td><td colspan="3">1. 当样品数小于10个时，舍掉1个最大值和1个最小值，取剩余值的平均值。
2. 当样品数大于等于10个时，舍掉2个最大值和2个最小值，取剩余值的平均值</td></tr>
</table>

续表

对比项目		GB	ASTM	ISRM
数据处理	单轴抗压强度计算	—	单轴抗压强度为未校正点荷载强度指数的 K 倍，K 的取值与试验的直径有关，具体见表 10.18	单轴抗压强度为校正后点荷载强度指数的 20 ~ 25 倍
	巴西劈裂强度	—	—	巴西劈裂强度约为校正后点荷载强度指数的 0.8 倍
	精度要求	保留 3 位有效数字		—

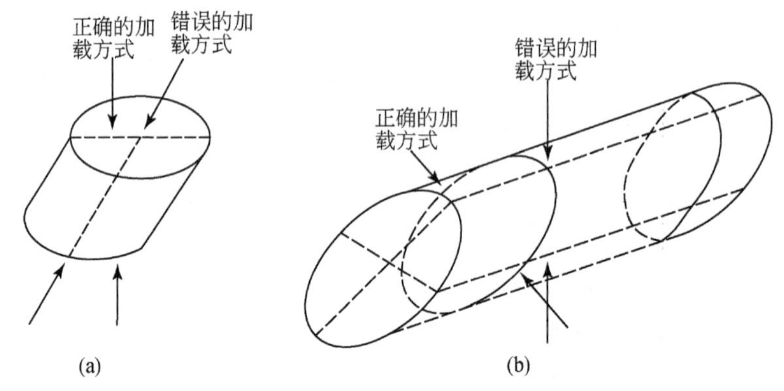

图 10.2　正确的各向异性试验加载方式

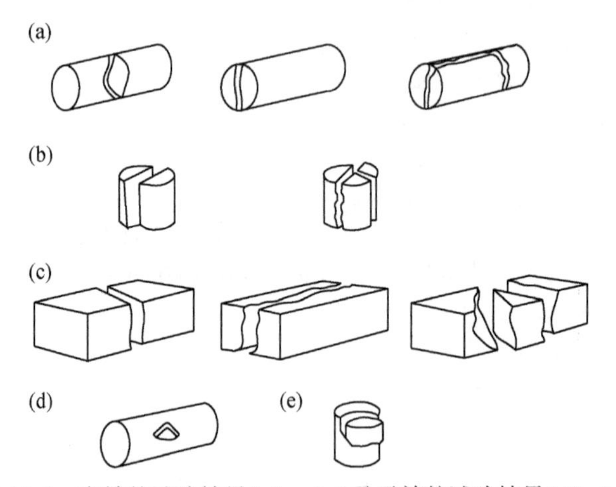

图 10.3　有效的试验结果(a) ~ (c)及无效的试验结果(d)、(e)

表 10.18　ASTM 中 K 的一般取值

岩心尺寸/mm	21.5	30	42	50	54	60
K 值	18	19	21	23	24	24.5

10.2.8　岩石回弹试验

岩石回弹试验主要用于测定试样的回弹硬度。回弹硬度可用于换算单轴抗压强度、预测隧道掘进机的渗透率、确定施工时的岩石质量以及预测岩石的液压可蚀性等。

岩石回弹试验要求将试样固定于垫板上,采用回弹仪对试样进行锤击,测定回弹值。锤击时,圆柱体试样的锤击方向为径向,立方体试样的锤击试样表面。由于中国主要将回弹法应用于混凝土强度的快速测量,而对岩石硬度测量并无明确的标准,因此仅列出中国试验方法以供参考,主要对比ASTM和ISRM。试样的温度和湿度会影响岩石的性质,进而对试验结果产生误差,两个标准均未同时对试样的温度和湿度进行规定。ASTM要求试样和锤子的温度相同,ISRM要求记录试样的湿度。此外试验数据的选用对试验结果亦有影响,ASTM选取的测点较少,对试验结果的选取合理,记录的数据需筛选后使用;而ISRM测读次数较多,全部用于数据处理。各标准的详细对比见表10.19。推荐根据ASTM开展试验,且在试验开始时需记录试样的湿度。

表10.19　回弹试验对比

对比项目		GB	ASTM	ISRM
来源		工程地质原位测试[17]	ASTM D5873-14[18]	ISRM Suggested Method for Determination of the Schmidt Hammer Rebound Hardness: Revised Version[19]
适用范围		表层与内部质量没有明显差异且没有缺陷的岩石	单轴抗压强度为1～100MPa的岩石,不适用于具有囊泡纹理的岩石	1. N型多适用于现场测试。 2. L型多适用于多孔、风化的弱岩。 3. 岩石的单轴抗压强度范围为20～150MPa
试验仪器		回弹仪	回弹仪(反弹锤、心架、砧座、磨石)	L型回弹仪或N型回弹仪
试样要求	试样	岩心、岩块或原位岩石表面		
	岩心要求	长度与直径之比为2或2.5;长度不小于10cm	直径不小于54mm,长度至少为15cm	1. 对于L型锤,直径≥54.7mm 2. 对于N型锤,直径≥84mm
	岩块要求	1. 在锤击方向上厚度应不小于10cm。 2. 锤击面积大于$20\times20cm^2$	岩块表面至少有直径为15cm的平坦区域	同GB中(1)
	室内加工尺寸要求	圆柱体:ϕ5cm×10cm 长方体:5cm×5cm×10cm	—	—
	其他要求	—	1. 至少有6cm深度的锤击厚度。 2. 无节理、断裂或其他明显的局部结构面。 3. 测试表面应光滑	1. 同ASTM中(3)。 2. 需记录试样表面湿度和整体湿度

续表

<table>
<tr><th colspan="2">对比项目</th><th>GB</th><th>ASTM</th><th>ISRM</th></tr>
<tr><td rowspan="2">仪器校准</td><td>校准时间</td><td>试验前后</td><td colspan="2">试验开始之前</td></tr>
<tr><td>校准步骤</td><td>在洛氏硬度 HRC 为 60±2 的钢砧上进行率定，回弹仪率定值应为 $N=80\pm2$。率定时，对弹击杆应分四次旋转，每次旋转 90°，每次弹击 3 ~ 5 次，取其中最后连续 3 次且读数稳定的值进行平均</td><td colspan="2">采用校准砧座校准施密特锤，校正系数 CF = 砧座的规定的标准值/砧座 10 个读数的平均值</td></tr>
<tr><td rowspan="4">试验操作</td><td>试验开始的要求</td><td>—</td><td>进行测试之前，确保锤子与试样的温度相同，将锤子暴露于与样品相同的环境条件下至少 2h</td><td>—</td></tr>
<tr><td>操作要求</td><td>1. 岩心试样应放置在弧形或 V 形加工槽中。
2. 保证回弹仪的轴线应始终垂直于检测面。
3. 并应缓慢施压、准确读数、快速复位</td><td>1. 同 GB 中(1)。
2. 将仪器定位在测试面垂直方向的 5°以内</td><td>1. 同 ASTM。
2. 当任何 10 个随后的读数只有 4 个不同(对应于 SH 的可重复性范围±2)时，可能需停止测试</td></tr>
<tr><td>测点要求</td><td>每一测区应读取 16 个回弹值，每一测点的回弹值读数精确至 0.1</td><td>1. 在样品上读取 10 个代表性位置的读数，读数取整。
2. 测试位置应至少与柱塞的直径分开，在任何一点只能进行一次测试</td><td>1. 至少记录 20 个反弹值。
2. 当不能获得足够数量的微结构均匀的样品，并且岩石是各向同性时，可以通过一次旋转心轴 90°来从块体的不同面或沿着任何四条直线取几组读数</td></tr>
<tr><td>结果选取</td><td>—</td><td>任何导致开裂或其他明显破坏的单独冲击试验视为无效试验</td><td>—</td></tr>
<tr><td rowspan="2">数据处理</td><td>数据的舍取</td><td>舍去测区内 3 个最大值和 3 个最小值，取剩余值的平均值进行修正</td><td>将每个样本获得的 10 个读数的平均值计算到最接近的整数。舍弃与平均值相差超过 7 个单位的数据</td><td>对 20 个读数全部使用</td></tr>
<tr><td>处理方式</td><td>当回弹仪轴线与水平方向的夹角为 α(向下为负，向上为正)时，先计算测试区平均回弹值 $\overline{N}_{测}$，再根据非水平方向检测时的回弹值修正值表查出修正值 ΔN，则回弹硬度 N 为：
$N=\overline{N}_{测}+\Delta N$</td><td>通过将剩余读数乘以 CF 计算回弹硬度 HR，并将结果记录到最接近的整数。从剩余读数中，计算样品的平均值、众值、范围和中值</td><td>绘制 20 个读数的直方图，得到平均值、中值、模式和范围统计</td></tr>
</table>

参考文献

[1] 中国电力企业联合会．工程岩体试验方法标准:GB/T 50266—2013[S]. 北京:中国计划出版社,2013.

[2] ASTM International. Standard Test Methods for Laboratory Determination of Water(Moisture) Content of Soil and Rock by Mass:ASTM D2216-10[S]. Philadelphia:ASTM,2010.

[3] ISRM. Suggested methods for determining water content,porosity,density,absorption and related properties and swelling and slake-durability index properties[J]. International Journal of Rock Mechanics & Mining Science, 1979,16(2):151-156.

[4] ASTM International. Standard Test Method for Specific Gravity and Absorption of Rock for Erosion Control: ASTM D6473-15[S]. Philadelphia:ASTM,2015.

[5] ASTM International. Standard Test Method for Slake Durability of Shales and Other Similar Weak Rocks:ASTM D4644-16[S]. Philadelphia:ASTM,2016.

[6] Aydin A. Upgraded ISRM Suggested Method for Determining Sound Velocity by Ultrasonic Pulse Transmission Technique[J]. Rock Mechanics & Rock Engineering,2014,47(1):255-259.

[7] ASTM International. Standard Test Methods for Compressive Strength and Elastic Moduli of Intact Rock Core Specimens under Varying States of Stress and Temperatures:ASTM D7012-14[S]. Philadelphia:ASTM,2014.

[8] Bieniawski Z T, Bernede M J. Suggested methods for determining the uniaxial compressive strength and deformability of rock materials [J]. International Journal of Rock Mechanics & Mining Sciences & Geomechanics Abstracts,1979,16(2):137-137.

[9] ASTM International. Standard Test Method for Evaluation of Durability of Rock for Erosion Control Under Freezing and Thawing Conditions: ASTM D5312/D5312 M- 12 (Reapproved 2013) [S]. Philadelphia: ASTM,2013.

[10] Kovari K,Tisa A,Einstein H H,et al. Suggested methods for determining the strength of rock materials in triaxial compression [J]. International Journal of Rock Mechanics & Mining Sciences & Geomechanics Abstracts,1983,20(6):285-290.

[11] ASTM International. Standard Test Method for Splitting Tensile Strength of Intact Rock Core Specimens: ASTM D3967-16[S]. Philadelphia:ASTM,2016.

[12] ISRM. Suggested methods for determining tensile strength of rock materials[J]. International Journal of Rock Mechanics & Mining Science & Geomechanics Abstracts,1978,15(15):99-103.

[13] ASTM International. Standard Test Method for Performing Laboratory Direct Shear Strength Tests of Rock Specimens Under Constant Normal Force:ASTM D5607-16[S]. Philadelphia:ASTM,2016.

[14] Muralha J,Grasselli G,Tatone B,et al. ISRM Suggested Method for Laboratory Determination of the Shear Strength of Rock Joints:Revised Version[J]. Rock Mechanics & Rock Engineering,2014,47(1):291-302.

[15] ASTM International. Standard Test Method for Determination of the Point Load Strength Index of Rock and Application to Rock Strength Classifications:ASTM D5731-16[S]. Philadelphia:ASTM,2016.

[16] Franklin J A. Suggested method for determining point load strength [J]. International Journal of Rock Mechanics & Mining Sciences & Geomechanics Abstracts,1985,22(2):51-60.

[17] 张喜发,刘超臣．工程地质原位测试[M]. 北京:地质出版社,1989.

[18] ASTM International. Standard Test Method for Determination of Rock Hardness by Rebound Hammer Method: ASTM D5873-14[S]. Philadelphia: ASTM, 2014.

[19] Aydin A. ISRM Suggested Method for Determination of the Schmidt Hammer Rebound Hardness: Revised Version[M]// The ISRM Suggested Methods for Rock Characterization, Testing and Monitoring: 2007-2014. Springer International Publishing, 2008: 25-33.

附　录

附录1　土的基本参数参考值

土是岩石经过强烈物理、化学、生物风化后形成的碎散矿物集合体。在工程地质和岩土工程中，通常将土分为一般土和特殊土两大类。广泛分布的一般土又可以分为无机土和有机土。原始沉积的无机土大致可以分为砂土、碎石土、黏性土和粉性土四类。特殊土是指由于地理环境、气候、降水量、地质成因和地质历史的不同，加上组成土的物质成分和次生变化等多种复杂因素，形成具有特殊物理力学性质、工程性质和特殊结构的土类，包括黄土、膨胀土、冻土、红黏土、软土、填土、混合土、盐渍土、污染土、风化岩与残积土等。

土的种类繁多，工程性质复杂，在工程应用方面非常广泛，如建构筑物的地基、堤坝、公路和铁路路基、边坡、隧道等。在岩土工程勘察、设计、施工时，合理可靠的土参数有利于建构筑物地基、路基和隧道的稳定性评价，建筑群选址或隧道道路选线的可行性方案论证，建构筑物地基基础或路基进行经济合理的设计。本附录参考土的分类标准、勘察设计规范、土力学等岩土工程相关资料，归纳总结了土的基本参数，将其分为土的工程分类、土的状态划分、物理力学参数和化学参数四类，并且给出了各参数的典型值或参考值范围。

土的工程分类主要根据土粒的个体特征（包括大小和形状），将土粒划分为巨粒（漂石、块石、碎石和卵石）、砾粒、砂粒、粉粒和黏粒。附表1.1总结了中国标准（GB）、英国标准（BS）、美国标准（ASTM）和国际土力学协会（ISSS）划分土粒的粒径范围。附表1.2分别从粒组含量和颗粒级配两方面总结了土的分类依据。

土的状态划分包括：塑性指数下土的划分（附表1.3），土的灵敏程度划分（附表1.4），土的膨胀能力划分（附表1.5），土的压缩能力划分（附表1.6），根据土的超固结比将土划分为超固结土、正常固结土、欠固结土三类（附表1.7），土的坚硬程度按不排水强度和先期固结压力划分（附表1.8）和土的冻胀性划分（附表1.9）。砂土的划分包括：湿度状态（附表1.10）和密实度（砂土的密实度按标准贯入锤击数和相对密度划分见附表1.11，砂土的密实度按孔隙比划分见附表1.12）的划分。碎石土密实度的划分见附表1.13。黏性土的划分包括：活动状态（附表1.14）、稠度状态（附表1.15）、灵敏度（饱和黏性土，附表1.16）、压缩性能（附表1.17）和软硬程度（附表1.18）的划分。粉土的划分包括：密实度（附表1.19）、湿度（附表1.20）的划分。黄土的湿陷程度分类见附表1.21。膨胀土的膨胀潜势划分见附表1.22。冻区按冻结指数的划分见附表1.23；冻土按融沉系数的划分见附表1.24。

土的物理力学指标参数值包括：基本物理指标参数值（附表1.25，包括密度、比重、含水量、孔隙率和孔隙比）、物理力学指标参数范围（附表1.26，包括孔隙比、含水量、液限、液性指数、塑性指数、承载力、压缩模量、黏聚力和内摩擦角）和平均物理力学指标参数值（附表1.27，包括密度、天然含水率、孔隙比、塑限、黏聚力、内摩擦角和变形模量）、土基干湿状态的稠度参考范围(附表1.28)、静止土压力系数参考范围(附表1.29)和侧压力系数和泊松比经验值(附表1.30)。土的渗透性是指土体具有被液体(如土中水)透过的性质,与渗透有关的参数参考值包括:土的渗透系数(附表1.31)、水的黏滞度(附表1.32)和孔隙压力系数(孔隙压力系数 A 见附表1.33,孔隙压力系数 B 见附表1.34)。砂土的物理力学指标参数值包括:常见砂砾土的含水率和干重度参考范围(附表1.35)、砂土的弹性模量参考范围(附表1.36)、砂土最大最小密度与矿物成分和粒径的关系(附表1.37)、砂土最大最小密度与颗粒形状和成果的关系(附表1.38)和砂土内摩擦角与矿物成分和粒径的关系(附表1.39)。碎石土的容许承载力参考范围见附表1.40。黏性土的物理力学指标参数值包括:黏土矿物的物理指标参数值(附表1.41,包括液限、塑限、缩限、塑性指数、比表面积和活动度)和黏性土的回弹模量参考值(附表1.42)、粉土的基本物理指标参数范围见附表1.43(包括密度、比重、孔隙比和孔隙率)。黄土在不同干密度不同含水率的抗剪强度指标参数值见附表1.44;Q_3、Q_4^1湿陷性黄土承载力基本值见附表1.45。膨胀土的物理力学指标参数见附表1.46(包括饱和度、自由膨胀率、膨胀率、膨胀压力、塑限、缩限)。冻土的物理力学指标参数见附表1.47(包括液性指数、塑性指数、含水量、拉伸模量);土类对冻深的影响系数见附表1.48。

土的化学参数主要包括:有机质含量参考范围(附表1.49)、盐渍土的含盐量(附表1.50)、含盐化学成分的分类(附表1.51)和盐类在水中的溶解度(附表1.52)。

1.1　土的工程分类

附表1.1　粒组划分[1-4]

<table>
<tr><th>标准</th><th colspan="3">粒组</th><th>粒径范围/mm</th></tr>
<tr><td rowspan="10">GB</td><td rowspan="2">巨粒</td><td colspan="2">漂石(块石)</td><td>>200</td></tr>
<tr><td colspan="2">卵石(碎石)</td><td>60～200</td></tr>
<tr><td rowspan="6">粗粒</td><td rowspan="3">砾粒</td><td>粗</td><td>20～60</td></tr>
<tr><td>中</td><td>5～20</td></tr>
<tr><td>细</td><td>2～5</td></tr>
<tr><td rowspan="3">砂粒</td><td>粗</td><td>0.5～2</td></tr>
<tr><td>中</td><td>0.25～0.5</td></tr>
<tr><td>细</td><td>0.075～0.25</td></tr>
<tr><td rowspan="2">细粒</td><td colspan="2">粉粒</td><td>0.005～0.075</td></tr>
<tr><td colspan="2">黏粒</td><td>≤0.005</td></tr>
<tr><td rowspan="5">BS</td><td colspan="3">漂石(块石)</td><td>>200</td></tr>
<tr><td colspan="3">卵石(碎石)</td><td>63～200</td></tr>
<tr><td colspan="2" rowspan="3">砾粒</td><td>粗</td><td>20～63</td></tr>
<tr><td>中</td><td>6.3～20</td></tr>
<tr><td>细</td><td>2～6.3</td></tr>
</table>

续表

标准	粒组		粒径范围/mm
BS	砂粒	粗	0.63~2
		中	0.2~0.63
		细	0.063~0.2
	粉粒	粗	0.02~0.063
		中	0.0063~0.02
		细	0.002~0.0063
	黏粒		≤0.002
ASTM	漂石(块石)		>300
	卵石(碎石)		75~300
	砾粒	粗	19~75
		细	4.75~19
	砂粒	粗	2~4.75
		中	0.425~2
		细	0.075~0.425
	粉粒		0.005~0.075
	黏粒		≤0.005
ISSS	砾粒		>2
	粗砂		0.2~2
	细砂		0.02~0.2
	粉粒		0.002~0.02
	黏粒		≤0.002

附表 1.2 土类划分[3,5,6]

划分依据	土类		划分标准		土类名称
粒组含量	巨粒类土	巨粒土	巨粒含量>75%	漂石含量大于卵石含量	漂石(块石)
				漂石含量不大于卵石含量	卵石(碎石)
		混合巨粒土	50%<巨粒含量≤75%	漂石含量大于卵石含量	混合土漂石(块石)
				漂石含量不大于卵石含量	混合土卵石(块石)
		巨粒混合土	15%<巨粒含量≤50%	漂石含量大于卵石含量	漂石(块石)混合土
				漂石含量不大于卵石含量	卵石(碎石)混合土
	砾类土(2mm<d≤60mm,砾粒组含量>50%)	砾	细粒含量<5%	级配 $C_u \geq 5$, $C_c = 1 \sim 3$	级配良好砾
				级配:不能同时满足上述要求	级配不良砾
		含细粒土砾	细粒含量5%~15%		含细粒土砾
		细粒土质砾	15%≤细粒含量<50%	细粒组中粉粒含量≤50%	黏土质砾
				细粒组中粉粒含量>50%	粉土质砾

续表

<table>
<tr><th>划分依据</th><th colspan="2">土类</th><th colspan="2">划分标准</th><th>土类名称</th></tr>
<tr><td rowspan="5">粒组含量</td><td rowspan="5">砂类土（砾粒组含量≤50%）</td><td rowspan="2">砂</td><td rowspan="2">细粒含量<5%</td><td>级配 $C_u \geqslant 5, C_c = 1 \sim 3$</td><td>级配良好砂</td></tr>
<tr><td>级配:不能同时满足上述要求</td><td>级配不良砂</td></tr>
<tr><td>含细粒土砂</td><td colspan="2">5%≤细粒含量<15%</td><td>含细粒土砂</td></tr>
<tr><td rowspan="2">细粒土质砂</td><td rowspan="2">15%≤细粒含量<50%</td><td>细粒组中粉粒含量≤50%</td><td>黏土质砂</td></tr>
<tr><td>细粒组中粉粒含量>50%</td><td>粉土质砂</td></tr>
<tr><td rowspan="13">颗粒级配</td><td colspan="2" rowspan="6">碎石土</td><td rowspan="2">粒径大于200mm的颗粒含量超过全重50%</td><td>圆形及亚圆形为主</td><td>漂石</td></tr>
<tr><td>棱角形为主</td><td>块石</td></tr>
<tr><td rowspan="2">粒径大于20mm的颗粒含量超过全重50%</td><td>圆形及亚圆形为主</td><td>卵石</td></tr>
<tr><td>棱角形为主</td><td>碎石</td></tr>
<tr><td rowspan="2">粒径大于2mm的颗粒含量超过全重50%</td><td>圆形及亚圆形为主</td><td>圆砾</td></tr>
<tr><td>棱角形为主</td><td>角砾</td></tr>
<tr><td colspan="2" rowspan="5">砂土</td><td>粒径大于2mm的颗粒含量占全重25%~50%</td><td>—</td><td>砾砂</td></tr>
<tr><td>粒径大于0.5mm的颗粒含量超过全重50%</td><td>—</td><td>粗砂</td></tr>
<tr><td>粒径大于0.25mm的颗粒含量超过全重50%</td><td>—</td><td>中砂</td></tr>
<tr><td>粒径大于0.075mm的颗粒含量超过全重85%</td><td>—</td><td>细砂</td></tr>
<tr><td>粒径大于0.075mm的颗粒含量超过全重50%</td><td>—</td><td>粉砂</td></tr>
<tr><td colspan="2" rowspan="2">粉土</td><td>粒径小于0.005mm的颗粒含量不超过全重10%</td><td>—</td><td>砂质粉土</td></tr>
<tr><td>粒径小于0.005mm的颗粒含量超过全重10%</td><td>—</td><td>黏质粉土</td></tr>
</table>

1.2　土的状态划分

附表 1.3　塑性指数下土的划分[5]

土的状态	黏土	粉质黏土	粉土
塑性指数, I_p	$I_p>17$	$17 \geqslant I_p>10$	$I_p \leqslant 10$

附表 1.4　土的灵敏程度划分[7]

分类项目	土类	灵敏度, S_t
按 Terzaghi 分类	低灵敏性土	2~4
	中灵敏性土	4~7
	高灵敏性土	7~8
按 Skempton 分类	不灵敏	<2
	中等灵敏	2~4
	灵敏	4~8
	很灵敏	8~16
	极易流动	16~32
	中等流动	32~64
	流动	>64

附表 1.5　土的膨胀能力划分[8]

体积变化	低	中等	高	极高
塑性指数, I_P	<18	12~32	22~48	>35

附表 1.6　土的压缩能力划分[5]

土的压缩性	低压缩性土	中压缩性土	高压缩性土
压缩系数, a/MPa^{-1}	<0.1	$0.1 \leqslant a < 0.5$	≥0.5
压缩指数, C_c	<0.2	$0.2 \leqslant C_c < 0.4$	>0.4
压缩模量, E_s/MPa	>16	$4 < E_s \leqslant 16$	≤4
孔隙比, e	<0.6	$0.6 < e \leqslant 1$	>1

附表 1.7　土的超固结比[5]

土的名称	欠固结土	正常固结土	超固结土
超固结比, OCR	<1	1	>1

注:当 OCR=1.0~1.2 时,可视为正常固结土。

附表 1.8　土的坚硬程度按不排水强度和先期固结压力划分[9,10]

坚硬程度	不排水强度/kPa	先期固结压力/kPa
非常软	<20	0~50
软	20~40	50~100
较软	40~75	100~200
较坚硬	75~150	200~400
坚硬	150~300	400~800
非常坚硬	>300	800~1600

附表 1.9　土的冻胀性划分[11]

冻胀性	不冻胀	弱冻胀	冻胀	强冻胀	特强冻胀
影响系数,ψ_{zw}	1.00	0.95	0.90	0.85	0.80

附表 1.10　砂土湿度状态的划分[5]

湿度	稍湿	很湿	饱和
饱和度,S_r/%	$S_r \leqslant 50$	$50 < S_r \leqslant 80$	$S_r > 80$

附表 1.11　砂土密实度的划分[6,12]

砂土密实度	松散	稍密	中密	密实
标准贯入锤击数,N	$N \leqslant 10$	$10 < N \leqslant 15$	$15 < N \leqslant 30$	$N > 30$
相对密度,D_r	$D_r \leqslant 1/3$	—	$2/3 \geqslant D_r > 1/3$	$D_r > 2/3$

附表 1.12　砂土的密实度按孔隙比 *e* 划分[6,12]

土类	松散	稍密	中密	密实
砾砂、粗砂、中砂	$e > 0.85$	$0.75 < e \leqslant 0.85$	$0.60 \leqslant e \leqslant 0.75$	$e < 0.60$
细砂、粉砂	$e > 0.95$	$0.85 < e \leqslant 0.95$	$0.70 \leqslant e \leqslant 0.85$	$e < 0.70$

附表 1.13　碎石土的密实度划分[6]

密实度	松散	稍密	中密	密实	很密
重型圆锥动力触探锤击数,$N_{63.5}$	$N_{63.5} \leqslant 5$	$5 < N_{63.5} \leqslant 10$	$10 < N_{63.5} \leqslant 20$	$N_{63.5} > 20$	—
超重型圆锥动力触探锤击数,N_{120}	$N_{120} \leqslant 3$	$3 < N_{120} \leqslant 6$	$6 < N_{120} \leqslant 11$	$11 < N_{120} \leqslant 14$	$N_{120} > 14$

附表 1.14　黏性土按活动状态划分[12]

活动状态	活动度, A
不活动黏土	$A \leqslant 0.75$
正常黏土	$0.75 < A \leqslant 1.25$
活动黏土	$A > 1.25$

附表 1.15　黏性土的稠度状态划分[12]

土的状态	坚硬	硬塑	可塑	软塑	流塑
液性指数,I_L	$I_L \leqslant 0$	$0 < I_L \leqslant 0.25$	$0.25 < I_L \leqslant 0.75$	$0.75 < I_L \leqslant 1.0$	$I_L > 1.0$

附表 1.16　饱和黏性土的灵敏度划分[5]

饱和黏性土	低灵敏	中灵敏	高灵敏
灵敏度,S_t	$1 < S_t \leqslant 2$	$2 < S_t \leqslant 4$	$S_t > 4$

附表 1.17　黏性土压缩性按压缩系数和室内压缩模量划分[12]

压缩性分类	低压缩性	中等压缩性	高压缩性
按压缩系数 $a_{1\sim2}$ 分	$a_{1\sim2}<0.1$	$0.5>a_{1\sim2}\geqslant0.1$	$a_{1\sim2}\geqslant0.5$
按压缩系数 $a_{1\sim3}$ 分	$a_{1\sim3}<0.1$	$1>a_{1\sim3}\geqslant0.1$	$a_{1\sim3}\geqslant1$
按压缩模量 E_s 分	$E_s>15$	$5<E_s\leqslant15$	$E_s\leqslant5$

注：$a_{1\sim2}$ 表示压力为 100～200kPa 时的压缩系数（MPa^{-1}）；$a_{1\sim3}$ 表示压力为 100～300kPa 时的压缩系数（MPa^{-1}）；E_s 的单位为 MPa。

附表 1.18　黏性土软硬度按无侧限抗压强度划分[12]

软硬度分类	无侧限抗压强度，q_u/kPa
很软	$q_u<30$
软的	$60>q_u\geqslant30$
中等的	$120>q_u\geqslant60$
硬的	$240>q_u\geqslant120$
很硬	$q_u\geqslant240$

附表 1.19　粉土的密实度按孔隙比 e 划分[6]

土类	稍密	中密	密实
粉土	$e>0.90$	$0.90\geqslant e\geqslant0.75$	$e<0.75$

附表 1.20　粉土的湿度划分[6]

湿度	稍湿	湿	很湿
含水量，ω/%	<20	20～30	>30

附表 1.21　黄土的湿陷程度划分[5][12]

湿陷程度	非失陷性黄土	湿陷性轻微	湿陷性中等	湿陷性强烈
湿陷系数，δ_s	$\delta_s<0.015$	$0.015\leqslant\delta_s\leqslant0.03$	$0.03<\delta_s\leqslant0.07$	$\delta_s>0.07$

附表 1.22　膨胀土的膨胀潜势划分[12]

自由膨胀率，δ_{ef}/%	膨胀潜势
$40\leqslant\delta_{ef}<65$	弱
$65\leqslant\delta_{ef}<90$	中
$\delta_{ef}\geqslant90$	强

附表 1.23　冻区划分[13]

冻区划分	非冻区	轻冻区	中冻区	重冻区
冻结指数	≤50	800～50	2000～800	≥2000

附表 1.24　冻土按融沉系数划分[12]

冻土划分	不融沉	弱融沉	融沉	强融沉	融陷
融沉系数, a_0/%	<1	1～3	3～10	10～25	>25

1.3　土的物理力学参数

附表 1.25　土的基本物理指标参数值[5,14-18]

土的分类		天然密度, ρ/(g/cm^3)	浮密度, ρ'/(g/cm^3)	比重, Gs	含水率, ω/%	饱和含水率, ω_{sat}/%	干密度, ρ_d/(g/cm^3)	饱和密度, ρ_{sat}/(g/cm^3)	孔隙比, e	孔隙率, n/%
黏性土	有机质软黏土	1.8～2.0	—	2.72～2.76	坚硬黏性土: $\omega \leqslant 30$。饱和软黏土: $\omega \geqslant 60$	70	0.93	1.58	1.94	66
	有机质黏土					110	0.69	1.43	3	75
	漂石黏土					9	2.11	2.32	0.25	20
	冰渍软黏土					45	1.21	1.17	1.2	55
	冰渍硬黏土					22	1.7	2.07	0.59	37
砂土	均质松砂	1.6～2.0	—	2.65～2.70	干粗砂约为0;饱和砂土可达40	32	1.44	1.89	0.85	46
	均质紧砂					19	1.74	2.09	0.52	34
	不均匀松砂					25	1.59	1.99	0.67	40
	不均匀紧砂					16	1.86	2.16	0.43	30
黄土		1.4～1.65	—	—	10～20	12～61	1.27	—	0.85～1.24	50

附表 1.26　土的物理力学性质指标参数范围[12,14,16,19]

土类		物理力学性质指标								
		孔隙比, e	液性指数, I_L	含水量, ω/%	液限, ω_L/%	塑性指数, I_P	承载力/kPa	压缩模量, E_s/MPa	黏聚力, c/kPa	内摩擦角, φ/(°)
下蜀系黏性土		0.6～0.9	<0.8	15～25	25～40	10～18	300～800	>15	40～100	22～30
一般黏性土		0.55～1.0	0～1.0	15～30	25～45	5～20	100～450	4～15	10～50	15～22
新近沉积黏性土		0.7～1.2	0.25～1.2	24～36	30～45	6～18	80～140	2～7.5	10～20	7～15
淤泥或淤泥质土	沿海	1.0～2.0	>1.0	36～70	30～65	10～25	40～100	1～5	5～15	4～10
	内陆						50～110	2～5		
	山区						30～80	1～6		
典型红黏土		1.1～1.7		20～75	50～110	30～50	180～380	>3	40～90	8～20
黄土		0.85～1.24		10～20	19～34	7～13	110～230	1.7～5	0～42	5～31
膨胀土		0.5～0.8		20～30	38～55	18～35			浸水前后差别很大	

附表 1.27　土的平均物理力学指标参数值[12]

土类		密度，$\rho/(\mathrm{g/cm^3})$	天然含水率，$\omega/\%$	孔隙比，e	塑限，w_P	黏聚力，c/kPa		内摩擦角，$\varphi/(°)$	变形模量，E/MPa
						标准值	计算值		
砂土	粗砂	2.05	15～18	0.4～0.5		2	0	42	46
		1.95	19～22	0.5～0.6		1	0	40	40
		1.90	23～25	0.6～0.7		0	0	38	33
	中砂	2.05	15～18	0.4～0.5		3	0	40	46
		1.95	19～22	0.5～0.6		2	0	38	40
		1.90	23～25	0.6～0.7		1	0	35	33
	细砂	2.05	15～18	0.4～0.5		6	0	38	37
		1.95	19～22	0.5～0.6		4	0	36	28
		1.90	23～25	0.6～0.7		2	0	32	24
	粉砂	2.05	15～18	0.4～0.5		8	5	36	14
		1.95	19～22	0.5～0.6		6	3	34	12
		1.90	23～25	0.6～0.7		4	2	28	10
粉土		2.10	15～18	0.4～0.5	<9.4	10	6	30	18
		2.00	19～22	0.5～0.6		7	5	28	14
		1.95	23～25	0.6～0.7		5	2	27	11
		2.10	15～18	0.4～0.5	9.5～12.4	12	7	25	23
		2.00	19～22	0.5～0.6		8	5	24	16
		1.95	23～25	0.6～0.7		6	3	23	13
黏性土	粉质黏土	2.10	15～18	0.4～0.5	12.5～15.4	42	25	24	45
		2.00	19～22	0.5～0.6		21	15	23	21
		1.95	23～25	0.6～0.7		14	10	22	15
		1.90	26～29	0.7～0.8		7	5	21	12
		2.00	19～22	0.5～0.6	15.5～18.4	50	35	22	39
		1.95	23～25	0.6～0.7		25	15	21	18
		1.90	26～29	0.7～0.8		19	10	20	15
		1.85	30～34	0.8～0.9		11	8	19	13
		1.80	35～40	0.9～1.0		8	5	18	8
		1.95	23～25	0.6～0.7	18.5～22.4	68	40	20	33
		1.90	26～29	0.7～0.8		34	25	19	19
		1.85	30～34	0.8～0.9		28	20	18	13
		1.80	35～40	0.9～1.0		19	10	17	9
	黏土	1.90	26～29	0.7～0.8	22.5～26.4	82	60	18	28
		1.85	30～34	0.8～0.9		41	30	17	16
		1.75	35～40	0.9～1.1		36	25	16	11
		1.85	30～34	0.8～0.9	26.5～30.4	94	65	16	23
		1.75	35～40	0.9～1.1		47	35	15	14

注：(1)平均比重取：砂 2.65，粉 2.70，粉质黏土 2.71，黏土 2.74。

(2)粗砂和中砂的 E 值适用于不均匀系数 $c_u=3$。当 $c_u>5$ 时，应按表中所列值减少 2/3，c_u 中间值时 E 按内插法确定。

(3)用于地基确定计算时，采用内摩擦角 φ 的计算值低于标准值 20°。

附表 1.28　土基干湿状态的稠度参考范围[13]

干湿状态 土类	干燥状态	中湿状态	潮湿状态	过湿状态
砂土	$\omega_c \geqslant 1.20$	$1.20 > \omega_c \geqslant 1.00$	$1.00 > \omega_c \geqslant 0.85$	$\omega_c < 0.85$
黏质土	$\omega_c \geqslant 1.10$	$1.10 > \omega_c \geqslant 0.95$	$0.95 > \omega_c \geqslant 0.80$	$\omega_c < 0.80$
粉质土	$\omega_c \geqslant 1.05$	$1.05 > \omega_c \geqslant 0.90$	$0.90 > \omega_c \geqslant 0.75$	$\omega_c < 0.75$

注：ω_c为路床表面以下80cm深度内的平均稠度。

附表 1.29　静止土压力系数参考值[11,17,20]

土类		静止土压力系数，K_0
砂土	松砂	0.4～0.45
	紧砂	0.45～0.5
	亚砂土	0.35
黏土	硬-可塑黏性土粉质黏土	0.4～0.5
	可-软塑黏性土	0.5～0.6
	软塑黏性土	0.6～0.75
	流塑黏性土	0.75～0.8
	亚黏土	0.45
	正常固结黏土	0.5～0.6
	超固结黏土	1～4
压实填土		0.8～1.5
粉土		0.4～0.5
坚硬土		0.2～0.4
砾石、卵石		0.20

附表 1.30　侧压力系数，泊松比经验值[5,15]

土的种类和状态		侧压力系数	泊松比
碎石土		0.18～0.33	0.15～0.25
卵砾土		0.18～0.25	0.15～0.20
砾土		0.25～0.33	0.20～0.25
砂土		0.33～0.43	0.25～0.30
粉土		0.43	0.30
粉质黏土	坚硬状态	0.33	0.25
	可塑状态	0.43	0.30
	软塑及流塑状态	0.53	0.35
黏土	坚硬状态	0.33	0.25
	可塑状态	0.53	0.35
	软塑及流塑状态	0.72	0.42

附表 1.31　土的渗透系数参考范围[4,7,12,15,16,21,22]

土类	渗透系数, $k/(\mathrm{cm/s})$	土类	渗透系数, $k/(\mathrm{cm/s})$
黏土	$<1\times10^{-6}$	细砂	$1\times10^{-5}\sim1\times10^{-3}$
粉质黏土	$5\times10^{-9}\sim1\times10^{-6}$	中砂	$5\times10^{-5}\sim2.4\times10^{-2}$
黏质粉土	$6.0\times10^{-5}\sim6.0\times10^{-4}$	粗砂	$2\times10^{-4}\sim6\times10^{-2}$
黄土	$3.0\times10^{-4}\sim6.0\times10^{-4}$	砾砂	$6\times10^{-2}\sim1.8\times10^{-1}$
粉砂	$1\times10^{-6}\sim1.2\times10^{-3}$	软土	$<1\times10^{-7}$
红黏土	$1.0\times10^{-5}\sim1.0\times10^{-3}$	圆砾	$1\times10^{-2}\sim6\times10^{-2}$
卵石	$1\times10^{-3}\sim5\times10^{-3}$	粉土	$5\times10^{-8}\sim1\times10^{-3}$
砾土	>1	砂土	$1\times10^{-3}\sim1$
密实粉土	$1\times10^{-6}\sim1\times10^{-5}$	均质粗砂	$7\times10^{-2}\sim8\times10^{-2}$
均质中砂	$4\times10^{-2}\sim6.0\times10^{-2}$	—	

附表 1.32　水的黏滞度 η[5]

水温/℃	$\eta/(\mathrm{mPa\cdot s})$	水温/℃	$\eta/(\mathrm{mPa\cdot s})$	水温/℃	$\eta/(\mathrm{mPa\cdot s})$	水温/℃	$\eta/(\mathrm{mPa\cdot s})$
0.0	1.794	11.0	1.274	17.5	1.074	25.0	0.899
5.0	1.561	11.5	1.256	18.0	1.061	26.0	0.879
5.5	1.493	12.0	1.239	18.5	1.048	27.0	0.859
6.0	1.470	12.5	1.223	19.0	1.035	28.0	0.841
6.5	1.449	13.0	1.206	19.5	1.022	29.0	0.823
7.0	1.428	13.5	1.190	20.0	1.010	30.0	0.806
7.5	1.407	14.0	1.175	20.5	0.998	31.0	0.789
8.0	1.387	14.5	1.160	21.0	0.986	32.0	0.773
8.5	1.367	15.0	1.144	21.5	0.974	33.0	0.757
9.0	1.347	15.5	1.130	22.0	0.963	34.0	0.742
9.5	1.328	16.0	1.115	22.5	0.952	35.0	0.727
10.0	1.310	16.5	1.101	23.0	0.941	—	—
10.5	1.292	17.0	1.088	24.0	0.919	—	—

附表 1.33　孔隙压力系数 A[4,5]

土样(饱和)	A	备注
很松的细沙	2~3	用于验算土体破坏的数值
灵敏黏土	1.5~2.5	
正常凝固黏土	0.7~1.3	
轻度超固结黏土	0.3~0.7	
严重超固结黏土	-0.5~0	

续表

土样(饱和)	A	备注
很灵敏的软黏土	>1	用于计算地基变形的数值
正常固结黏土	0.5 ~ 1	
超固结黏土	0.25 ~ 0.5	
严重固结黏土	0 ~ 0.25	
高灵敏度黏土	0.75 ~ 1.5	失效时的数值
压实的砂质黏土	0.5 ~ 0.75	

附表 1.34　孔隙压力系数 B[23]

土类	描述	孔隙比	土(饱和)的 B 值
软土	正常固结的黏土	2	0.9998
中等土	压实粉土和黏土	0.6	0.9988
硬土	超固结(坚硬)黏土,中等密度砂	0.6	0.9877
极硬土	高围压下的紧密砂和坚硬黏土	0.4	0.913

附表 1.35　常见砂砾土的含水率和干重度参考范围[4,10]

土类	孔隙比, e	孔隙率, n/%	干重度, γ_d/(kN/m^3)
砾土	0.3 ~ 0.6	—	16 ~ 20
粗砂	0.35 ~ 0.75	17 ~ 49	15 ~ 19
细砂	0.4 ~ 0.85		14 ~ 19
标准 Ottawa 砂	0.5 ~ 0.8	33 ~ 44	14 ~ 17
砾砂	0.2 ~ 0.7	—	15 ~ 22
粉砂	0.4 ~ 1	23 ~ 47	13.7 ~ 20
粉砂和砂砾	0.15 ~ 0.85	12 ~ 46	14 ~ 22.9
云母砂	0.4 ~ 1.2	29 ~ 55	11.9 ~ 18.9

附表 1.36　砂土的弹性模量参考范围[4]

土类	弹性模量, E/(MN/m^2)
松砂	10.35 ~ 24.15
粉砂	10.35 ~ 17.25
中等密度砂	17.25 ~ 27.60
紧砂	34.5 ~ 55.2
砾砂	69.0 ~ 172.5

附表 1.37 砂土最大最小密度与矿物成分和粒径的关系[12]

粒径/mm	最大孔隙率，n_{max}/%			最小孔隙率，n_{min}/%		
	石英	正长石	白云母	石英	正长石	白云母
2 ~ 1	47.63	47.50	87.00	37.90	45.46	80.46
1 ~ 0.5	47.10	51.98	95.18	40.61	47.88	75.20
0.5 ~ 0.25	46.98	54.76	83.71	41.09	49.18	72.16
0.25 ~ 0.1	52.47	58.46	82.74	44.82	51.62	66.30
0.1 ~ 0.06	54.60	61.22	82.98	45.31	52.72	68.98
0.06 ~ 0.01	55.99	62.53	—	45.68	—	65.33

附表 1.38 砂土最大最小密度与颗粒形状和成果的关系[12]

颗粒形状和成因	松散程度		密实状态	
	最大孔隙率，n_{max}/%	最大孔隙比，e_{max}	最大孔隙率，n_{min}/%	最大孔隙比，e_{min}
棱角石英砂（d=0.25 ~ 0.70mm）	50.1	1	44	0.79
冲积砂（d=0.1 ~ 2.7mm）	41.6	0.71	33.9	0.51
浑圆的砂丘砂	45.8	0.85	38.9	0.64
理论等粒径球状体	47.6	0.91	25.9	0.35

附表 1.39 砂土内摩擦角与矿物成分和粒径的关系[12]

矿物成分	具有下列粒径时的内摩擦角，φ/(°)				
	2 ~ 1mm	1 ~ 0.5mm	0.5 ~ 0.25mm	0.25 ~ 0.1mm	0.06 ~ 0.01mm
云母	28	26	17.5	19	27
长石	—	—	39	—	17
棱角石英	66	56	46	27	15
浑圆石英	61	—	27	28	18.5

附表 1.40 碎石土的容许承载力[σ_0][12] （单位：kPa）

土名	密实程度			
	松散	稍密	中密	密实
卵石	500 ~ 300	650 ~ 500	1000 ~ 650	1200 ~ 1000
碎石	400 ~ 200	550 ~ 400	800 ~ 550	1000 ~ 800
圆砾	300 ~ 200	400 ~ 300	600 ~ 400	850 ~ 600
角砾	300 ~ 200	400 ~ 300	500 ~ 400	700 ~ 500

附表 1.41　常见黏土矿物的物理指标[4,24,25]

矿物组成	矿物成分	液限/%	塑限/%	缩限/%	塑性指数	比表面积/(m^2/g)	活动度
高岭石	Na	53	32	26.8	21	10～20	0.3～0.5
	K	49	29	—	20		
	Ca	38	27	24.5	11		
	Mg	54	31	28.7	23		
	Fe	59	37	29.2	22		
伊利石	Na	120	53	15.4	67	65～100	0.5～1.3
	K	120	60	17.5	60		
	Ca	100	45	16.8	55		
	Mg	95	46	14.7	49		
	Fe	110	49	15.3	61		
蒙脱石	Na	710	54	9.9	656	高达 840	1～7
	K	660	98	9.3	562		
	Ca	510	81	10.5	429		
	Mg	410	60	14.7	350		
	Fe	290	75	10.3	215		
硅镁土 Attapulgite	H	270	150	7.6	150	—	0.5～1.2
多水高岭石($4H_2O$)	—	—	—	—	—	—	0.5
多水高岭石($2H_2O$)	—	—	—	—	—	—	0.1
水铝英石	—	—	—	—	—	—	0.5～1.2

附表 1.42　黏性土的回弹模量[26]

加载级数	单位压力, p/kPa	回弹模量, E_e/kPa
1	25	22670
2	50	22670
3	100	22375
4	150	22571
5	200	22522

附表 1.43　粉土的基本物理指标参数[5,14,15]

土类	密度, ρ/(g/cm^3)	比重, G_s	孔隙比, e	孔隙率, n/%
粉土	1.35	2.65～2.71	0.4～1.2	30～60

附表 1.44　黄土的抗剪强度指标[12]

干密度，ρ_d /(g/cm³)	含水量，ω/%	内摩擦角，φ/(°)	黏聚力，c/kPa	干密度，ρ_d /(g/cm³)	含水量，ω/%	内摩擦角，φ/(°)	黏聚力，c/kPa
1.25～1.27	3.9	39°20′	70	1.42～1.44			
	8.6	33°50′	52		18.3	29°20′	40
	14.5	31°20′	32		21	27°	26
	19.2	30°10′	21		23.3	26°30′	20
	23.8	26°20′	6		25.6	25°50′	10
	27.9	26°	2				
1.36～1.38	6.1	36°50′	80	1.48～1.50			
	9.5	35°	65		7.8	37°10′	157
	12.8	31°20′	46		10	33°	120
	15.1	29°	35		14.4	28°20′	80
	20.6	28°20′	20		18.5	26°30′	52
	25.4	26°30′	10		24.4	26°	20
1.42～1.44	26.5	25°20′	5	1.53～1.55	14.3	36°10′	132
					17.7	34°30′	100
	7	34°10′	96		21.6	31°20′	70
	12.1	28°50′	58		23.9	26°10′	42
	15.8	28°30′	46		25.6	25°40′	31
					26.8	25°10′	26

附表 1.45　Q_3、Q_4^1湿陷性黄土承载力基本值f_0[12]

w/% ／ f_0/kPa ／ ω_L/e	≤13	16	19	22	25
22	180	170	150	130	110
25	190	180	160	140	120
28	210	190	170	150	130
31	230	210	190	170	150
34	250	230	210	190	170
37	—	250	230	210	190

注:(1)对天然含水量小于塑限含水量的土,可按塑限含水量确定土的承载力。

(2)e 为孔隙比,w 为含水量,ω_L为黄土的液限。

附表 1.46　膨胀土的物理力学指标参数[14]

土类	饱和度	自由膨胀率/%	膨胀率/%	膨胀压力/kPa	塑限/%	缩限/%
膨胀土	>0.85	40～58	1～4	10～110	20～35	11～18

附表 1.47　冻土的物理力学指标参数[27,28]

土类	液性指数, I_L	含水量, ω/%	塑性指数, I_P	拉伸模量, E_t/MPa
冻土	0.12 ~ 0.65	10 ~ 49	8.3 ~ 36.9	1.5 ~ 15

附表 1.48　土类对冻深的影响系数[11]

土类	影响系数, ψ_{zs}
黏性土	1.0
细砂、粉砂、粉土	1.2
中、粗、砾砂	1.3
大块碎石土	1.4

1.4　化学参数

附表 1.49　土的有机质含量参考范围[5]

分类	无机土	有机质土	泥炭质土			泥炭
			弱泥炭质土	中泥炭质土	强泥炭质土	
有机质含量/%	$O_m<5$	$5\leqslant O_m\leqslant 10$	$10< O_m\leqslant 25$	$25<O_m\leqslant 40$	$40<O_m\leqslant 60$	$O_m>60$

附表 1.50　盐渍土按含盐量分类[12]

盐渍土名称	平均含盐量/%		
	氯盐渍土及亚氯盐渍土	硫酸盐渍土及亚硫酸盐渍土	碱性盐渍土
弱盐渍土	0.5 ~ 1	—	—
中盐渍土	1 ~ 5	0.5 ~ 2	0.5 ~ 1
强盐渍土	5 ~ 8	2 ~ 5	1 ~ 2

附表 1.51　盐渍土按含盐化学成分分类[12]

盐渍土名称	$c(Cl^-)/2c(SO_4^{2-})$	$2c(CO_3^{2-})+c(HCO_3^-)/c(Cl^-)+2c(SO_4^{2-})$
氯盐渍土	>2	—
亚氯盐渍土	2 ~ 1	—
亚硫酸盐渍土	1 ~ 0.3	—
硫酸盐渍土	<0.3	—
碱性盐渍土	—	>0.3

附表 1.52　易溶盐和中溶盐在水中的溶解度[12]

矿物名称	分子式	相对密度	溶解度/(g/L)
石膏	$CaSO_4\cdot 2H_2O$	2.3 ~ 2.4	2.0
硬石膏	$CaSO_4$	2.9 ~ 3.0	2.1

续表

矿物名称	分子式	相对密度	溶解度/(g/L)
芒硝	$Na_2SO_4 \cdot 10H_2O$	1.48	448.0
无水芒硝	Na_2SO_4	2.68	398(40℃)
钙芒硝	$Na_2SO_4 \cdot CaSO_4$	2.70～2.85	—
泻利盐	$MgSO_4 \cdot 7H_2O$	1.75	262
六水泻盐	$MgSO_4 \cdot 6H_2O$	1.76	308
石盐	NaCl	2.1～2.2	264
钾石盐	KCl	1.98	340

附录2　岩石的基本参数参考值

岩石是由矿物或岩屑组成的具有稳定形状的固态集合体。岩体是指在地质历史过程中形成的,由岩块和结构面网络组成,具有不连续性、非均质性和各向异性的地质体。对于一般的岩体工程而言,通常采用室内岩块试验来估计岩体的物理力学参数。但这种方式主观性强,且忽略了结构面的性质、分布情况及地下水作用等因素的影响,不当的岩石参数还会对工程实践产生误导作用。本附录参考岩土工程相关手册、岩石力学相关资料,归纳整理了岩石的基本参数,将其分为岩石的工程分类、物理力学参数和动力特性参数三类,并且给出了各参数的典型值或参考值范围。

岩石的工程分类对于岩石的完整性、风化程度和质量等级等方面的评价具有重要参考价值,主要包括:岩石坚硬程度(附表2.1)、质量指标RQD(附表2.2)、完整程度(附表2.3)、岩石风化程度(附表2.4)的划分和崩解耐久性分类(附表2.5)。

岩石和岩体的物理力学参数是评价岩体工程稳定性的重要依据。岩石的常用物理指标包括块体密度、颗粒密度、孔隙率、吸水率、饱和含水率、饱水系数和软化系数,其参数范围见附表2.6。渗透系数是表征岩石透水性的重要力学指标,其大小取决于岩石孔隙的数量、规模及连通情况等,具体参数范围见附表2.7。岩石的渗透系数对于解决与渗流有关的实际问题具有直接意义,如排除岩石洞室的渗水积水问题、评价水库的不透水性以及开采储存在岩石裂隙中的油、气等。在岩石力学中,岩石的强度是指岩石抵抗外力破坏的能力,岩石所受荷载达到或超过这一强度时,岩块将发生破坏。岩石的强度指标参数范围主要包括:基本强度指标(包括抗压强度、抗拉强度、内摩擦角、黏聚力、弹性模量和泊松比)(附表2.8)、无侧限抗压强度(附表2.9)、点荷载强度指数(附表2.10)、结构面抗剪强度参数(附表2.11)和岩体的剪切强度参数(附表2.12)。岩石的容许承载力是评价岩石地基稳定性的重要参数,也是合理确定地基承载力的重要参考指标,其参数范围见附表2.13。

岩体的动力特性是指岩体在动荷载作用下表现出来的性质,岩体动力学性质的研究可为岩体的各种物理力学参数的动测法提供理论依据。岩石的动力参数在岩体工程动力稳定性评价中具有重要意义。岩石的动力参数主要包括弹性波速、动弹性模量和动泊松比,其参数范围见附表2.14。

2.1　岩石的工程分类

附表 2.1　岩石坚硬程度的划分[6]

坚硬程度类别	极软岩	软岩	较软岩	较硬岩	坚硬岩
饱和单轴抗压强度标准值，f_{rk}/MPa	$f_{rk} \leqslant 5$	$15 \geqslant f_{rk} > 5$	$30 \geqslant f_{rk} > 15$	$60 \geqslant f_{rk} > 30$	$f_{rk} > 60$

附表 2.2　岩石质量指标 RQD 的划分[29]

岩石质量指标，RQD	0～0.25	0.25～0.5	0.5～0.75	0.75～0.9	0.9～1
岩石质量	极差	差	较差	较好	好

附表 2.3　岩石完整程度的划分[6]

完整程度等级	极破碎	破碎	较破碎	较完整	完整
完整性指数	<0.15	0.35～0.15	0.55～0.35	0.75～0.55	>0.75

注：(1)完整性指数是指岩体压缩波速度与岩块压缩波速度之比的平方，在选定岩体和岩块测定波速时，应注意其代表性。

(2)当岩体完整程度极破碎时，可不进行坚硬程度分类。

附表 2.4　岩石按风化程度分类[12]

风化程度	野外特征	风化程度指标参数	
		波速比，K_v	风化系数，K_f
未风化	岩质新鲜，偶见风化痕迹	0.9～1.0	0.9～1.0
微风化	结构基本未变，仅节理面有渲染或略有变色，有少量风化裂隙	0.8～0.9	0.8～0.9
中等风化	结构部分破坏，沿节理面有次生矿物、风化裂隙发育，岩体被切割成岩块。用镐难挖，岩心钻方可钻进	0.6～0.8	0.4～0.8
强风化	结构大部分破坏，矿物成分显著变化，风化裂隙很发育，岩体破碎，用镐可挖，干钻不易钻进	0.4～0.6	<0.4
全风化	结构基本破坏，但尚可辨认，有残余结构强度，可用镐挖，干钻可钻进	0.2～0.4	—
残积土	组织结构全部破坏，已风化成土状，锹镐易挖掘，干钻易钻进，具有可塑性	<0.2	—

注：(1)波速比 K_v 为风化岩石与新鲜岩石压缩波速度之比。

(2)风化系数 K_f 为风化岩石与新鲜岩石饱和单轴抗压强度之比。

(3)岩石风化程度，除按表列野外特征之外和定量指标划分外，也可根据当地经验划分。

(4)花岗岩类岩石，可按标准贯入试验划分，$N \geqslant 50$ 为强风化；$50 > N \geqslant 30$ 为全风化；$N < 30$ 为残积土。

(5)泥岩和半成岩，可不进行风化程度划分。

附表 2.5 甘布尔(Gamble)的崩解耐久性分类[30]

组名	一次 10min 旋转后留下的百分数(按干重计)/%	两次 10min 旋转后留下的百分数(按干重计)/%
极低的耐久性	< 60	< 30
低耐久性	60 ~ 85	30 ~ 60
中等的耐久性	85 ~ 95	60 ~ 85
中等高的耐久性	95 ~ 98	85 ~ 95
高耐久性	98 ~ 99	95 ~ 98
极高的耐久性	>99	>98

2.2 物理力学参数

附表 2.6 岩石常用的物理指标范围值[12,30,31-42]

岩石名称	颗粒密度, ρ_s/(g/cm³)	块体密度, ρ/(g/cm³)	孔隙率, n/%	吸水率, ω_a/%	饱和吸水率, ω_{sa}/%	软化系数, η_c	饱水系数
花岗岩	2.50 ~ 2.84	2.3 ~ 2.8	0 ~ 1	0.1 ~ 4	0.84	0.72 ~ 0.97	0.55
闪长岩	2.60 ~ 3.10	2.52 ~ 2.96	0.2 ~ 0.5	0.3 ~ 5.0	0.07 ~ 0.15	0.60 ~ 0.80	0.59
石英闪长岩				0.32	0.54		0.59
闪长玢岩	2.6 ~ 2.84	2.4 ~ 2.8	2.1 ~ 5.0	0.4 ~ 1.7	0.42	0.78 ~ 0.81	0.83
辉绿岩	2.60 ~ 3.10	2.53 ~ 2.97	0.3 ~ 5.0	0.8 ~ 5.0	0.1 ~ 9.85	0.33 ~ 0.90	
辉长岩	2.70 ~ 3.20	2.55 ~ 2.98	0.3 ~ 4.0	0.5 ~ 4.0	0.22	0.44 ~ 0.90	0.59
安山岩	2.40 ~ 2.80	2.30 ~ 2.70	1.1 ~ 4.5	0.3 ~ 4.5		0.81 ~ 0.91	
玢岩	2.6 ~ 2.9	2.4 ~ 2.86	2.1 ~ 5.0	0.07 ~ 0.65		0.78 ~ 0.81	
玄武岩	2.48 ~ 3.30	1.8 ~ 3.10	0.3 ~ 21.8	0.3	0.39	0.30 ~ 0.95	0.69
玄武玢岩		2.4 ~ 2.75		0.31 ~ 3.91	0.38 ~ 4.21		
泥灰岩	2.70 ~ 2.80	2.10 ~ 2.70	16.0 ~ 52.0	0.5 ~ 8.16		0.44 ~ 0.86	0.35
灰岩	2.82 ~ 2.85	2.3 ~ 2.77	0.5 ~ 27	0.1 ~ 4.5	0.25		0.36
白云质灰岩				0.74	0.92		0.8
白云岩	2.60 ~ 2.90	2.10 ~ 2.70	0.3 ~ 25.0	0.1 ~ 3.0	0.05 ~ 1.54	0.83	0.8
片麻岩	2.6 ~ 3.1	2.30 ~ 3.00	0.3 ~ 2.4	0.1 ~ 0.7		0.75 ~ 0.97	
石英片岩	2.60 ~ 2.80	2.10 ~ 2.70	0.7 ~ 3.0	0.1 ~ 0.3		0.44 ~ 0.84	
石英砂岩	2.64 ~ 2.65	2.58 ~ 2.59		0.41 ~ 0.46		0.65 ~ 0.97	
绿泥石片岩	2.80 ~ 2.90	2.10 ~ 2.85	0.8 ~ 2.1	0.1 ~ 0.6		0.53 ~ 0.69	
千枚岩	2.81 ~ 2.96	2.71 ~ 2.86	0.4 ~ 3.6	0.5 ~ 1.8		0.67 ~ 0.96	
泥质板岩	2.70 ~ 2.85	2.30 ~ 2.80	0.1 ~ 0.5	0.1 ~ 0.3		0.39 ~ 0.52	
大理岩	2.7 ~ 2.87	2.60 ~ 2.70	0.1 ~ 6.0	0.1 ~ 0.8		0.8 ~ 0.98	

续表

岩石名称	颗粒密度，ρ_s/(g/cm³)	块体密度，ρ/(g/cm³)	孔隙率，n/%	吸水率，ω_a/%	饱和吸水率，ω_{sa}/%	软化系数，η_c	饱水系数
石英岩	2.53～2.84	2.40～3.3	0.1～8.7	0.1～1.5		0.94～0.96	
正长岩	2.50～2.90	2.5～3.0	1.38	0.47～1.94			
斑岩	2.3～2.8	2.70～2.74	0.29～2.75			0.65～0.88	0.82
凝灰岩	2.6左右	0.75～1.4	25	0.5～7.5		0.52～0.86	
片岩	2.6～2.9	2.3～3.01	0.02～1.85	0.1～0.2	0.14	0.49～0.80	0.92
云母片岩			8～2.1	0.13	1.31	0.53～0.69	0.13
蛇纹岩	2.4～2.8	2.6左右	0.1～2.5	0.2～2.5			
板岩	2.7～2.84	2.6～2.7	0.1～0.45	0.1～0.3	0.33～2.39	0.52～0.82	
页岩	2.57～2.77	2.3～2.62	0.4～33.5	0.5～3.2	0.49～0.79	0.24～0.55	
砂岩	1.8～2.75	2.2～2.71	0.7～34	0.2～9.0	11.99	0.44～0.97	0.6
粉砂岩	2.66～2.8	2.26～2.71		0.13～3.04	0.16～3.97		
石灰岩	2.48～2.76	1.8～2.6	0.53～27.0	0.1～4.45	0.25	0.58～0.94	0.36
砾岩	2.67～2.71	2.4～2.7	0.8～10.0	1.0～5.0		0.5～0.96	
粗面岩	2.4～2.7	2.3～2.7	8.5				
流纹岩	2.65	2.53～2.62	4～6	0.31～2.04	0.39～2.07	0.75～0.95	
角闪长岩	2.98～3.08	2.93～2.95		0.1～0.11	0.12～0.13		

附表 2.7　常见岩石的渗透系数参考范围[33,34,43,44]

岩石名称	孔隙情况	渗透系数，k/(cm/s)
花岗岩	较致密，微裂隙 含微裂隙 微裂隙及部分粗裂隙	1.1×10^{-12}～9.5×10^{-11} 1.1×10^{-11}～2.5×10^{-11} 2.8×10^{-9}～7×10^{-8}
石灰岩	致密 微裂隙，孔隙 孔隙较发育	3×10^{-12}～6×10^{-10} 2×10^{-9}～3×10^{-6} 9×10^{-5}～3×10^{-4}
片麻岩	致密 微裂隙 微裂隙发育	$<1\times10^{-13}$ 9×10^{-8}～4×10^{-7} 2×10^{-6}～3×10^{-5}
辉绿岩	致密	$<1\times10^{-13}$
玄武岩	致密 裂隙弱发育	$<1\times10^{-13}$ 1×10^{-3}～1.9×10^{-3}
砂岩	较致密 孔隙发育	1×10^{-13}～2.5×10^{-10} 5.5×10^{-6}
粉砂岩		10^{-9}～10^{-8}
细砂岩		2×10^{-7}

续表

岩石名称	孔隙情况	渗透系数，k/(cm/s)
板岩		$7\times10^{-11}\sim1.6\times10^{-10}$
页岩	微裂隙发育	$2\times10^{-10}\sim8\times10^{-9}$
泥质页岩	微裂隙 风化，中等裂隙	3×10^{-4} $4\times10^{-4}\sim5\times10^{-4}$
片岩	微裂隙发育	$10^{-9}\sim5\times10^{-5}$
黑色片岩	有裂隙	$10^{-4}\sim3\times10^{-4}$
石英岩	微裂隙	$1.2\times10^{-10}\sim1.8\times10^{-10}$
喀斯特灰岩	一般情况	$10^{-2}\sim10^{-6}$
流纹斑岩	致密	$<1\times10^{-13}$
安山玢岩	微裂隙	8×10^{-11}
硬泥岩		$6\times10^{-7}\sim2\times10^{-6}$
泥岩		$1\times10^{-9}\sim1\times10^{-13}$
白云岩		$1.6\times10^{-7}\sim1.2\times10^{-5}$
透水性火山岩		$1\times10^{-2}\sim1\times10^{-7}$
凝灰质角砾岩		$1.5\times10^{-4}\sim2.3\times10^{-4}$
凝灰岩		$6.4\times10^{-4}\sim4.4\times10^{-3}$
砾岩		2.7×10^{-8}
灰岩	微裂隙发育 孔隙较发育 孔隙发育	$1.4\times10^{-7}\sim2.4\times10^{-4}$ 3.6×10^{-2} 5.3×10^{-2}

附表 2.8　常见岩石的强度指标参考范围[12,34,36,39,41,45-47]

岩石名称	抗压强度，σ_c/MPa	抗拉强度，σ_t/MPa	内摩擦角，φ/(°)	黏聚力，c/MPa	弹性模量，E/10^4MPa	泊松比，μ
花岗岩	100~250	7~25	45~60	14~50	5~10	0.2~0.3
流纹岩	180~300	15~30	45~60	10~50	5~10	0.1~0.25
闪长岩	100~250	10~25	53~55	10~50	7~15	0.1~0.3
安山岩	100~250	10~20	45~50	10~40	5~12	0.2~0.3
辉长岩	180~300	15~36	50~55	10~50	7~15	0.12~0.2
辉绿岩	200~350	15~35	55~60	25~60	8~15	0.1~0.3
玄武岩	150~300	10~30	48~55	20~60	6~12	0.1~0.35
石英岩	150~350	10~30	50~60	20~60	6~20	0.1~0.25
页岩	10~100	2~10	10~30	3~20	2~8	0.2~0.4
片麻岩	50~200	5~20	30~50	3~5	1~10	0.22~0.35
千枚岩 片岩	10~100	2~10	15~30	3~20	1~8	0.2~0.4

续表

岩石名称	抗压强度，σ_c/MPa	抗拉强度，σ_t/MPa	内摩擦角，φ/(°)	黏聚力，c/MPa	弹性模量，E/10^4MPa	泊松比，μ
板岩	60～200	7～15	45～60	2～60	2～8	0.2～0.3
砂岩	20～200	4～25	27～50	8～40	1～10	0.2～0.3
石英砂岩	68～102.5	1.9～3.0	75		0.39～1.25	0.05～0.25
砾岩	10～150	2～15	35～50	8～50	2～8	0.2～0.3
石灰岩	50～200	5～20	30～50	10～50	5～10	0.2～0.35
白云岩	80～250	15～25	35～50	20～50	4～8	0.2～0.35
大理岩	100～250	7～20	35～50 25～30	15～30	1～9	0.2～0.35
正长岩	80～100 120～250	2.3～2.8 3.4～5.7	62～66	1.0～3.0	4.8～5.3	0.18～0.26
泥灰岩	50～100	12～98	20～21	0.07～0.44	0.4～0.7	0.3～0.4
石膏			29.4		0.1～0.8	0.3
粒玄岩	200～350	15～35				
泥岩			23	0.01	0.8～3.5	
斑岩	160	5.4	85		6.6～7.0	0.16
凝灰岩	120～150	3.4～7.1	75～87		2.2～11.4	0.02～0.29
火山角砾岩 火山集块岩	120～250	3.4～7.1	80～87		1.0～11.4	0.05～0.16

附表 2.9　岩石的无侧限抗压强度范围值[41,47]

岩石类别	无侧限抗压强度，q_u/(MN/m^2)
砂岩	70～140
页岩	35～70
石灰岩	105～210
大理岩	60～70
凝灰岩	11.3
花岗岩	140～210
白云岩	87～90

附表 2.10　岩石点荷载强度指数参考范围[48]

岩石名称	点荷载强度指数，$I_{s(50)}$/MPa
砂岩和黏土岩	0.05～1
煤	0.2～2
石灰岩	0.25～8
泥岩、页岩	0.2～8

续表

岩石名称	点荷载强度指数, $I_{s(50)}$/MPa
火山流岩	3~15
白云岩	6~11

附表 2.11　各种结构面抗剪强度指标范围值[34,36]

结构面类型	内摩擦角, φ/(°)	黏聚力, c/MPa
泥化结构面	10~20	0~0.05
黄土岩层面	20~30	0.05~0.10
泥灰岩层面	20~30	0.05~0.10
凝灰岩层面	20~30	0.05~0.10
页岩层面	20~30	0.05~0.10
砂岩层面	30~40	0.05~0.10
砾岩层面	30~40	0.05~0.10
石灰岩层面	30~40	0.05~0.10
千枚岩千枚理面	28	0.12
滑石片岩片理面	10~20	0~0.05
云母片理面	10~20	0~0.05
(大理岩、闪长岩)断层结构面	8~37	0. ~0.2
页岩节理面(平直)	18~29	0.10~0.19
砂岩节理面(平直)	32~38	0.05~1.0
灰岩节理面(平直)	35	0.2
石英正长闪长岩节理面(平直)	32~35	0.02~0.08
粗糙结构面	40~48	0.08~0.30
辉长岩,花岗岩节理面	30~38	0.20~0.40
花岗岩节理面(粗糙)	42	0.4
石灰岩卸载节理面(粗糙)	37	0.04
(砂岩、花岗岩)岩石/混凝土接触面	55~60	0~0.48

附表 2.12　各类岩体的剪切强度参考范围[34]

岩体名称	黏聚力, c/MPa		内摩擦角, φ/(°)
褐煤	0.014~0.03		15~18
黏土岩	范围	0.002~0.18	10~45
	一般	0.04~0.09	15~30
泥岩	0.01		23
泥灰岩	0.07~0.44		20~41
石英岩	0.01~0.53		22~40

续表

岩体名称	黏聚力, c/MPa		内摩擦角, φ/(°)
闪长岩	0.2~0.75		30~59
片麻岩	0.35~1.4		29~68
辉长岩	0.76~1.38		38~41
页岩	范围	0.03~1.36	33~70
	一般	0.1~1.4	38~50
石灰岩	范围	0.02~3.9	13~65
	一般	0.1~1	38~52
粉砂岩	0.07~1.7		29~59
砂质页岩	0.07~0.18		42~63
砂岩	范围	0.04~2.88	28~70
	一般	1~2	48~60
玄武岩	0.06~1.4		36~61
花岗岩	范围	0.1~4.16	30~70
	一般	0.2~0.5	45~52
大理岩	范围	1.54~4.9	24~60
	一般	3~4	49~55
石英闪长岩	1.0~2.2		51~61
安山岩	0.89~2.45		53~74
正长岩	1~3		62~66

附表 2.13　岩石的容许承载力[σ_0][12]　　(单位:kPa)

节理发育程度及间距 / 岩石破碎程度 / 岩石类别	节理很发育,2~20cm	节理发育,20~40cm	节理不发育或较发育,大于40cm
	碎石块	碎块性	大块状
极软岩	400~800 (200~300)	600~1000 (300~400)	800~1200 (400~500)
软质岩	800~1200 (500~800)	1000~1500 (700~1000)	1500~3000 (900~1200)
较软岩	800~1000	1000~1500	1500~3000
硬质岩	1500~2000	2000~3000	>4000(>3000)

注:(1)容许承载力要求作用在基底的压应力不超过地基的极限承载力,并且有足够的安全度,而且所引起的变形不超过建筑物的容许变形,满足以上要求,地基单位面积上所能承受的荷载称为地基的容许承载力。

(2)岩石已风化成砾、砂、土状(即风化残积物),可比照相应的土类确定其容许承载力,如颗粒间有一定的胶结力,可比照相应的土类适当提高。

(3)对于溶洞、断层、软弱夹层、易溶岩的岩石等,应个别研究确定。

(4)裂隙张开或有泥质充填时,应取低值。

2.3 动力特性参数

附表 2.14　岩石的弹性波速及动力弹性参数范围值[12,31,34,45,47,49]

岩石名称	纵波速度, V_l/(m/s)	横波速度, V_t/(m/s)	动弹性模量, E_d/GPa	动泊松比, μ_d
玄武岩	4570~7500	3050~4500	53.1~162.8	0.1~0.22
安山岩	4200~5600	2500~3300	41.4~83.3	0.22~0.23
闪长岩	5700~6450	2793~3800	52.8~96.2	0.23~0.34
闪长玢岩	4391~5873	2766~3402	50~84	0.13~0.20
石英闪长岩	5211~6455	3057~3426	65~78	0.17~0.20
花岗岩	4000~6500	2370~3800	37.0~113.0	0.13~0.40
辉长岩	5500~7500	3200~4000	63.4~114.8	0.20~0.21
纯橄榄岩	6500~7980	4080~4800	128.3~183.8	0.17~0.22
石英粗面岩	3000~5300	1800~3100	18.2~66.0	0.22~0.24
辉绿岩	5200~5800	3100~3500	59.5~88.3	0.21~0.22
流纹岩	4800~6990	2900~4100	40.2~107.7	0.21~0.29
珍珠岩	5049~5226	3275~3292	58	0.13~0.17
石英岩	3030~5610	1800~3200	20.4~76.3	0.23~0.26
石英斑岩	4949~5051	3431~3711	66~69	0.09~013
片岩	5800~6420	3500~3800	78.8~106.6	0.21~0.23
片麻岩	6000~6700	3500~4000	76.0~129.1	0.22~0.24
板岩	3650~4450	2160~2860	29.3~48.8	0.15~0.23
大理岩	5800~7300	3500~4700	79.7~137.7	0.15~0.21
千枚岩	2800~5200	1800~3200	20.2~70.0	0.15~0.20
砂岩	1500~5000	915~2400	5.3~37.9	0.20~0.22
页岩	1330~3970	780~2300	3.4~35.0	0.23~0.25
石灰岩	2500~6000	1450~3500	12.1~88.3	0.24~0.25
硅质灰岩	4400~4800	2600~3000	46.8~61.7	0.18~0.23
泥质灰岩	2000~3500	1200~2200	7.9~26.6	0.17~0.22
白云岩	2500~6000	1500~3600	15.4~94.8	0.22
砾岩	1500~2500	900~1500	3.4~16.0	0.19~0.22
混凝土	2000~4500	1250~2700	8.85~49.8	0.18~0.21
硬石膏泥岩	5000~6000	3000~3300	69.6~83.12	0.23~0.315
黏土页岩				0.286
凝灰岩	3000~6800		7.1~11.4	
火山角砾岩 火山集块岩	3000~6800		7.1~11.4	
角闪岩			1.8~5.2	

附录3　岩土测试专业术语中英文定义

本附录主要依据《土工试验方法标准》(GB/T 50123—1999)、《工程岩体试验方法标准》(GB/T 50266—2013)、英国标准(British Standards)BS 1377:1990、美国标准(American Society for Testing and Materials)ASTM D653-14 和相关参考文献,归纳整理了岩土测试常用专业术语,并经专家论证,给出了各专业术语的中英文定义、符号、量纲和单位[1, 2, 50-64]。

本附录所列岩土测试专业术语分为物理指标(衡量岩土体固、液、气三相所反应的岩土基本性质以及结构特征)、力学指标(衡量岩土体在外力作用下所表现出的变形和强度特性)、热学指标(反映岩土体之间或与外界热能交换的性能)和化学指标(反映岩土体化学元素含量及分布情况)四类。各类指标按照首字母顺序排列。

3.1　物理指标

-B-

饱和度(S_r; %; Degree of saturation),特定温度下(一般指20℃),土(岩石)中孔隙水体积与孔隙体积的百分比。

The ratio of water volume to void volume determined at a given temperature (usually 20℃).

饱和密度(ρ_{sat}; ML^{-3}; g/cm^3; Saturated density),单位体积,孔隙中充满水的土(岩石)的质量。

The ratio of fully saturated mass to its total volume.

饱和重度(γ_{sat}; $ML^{-2}T^{-2}$; kN/cm^3; Saturated unit weight),土(岩石)完全饱和时的总重量与其总体积的比值。

The product of density and the gravitational acceleration.

饱水率(ω_{sa}; %; Water saturation),单位体积岩石,在高压(一般为15MPa)或真空条件下吸收水的质量与岩石固体质量的百分比。

The ratio of water mass that penetrates rock under high pressure (usually 15 MPa) or under vacuum to total volume.

土粒比重(G_s; 无量纲; Specific gravity of soil particle),土颗粒的质量与同体积4℃蒸馏水质量的比值。也称为土粒相对密度。

The ratio of (1) density of soil or rock to that of water at a given temperature (usually 20℃) or (2) mass in air of a given volume of soil or rock to that of an equal volume of distilled/demineralized water at a given temperature.

（注：中国一般为与4℃水的比值，美国、英国一般采用20℃）

不均匀系数（C_u；无量纲；Uniformity coefficient），限定粒径（d_{60}）与有效粒径（d_{10}）的比值。

The ratio of d_{60}/d_{10}, where d_{60} and d_{10} are soil particle diameters corresponding to 60 % and 10 % finer on the cumulative particle size curve, respectively.

-C-

稠度（ω_c；无量纲；Consistency），黏性土的液限和天然含水量的差值与塑性指数之比。

The ratio of the liquid limit minus the water content to the plasticity index of cohesive soils.

-D-

电导率（K；$T^3I^2M^{-1}L^{-3}$；S/m；Electrical resistivity），导体中任意一点的热功率密度和该点的电场强度的平方成正比，比例系数是该点导体的电导率。

A property of a material that determines the electrical current flowing through a unit volume under a unit electrical potential.

冻结温度（T；θ；℃；Freezing temperature），土中孔隙水发生冻结的最高温度。

Temperature at which water in soil starts to freeze.

冻土密度（ρ_f；ML^{-3}；g/cm^3；Density of frozen ground），单位体积冻土的质量。

Mass of frozen earth materials of a unit volume.

-F-

浮密度（ρ'；ML^{-3}；g/cm^3；Buoyant density），在地下水位以下，单位土体积中土粒的质量与同体积水的质量之差。

Difference between the saturated density of soil and the density of water (at 20℃ or project-specified temperature).

浮重度（γ'；$ML^{-2}T^{-2}$；kN/cm^3；Buoyant unit weight），土（岩石）的饱和重度和水的重度之差。

Buoyant density multiplied by standard acceleration of gravity (at 20℃ or project-specific temperature).

-G-

干密度（ρ_d；ML^{-3}；g/cm^3；Dry density），土的干密度是指单位体积中固体颗粒部分的质量；岩石的干密度是指岩石块体在100～105℃烘干至恒重时单位体积的质量。

The ratio of dry mass of soil or rock per unit total volume.

干重度(γ_d; $ML^{-2}T^{-2}$; kN/cm^3; Dry unit weight),土(岩石)的固体颗粒的重量与其总体积的比值。

The product of dry density and the gravitational acceleration.

-H-

含水率(ω; %; Water content),土的含水率是指土中水的质量与土粒质量的百分比;岩石的含水率是岩石孔隙中水的质量与岩石固体质量的百分比。

The ratio of mass of pore water of soil or rock material, to mass of its solid particles, expressed as a percentage.

横波(Transverse wave),在波动中,如果参与波动的质点的震动方向与波的传播方向相垂直,这种波称为横波。

Wave in which direction of particle displacement is parallel to wave front. The propagation velocity, V_t, is calculated as follows:

$$V_t = \sqrt{\frac{G}{\rho}} = \sqrt{\left(\frac{E}{\rho}\right)\left[\frac{1}{2(1+v)}\right]}$$

G-shear modulus,

ρ-mass density,

v-Poisson's ratio, and

E-Young's modulus.

活动度(A; 无量纲; Activity number),黏性土的塑性指数与黏粒(粒径小于0.002mm的颗粒)含量百分数的比值。

The ratio of the plasticity index of a cohesive soil to the percent by mass of particles having an equivalent diameter smaller than 2μm.

-J-

结构面(Structural plane),在岩体内形成具有一定的延伸方向和长度,厚度相对较小的地质界面或带。

Any surface across which some properties of a rock mass is discontinuous. This includes fracture surfaces and bedding planes.

-K-

颗粒级配(G; %; Gradation),又称粒度成分(Granularity ingredient),土中各粒组的质量占土粒总质量的百分数。

The proportion by mass of various particle sizes of soils.

颗粒密度(ρ_s; ML^{-3}; g/cm^3; Solids or particle density),土(岩石)颗粒质量与颗粒体积之比。

Mass of dry solids(particles)of soil or rock per unit volume of solids without any voids.

孔隙率(n; %; Porosity),土(岩石)的孔隙体积占总体积的百分比。

The ratio of volume of voids to the total volume of soil or rock mass.

孔隙比(e; 无量纲; Void ratio),土(岩石)中孔隙体积与固体颗粒体积之比。

The ratio of void volume to solid volume of soil or rock.

-L-

流速(V; LT^{-1}; m/s; Discharge velocity),单位时间内流体在流动方向上流经的距离。

Rate of discharge of water through a porous medium per unit area perpendicular to the direction of flow.

-M-

密度(ρ; ML^{-3}; g/cm^3; Density),土(岩石)单位体积的质量。

Mass of soil or rock per unit volume.

-N-

耐崩解性指数(I_{d2}; %; Slake durability index),岩石残留试件烘干质量和原试件烘干质量的百分比。

The ratio of dry mass retained of a collection of shale pieces on a 2.00 mm sieve after two cycles of oven drying and 10 min of soaking in water with a standard tumbling and abrasion action.

-P-

膨胀率(δ; %; Swelling ratio),土体在有侧限条件下,浸水后的竖向膨胀量与原高度的百分比。

The ratio of vertical swell to test specimen height before swell.

膨胀力(P_e; $ML^{-1}T^{-2}$; kPa; Swell pressure),土(岩石)在体积不变时,由于吸水膨胀所产生的内应力。

The pressure required to maintain constant volume, i. e. to prevent swelling, when a soil has access to water.

频率(f; T^{-1}; Hz; Frequency),单位时间内完成周期性变化的次数。

Number of cycles per unit time.

-Q-

曲率系数(C_c; 无量纲; Coefficient of curvature),在颗粒级配曲线上,中值粒径 d_{30}的平方与限定粒径 d_{60}和有效粒径 d_{10}乘积的比值,它是用来反映土的粒径级配累计曲线的斜率是否连续的指标系数。

The ratio $(d_{30})^2/(d_{10} \cdot d_{60})$, where d_{60}, d_{30}, and d_{10} are the particle sizes corresponding to 60, 30, and 10 % finer on the cumulative particle-size distribution curve, respectively.

-S-

塑性指数(I_P; 无量纲; Plasticity index),液限与塑限的差值。

The range of water content over which a cohesive soil behaves plastically. Numerically, it is the difference between the liquid limit and the plastic limit.

塑限(ω_p; %; Plastic limit),黏性土由可塑状态过渡到半固态的界限含水率。

The water content of a cohesive soil at the boundary representing the transition from the plastic to semi-solid states.

缩限(ω_n; %; Shrinkage limit),黏性土由半固态过渡到固态的界限含水率。

The maximum water content at which a reduction in water content will not cause a decrease in soil volume.

-T-

体缩率(δ_v; %; Volumetric shrinkage),土体失水收缩达到缩限时的体积收缩量与原体积之比,以百分数表示。

The ratio of the change in volume to the original volume when water content is reduced to the shrinkage limit.

-W-

未冻含水率(ω_u; %; Unfrozen water content),在一定负温下,冻土中未冻水的质量与干土质量之比,以百分数表示。

The ratio of either weights or volumes of unfrozen water and dry soil.

-X-

吸水率(ω_a; %; Absorption),岩石在常温常压条件下吸收水的质量与岩石固体质量(干燥时的质量)的百分比。

Increment of mass due to water entering the pores of rock material. Does not include water adhering to outer surfaces of particles, and is expressed as a percentage of dry mass.

限定粒径(d_{60}; 无量纲; Constrained size),粒径级配曲线上,小于该粒径的土粒质量占总土质量60%的粒径。

Diameter at which 60 % by weight(dry)particles of a soil are finer.

线缩率(δ_{si}; %; Linear shrinkage),土体失水收缩达到缩限时,在单方向上长度的收缩量与原长度之比,以百分数表示。

Percentage change in length of a bar-shaped soil sample when dried from about its shrinkage limit.

相对密度(D_r; 无量纲; Relative density),(砂土)最大孔隙比与天然孔隙比之差和最大孔隙比与最小孔隙比之差的比值。

A parameter describing the void ratio/density of a soil sample relative to the loosest and densest states for that soil; usually expressed as a percentage. It is defined by either of the following two equations:

(a)

$$D_r = \frac{e_{max} - e}{e_{max} - e_{min}} \times 100$$

D_r-relative density in %,

e_{max}-void ratio in loosest state, from minimum dry density,

e-any given void ratio(typically an in-situ test value or that of a test specimen), and

e_{min}-void ratio in densest state, from maximum dry density.

(b)

$$D_r = \frac{\rho_{dmax}\ \rho_{dmax} - \rho_d}{\rho_d\ \rho_{dmax} - \rho_{dmin}} \times 100$$

ρ_{dmax}-maximum dry density in kg/m^3,

ρ_d-any given dry density(typically an in-situ test value or that of a test specimen) in kg/m^3, and

ρ_{dmin}-minimum dry density in kg/m^3.

-Y-

压实性(Compaction),土体在不规则荷载作用下密度增加的性状。

Densification of a soil by means of mechanical manipulation.

压实度(λ_c; 无量纲; Degree of compaction),现场土质材料压实后的干密度和室内试验标准最大干密度之比。

A measure of compaction given by:

$$\lambda_c = \frac{\rho_d}{\rho_{dmax}}$$

λ_c-degree of compaction,

ρ_d-dry unit density to be achieved in the field, and

ρ_{dmax}-in standard compaction test, the maximum value defined by the compaction curve.

岩体结构(Rock structure),指岩体中结构面和结构体的排列组合特征。

Large- scale features of a rock mass, like bedding, foliation, jointing, cleavage, or brecciation; also, the sum total of such features as contrasted with texture.

液限(ω_L; %; Liquid limit),黏性土从流动状态转变为可塑状态(或由可塑状态到流动状态)的界限含水率。

Water content of a cohesive soil representing transition from the semi-liquid to plastic states.

液性指数(I_L; 无量纲; Liquidity index),黏性土的天然含水率和塑限之差与塑性指数之比。

The ratio of the water content of a cohesive soil at a given condition/state minus its plastic limit to its plasticity index.

有效粒径(d_{10}; 无量纲; Effective size),粒径级配曲线上,小于该粒径的土粒质量占总土质量 10% 的粒径。

Diameter at which 10% by weight(dry) the soil particles are finer.

-Z-

重度(γ; $ML^{-2}T^{-2}$; kN/cm^3; Unit weight),单位体积土(岩石)的重量。

Density multiplied by gravitational acceleration.

纵波(Longitudinal wave),在波动中,如果参与波动的质点的震动方向与波的传播方向相平行,这种波称为纵波。

Wave in which direction of particle displacement is normal to wave front. The propagation velocity, V_l, calculated as follows:

$$V_l=\sqrt{\left(\frac{E}{\rho}\right)\left[\frac{(1-v)}{(1+v)(1-2v)}\right]}$$

E-Young's modulus,

ρ-mass density, and

v-Poisson's ratio.

中值粒径(d_{30}; 无量纲; Median size),粒径级配曲线上,小于该粒径的土粒质量占总土质量 30% 的粒径。

Diameter at which 30% by weight(dry) the soil particles are finer.

自由膨胀率(δ_{ef}；%；Free swell)，松散干土浸水膨胀后所增加的体积与原体积的百分比。

The ratio of wetting-induced change in volume to the original volume of a loose and dry soil.

最大干密度(ρ_{dmax}；ML^{-3}；g/cm^3；Maximum dry density)，击实或压实试验所得到的，干密度与含水率关系曲线上峰值点所对应的干密度。

Densest state(in dry condition)of a soil determined using a standard test method.

最大孔隙比(e_{max}；无量纲；Maximum-index void ratio)，砂土在最松散状态时的孔隙比。

A reference void ratio at minimum index density/unit weight.

最小孔隙比(e_{min}；无量纲；Minimum-index void ratio)，砂土在最密实状态时的孔隙比。

A reference void ratio at maximum index density/unit weight.

最优含水率(ω_{opt}；%；Optimum water content)，在一定功能的压实(或击实、或夯实)作用下，使填土达到最大干密度时相应的含水率。

The water content at which a soil can be compacted to a maximum dry unit weight by a given compaction effort.

3.2　力学指标

-B-

变形模量(E；$ML^{-1}T^{-2}$；MPa；Modulus of deformation)，土体在无侧限条件下，应力与应变的比值。

The ratio of stress to strain for a material undera given loading condition; numerically equal to the slope of the tangent or the secant of a stress-strain curve.

泊松比(μ；无量纲；Poisson′s ratio)，岩石(土)在允许侧向自由膨胀条件下轴向受压时，侧向应变与轴向应变的比值。

The ratio between linear strain changes perpendicular to and in the direction of a given uniaxial stress change.

不排水抗剪强度(S_u；$ML^{-1}T^{-2}$；kPa；Undrained shear strength)，在不排水条件下，土体发生剪切破坏时的应力。

Shear strength of a soil under undrained conditions, before drainage due to application of stress can take place.

–C–

残余强度(S_r; $ML^{-1}T^{-2}$; MPa; Residual strength),岩石(或土)受剪时,剪应力达到峰值后,随着剪切位移的增大,强度逐渐减小,最后达到的稳定值。

Shear strength, corresponding to a specific normal stress, for which the shear stress remains essentially constant with increasing shear displacement.

残余应变(ε_r; 无量纲; Residual strain),在试样加载过程中,卸除荷载至零时,变形没有完全消失,这种不能恢复的变形称为残余应变。

Strain associated with a state of residual stress.

残余应力(σ_r; $ML^{-1}T^{-2}$; MPa; Residual stress),由于地质构造或地层变形作用而残存于岩石或土体中的内应力。

Stress remaining in a solid under zero external stress after some process that causes the dimensions of the various parts of the solid to be incompatible under zero stress, for example, (1) deformation under the action of external stress when some parts of the body suffer permanent strain; or (2) heating or cooling of a body in which the thermal expansion coefficient is not uniform throughout the body.

超固结比(*OCR*; 无量纲; Over consolidation ratio),土的先期固结压力与现有土层自重压力之比。

The ratio of pre-consolidation vertical stress to the current effective overburden stress.

承载比(*CBR*; %; California bearing ratio),贯入量达到2.5(或5)mm时的单位压力,与标准荷载强度的百分比。

The ratio in percent and at a penetration of either 0.1 or 0.2 in. of: (1) stress required to penetrate a soil mass to (2) stress required to penetrate a standard material (crushed aggregate) using standard equipment and procedures.

次固结(Secondary consolidation),渗透排水主固结完成以后,在压力不变的条件下,由于土结构的重新调整,随着时间增长土的体积仍继续压缩的现象。

Reduction in volume of a soil mass caused by the application of a sustained load and due principally to the adjustment of the internal structure of the soil mass after most of the load has been transferred from the soil water to the soil solids.

–D–

单轴抗压强度(σ_c; $ML^{-1}T^{-2}$; MPa; Compressive strength),岩石(土)在单轴压缩条件下所能承受的最大压应力,简称抗压强度。

Load per unit area at which an unconfined cylindrical specimen of soil or rock will fail in a simple compression test.

点荷载强度各向异性指数($I_{a(50)}$；无量纲；Point load strength anisotropy index)，垂直于弱面的岩石点载荷强度指数与平行于弱面的岩石点载荷强度的比值。

The strength anisotropy index is defined as the ratio of mean $I_{s(50)}$ values measured perpendicular and parallel to planes of weakness. That is, the ratio of greatest to least point load strength indices that result in the greatest and least point load strength values.

点荷载强度指数($I_{s(50)}$；$ML^{-1}T^{-2}$；MPa；Size-corrected point load strength index)，未修正的点载荷强度指数乘以一个因子，通过直径(D)的修正获得的标准值。

The original point load strength index value multiplied by a factor to normalize the value that would have been obtained with diametral test of a sample with a standard diameter(D).

动力黏滞系数(η；$ML^{-1}T^{-1}$；Pa·s；Coefficient of viscosity)，流体中产生单位流动速度梯度时，应力与剪切速率的比值。

The shearing stress required to maintain a unit velocity gradient between two parallel layers of a fluid a unit distance apart.

动弹性模量(E_d；$ML^{-1}T^{-2}$；MPa；Dynamic modulus of elasticity)，在周期荷载作用下，物体动应力与动应变中可恢复部分(即弹性变形部分)的比值。

The ratio of stress to strain for a material under dynamicuniaxial loading conditions.

动泊松比(μ_d；无量纲；Dynamic Poisson's ratio)，在周期荷载作用下，土(岩石)在弹性变形阶段的径向正应变与轴向正应变绝对值的比值。

The absolute value of the ratio between the diametral and axial deformations under dynamic uniaxial loading conditions.

冻胀性(Frost heave)，土(岩石)在冻结过程中膨胀的特性。

The expansion of volume due to theformation of ice in the underlying soil or rock.

冻胀率(η_f；%；Frost heaving ratio)，岩石或土体冻结前后体积的差值与冻结前体积之比，以百分数表示。

The ratio of the difference between before and after freezing volumes to the volume before freezing.

–F–

峰值抗剪强度(τ_p；$ML^{-1}T^{-2}$；MPa；Peak shear strength)，试样在某一有效应力作用下进

行剪切试验时，剪应力-应变关系曲线中的最大剪应力。

The maximum stress determined in complete shear stress versus shear displacement curve under a given constant normal stress.

-G-

刚度（K；MT^{-2}；N/m；Stiffness），材料或结构在确定的外力作用下，抵抗弹性变形或位移的能力。

The ratio of change of force (or torque) to the corresponding change in translational (or rotational) deformation of an elastic element.

割线模量（E_s；$ML^{-1}T^{-2}$；MPa；Secant modulus），在单向受力条件下，岩石应力-轴向应变曲线上相应于50%抗压强度的点与原点连线的斜率。

Slope of the line connecting the origin and a given point on the stress-strain curve(generally taken at a stress equal to half the compressive strength).

固结（Consolidation），饱和土体在压力作用下，土体孔隙中的水逐渐排除，使土体体积缩小、密度增大的过程。

The gradual reduction in volume of a soil mass resulting from an increase in compressive stress.

固结系数（C_v；L^2T^{-1}；cm^2/s；Coefficient of consolidation），固结理论中反映固结速率的参数。

A coefficient utilized in the theory of consolidation, containing the physical constants of a soil affecting its rate of volume change.

固结比（U_z；%；Consolidation ratio），又称固结度（degree of consolidation），土层或土样在某一级荷载下，某一时刻的压缩量和最终压缩量的百分比。

The ratio of the amount of primary consolidation at a given time and distance(location) from a drainage surface to the total amount of primary consolidation obtainable at that point under a given stress increment.

-H-

回弹指数（C_s；无量纲；Swell index），土样受压后卸荷回弹，回弹和再压缩曲线（e - lg$p$ 关系曲线）卸载段和再加载段的平均斜率。

Slope of the rebound pressure-void ratio curve on a semi-log plot.

回弹模量（E_e；$ML^{-1}T^{-2}$；MPa；Modulus of resilience），土体在有侧限条件下，卸载过程中的竖向压力与回弹应变的比值。

The ratio of the vertical pressure to the resilience strain during the process of unloading under the confined conditions.

-J-

剪应力(τ; $ML^{-1}T^{-2}$; kPa; Shear stress),土(岩石)在发生剪切变形时,平行于剪切面的内应力。

A stress component acting parallel to the surface of the plane being considered.

剪胀(Dilatancy),土(岩石)在剪切过程中,因其骨架颗粒产生相对位移,导致土(岩石)的体积发生膨胀的现象,在岩石力学中也把这种现象称之为扩容。

The expansion of cohesionless rocks or soils when subjected to shearing deformation.

剪缩(Contraction),土(岩石)在剪切过程中,因其骨架颗粒产生相对位移,导致土(岩石)的体积发生收缩的现象。

Linear strain associated with a decrease in length.

-K-

抗剪强度(S; $ML^{-1}T^{-2}$; kPa; Shear strength),在剪切载荷作用下,岩块或土体抵抗剪切破坏的最大剪应力。

The maximum resistance of a material to shearing stresses.

抗拉强度(σ_t; $ML^{-1}T^{-2}$; MPa; Tensile strength),试样在单轴拉伸荷载作用下,发生破坏时所承受的最大拉应力。

The maximum resistance to deformation of a material when subjected to tension by an external force.

孔隙水压力(u; $ML^{-1}T^{-2}$; kPa; Pore water pressure),饱和岩石(土)中由孔隙水所承担的压力。

The pressure of water in the voids between solid particles.

孔隙压力系数(A and B; 无量纲; Pore pressure coefficients),在不排水条件下,土试样所受到的主应力发生变化时,土中孔隙水压力也随之发生变化。这种用于确定土体受荷后,应力变化所产生的孔隙水压力变化的参数称为孔隙水压力系数。

Coefficients that relate principal stresses to the pore pressure changes in accordance with the equation:

$$\Delta u = B[\Delta\sigma_3 + A(\Delta\sigma_1 - \Delta\sigma_3)]$$

Δu-change in pore pressure,

$\Delta\sigma_1$-change in total major principal stress,

$\Delta\sigma_3$-change in total minor principal stress,

$(\Delta\sigma_1-\Delta\sigma_3)$-change in deviator stress, and

A and B-pore pressure coefficients.

-L-

灵敏度(S_t; 无量纲; Sensitivity),原状土的无侧限抗压强度与该土经过重塑后的无侧限抗压强度之比。

The ratio of the strength of an undisturbed soil specimen to the strength of the same specimen after remolding.

临界阻尼(Critical damping),使振动物体刚好能不作周期性振动而又能最快地回到平衡位置的阻尼,称为临界阻尼。

The minimum viscous damping that will allow a displaced system to return to its initial position without oscillation.

-N-

内摩擦角(φ; °; Angle of internal friction),岩土体莫尔包络线的切线与正应力坐标轴间的夹角。

Angle of the Mohr-Coulomb envelope.

黏聚力(c; $ML^{-1}T^{-2}$; kPa; Cohesion),法向应力为零时,土(岩石)的抗剪强度。

Shear resistance at zero normal stress.

-P-

破坏准则(Failure criteria),根据岩土体在各种应力状态下发生的破坏现象和破坏方式,建立起岩土体破坏时的应力应变关系,称为破坏准则。

Specification of the mechanical condition under which solid materials fail by fracturing or by deforming beyond some specified limit.

-Q-

前期固结压力(P_c; $ML^{-1}T^{-2}$; kPa; Preconsolidation pressure),土在地质历史上曾经受过的最大有效竖向压力。

The yield stress of a soil specimen as determined from a standard one-dimensional consolidation test.

切线模量(E_t; $ML^{-1}T^{-2}$; MPa; Tangent modulus),在弹性应力-应变关系曲线中某点的切线斜率(一般为抗压强度的 50%)。

Slope of the tangent to the stress-strain curve at a given stress value (generally taken at a stress equal to half the compressive strength).

屈服应力(σ_s; $ML^{-1}T^{-2}$; MPa; Yield stress),试样在拉伸或压缩过程中,应力只在某一微小范围内上下波动,应变却急剧增长,此时试样所受的正应力。

The stress beyond which the induced deformation is not fully annulled after complete distressing.

-R-

溶滤变形系数(δ_{wt}; 无量纲; Coefficient of deformation due to leaching),渗透引起的溶滤变形量与试样原始高度之比。

The ratio of the difference in height to the original height due to the leaching under standard conditions.

融沉系数(a_0; 无量纲; Thaw compressibility),冻土融化过程中,在自重压力作用下产生的相对下沉量。

In the permafrost melting process, the ratio of the change in height to the initial height under the self-weight pressure.

融化压缩系数(a_{tc}; $M^{-1}LT^2$; MPa^{-1}; Thaw-settlement coefficient),冻土融化后,在单位压力作用下产生的相对压缩变形量。

The thaw-settlement coefficient, a_{tc}, expressed as the relative compression deformation per unit change in pressure.

$$a_{tc}=\frac{S_{i+1}-S_i}{P_{i+1}-P_i}$$

S_i-the ratio of change in height to original height under a certain pressure, and

P_i-a reference pressure (MPa).

软化系数(η_c; 无量纲; Softening coefficient),岩石试件的饱和抗压强度与干燥时的抗压强度之比。

The ratio of the saturated to the dry compressive strengths of rocks.

-S-

渗流(Seepage),液体在土(岩石)孔隙或其他透水性介质中的流动现象。

The infiltration or percolation of water through rock or soil to or from the surface. The term seepage is usually restricted to the very slow movement of groundwater.

渗流力(J; $ML^{-2}T^{-2}$; kN/m^3; Seepage force),水在土(岩石)中流动时,引起的水头损失对土颗粒有推动、摩擦和拖曳作用,综合形成的作用于土骨架的力,称为渗流力。

The frictional drag of water flowing through voids or interstices, causing an increase in the intergranular pressure.

渗透系数(k; LT^{-1}; cm/s; Coefficient of permeability),单位水力梯度下的渗透速度。

The rate of discharge of water under laminar flw conditions through a unit cross-sectional area of a porous medium under a unit hydraulic gradient and standard temperature conditions (usually 20 ℃).

水力梯度(i; 无量纲; Hydraulic gradient),单位渗流长度上的水头损失。

The change in total head (head loss, Δh) per unit distance (L) in the direction of flw.

水头(h; L; m; Head),含水层某点的位置高度,其值为压力水头和速度水头之和。

Fluids pressure at a point, expressed in terms of the vertical distance the fluid rises.

时间因数(T_v; 无量纲; Time factor),固结理论中的一个无因次数。它与试样的排水距离 H,固结系数 C_v 及固结时间 t 有关。

Dimensionless factor, utilized in the theory of consolidation, containing the physical constants of a soil stratum influencing its time-rate of consolidation, expressed as follows:

$$T_v = \frac{C_v \cdot t}{H^2}$$

T_v - time factor,

t - elapsed time that the stratum consolidated,

C_v - coefficient of consolidation, and

H - thickness of stratum drained on one side only. If stratum is drained on both sides, its thickness equals $2H$.

湿陷性(Collapse),土在自重压力作用下或自重压力和附加压力综合作用下,受水浸湿后土的结构迅速破坏而发生显著附加下陷的特性。

Wetting-induced decrease in height of a soil specimen.

湿陷系数(δ_s; 无量纲; Coefficient of collapsibility),单位厚度的土样所产生的湿陷变形。

The coefficient of collapsibility, δ_s, is expressed as follows:

$$\delta_s = \frac{h_1 - h_2}{h_0}$$

h_1 - stable deformation of the sample height under a certain pressure, mm,

h_2 - final height after wetting, mm, and

h_0 - initial height of specimen, mm.

湿陷起始压力(P_{sh}; $ML^{-1}T^{-2}$; kPa; Initial pressure of collapsibility),湿陷性黄土的湿陷系数达到 0.015 时的最小湿陷压力。

The minimum collapsing pressure when the coefficient of collapsibility is up to 0.015.

收缩系数(λ_n；无量纲；Coefficient of shrinkage)，在收缩试验中，土样在直线收缩阶段任意两点含水率之差与相应线缩率之差的比值；即收缩曲线(线缩率与含水率关系曲线)中直线段的斜率。

In the shrinkage curve, the ratio of the difference between the two water contents in the linear contraction phase to the difference between the corresponding line shrinkages.

-T-

弹性模量(E；$ML^{-1}T^{-2}$；MPa；Elastic modulus)，材料在加载过程中，弹性范围内的应力与应变的比值。

The ratio of the increase in stress on a test specimen to the resulting increase instrain over the range of loading within the elastic domain.

体积压缩系数(m_v；$M^{-1}LT^2$；MPa^{-1}；Coefficient of volume compressibility)，土压缩时垂直应变增量和垂直压力增量的比值。

The compression of a soil layer per unit original thickness due to a unit increase in pressure. It is numerically equal to the coefficient of compressibility divided by one plus the original void ratio.

-W-

未修正的点荷载强度指数(I_s；$ML^{-1}T^{-2}$；MPa；Point load strength index)，岩石试件被压裂时的极限荷载与等价岩心直径平方的比值。

An indicator of strength obtained by subjecting a rock specimen to increasing load applied by a pair of truncated, conical platens, until failure occurs.

无侧限抗压强度(q_u；$ML^{-1}T^{-2}$；kPa；Unconfined compressive strength)，试样在无侧向压力条件下，抵抗轴向压力的极限强度。

The axial load per unit area at which a prismatic or cylindrical specimen will fail in a simple compression test without lateral support.

-Y-

压缩曲线(Compression curve)，在固结试验中，根据土所受的压力 p 和相应的孔隙比 e 而建立的关系曲线。压缩曲线可分为 e-p 曲线和 e-$lg\ p$ 曲线。

A curve representing the relationship between stress and void ratio of a soil as obtained from a consolidation test.

压缩指数(C_c；无量纲；Compression index)，在 e-$lg\ p$ 压缩曲线中接近直线段的斜率。

The slope of the linear portion of the compression curve on a semi-log plot.

压缩系数(a_v；$M^{-1}LT^2$；MPa^{-1}；Coefficient of compressibility)，在土的固结试验中，孔隙

比减小量与有效应力增加量的比值；即压缩试验所得 e-p 曲线上某压力段割线的斜率，以绝对值表示。

The secant slope, for a given pressure increment, of the compression curve.

应变(ε; 无量纲; Strain)，材料在受力产生变形时，单位长度线元的变化量。

The change in length per unit of original length in a given direction.

应力(p; $ML^{-1}T^{-2}$; kPa; Stress)，物体在外力作用下产生变形，物体各部分之间产生的相互作用力。

The force per unit area.

有效应力(σ'; $ML^{-1}T^{-2}$; kPa; Effective stress)，土(岩石)中总应力与孔隙水压力之差。

The difference between the total stress, σ, and the pore water pressure, u_w.

有效内摩擦角(φ'; °; Angle of shear resistance, in terms of effective stress)，岩石(土)莫尔包络线的切线与有效正应力坐标轴间的夹角。

The slope of the Mohr-Coulomb effective stress envelope.

有效黏聚力(c'; $ML^{-1}T^{-2}$; kPa; Cohesion intercept, in terms of effective stress)，有效法向应力为零时土(岩石)的抗剪强度。

The intercept of the Mohr-Coulomb effective stress envelope.

-Z-

自重湿陷系数(δ_{zs}; %; Coefficient of self-weight collapsibility)，土样加压至饱和自重压力时，土的湿陷量与其原始高度之百分比。

The ratio of wetting-induced change in height to the height immediately prior to wetting when the soil pressure to saturated self-weight stress.

轴向应变(ε_1; %; Axial strain)，试件的轴向变形量与起始高度的百分比。

The ratio of length changes as read from deformation indicator to initial length of a specimen.

轴向应力(σ_1; $ML^{-1}T^{-2}$; kPa; Axial stress)，通过试件横截面形心，且与横截面正交的内应力。

The axial force divided by the area on which it acts.

主固结(Primary consolidation)，土体在持续荷载作用下，随着土体中孔隙水的排出，孔隙水所承担的荷载逐渐转移给土骨架而引起的土体体积减小的过程。

The reduction in volume of a soil mass caused by the application of a sustained load to the mass and due principally to a squeezing out of water from the void spaces of the mass and accompanied by a transfer of the load from the soil water to the soil solids.

总应力(σ_t; $ML^{-1}T^{-2}$; kPa; Total stress),作用在土体内单位面积上的总力,即有效应力与孔隙压力之和。

The total force per unit area. It is the sum of the pore pressure and effective stresses.

主平面(Principal plane),物体某一点所在单元体上剪应力为零的截面。

Each of three mutually perpendicular planes through a point, on which the shearing stresses are zero.

主应力差($\sigma_1-\sigma_3$; $ML^{-1}T^{-2}$; kPa; Deviator stress),在三轴试验中,最大主应力和最小主应力的差值。

The difference between the major and minor principal stresses.

阻尼(Damping),土体作为一个振动体系,其质点在运动过程中由于黏滞摩擦作用而有一定的能量损失,这种现象称为阻尼。

Reduction in the amplitude of vibration of a body or system due to dissipation of energy.

阻尼比(ζ; 无量纲; Damping ratio),阻尼系数和临界阻尼系数的比值。

For a system with viscous damping, the ratio of actual to critical damping coefficients.

3.3　热学指标

-D-

导热系数(λ; $LMT^{-3}\theta^{-1}$; W/m · K; Thermal conductivity),在单位厚土层,其层面温度相差一个单位温度梯度时,单位时间内在单位面积上通过的热量,它表示土体导热能力的指标。

The quantity of heat that will flow through a unit area of a substance in unit time under a unit temperature gradient.

-Z-

质量热容(c; $L^2T^{-2}\theta^{-1}$; J/(kg · K); Mass heat capacity),单位质量的某物质升高或下降单位温度所吸收或放出的热量。

The quantity of heat required to change the temperature of a unit mass of a substance one degree; measured as the average quantity over the temperature range specified. It is distinguished from true specific heat by being an average rather than a point value.

3.4 化学指标

-P-

pH 值(pH; 无量纲; pH value),氢离子浓度的负对数。

An index of the acidity or alkalinity in terms of the logarithm of the reciprocal of the hydrogen ion concentration.

-Y-

有机质含量(O_m; %; Organic matter),有机质质量与干试样质量的比值,以百分数表示。

The amount of organic matter determined by the following:

$$O_m = 100 - \frac{C \times 100}{B}$$

O_m-organic matter, %,

C-ash, g, and

B-oven-dried test specimen, g.

附录 4 岩土测试常用物理量及单位换算

本附录以《国际单位制及其应用》(GB 3100-93)为基础,归纳整理了与岩土测试相关的 18 类常用物理量的单位名称、符号及相互换算关系。附表 4.1 总结了各物理量在国际单位制中的中英文单位名称及常用符号,未包含具有组合单位的物理量,如速度(单位为米/秒)、密度(单位为千克/立方米)等。

物理量单位间的换算关系经整理并列入附表 4.2 ~ 附表 4.19 中:长度(附表 4.2)、面积(附表 4.3)、体积(附表 4.4)、质量(附表 4.5)、力(附表 4.6)、时间(附表 4.7)、密度(附表 4.8)、动力黏度(附表 4.9)、运动黏度(附表 4.10)、速度(附表 4.11)、温度(附表 4.12)、压强(附表 4.13)、体积流量(附表 4.14)、功(能、热、热量)(附表 4.15)、功率(热流量)(附表 4.16)、质量热容(附表 4.17)、热导率(附表 4.18)和传热系数(附表 4.19)。各表中的数值表示其所在行与列单位间的换算比。

附表 4.1　常用物理量单位中英文对照

物理量	单位	Unit	符号	单位	Unit	符号
长度	千米	kilometer	km	米	meter	**m**
	分米	decimeter	dm	厘米	centimeter	cm
	毫米	millimeter	mm	纳米	nanometer	nm
	英里	mile	mi	英尺	foot	ft
	英寸	inch	in	海里	nautical mile	nmi
	码	yard	yd			
面积	平方千米	square kilometer	km^2	平方米	square meter	m^2
	公顷	hectare	hm^2	英亩	acre	ac
	平方英里	square mile	mi^2	平方英尺	square foot	ft^2
	平方英寸	square inch	in^2	平方码	square yard	yd^2
体积	立方米	cubic meter	m^3	立方分米 升	cubic decimeterl itre	dm^3 L
	立方厘米 毫升	cubic centimeter milliliter	cm^3 mL	立方英尺	cubic foot	ft^3
	立方英寸	cubic inch	in^3			
质量	吨	tonne	t	千克	kilogram	**kg**
	克	gram	g	磅	pound	lb
	盎司	ounce	oz	克拉	carat	ct
力	牛顿	newton	N	千克力	kilogram-force	kgf
	磅力	pound-force	lbf	达因	dyne	dyn
时间	小时	hour	h	分钟	minute	min
	秒	second	**s**			
动力黏度	泊	poise	P	厘泊	centipoise	cP
运动黏度	斯	stoke	St	厘斯	centistoke	cSt
温度	摄氏度	degree Celsius	℃	绝对温度	kelvin	**K**
	华氏度	degree Fahrenheit	℉	兰氏度	degree Rankine	°R
	列氏度	Réaumur scale	°Ré			
压强	巴	bar	bar	帕	Pascal	Pa
	标准大气压	standard atmosphere	atm	工业大气压	technical atmosphere	at
	毫米汞柱	millimeter of mercury	mmHg			
功(能、热、热量)	焦耳	joule	J	卡	calorie	cal
	千卡	kilocalorie	kcal			
功率(热流量)	瓦	watt	W	千瓦	kilowatt	kW
	英热单位	British thermal unit	Btu			

注:表中粗体表示的单位为国际单位制(SI)的基本单位。

附表 4.2　长度(Length)单位间的换算

单位	千米,**km**	米,**m**	分米,**dm**	厘米,**cm**	毫米,**mm**	纳米,**nm**	英里,**mi**	英尺,**ft**	英寸,**in**	海里,**nmi**	码,**yd**
千米,km	1	10^{3}	10^{4}	10^{5}	10^{6}	10^{12}	6.214×10^{-1}	3.281×10^{3}	3.937×10^{4}	5.4×10^{-1}	1.094×10^{3}
米,m	10^{-3}	1	10	10^{2}	10^{3}	10^{9}	6.214×10^{-4}	3.281	3.937×10^{1}	5.4×10^{-4}	1.094
分米,dm	10^{-4}	10^{-1}	1	10	10^{2}	10^{8}	6.214×10^{-5}	3.281×10^{-1}	3.937	5.4×10^{-5}	1.094×10^{-1}
厘米,cm	10^{-5}	10^{-2}	10^{-1}	1	10	10^{7}	6.214×10^{-6}	3.281×10^{-2}	3.937×10^{-1}	5.4×10^{-6}	1.094×10^{-2}
毫米,mm	10^{-6}	10^{-3}	10^{-2}	10^{-1}	1	10^{6}	6.214×10^{-7}	3.281×10^{-3}	3.937×10^{-2}	5.4×10^{-7}	1.094×10^{-3}
纳米,nm	10^{-12}	10^{-9}	10^{-8}	10^{-7}	10^{-6}	1	6.214×10^{-13}	3.281×10^{-9}	3.937×10^{-8}	5.4×10^{-13}	1.094×10^{-9}
英里,mi	1.609	1.609×10^{3}	1.609×10^{4}	1.609×10^{5}	1.609×10^{6}	1.609×10^{12}	1	5.28×10^{3}	6.336×10^{4}	8.69×10^{-1}	1.76×10^{3}
英尺,ft	3.048×10^{-4}	3.048×10^{-1}	3.048	3.048×10^{1}	3.048×10^{2}	3.048×10^{8}	1.894×10^{-4}	1	1.2×10^{1}	1.646×10^{-4}	3.33×10^{-1}
英寸,in	2.54×10^{-5}	2.54×10^{-2}	2.54×10^{-1}	2.54	2.54×10^{1}	2.54×10^{7}	1.578×10^{-5}	8.333×10^{-2}	1	1.371×10^{-5}	2.778×10^{-2}
海里,nmi	1.852	1.852×10^{3}	1.852×10^{4}	1.852×10^{5}	1.852×10^{6}	1.852×10^{12}	1.151	6.076×10^{3}	7.291×10^{4}	1	2.025×10^{3}
码,yd	9.144×10^{-4}	9.144×10^{-1}	9.144	9.144×10^{1}	9.144×10^{2}	9.144×10^{8}	5.682×10^{-4}	3	3.6×10^{1}	4.937×10^{-4}	1

附表 4.3　面积(Area)单位间的换算

单位	平方千米,**km²**	平方米,**m²**	公顷,**hm²**	英亩,**ac**	平方英里,**mi²**	平方英尺,**ft²**	平方英寸,**in²**	平方码,**yd²**
平方千米,km²	1	10^{6}	10^{2}	2.471×10^{2}	3.861×10^{-1}	1.076×10^{7}	1.55×10^{9}	1.196×10^{6}
平方米,m²	10^{-6}	1	10^{-4}	2.471×10^{-4}	3.861×10^{-7}	1.076×10^{1}	1.55×10^{3}	1.196
公顷,hm²	10^{-2}	10^{4}	1	2.471	3.861×10^{-3}	1.076×10^{5}	1.55×10^{7}	1.196×10^{4}
英亩,ac	4.047×10^{-3}	4.047×10^{3}	4.047×10^{-1}	1	1.563×10^{-3}	4.356×10^{4}	6.273×10^{6}	4.84×10^{3}
平方英里,mi²	2.59	2.59×10^{6}	2.59×10^{2}	6.4×10^{2}	1	2.788×10^{7}	4.014×10^{9}	3.098×10^{6}
平方英尺,ft²	9.29×10^{-8}	9.29×10^{-2}	9.29×10^{-6}	2.296×10^{-5}	3.587×10^{-8}	1	1.44×10^{2}	1.111×10^{-4}
平方英寸,in²	6.452×10^{-10}	6.452×10^{-4}	6.452×10^{-8}	1.594×10^{-7}	2.491×10^{-10}	6.944×10^{-3}	1	7.716×10^{-4}
平方码,yd²	8.361×10^{-7}	8.361×10^{-1}	8.361×10^{-5}	2.066×10^{-4}	3.228×10^{-7}	9	1.296×10^{3}	1

附表 4.4 体积(Volume)单位间的换算

单位	立方米,**m³**	升,**L**	立方厘米,**cm³**	立方英尺,**ft³**	立方英寸,**in³**
立方米,m^3	1	10^3	10^6	3.531×10^1	6.102×10^4
升,L	10^{-3}	1	10^3	3.531×10^{-2}	6.102×10^1
立方厘米,cm^3	10^{-6}	10^{-3}	1	3.531×10^{-5}	6.102×10^{-2}
立方英尺,ft^3	2.832×10^{-2}	2.832×10^1	2.832×10^4	1	1.728×10^3
立方英寸,in^3	1.639×10^{-5}	1.639×10^{-2}	1.639×10^1	5.787×10^{-4}	1

附表 4.5 质量(Mass)单位间的换算

单位	吨,**t**	千克,**kg**	克,**g**	磅,**lb**	盎司,**oz**	克拉,**ct**
吨,t	1	10^3	10^6	2.205×10^3	3.527×10^4	5×10^6
千克,kg	10^{-3}	1	10^3	2.205	3.527×10^1	5×10^3
克,g	10^{-6}	10^{-3}	1	2.205×10^{-3}	3.527×10^{-2}	5
磅,lb	4.536×10^{-4}	4.536×10^{-1}	4.536×10^2	1	1.6×10^1	2.268×10^3
盎司,oz	2.835×10^{-5}	2.835×10^{-2}	2.835×10^1	6.25×10^{-2}	1	1.417×10^2
克拉,ct	2×10^{-7}	2×10^{-4}	2×10^{-1}	4.409×10^{-4}	7.055×10^{-3}	1

附表 4.6 力(Force)单位间的换算

单位	牛顿,**N**	千克力,**kgf**	磅力,**lbf**	达因,**dyn**
牛顿,N	1	1.02×10^{-1}	2.248×10^{-1}	10^5
千克力,kgf	9.807	1	2.205	9.807×10^5
磅力,lbf	4.448	4.536×10^{-1}	1	4.448×10^5
达因,dyn	10^{-5}	1.02×10^{-6}	2.248×10^{-6}	1

附表 4.7 时间(Time)单位间的换算

单位	时,**h**	分,**min**	秒,**s**
时,h	1	60	3600
分,min	1.667×10^{-2}	1	60
秒,s	2.778×10^{-4}	1.667×10^{-2}	1

附表 4.8 密度(Density)单位间的换算

单位	千克/立方米,**kg/m³**	克/立方厘米,**g/cm³**	克/立方米,**g/m³**	磅/立方英尺,**lb/ft³**	磅/立方英寸,**lb/in³**
千克/立方米,kg/m^3	1	10^{-3}	10^3	6.244×10^{-2}	3.613×10^{-5}
克/立方厘米,g/cm^3	10^3	1	10^6	6.244×10^1	3.613×10^{-2}
克/立方米,g/m^3	10^{-3}	10^{-6}	1	6.244×10^{-5}	3.613×10^{-8}
磅/立方英尺,lb/ft^3	1.602×10^1	1.602×10^{-2}	1.602×10^4	1	5.787×10^{-4}
磅/立方英寸,lb/in^3	2.768×10^4	2.768×10^1	2.768×10^7	1.728×10^3	1

附表 4.9 动力黏度(Dynamic viscosity)单位间的换算

单位	帕·秒,**Pa·s**	泊,**P**	厘泊,**cP**	磅力·秒/平方英尺,**lbf·s/ft²**
帕·秒,Pa·s	1	10	10^3	2.09×10^{-2}
泊,P	10^{-1}	1	10^2	2.09×10^{-3}
厘泊,cP	10^{-3}	10^{-2}	1	2.09×10^{-5}
磅力·秒/平方英尺,lbf·s/ft²	4.788×10^1	4.788×10^2	4.788×10^4	1

附表 4.10 运动黏度(Kinematic viscosity)单位间的换算

单位	斯,**St**	厘斯,**cSt**	平方米/秒,**m²/s**	平方厘米/秒,**cm²/s**	平方英尺/秒,**ft²/s**	平方英寸/秒,**in²/s**
斯,St	1	10^2	10^{-4}	1	1.076×10^{-3}	1.55×10^{-1}
厘斯,cSt	10^{-2}	1	10^{-6}	10^{-2}	1.076×10^{-5}	1.55×10^{-3}
平方米/秒,m²/s	10^4	10^6	1	10^4	1.076×10^1	1.55×10^3
平方厘米/秒,cm²/s	1	10^2	10^{-4}	1	1.076×10^{-3}	1.55×10^{-1}
平方英尺/秒,ft²/s	9.29×10^2	9.29×10^4	9.29×10^{-2}	9.29×10^2	1	1.44×10^2
平方英寸/秒,in²/s	6.452	6.452×10^2	6.452×10^{-4}	6.452	6.944×10^{-3}	1

附表 4.11 速度(Velocity)单位间的换算

单位	米/秒,**m/s**	英尺/秒,**ft/s**	英里/秒,**mi/s**	公里/小时,**km/h**	海里/小时,**nmi/h**	英里/小时,**mi/h**
米/秒,m/s	1	3.281	6.214×10^{-4}	3.6	1.942	2.237
英尺/秒,ft/s	3.048×10^{-1}	1	1.894×10^{-4}	1.097	5.926×10^{-1}	6.818×10^{-1}
英里/秒,mi/s	1.609×10^3	5.28×10^3	1	5.794×10^3	3.126×10^3	3.6×10^3
公里/小时,km/h	2.778×10^{-1}	9.111×10^{-1}	1.726×10^{-4}	1	5.4×10^{-1}	6.214×10^{-1}
海里/小时,nmi/h	5.144×10^{-1}	1.688	3.2×10^{-4}	1.852	1	1.151
英里/小时,mi/h	4.47×10^{-1}	1.467	2.778×10^{-4}	1.609	8.69×10^{-1}	1

附表 4.12 温度(Temperature)单位间的换算

单位	摄氏温度,**℃**	绝对温度,**K**	华氏温度,**℉**	兰氏度,**°R**	列氏度,**°Ré**
摄氏温度,℃	1	[℃]=[K] −273.15	[℃]=([℉] −32)/1.8	[℃]=([°R] −491.67)/1.8	[℃]=[°Ré] ×1.25
绝对温度,K	[K]=[℃] +273.15	1	[K]=([℉] +459.67)/1.8	[K]=[°R]/1.8	[K]=[°Ré] ×1.25+273.15
华氏温度,℉	[℉]=[℃] ×1.8+32	[℉]=[K] ×1.8−459.67	1	[℉]=[°R] −459.67	[℉]=[°Ré]× 2.25+32

附表 4.13 压强(Pressure)单位间的换算

单位	巴,bar	帕,Pa	标准大气压,atm	工业大气压,at	毫米汞柱,mmHg	磅力/平方英寸,lbf/in^2	磅力/平方英尺,lbf/ft^2
巴,bar	1	10^5	9.869×10^{-1}	1.0197	7.501×10^2	1.45×10^1	2.089×10^3
帕,Pa	10^{-5}	1	9.869×10^{-6}	1.0197×10^{-5}	7.501×10^{-3}	1.45×10^{-4}	2.089×10^{-2}
标准大气压,atm	1.01325	1.01325×10^5	1	1.033	7.6×10^2	1.47×10^1	2.116×10^3
工业大气压,at	9.807×10^{-1}	9.807×10^4	9.678×10^{-1}	1	7.356×10^2	1.422×10^1	2.048×10^3
毫米汞柱,mmHg	1.333×10^{-3}	1.333×10^2	1.316×10^{-3}	1.36×10^{-3}	1	1.934×10^{-2}	2.784
磅力/平方英寸,lbf/in^2	6.895×10^{-2}	6.895×10^3	6.805×10^{-2}	7.031×10^{-2}	5.171×10^1	1	1.44×10^2
磅力/平方英尺,lbf/ft^2	4.788×10^{-4}	4.788×10^1	4.725×10^{-4}	4.882×10^{-4}	3.591×10^{-1}	6.944×10^{-3}	1

附表 4.14 体积流量(Volume flow rate)单位间的换算

单位	立方米/时,m^3/h	立方米/分,m^3/min	立方米/秒,m^3/s	升/时,L/h	升/分,L/min	升/秒,L/s	立方英尺/时,ft^3/h	立方英尺/分,ft^3/min
立方米/时,m^3/h	1	1.667×10^{-2}	2.778×10^{-4}	10^3	1.667×10^1	2.778×10^{-1}	3.531×10^1	5.886×10^{-1}
立方米/分,m^3/min	6×10^1	1	1.667×10^{-2}	6×10^4	10^3	1.667×10^1	2.119×10^3	3.531×10^1
立方米/秒,m^3/s	3.6×10^3	6×10^1	1	3.6×10^6	6×10^4	10^3	1.271×10^5	2.119×10^3
升/时,L/h	10^{-3}	1.667×10^{-5}	2.778×10^{-7}	1	1.667×10^{-2}	2.778×10^{-4}	3.531×10^{-2}	5.886×10^{-4}
升/分,L/min	6×10^{-2}	10^{-3}	1.667×10^{-5}	6×10^1	1	1.667×10^{-2}	2.119	3.531×10^{-2}
升/秒,L/s	3.6	6×10^{-2}	10^{-3}	3.6×10^3	6×10^1	1	1.271×10^2	2.119
立方英尺/时,ft^3/h	2.832×10^{-2}	4.719×10^{-4}	7.866×10^{-6}	2.832×10^1	4.719×10^{-1}	7.866×10^{-3}	1	1.667×10^{-2}
立方英尺/分,ft^3/min	1.699	2.832×10^{-2}	4.719×10^{-4}	1.699×10^3	2.832×10^1	4.719×10^{-1}	6×10^1	1

附表 4.15 功(Work)(能、热、热量)单位间的换算

单位	焦耳,J	卡,cal	千克力·米,kgf·m	千瓦·时,kW·h	英尺·磅力,ft·lbf	英热单位,Btu
焦耳,J	1	2.39×10^{-1}	1.02×10^{-1}	2.778×10^{-7}	7.376×10^{-1}	9.478×10^{-4}
卡,cal	4.186	1	4.27×10^{-1}	1.163×10^{-6}	3.087	3.967×10^{-3}
千克力·米,kgf·m	9.804	2.342	1	2.72×10^{-6}	7.231	9.292×10^{-3}
千瓦·时,kW·h	3.56×10^6	8.6×10^5	3.672×10^5	1	2.655×10^6	3.412×10^3
英尺·磅力,ft·lbf	1.356	3.239×10^{-1}	1.383×10^{-1}	3.766×10^{-7}	1	1.285×10^{-3}
英热单位,Btu	1.055×10^3	2.521×10^2	1.076×10^2	2.931×10^{-4}	7.782×10^2	1

附表 4.16 功率(Power)(热流量)单位间的换算

单位	瓦,W	卡/秒,cal/s	英热单位/秒,Btu/s	英尺·磅力/秒,ft·lbf/s
瓦,W	1	2.39×10^{-1}	9.478×10^{-4}	7.376×10^{-1}
卡/秒,cal/s	4.186	1	3.966×10^{-3}	3.086
英热单位/秒,Btu/s	1.055×10^3	2.522×10^2	1	7.782×10^2
英尺·磅力/秒,ft·lbf/s	1.356	3.24×10^{-1}	1.285×10^{-3}	1

附表 4.17　质量热容(Massic heat capacity)单位间的换算

单位	焦耳/(克·开尔文),J/(kg·K)	卡/(克·摄氏度),cal/(g·℃)	英热单位/(磅·华氏度),Btu/(lb·℉)	焦耳/(磅·摄氏度),J/(lb·℃)
焦耳/(千克·开尔文),J/(kg·K)	1	2.388×10^{-4}	2.388×10^{-4}	4.536×10^{-1}
卡/(克·摄氏度),cal/(g·℃)	4.187×10^{3}	1	1	1.899×10^{3}
英热单位/(磅·华氏度),Btu/(lb·℉)	4.187×10^{3}	1	1	1.899×10^{3}
焦耳/(磅·摄氏度),J/(lb·℃)	2.204	5.266×10^{-4}	5.266×10^{-4}	1

附表 4.18　热导率(Thermal conductivity)单位间的换算

单位	千卡/(米·时·摄氏度),kcal/(m·h·℃)	卡/(厘米·秒·摄氏度),cal/(cm·s·℃)	瓦/(米·开尔文),W/(m·K)	焦耳/(厘米·秒·摄氏度),J/(cm·s·℃)	英热单位/(英尺·时·华氏度),Btu/(ft·h·℉)
千卡/(米·时·摄氏度),kcal/(m·h·℃)	1	2.778×10^{-3}	1.16	1.16×10^{-2}	6.72×10^{-1}
卡/(厘米·秒·摄氏度),cal/(cm·s·℃)	3.6×10^{2}	1	4.186×10^{2}	4.186	2.42×10^{2}
瓦/(米·开尔文),W/(m·K)	8.598×10^{-1}	2.39×10^{-3}	1	10^{-2}	5.78×10^{-1}
焦耳/(厘米·秒·摄氏度),J/(cm·s·℃)	8.598×10^{1}	2.39×10^{-1}	10^{2}	1	5.78×10^{1}
英热单位/(英尺·时·华氏度),Btu/(ft·h·℉)	1.49	4.13×10^{-3}	1.73	1.73×10^{-2}	1

附表 4.19　传热系数(Coefficient of heat transfer)单位间的换算

单位	瓦/(平方米·开尔文),W/(m²·K)	千卡/(平方米·时·摄氏度),kcal/(m²·h·℃)	卡/(平方厘米·秒·摄氏度),cal/(cm²·s·℃)	英热单位/(平方英尺·时·华氏度),Btu/(ft²·h·℉)
瓦/(平方米·开尔文),W/(m²·K)	1	8.598×10^{-1}	2.388×10^{-5}	1.761×10^{-1}
千卡/(平方米·时·摄氏度),kcal/(m²·h·℃)	1.162	1	2.778×10^{-5}	2.048×10^{-1}
卡/(平方厘米·秒·摄氏度),cal/(cm²·s·℃)	4.187×10^{4}	3.6×10^{4}	1	7.373×10^{3}
英热单位/(平方英尺·时·华氏度),Btu/(ft²·h·℉)	5.678	4.882	1.356×10^{-4}	1

参考文献

[1] British Standards Institution. Methods of test for Soils for civil engineering purposes: General requirements and sample preparation(BS 1377-1:2016). BSI,London,UK,1990.

[2] British Standards Institution. Methods of test for Soils for civil engineering purposes: Classification tests(BS 1377-2:1990). BSI,London,UK,1990.

[3] 中华人民共和国水利部．土的工程分类标准:GB/T 50145—2007[S]. 北京: 中国计划出版社．

[4] Das B M. Advanced Soil Mechanics,3rd ed. Taylor & Francis,2008.

[5] 张克恭,刘松玉．土力学[M]. 北京: 中国建筑工业出版社,2010.

[6] 中华人民共和国建设部．岩土工程勘察规范:GB 50021 - 2001[S]. 北京: 中国建筑工业出版社．

[7] 林宗元．岩土工程试验手册[M]. 北京: 中国建筑工业出版社,1994.

[8] Ng C W W,Menzies B K. Advanced Unsaturated Soil Mechanics & Engineering. Taylor & Francis,2007.

[9] Craig R F. Craig's soil mechanics seventh edition solutions manual. Taylor & Francis,2004.

[10] Mitchell J K,Soga K. Fundamentals of Soil Behavior,3rd ed. John Wiley & Sons,2005.

[11] 中华人民共和国住房和城乡规划部．建筑地基基础设计规范:GB 50007 - 2002[S]. 北京:中国建筑工业出版社．

[12] 常士骠,张苏民．工程地质手册[M]. 北京: 中国建筑工业出版社,2006.

[13] 中交公路规划设计院．公路沥青路面设计规范:JTJ D50 - 2006[S]. 北京: 人民交通出版社．

[14] 陈希哲,叶菁．土力学地基基础[M]. 北京: 清华大学出版社,2013.

[15] 方云．土力学[M]. 武汉:中国地质大学出版社,2002.

[16] 侯兆霞．特殊土地基[M]. 北京:中国建材工业出版社,2007.

[17] 卢廷浩．土力学[M]. 南京:河海大学出版社,2002.

[18] Zhao C,Shao M,Jia X,et al. Using pedotransfer functions to estimate soil hydraulic conductivity in the loess plateau of china. Catena,2016.

[19] 韩建刚．土力学与基础工程[M]. 重庆:重庆大学出版社,2014.

[20] 龚文惠．土力学[M]. 武汉:华中科技大学出版社,2007.

[21] 贺永年,韩立军,王衍深．岩石力学[M]. 徐州:中国矿业大学出版社,2010.

[22] Schofield A N,Wroth P. Critical State Soil Mechanics. 1968.

[23] Black D K,Lee K L. Saturating laboratory samples by back pressure. Journal of the Soil Mechanics & Foundations Division,1973.

[24] Knappett,Jonathan. Craig's Soil Mechanics(8th ed). London,UK:Spon Press,2012.

[25] Lambe W T,Whitman R V. Soil Mechanics. Massachusetts Institute of Technology. 1969.

[26] 交通部公路科学研究所．公路土工试验规程:JTJ E40 - 2007[S]. 北京: 人民交通出版社．

[27] Kurz D,Alfaro M,Graham J. Thermal conductivities of frozen and unfrozen soils at three project sites in northern manitoba. Cold Regions Science & Technology,2017.

[28] Ming F,Li D,Zhang M,Zhang Y. A novel method for estimating the elastic modulus of frozen soil. Cold Regions Science & Technology,2017.

[29] Das B M,Emeritus D,Sobhan K. Principles of Geotechnical Engineering,8th ed. 2012.

[30] 王渭明,杨更社,张向东,等．岩石力学[M]. 徐州:中国矿业大学出版社,2010.

[31] 沈明荣,陈建峰．岩石力学[M]. 上海:同济大学出版社,2006.

[32] 蔡美峰．岩石力学与工程[M]. 北京:科学出版社,2002.

[33] 凌贤长,蔡德所．岩体力学[M]. 哈尔滨:哈尔滨工业大学出版社,2002.

[34] 刘佑荣,唐辉明. 岩体力学[M]. 北京:化学工业出版社,2008.
[35] 林宗元. 岩土试验监测手册[M]. 北京: 中国建筑工业出版社,2005.
[36] 林宗元. 岩土工程勘察设计手册[M]. 沈阳:辽宁科学技术出版社,1996.
[37] 苗朝. 岩体蚀变特征及工程地质特性影响研究——以大岗山坝区岩体为例[D]. 成都理工大学博士学位论文.
[38] 吴德伦,黄质宏,赵明阶. 岩石力学[M]. 乌鲁木齐:新疆大学出版社,2002.
[39] 张忠亭,景峰,杨和礼. 工程实用岩石力学[M]. 北京:中国水利水电出版社,2009.
[40] 朱育岷. 辉长岩人工骨料在水工混凝土中应用研究[J]. 混凝土,2012,(06): 96-101.
[41] Goodman R E. Introduction to Rock Mechanics,2nd ed. John Wiley & Sons,1989.
[42] Mogi K. Experimental Rock Mechanics. Taylor & Francis,2013.
[43] 赵文. 岩石力学[M]. 长沙:中南大学出版社,2010.
[44] 王作棠,周华强,谢耀社. 矿山岩体力学[M]. 徐州:中国矿业大学出版社,2007.
[45] 水利水电科学研究院. 岩石力学参数手册[M]. 北京:中国水利电力出版社,1991.
[46] 张淑兰,张玉凡. 尾矿坝用石料-泥灰岩物理力学特征的试验研究[J]. 黄金,1997,(02): 26-30.
[47] Das B M. Principles of Foundation Engineering. Brooks/Cole Engineering Division,1984.
[48] Broch E,Franklin J A. The point load strength test. Int. J. Rock Mech,1972.
[49] 郑莲慧,单钰铭,尹帅,等. 塔里木X区古近系膏泥岩层力学性质分析[J]. 科学技术与工程,2013,13(28): 8409-8414.
[50] 白少民,李卫东. 基础物理学教程[M]. 西安:西安交通大学出版社,2014.
[51] 贾瑞皋,薛庆忠. 电磁学[M]. 北京: 高等教育出版社,2011.
[52] 建设部综合勘察研究院. 建筑岩土工程勘察基本术语标准:JGJ 84 - 92[S]. 北京: 中国建筑工业出版社.
[53] 中华人民共和国水利部. 土工试验方法标准:GB/T 50123 - 1999[S]. 北京: 中国计划出版社.
[54] 李伟锋,刘海峰,龚欣. 工程流体力学[M]. 上海:华东理工大学出版社,2016.
[55] 舒志乐,刘保县. 土力学[M]. 重庆:重庆大学出版社,2015.
[56] 吴曙光. 土力学[M]. 重庆:重庆大学出版社,2016.
[57] 袁聚云. 土工试验原理[M]. 上海:同济大学出版社,2003.
[58] 赵明华. 土力学[M]. 武汉:武汉理工大学出版社,2014.
[59] ASTM International. Standard Test Methods for Centrifuge Moisture Equivalent of Soils(ASTM D425-88). ASTM,Philadelphia,USA,2010.
[60] ASTM International. Standard Terminology Relating to Soil,Rock,and Contained Fluids(ASTM D653-14). ASTM,Philadelphia,USA,2010.
[61] ASTM International. Standard Test Methods for Laboratory Determination of Creep Properties of Frozen Soil Samples by Uniaxial Compression(ASTM D5520-94). ASTM,Philadelphia,USA,2010.
[62] ASTM International. Standard Test Methods for Standard Terminology Relating to Frozen Soil and Rock (ASTM D7099-04). ASTM,Philadelphia,USA,2010.
[63] ASTM International. Standard Test Method for In Situ Determination of Direct Shear Strength of Rock Discontinuities(ASTM D4554-90). ASTM,Philadelphia,USA,1995.
[64] ASTM International. Standard Test Method for Determination of the Point Load Strength Index of Rock and Application to Rock Strength Classifications(ASTM D5731-16). ASTM,Philadelphia,USA,2016.